新一代信息技术丛书

U0151013

无线通信设备
电磁兼容测试技术

刘宝殿　刘军　编著

Electromagnetic compatibility
testing technology for
wireless communication
equipment

机械工业出版社
CHINA MACHINE PRESS

无线通信设备种类繁多，电磁兼容性是其实现所有性能及功能的保障，故对无线通信设备进行电磁兼容测试尤为重要。本书主要阐述无线通信设备的电磁兼容测试要求和方法，包括测试设备、场地以及试验环境的要求，对测试方法以及最新标准的一些要求进行了解析，便于电磁兼容测试的实施。另外，对无线通信设备的电磁兼容测试系统提出了要求和建议，作为无线通信设备电磁兼容实验室建设的参考。本书还包含了电磁兼容及无线通信设备相关的一些基础知识，以及不确定度分析方法和示例，便于行业内人员更好地学习、掌握和理解电磁兼容知识。

本书适合从事无线通信电磁兼容领域工作，特别是从事无线通信设备电磁兼容研发、标准制定、检测及电磁兼容设备计量的人员，以及大专院校电磁兼容专业的师生阅读参考。本书也适合刚进入电磁兼容领域的初学者参考使用。

图书在版编目（CIP）数据

无线通信设备电磁兼容测试技术／刘宝殿，刘军编著．—北京：机械工业出版社，2024.7

（新一代信息技术丛书）

ISBN 978-7-111-75880-8

Ⅰ.①无… Ⅱ.①刘… ②刘… Ⅲ.①无线电通信-通信设备-电磁兼容性-测试技术 Ⅳ.①TN92

中国国家版本馆 CIP 数据核字（2024）第 104913 号

机械工业出版社（北京市百万庄大街 22 号 邮政编码 100037）

策划编辑：秦 菲　　　　　责任编辑：秦 菲 赵晓峰
责任校对：甘慧彤 李小宝　责任印制：刘 媛
北京中科印刷有限公司印刷
2024 年 8 月第 1 版第 1 次印刷
184mm×260mm·23.5 印张·583 千字
标准书号：ISBN 978-7-111-75880-8
定价：119.00 元

电话服务　　　　　　　　　网络服务

客服电话：010-88361066　　机 工 官 网：www.cmpbook.com
　　　　　010-88379833　　机 工 官 博：weibo.com/cmp1952
　　　　　010-68326294　　金 书 网：www.golden-book.com
封底无防伪标均为盗版　机工教育服务网：www.cmpedu.com

前　　言

　　无线通信设备的电磁兼容产品标准中除了检测要求外，对于检测用设备设施的要求通常引用或使用产品类标准和/或基础标准的要求。另外对于检测方法，每项电磁兼容检测项目则分别引用对应的方法标准。因此，对于从事无线通信设备电磁兼容检测工作的人员，不仅要熟知无线通信行业的电磁兼容产品标准，还要掌握电磁兼容的产品类标准和基础标准，要学习掌握的技术内容及涉及的标准非常多，很难在短期内理解相关要求和方法，达到熟练掌握的程度。本书根据无线通信设备电磁兼容检测的行业标准及其相关最新国际标准的要求，归纳和总结了无线通信设备电磁兼容检测的技术要求，给出了具体的测试方法，对标准的相关方法和要求给出了详细的阐述，同时本书包含了无线通信设备的相关基础知识，便于从事无线通信设备电磁兼容检测工作的人员学习和使用。

　　本书还对电磁兼容的一些基本概念、原理、标准化组织以及标准体系的情况进行了梳理，能帮助初学者快速入门电磁兼容检测领域，也可作为日常的工具书使用。

　　本书除了包含无线通信设备的电磁兼容检测技术要求外，还对电磁兼容基础检测技术要求进行了详细的阐述，便于理解和掌握，可为从事其他行业电磁兼容检测工作的人员提供技术参考。

　　本书作为无线通信设备电磁兼容研究、学习和检测的基础，从基本概念、测试原理、测试方法、测试要求、测试标准以及不确定度分析等方面对电磁兼容检测技术进行了全面阐述，目的是便于读者学习和理解电磁兼容相关技术知识、检测要求和检测方法，为广大电磁兼容检测和研究技术人员提供学习参考，简单易懂，方便实用。

　　本书由刘宝殿、刘军编著。由于作者学识有限，书中难免会出现一些不足以及疏漏，请广大读者批评指正。

刘宝殿

目　　录

第1章　电磁兼容基础知识

1.1　电磁兼容基础知识概述

1.1.1　电磁兼容的定义

电磁兼容（electromagnetic compatibility，EMC）是一门研究电磁能量影响程度的学科或领域，即在有限的空间、时间和频谱资源条件下，研究电磁能量的影响程度。

在实际的应用中，对于设备、系统或分系统的性能来说，一般称为电磁兼容性，可以理解为其性能的一个参数或性能指标，对于电磁兼容测试技术来讲，均指电磁兼容性，电磁兼容性的定义如下：

GB/T 4365—2003《电工术语　电磁兼容》中的定义为：设备或系统在其电磁环境中能正常工作且不对该环境中任何事物构成不能承受的电磁骚扰的能力。

GJB 72A—2002《电磁干扰和电磁兼容性术语》中的定义为：设备、分系统、系统在共同的电磁环境中能一起执行各自功能的共存状态。包括以下两个方面：

1）设备、分系统、系统在预定的电磁环境中运行时，可按规定的安全裕度实现设计的工作性能，且不因电磁干扰而受损或产生不可接受的降级。

2）设备、分系统、系统在预定的电磁环境中正常地工作且不会给环境（或其他设备）带来不可接受的电磁干扰。

电磁兼容性简单讲，是指在特定的电磁环境下，有限空间内的用电设备都能正常工作，不因电磁环境而影响各自的正常性能，即有限空间内的设备不受电磁环境的影响且都能正常工作，达到"兼容"状态。

1.1.2　电磁兼容学科的发展史

电磁兼容学科是随着人类对电磁现象的发现及电磁效应的应用逐步发展起来的，电磁现象在自然界中早就广泛存在，例如静电放电现象以及极光现象等都与电磁干扰相关，而随着人类对电磁效应的应用和用电设备的广泛使用，人们发现了一些用电设备使用中发生的性能问题以及一些灾难性的事故问题的发生，都与电磁干扰有关，因此对电磁现象、电磁场理论、电磁波的应用以及发现和解决电磁干扰相关问题的研究，逐步形成了电磁兼容这门综合性学科。

1820年，丹麦物理学家汉斯·奥斯特，发表了《关于磁针上电流碰撞的实验》的论文，向科学界宣布了电流的磁效应，揭开了电磁学的序幕，也标志着电磁学时代的到来。同年，安培提出了安培定律，把磁的本质简化为电流，认为磁体有一种绕磁轴旋进的电流，磁体中的电流与导体中的电流相互作用便导致了磁体的转动。这在某种意义上起到了用电流相互作用力来统一解释各种电磁现象的效果。

1831 年，迈克尔·法拉第发现了电磁感应现象，指因为磁通量变化产生感应电动势的现象。电磁感应现象的发现，是电磁学领域中最伟大的成就之一。它不仅揭示了电与磁之间的内在联系，而且为电与磁之间的相互转化奠定了实验基础。

1864 年，詹姆斯·克拉克·麦克斯韦发表了《电磁场的动力学理论》的论文，将电磁场理论用简洁、对称、完美的数学形式表示出来，经后人整理和改写，成为经典电动力学主要基础的麦克斯韦方程组。1865 年他预言了电磁波的存在。麦克斯韦的电磁场理论为认识和研究电磁干扰现象奠定了理论基础。

1888 年，德国物理学家海因里希·鲁道夫·赫兹，用实验证实了电磁波的存在，赫兹的发现具有划时代的意义，它不仅证实了麦克斯韦发现的真理，更重要的是开创了无线电电子技术的新纪元。

1889 年英国邮电部门研究了通信中的干扰问题，使干扰技术问题研究开始走向工业化和产业化。

1898 年，意大利的伽利尔摩·马可尼第一次发射了无线电信号，1901 年他发射的无线电信息成功地穿越大西洋，从英格兰传到加拿大的纽芬兰省，最终发明了无线电报，被称作"无线电之父"。无线通信技术的发明，使通信摆脱了依赖导线的方式，是通信技术上的一次飞跃，也是人类科技史上的一个重要成就。

二十世纪以来，由于电气电子技术的发展和应用，随着通信、广播等无线电行业的发展，大量的无线电广播电台的应用，人们发现这些电台的信号有时被干扰，也逐渐认识到需要对各种电磁干扰进行控制，为了国际协调并合理地解决无线电干扰，成立了国家级以及国际组织，如德国的电气工程师协会、国际电工委员会（IEC）和国际无线电干扰特别委员会（CISPR）等，开始对电磁干扰问题进行世界性有组织的研究及制定相关的标准规范。

电磁兼容性概念从 20 世纪 40 年代提出，从单独解决电磁干扰问题逐步发展成为在理论上及技术上全面、系统地阐述电磁兼容性的系统工程，也从认识电磁现象、应用电磁效应、电磁场理论、电磁波特性、电磁干扰研究和控制多方面研究和分析，阐述了电磁干扰产生的原因，分析了电磁干扰的本质及传输和耦合机理，系统地提出了相应的解决措施，建立了电磁兼容试验方法和测试系统，制定了电磁兼容测试标准及规范，发展了产品电磁兼容设计理论和技术，从而逐步形成了电磁兼容学科。

我国对电磁兼容理论和技术的研究起步较晚，直到 20 世纪 80 年代初才有组织、系统地研究并制定相应的电磁兼容性国家和行业标准及规范。随着高科技技术的发展，特别是无线通信技术的广泛应用，大量的频谱资源的使用，造成电磁环境的复杂化，带来的电磁干扰问题越来越严峻，对用电设备的性能保障造成了挑战，因此对于解决电磁兼容性问题则变得尤为重要。电磁兼容学科在我国的发展也非常迅速，在国内，从大学、企业、一些组织到研究机构，都在对电磁兼容性进行研究，制定了相应的标准和规范，促进了我国电磁兼容学科的发展及产品电磁兼容性能的提升。

1.1.3 电磁骚扰的来源及其产生的危害

电磁骚扰的来源可分为两类，一类是自然产生的电磁骚扰，一类是人为产生的电磁骚扰。自然产生的电磁骚扰由宇宙噪声、地球电离层变化和大气层变化等造成，例如：太阳风暴、雷电以及静电放电等。人为产生的电磁骚扰来自用电设备或系统以及电磁波的应用，一方面是有用的电磁能量，用电设备或系统正常工作时需要使用的电磁能量，如移动电话机、广播发射台、雷达和卫星等，发射电磁波（工作频率）是用来进行通信的，但是同时也是电磁骚扰的来源；另一方面是无用的电磁能量，用电设备或系统正常工作不使用也不希望产生的电磁能量，如家用电器、信息技术设备、电动机、发电机和电动工具等，其工作时所产生的电磁能量，主要以电磁噪声的形式进行传播。

电磁骚扰会造成一些危害或产生严重后果，称为电磁干扰，其涉及多个方面以及各个领域，可能会造成严重后果。例如：在医学领域，电磁干扰可能会造成心电图失灵，呼吸循环器、心脏监护设备突然停止等；在通信领域，电磁干扰可能会造成通信质量下降、通信中断和通信设备损坏等；在航空领域，电磁干扰可能会引起短波信号台站、导航台站和雷达站等设备误动作，使航空业务不能正常运转。随着通信技术的发展及无线频谱的广泛应用，电磁环境趋于复杂化，骚扰源趋于多样化，所产生的电磁干扰可能会越来越严重。而人工智能和物联网设备的发展和应用，对于电磁干扰的影响更为敏感或对于电磁干扰产生的不良后果可能更严重，因此在今后的发展中要更加注重设备的电磁兼容性。

1.2 电磁兼容常用术语和定义

1.2.1 基础术语和定义

1. 电磁环境 electromagnetic environment[GJB 72A—2002 的 2.1.12]

存在于某场所的所有电磁现象的总和。

注：电磁环境通常与时间有关，对它的描述可能需要用统计的方法。

2. 电磁噪声 electromagnetic noise[GJB 72A—2002 的 2.2.1]

与任何信号都无关的一种电磁现象，通常是脉动的和随机的，但也可能是周期的。

3. 自然噪声 natural noise[GB/T 4365—2003 的 161-01-17]

来源于自然现象而非人工装置产生的电磁噪声。

4. 无用信号 unwanted signal[GB/T 4365—2003 的 161-01-03]

可能损害有用信号接收的信号。

5. 干扰信号 interfering signal[GB/T 4365—2003 的 161-01-04]

损害有用信号接收的信号。

6. 人为噪声 man-made noise[GB/T 4365—2003 的 161-01-18]

来源于人工装置的电磁噪声。

7. 电磁环境电平 electromagnetic ambient level[GJB 72A—2002 的 2.1.13]

在规定的测试地点和测试时间内，当试验样品尚未通电时，已存在的辐射和传导的信号及噪声电平。环境电平是由人为及自然的电磁能量共同形成的。

8. 电磁骚扰 electromagnetic disturbance[GB/T 4365—2003 的 161-01-05]

任何可能引起装置、设备或系统性能降低或者对生物或非生物产生不良影响的电磁现象。

注：电磁骚扰可能是电磁噪声、无用信号或传播媒介自身的变化。

9. 电磁干扰 electromagnetic interference[GB/T 4365—2003 的 161-01-06]

电磁骚扰引起的设备、传输通道或系统性能的下降。

注："电磁骚扰"是"起因"，"电磁干扰"是"后果"。

10. 近场区 near-field regions[GJB 72A—2002 的 2.3.19]

分下面两种方式定义：

1）辐射近场区（radiating）在电抗性近场和远场区之间的天线场区，在该场区辐射场起主要作用，电磁场在不同角度上的分布与离天线的距离有关。

注 1：如果天线的最大口径尺寸不大于波长，则该场区可能不存在。

注 2：在无限远聚焦的天线，辐射近场区有时称为菲涅尔（Fresnel）区。

2）电抗性近场区（reactive）紧邻天线的、以电抗性场为主的天线区。

注：对很短的偶极子或等效的辐射体，电抗性近场区的外边界通常取在距离天线表面 $\lambda/(2\pi)$ 处。

11. 远场距离 far-field distance[GJB 72A—2002 的 2.3.20]

两个定向天线之间的距离等于 D^2/λ 或 3λ（取两者中较大的）。此处，D 为较大天线的最大口径，λ 是基频波长。如果测试天线的口径尺寸 D_2 大于待测天线口径尺寸 D_1 的十分之一，则最小试验场地距离取 $(D_1+D_2)^2/\lambda$，这是可得到较为准确的远场方向性图所需的最小范围。对于定向天线，这些公式主要用于确定沿主波束轴线方向所要求的远场距离，一般情况下，所需的距离将随着主波束轴线偏离角的增大而减小。

注：此术语仅适用于口径天线。

12. 场强 field strength[GJB 72A—2002 的 2.3.4]

通常指电场矢量大小，一般以伏每米表示；也可指磁场矢量大小，一般以安每米表示。

13. 瞬态 transient[GJB 72A—2002 的 2.1.43]

满足下述条件之一的状态：

1）由雷电、电磁脉冲（EMP）或开关动作所产生的单次电磁过程或短促的单个电压、电流、电场或磁场脉冲。

2）由开关切换、继电器闭合或其他低重复率的循环操作所产生的电冲击，是随机出现的，且具有较低的重复频率。

3）在两相邻稳定状态之间变化的物理量或物理现象，其变化时间小于所关注的时间尺度。

14. 脉冲 pulse[GJB 72A—2002 的 2.2.18]

在短时间内突然变化，然后又迅速返回其初始值的物理量。

15. 猝发 burst[GB/T 4365—2003 的 161-02-07]

数量有限且清晰可辨的脉冲序列或持续时间有限的振荡。

16. 连续骚扰 continuous disturbance[GB/T 4365—2003 的 161-02-11]

对某一设备的作用不能分解为一系列清晰可辨的效应的电磁骚扰。

17. 断续骚扰 discontinuous disturbance［GB/T 4365—2003 的 161-02-28］

对某一装置或设备的作用可以被分解为一系列不同效应的电磁骚扰。

注：这个定义并不认为骚扰与它产生的效应无关。事实上，任何骚扰测量都与它对敏感装置的效应有关。

18.（骚扰源的）发射电平 emission level（of a disturbance source）［GB/T 4365—2003 的 161-03-11］

由某装置、设备或系统发射所产生的电磁骚扰电平。

19.（骚扰源的）发射限值 emission limit（of a disturbance source）［GB/T 4365—2003 的 161-03-12］

规定的电磁骚扰源的最大发射电平。

20. 宽带发射 broadband emission［GJB 72A—2002 的 2.4.4］

带宽大于干扰测量仪或接收机标准带宽的发射。

21. 窄带发射 narrowband emission［GJB 72A—2002 的 2.4.5］

带宽小于干扰测量仪或接收机标准带宽的发射。

22. 无用发射 unwanted emission［YD/T 1483—2016 的 3.3］

杂散发射和带外发射的总称。从频率范围上可划分为带外域和杂散域。

23. 等效全向辐射功率 equivalent isotropically radiated power［GJB 72A—2002 的 2.3.10］

有下面两种方式定义：

1）在给定方向上，发射天线的增益与该天线从发射机所获得的净功率之乘积。

2）馈给天线的发射功率与该天线在给定方向上相对于各向同性天线的天线增益之乘积。

24. 有效辐射功率 effective radiated power［GJB 72A—2002 的 2.3.15］

有下面两种方式定义：

1）在给定方向上，半波偶极子天线的有效增益与输入功率之乘积。

2）馈给天线的功率与给定方向上的天线相对增益之乘积。

25. 抗扰度 immunity［GB/T 4365—2003 的 161-01-20］

装置、设备或系统面临电磁骚扰不降低运行性能的能力。

注：抗扰度电平越大，抗扰性越强。

26. 抗扰度电平 immunity level［GB/T 4365—2003 的 161-03-14］

将某给定的电磁骚扰施加于某一装置、设备或系统而其仍能正常工作并保持所需性能等级时的最大骚扰电平。

27. 抗扰度限值 immunity limit［GB/T 4365—2003 的 161-03-15］

规定的最小抗扰度电平。

28. 电磁敏感度 electromagnetic susceptibility［GJB 72A—2002 的 2.1.27］

设备、器件或系统因电磁干扰可能导致工作性能降级的特性。

注：敏感度电平越小，敏感性越高，抗扰性越差。

29. 电压驻波比 voltage standing wave ratio［GB/T 17626.6—2017 的 3.12］

沿线最大电压和邻近最小电压幅度之比。

30. 场 field［GB/T 14733.9—2008 的 705-01-01］

一个标量、矢量或张量，它是在一规定空间内的点坐标的函数，并可能是时间的函数。

注：一个场可以表示一种物理现象，例如声压场、地球磁场和无线电波的场。

31. 传播 propagation［GB/T 14733.9—2008 的 705-01-02］

在物质没有移动的情况下，能量在两点间的转移。

注：例如电磁能在空间的传播、热沿棒的传播。

32. 波 wave［GB/T 14733.9—2008 的 705-01-03］

由场表征的媒质物理状况的变化，并以由该媒质的特性在每一点和每一方向所确定的速度移动。

注1：波是由一局部动作或一连串这样的动作产生的。

注2：波的传播只能由那些可以用双曲线型偏微分方程表示的场来描绘。例如，电磁能是以波的形式在空间传播，但热在棒中的传播没有确定的速度，因此不是波的传播。

33. 电磁场 electromagnetic field［GB/T 14733.9—2008 的 705-01-07］

表征物质媒质或真空的电、磁的状态的场，由下面四矢量集定义：

E——电场（矢量）；D——电通量密度（矢量）；H——磁场（矢量）；B——磁通量密度（矢量）；

注1：电磁场服从麦克斯韦方程组。

注2：在电磁现象的量子观可以忽略不计的情况下，这个电磁场定义是有效的。

注3：某些作者称 B 为"磁场"，在这种情况下，有时将 H 称为"磁激励场"。

注4：电磁场可以包括静态分量，即静电场和静磁场，而时变分量表示电磁波。

34. 电磁波 electromagnetic wave［GB/T 14733.9—2008 的 705-01-09］

由时变电磁场的传播表征的波。

注：电磁波是由电荷或电流的变化产生的。

35. 无线电波 radio wave［GB/T 14733.9—2008 的 705-01-10］

没有人为的导波系统在空间传播的电磁波，按照惯例，频率低于 3000 千兆赫兹。

注：频率在 3000 千兆赫兹附近的电磁波可认为是无线电波，也可认为是光波。

36. 无线电传播 radio propagation［GB/T 14733.9—2008 的 705-01-11］

能量以无线电波的形式转移。

37. 极化（电磁波）polarization（of an electromagnetic wave）［GB/T 14733.9—2008 的 705-01-13］

电磁波的一个属性，它描述在一固定点上电通量密度矢量的大小和指向随时间的变化。

38. 线极化 linear polarization[GB/T 14733.9—2008 的 705-01-14]

电通量密度矢量的末端，相对于一给定点，描绘出一固定直线的电磁波的极化，直线的中心与给定点重合。

39. 水平极化 horizontal polarization[GB/T 14733.9—2008 的 705-01-15]

一种线极化，其电通量密度矢量是水平的。

40. 垂直极化 vertical polarization[GB/T 14733.9—2008 的 705-01-16]

一种线极化，其电通量密度矢量位于包含传播方向的垂直平面内。

41. 驻波 standing wave[GB/T 14733.9—2008 的 705-01-40]

由两个相同频率、反向传播的行波叠加产生的媒质的电磁状态，并由数值表征。每个值可由一个时间实函数和一个空间坐标实函数的乘积表示。

42. 自由空间传播 free space propagation[GB/T 14733.9—2008 的 705-02-27]

电磁波在均匀的、所有方向都可认为是无限大的理想电介质内的传播。

注：对于自由空间内的传播，在从源出发的任一给定方向上，超过某一由源尺寸和波长决定的距离后，电磁场的每一矢量的大小均与离开源的距离成反比。

1.2.2 性能判据的术语和定义

1. 降级 degradation[GJB 72A—2002 的 2.1.15]

在电磁兼容性或其他测试过程中，对规定的任何状态或参数出现超出容许范围的偏离。

注："降级"定义适用于临时或永久失效。

2. 性能降级 degradation of performance[GJB 72A—2002 的 2.1.17]

任何装置、设备或系统的工作性能偏离预期的指标。

3. 性能判据 performance criteria[YD/T 2190—2010 的 5.1]

抗扰度试验中，用于判定受试设备工作性能的规范依据。

1.2.3 试验项目的术语和定义

1. 杂散发射 Spurious emission[YD/T 1483—2016 的 3.1]

必要带宽外的单个或多个频点上的发射，可以减小其电平而不影响相应的信息传输。杂散发射包括谐波发射、寄生发射、互调产物及变频产物，但带外发射除外。

2. 传导骚扰 conducted disturbance[GB/T 4365—2003 的 161-03-27]

通过一个或多个导体传递能量的电磁骚扰。

3. 辐射骚扰 radiated disturbance[GB/T 4365—2003 的 161-03-28]

以电磁波的形式通过空间传播能量的电磁骚扰。

4. 静电放电 electrostatic discharge[GJB 72A—2002 的 2.2.30]

不同静电电位的物体靠近或直接接触时产生的电荷转移。

5. 电快速瞬变脉冲群 electrical fast transient/burst［GB/T 17626.4—2018 的 3.1.2］

数量有限且清晰可辨的脉冲序列或持续时间有限的振荡。

6. 浪涌 surge［GJB 72A—2002 的 2.2.26］

沿线路或电路传播的电流、电压或功率的瞬态波。其特征是先快速上升后缓慢下降。浪涌由开关切换、雷电放电、核爆炸引起。

1.2.4 试验设备的术语和定义

1. 天线 antenna［GB/T 6113.104—2021 的 3.1.1］

把馈线的导行电磁能量转换成空间中辐射波的转换器，反之亦然。

注：对于正常工作巴伦是其必备部分的天线，术语"天线"也包括巴伦。

2. 天线系数 antenna factor；AF［GB/T 6113.104—2021 的 3.1.2］（F_a）

在自由空间测得的机械视轴（即天线的主轴）方向上入射的平面波的电场强度与天线所连接规定负载上产生的电压的比值。

注1：缩略语 AF 作为通用术语表示天线系数，而符号 F_a 为自由空间主轴天线系数。AF 与天线接入的负载阻抗（通常为 50 Ω）有关，且与频率有关。对于双锥天线，这种阻抗的最大值可能为 200 Ω。对于没有巴伦的天线，这种阻抗等于负载阻抗，典型值为 50 Ω。AF 受天线与接地平板的相互耦合影响，并与方向性有关。

注2：天线系数的物理单位为 m^{-1}，通常表示为 dB（m^{-1}）。在辐射发射测量中，当已知 F_a 以及与天线相连接的测量接收机的读数 V，计算得到

$$E = V + F_a$$

式中，E 的单位为 dB（μV/m），V 的单位为 dB（μV），F_a 的单位为 dB（m^{-1}）。

3. 天线参考点 antenna reference point［GB/T 6113.104—2021 的 3.1.4］

用于测量到受试设备或另一副天线的距离的起始点。

注：天线参考点由制造商或校准试验室在对数周期偶极子阵列（LPDA）天线上做出标记。

4. 巴伦 balun［GB/T 6113.104—2021 的 3.1.5］

用于传输线之间从平衡到不平衡或者从不平衡到平衡转换的装置。

注：例如，使用巴伦把平衡的天线单元耦合到不平衡的馈线（例如同轴电缆）。巴伦可具有不同于 1:1 的固有阻抗变换。

5. 天线增益 antenna gain［GJB 72A—2002 的 2.3.14］

在给定方向上的相同距离处，天线辐射的场强与等功率条件下各向同性标准天线辐射的场强之比。

注：增益不包括由阻抗和极化不匹配引起的损耗。无其他说明时，天线增益指辐射主波瓣方向的增益。在应用散射模式传播的系统中，实际上可能得不到天线的满增益，并且实际增益可能随时间变化。

6. 双锥天线 biconical antenna［GB/T 6113.106—2018 的 3.1.1.2］

由具有一公共轴线的两个锥形辐射单元构成的对称天线，从紧邻的两锥体的顶点馈电。

注：用于甚高频（VHF）频段时，双锥天线通常由两个锥形导线笼构成。通常每个笼有一个交叉杆，用于连接中心导体和外围的导线之一，目的是消除窄带谐振。这种短接的交叉杆会在 215 MHz 以上影响天线的特性。详见 GB/T 6113.106—2018 的附录 A。

7. 宽带天线 broadband antenna［GB/T 6113.106—2018 的 3.1.1.3］

在较宽的无线电频率范围内具有可接受特性的天线。

8. 喇叭天线 horn antenna［GB/T 6113.106—2018 的 3.1.1.5］

其截面向开口端逐渐增大的波导段构成的天线，开口端称为口面。

注：在大约 1 GHz 以上的微波频率范围内广泛使用矩形波导的锥形喇叭天线。双脊喇叭天线覆盖很宽的频率范围。一些双脊喇叭天线的主瓣在较高频段会分成几个波瓣。

9. 对数周期偶极子阵列天线 log-periodic dipole array antenna；LPDA［GB/T 6113.106—2018 的 3.1.1.7］

由线性偶极子的阵列组成的天线，其偶极子的长度和间隔从天线的顶端到末端随着频率的降低呈对数增加。

10. 复合天线 hybrid antenna［GB/T 6113.106—2018 的 3.1.1.6］

由线单元（即振子）的对数周期偶极子阵列部分和宽带偶极子部分组成的天线。

11. 谐振偶极子天线 resonant dipole antenna，调谐偶极子天线 tuned dipole antenna［GB/T 6113.106—2018 的 3.1.1.9］

由两根相同长度的共线直导体构成的天线，两根导体端对端放置，由一小间隙分隔成平衡馈电。每根导体的长度近似为 1/4 波长，从而使得当偶极子处于自由空间时，在特定的频率上，其间隙两端测得的天线的输入阻抗的电抗为零。

注：谐振偶极子天线也是可计算天线。在本章中，与双锥偶极子或对数周期偶极子阵列天线中的偶极子阵列相比，"线性偶极子"指两根共线的直线导体。

12. 人工电源网络 artificial mains network［GB/T 6113.102—2018 的 3.1.6］

在射频范围内向受试设备端子之间提供一规定阻抗，并能将试验电路与供电电源上的无用射频信号隔离开来，进而将骚扰电压耦合到测量接收机上。人工电源网络有两种基本类型：分别用于耦合非对称电压的 V 型和用于耦合对称电压和不对称电压的 Δ 型。线路阻抗稳定网络（LISN）和 V 型人工电源网络可替换使用。

13. Δ 形网络 delta network［GB/T 4365—2003 的 161-04-06］

能够分别测量单相电路中共模及差模电压的人工电源网络。

14. V 形网络 V-network［GB/T 4365—2003 的 161-04-07］

能够分别测量每个导体对地电压的人工电源网络。

15. 不对称人工网络 asymmetric artificial network；AAN［GB/T 6113.102—2018 的 3.1.7］

用于测量非屏蔽对称信号（例如电信）线上的共模电压（或将共模电压注入非屏蔽信号线上）同时具有抑制差模信号功能的网络。

16. 耦合/去耦网络 coupling/decoupling network；CDN[GB/T 6113.102—2018 的 3.1.9]

用于测量其中一个电路上的信号并防止另一个电路上的信号被测量到，或者用于将信号注入其中一个电路上并防止信号耦合到另一个电路上的人工网络。

17. 吸收钳 absorbing clamp[GB/T 4365—2003 的 161-04-30]

能沿着设备或类似装置的电源线移动的测量设备，用来获取设备或装置的无线电频率的最大辐射功率。

18. 吸收钳因子 clamp factor；CF[GB/T 6113.202—2018 的 3.4]

被测设备的骚扰功率与吸收钳输出端接收电压的比值。

注：吸收钳因子是吸收钳的转换系数。

19. 测量接收机 measuring receiver[GB/T 6113.101—2021 的 3.7]

满足骚扰测量相关要求的有/无预选器的测量设备。例如，调谐电压表、电磁干扰（EMI）接收机、频谱分析仪或基于快速傅里叶变换（FFT）的测量设备。

20. 同轴电缆 coaxial cable[GB/T 6113.201—2018 的 3.1.11]

含有一根或多根同轴线的电缆，一般用于测量辅助设备与测量设备或（试验）信号发生器的匹配连接，以提供规定的特性阻抗和允许的最大电缆转移阻抗。

21. 电流探头 current probe[GB/T 4365—2003 的 161-04-35]

在不断开导体并且不对相应电路引入显著阻抗的情况下，测量导体电流的装置。

1.2.5 试验场地的术语和定义

1. 试验场地 test site[GB/T 4365—2003 的 161-04-28]

在规定条件下能满足对受试装置发射的电磁场进行正确测量的场地。

2. 吸波材料 absorber[GJB 72A—2002 的 2.5.9]

当其电磁波相互作用时，能引起电磁波能力不可逆转地向另一种能量形式（通常为热能）转换的一种材料。

3. 开阔试验场地 open-area test site；OATS[GB/T 6113.203—2020 的 3.1.20]

用来测量和校准的设施，其利用大的平坦的导电接地平面实现地面发射的可复现性。

注 1：OATS 可用于辐射骚扰测量，这种情况时也成为符合性试验场地（COMTS）。OATS 也可用于天线校准，这种情况时称为标准试验场地（CALTS）。

注 2：OATS 为无覆盖物的室外场地，其远离建筑物、电力线、篱笆、树木、地下电缆、管道和其他潜在的反射物体，以使得这些物体的影响可以忽略不计。OATS 的结构参见 GB/T 6113.104-2021。

4. 屏蔽室 shielded enclosure[GJB 72A—2002 的 2.6.8]

通常指以下两种情况之一：

1）专门设计的、由导电材料构成的网状或板状结构的封闭室，它可以隔离内部与外部的电磁环境，从而减小在其一侧的电场或磁场对在其另外一侧的设备、电流或系统的影响。

2）专门设计用于测试的封闭室，他能将外界的射频背景噪声衰减，从而使待测试样品电磁发射的测试不受外界电磁辐射的干扰。

5. 全电波暗室 fully anechoic room；FAR[GB/T 6113.104—2021 的 3.1.11]

六个内表面装有射频吸波材料（即射频吸收体）的屏蔽室，该吸波材料能够吸收所关注频率范围内的电磁能量。FAR 旨在模拟自由空间，使得只有来自发射天线或受试设备的直射波能够到达接收天线。通过在 FAR 的六面使用合适的吸波材料能够使所有的非直射波和反射波减到最小。

注：用于一般的辐射骚扰测量时，FAR 宜建在屏蔽室内部。

6. 半电波暗室 semi-anechoic chamber；SAC[GB/T 6113.104—2021 的 3.1.23]

6 个内表面中的 5 面安装有能够吸收所关注频率范围内的电磁能量的吸波材料（及射频吸收体）、底部的水平面铺设有 OATS 试验布置中所使用的导电接地平板的屏蔽室。

7. 自由空间的开阔试验场地 free space open area test site；FSOATS[GB/T 9254.1—2021 的表 A.1]

在接地平板上铺有射频吸波材料的开阔场地/半电波暗室或一个全电波暗室。

8. 理想开阔试验场地 ideal open-area test site[GB/T 6113.104—2021 的 3.1.13]

具有理想平坦的无限大的理想导电接地平板，且除了接地平板外无其他反射物体的开阔试验场地。

注：理想 OATS 是从理论上构建的一种试验场地，用于定义具有接地平板试验场地的被测量 A_{APR} 和计算理论归一化场地衰减 A_N。

9. 参考试验场地 reference test site；REFTS[GB/T 6113.104—2021 的 3.1.19]

具有金属接地平板且严格规定了水平极化和垂直极化电场的场地衰减性能的开阔试验场地。

注：REFTS 的场地衰减测量与符合性试验场地的对应场地衰减测量进行比较，目的是评价符合性试验场地的性能。

10. 符合性试验场地 compliance test site；COMTS[GB/T 6113.104—2021 的 3.1.8]

为与符合性限值相比较，保证受试设备（EUT）骚扰场强测量结果有效且可复现的环境。

11. 插入损耗 insertion loss[GB/T 6113.104—2021 的 3.1.14]

装置插入传输线产生的损耗，表示为受试装备插入前后插入点电压的比值。

注：插入损耗等于传输线 S_{21} 参数的倒数，即 $|1/S_{21}|$。

12. 场地插入损耗 site insertion loss；SIL[GB/T 6113.104—2021 的 3.1.26]

当信号发生器的输出与测量接收机的输入之间通过电缆和衰减器直接进行的电气连接被试验场地规定位置上的发射天线和接收天线所替代时，两副极化匹配的天线之间的传输损耗。

13. 场地衰减 A_S，site attenuation；SA[GB/T 6113.104—2021 的 3.1.25]

当一副天线在规定的高度范围内垂直移动，另外一副天线架设在固定高度时，位于试验场地上的这两副极化匹配的天线之间测得的最小的场地插入损耗。

14. 天线对参考场地衰减 A_{APR}, antenna pair reference site attenuation[GB/T 6113. 104—2021 的 3.1.3]

一对天线在理想开阔试验场地上相距规定距离时水平极化场地衰减和垂直极化场地衰减测量结果的集合,即一副天线架设在接地平板上固定高度,另一副天线在规定的高度范围内垂直扫描时测量到的最小插入损耗。

注1:评估使用参考场地法(RSM),进行场地确认测量的不确定度时,A_{APR} 为影响量。

注2:A_{APR} 的测量结果和符合性试验场地(COMTS)对应的场地衰减测量相比较,可对 COMTS 的性能做出评估。

15. 归一化场衰减 normalized site attenuation;NSA[ANSI C63.4—2014 的 3.1]

场地衰减减去发射天线和接收天线的系数(均为线性单位)。

16. 屏蔽效能 shielding effectiveness[GB/T 12190—2021 的 3.5]

没有屏蔽体时接收到的信号值与在屏蔽体内接收到的信号值的比值,即发射天线与接收天线之间存在屏蔽体以后所造成的插入损耗。

17. 吸波性能 absorber performance[GJB 72A—2002 的 2.5.11]

吸波材料所吸收的能量与投射到吸波材料表面的辐射能量之比。

18. 静区 quiet zone

在电波暗室内,电磁波的反射被控制到设计水平的区域。

19. 场地电压驻波比 site voltage standing wave ratio[GB/T 6113. 104—2021 的 7.3.1]

测试场地中,电压驻波比是接收到的最大信号和最小信号之比,它是由直射信号(期望的)和反射信号相互干涉造成的。可以用以下公式表示:

$$S_{\mathrm{VSWR}} = \frac{E_{\max}}{E_{\min}} = \frac{V_{\max}}{V_{\min}}$$

式中,$E_{\max}$ 和 $E_{\min}$ 分别是接收到信号的最大值和最小值;$V_{\max}$ 和 $V_{\min}$ 分别是用接收机或频谱分析仪接收时信号的最大值和最小值所对应的实测电压值。将其转换为分贝值(dB)为:

$$S_{\mathrm{VSWR,dB}} = 20\log\left(\frac{V_{\max}}{V_{\min}}\right) = 20\log\left(\frac{E_{\max}}{E_{\min}}\right) = V_{\max,\mathrm{dB}} - V_{\min,\mathrm{dB}} = E_{\max,\mathrm{dB}} - E_{\min,\mathrm{dB}}$$

20. 自由空间基本传输损耗 free-space basic transmission loss[GB/T 14733.9—2008 的 705-08-05]

天线由位于一理想介电的、均匀的、各向同性和无界的介质中的各向同性天线替换时出现的传播损耗,天线间的距离保持不变。

注:若天线间的距离 d 远大于波长 λ,用分贝表示的自由空间衰减为 $L_{\mathrm{A}} = 20\log\dfrac{4\pi d}{\lambda}$($d$ 的单位为 m,λ 的单位为 m)。

1.2.6 技术方法的术语和定义

1. 测量 measurement[GB/T 6113.203—2020 的 3.1.25]

通过实验合理地赋予某量一个或多个量值的过程。

2. 试验 test[GB/T 6113.203—2020 的 3.1.26]

依据规定的程序测定产品、过程或服务的一种或多种特性的技术操作。

注：试验是使产品在一系列环境与运行条件和/或要求下，对产品的特性或性能进行测定或分类。

3. 比对 comparison[JJF 1001—2011 的 4.9]

在规定条件下，对相同准确度等级或指定不确定度范围的同种测量仪器复现的量值之间比较的过程。

4. 校准 calibration[JJF 1001—2011 的 4.10]

在规定条件下的一组操作，其第一步是确定由测量标准提供的量值与相应示值之间的关系，第二步则是用此信息确定由示值获得测量结果的关系，这里测量标准提供的量值与相应示值都具有测量不确定度。

注1：校准可以用文字说明、校准函数、校准图、校准曲线或校准表格的形式表示。某些情况下，可以包含示值的具体测量不确定度的校准修正值或修正因子。

注2：校准不应与测量系统的调整（常被错误称作"自校准"）相混淆，也不应与校准的验证相混淆。

注3：通常，只把上述定义中的第一步认为是校准。

5. 计量 metrology[JJF 1001—2011 的 4.2]

实现单位统一、量值准确可靠的活动。

6. 计量溯源性 metrological traceability[JJF 1001—2011 的 4.14]

通过规定的不间断的校准链，测量结果与参照对象联系起来的特性，校准链中的每项校准均会引入测量不确定度。

7. 扫描 sweep[GB/T 6113.201—2018 的 3.21]

在给定频率跨度内连续的频率变化。

8. 扫频 scan[GB/T 6113.201—2018 的 3.22]

在给定的频率跨度内连续或步进的频率变化。

9. 跨度 span[GB/T 6113.201—2018 的 3.24]

扫描或扫频起始和终止频率之差。

10. 差模电压 differential mode voltage[GB/T 4365—2003 的 161-04-08]

一组规定的带电导体中任意两根之间的电压。

注：差模电压又称对称电压（symmetrical voltage）。

11. 共模电压 common mode voltage[GB/T 4365—2003 的 161-04-09]

每个导体与规定参考点（通常是地或机壳）之间的相电压的平均值。

注：共模电压又称不对称电压（asymmetrical voltage）。

12. 共模电流 common mode current［GB/T 6113.201—2018 的 3.9］

被两根或多根导线贯穿的一个规定的"几何"横截面上的导线中流过的电流矢量和。

13. 差模电流 differential mode current［GB/T 6113.201—2018 的 3.11］

在被一些导线所贯穿的一个规定的"几何"横截面上，一组规定通电导线的任意两根导线里流过的电流的矢量差的一半。

14. 峰值检波器 peak detector［GB/T 4365—2003 的 161-04-24］［GB/T 6113.203—2020 的 4.3］

输出电压为所施加信号峰值的检波器。峰值检波器可用于宽带骚扰和窄带骚扰的测量。

15. 准峰值检波器 quasi-peak detector［GB/T 4365—2003 的 161-04-21］［GB/T 6113.203—2020 的 4.3］

具有规定的电气时间常数的检波器。当施加规定的重复等幅脉冲时，其输出电压是脉冲峰值的分数，并且此分数随脉冲重复增加趋向于 1。准峰值检波器用于宽带骚扰的加权测量，以评价骚扰对无线电听众的影响，但是也能用于窄带骚扰的测量。

16. 均方根值检波器 root-mean-square detector［GB/T 4365—2003 的 161-04-25］［GB/T 6113.203—2020 的 4.3］

输出电压为所施加信号均方根值的检波器。均方根值检波器用于宽带骚扰的加权测量，以评价脉冲骚扰对数字无线通信服务的影响，也用于窄带骚扰测量。

17. 平均值检波器 average detector［GB/T 4365—2003 的 161-04-26］［GB/T 6113.203—2020 的 4.3］

输出电压为所施加信号包络平均值的检波器。平均值检波器通常用于窄带骚扰和窄带信号的测量，特别适用于窄带骚扰和宽带骚扰的鉴别。

注：平均值必须在规定时间间隔内求取。

18. 测量时间 measurement time［GB/T 6113.101—2021 的 3.11］

使单个频点的测量结果有效的连续时间（某些领域也称为驻留时间）；对于峰值检波器，检测到信号包络最大值的有效时间；对于准峰值检波器，测得加权包络最大值的有效时间；对于平均值检波器，确定信号包络平均值的有效时间；对于均方根值-平均值检波器，确定加权信号包络最大值的有效时间。

19. 带宽 bandwidth；B_x［GB/T 6113.101—2021 的 3.1］

低于响应曲线中点某一规定电平（x）处测量接收机总选择性曲线的宽度。

注：x 表示所规定电平的分贝（dB）数，例如，B_6 表示为 6 dB 处的带宽。

20. 衰减 attenuation［GJB 72A—2002 的 2.1.33］

信号在从一点到另一点的传输过程中，其电压、电流或功率减少的量值。

21. 交叉极化 cross polarization［GB/T 14733.9—2008 的 705-08-52］

在传播过程中，出现一个与预期的极化正交的极化分量。

22. 交叉极化隔离度 cross polarization isolation[GB/T 14733.9—2008 的 705-08-54]

对同一频率发射、功率相同和正交极化的两无线电波，在接收点从一个波收到的功率与从另一个波在第一个波的预期极化上收到的功率之比。

注：交叉极化隔离度随天线特性和传播媒质两者而定。

1.2.7 测量不确定度的术语和定义

1. 量 quantity[JJF 1001—2011 的 3.1]

现象、物体或物质的特性，其大小可用一个数和一个参照对象表示。

注1：量可指一般概念的量或特定量，示例见表1-1。

表 1-1 量的示例

一般概念的量		特 定 量
长度，l	半径，r	圆 A 的半径 r_A 或 r (A)
	波长，λ	钠的 D 谱线的波长 λ 或 λ (D；Na)
能量，E	动能，T	给定系统中质点 i 的动能 T_i
	热量，Q	水样品 i 的蒸汽的热量，Q
电荷，Q		质子电荷，e
电阻，R		给定电路中电阻器 i 的电阻，R_i
实体 B 的物质的量浓度，c_B		酒样品 i 中酒精的物质的量浓度，c_i (C_2H_5OH)
实体 B 的数目浓度，C_B		血样品 i 中红细胞的数目浓度，C (E_{rys}；B_i)
洛氏 C 标尺硬度（150 kg 负荷下），HRC (150 kg)		钢样品 i 的洛氏 C 标尺硬度，HRC (150 kg)

注2：参照对象可以是一个测量单位、测量程序、标准物质或其组合。

注3：量的符号见国家标准 GB/T 3101—1993《有关量、单位和符号的一般原则》，用斜体表示。一个给定符号可表示不同的量。

注4：国际理论化学和应用化学联合会（IUPAC）/国际临床化学和实验医学联合会（IFCC）规定实验室医学的特定量格式为"系统——成分；量的类型"。

例：血糖（血液）——钠离子；特定人在特定时间内物质的量浓度等于 143 mmol/L。

注5：这里定义的量是标量。然而，各分量是标量的向量或张量也可认为是量。

注6："量"从概念上一般可分为诸如物理量、化学量和生物量，或分为基本量和导出量。

2. 量制 system of quantities[JJF 1001—2011 的 3.2]

彼此间由非矛盾方程联系起来的一组量。

注：各种序量，如洛氏 C 标尺硬度，通常不认为是量制的一部分，因为它仅通过经验关系与其他量相联系。

3. 国际量制 international system of quantities[JJF 1001—2011 的 3.3]

与联系各量的方程一起作为国际单位制基础的量制。

4. 基本量 base quantity［JJF 1001—2011 的 3.4］

在给定量制中约定选取的一组不能用其他量表示的量。

注 1：定义中提到的"一组量"称为一组基本量。例如国际量制（ISQ）中的一组基本量在国际量制中给出。

注 2：基本量可认为是相互独立的量，因其不能表示为其他基本量的幂的乘积。

5. 导出量 derived quantity［JJF 1001—2011 的 3.5］

量制中由基本量定义的量。

例：在以长度和质量为基本量的量制中，质量密度为导出量，定义为质量除以体积（长度的三次方）所得的商。

6. 量纲 dimension of quantity［JJF 1001—2011 的 3.6］

给定量与量制中各基本量的一种依从关系，它用与基本量相应的因子的幂的乘积去掉所有数字因子后的部分表示。

7. 测量单位 measurement unit［JJF 1001—2011 的 3.8］

简称单位（unit）。

根据约定定义和采用的标量，任何其他同类量可与其比较使两个量之比用一个数表示。

8. 国际单位制（SI）［JJF 1001—2011 的 3.13］

由国际计量大会（CGPM）批准采用的基于国际量制的单位制，包括单位名称和符号、词头名称和符号及其使用规则。

注 1：国际单位制建立在 ISQ 的 7 个基本量的基础上，基本量和相应基本单位的名称和符号见表 1-2。

表 1-2　国际单位制

量 的 名 称	单 位 名 称	单 位 符 号
长度	米	m
质量	千克（公斤）	kg
时间	秒	s
电流	安［培］	A
热力学温度	开［尔文］	K
物质的量	摩［尔］	mol
发光强度	坎［德拉］	cd

注 2：SI 的基本单位和一贯导出单位形成一组一贯的单位，称为"一组一贯 SI 单位"。

注 3：关于国际单位制的完整描述和解释，见国际计量局（BIPM）发布的 SI 小册子的最新版本，在 BIPM 网页上可获得。

注 4：量的算法中，通常认为"实体的数"这个量是量纲一的量，单位为 1。

注 5：倍数单位和分数单位的 SI 词头见表 1-3。

表 1-3 倍数单位和分数单位

因　子	词头		因　子	词头	
	名　称	符　号		名　称	符　号
10^{24}	尧［它］	Y	10^{-1}	分	d
10^{21}	泽［它］	Z	10^{-2}	厘	c
10^{18}	艾［可萨］	E	10^{-3}	毫	m
10^{15}	拍［它］	P	10^{-6}	微	μ
10^{12}	太［拉］	T	10^{-9}	纳［诺］	n
10^{9}	吉［咖］	G	10^{-12}	皮［可］	p
10^{6}	兆	M	10^{-15}	飞［母托］	f
10^{3}	千	k	10^{-18}	阿［托］	a
10^{2}	百	h	10^{-21}	仄［普托］	z
10^{1}	十	da	10^{-24}	幺［科托］	y

9. 被测量 measurand［JJF 1001—2011 的 4.7］

拟测量的量。

注 1：对被测量的说明要求了解量的种类，以及含有该量的现象、物质或物质状态的描述，包括有关成分及所涉及的化学实体。

注 2：在国际计量学词汇（VIM）第二版和 IEC 60050-300：2001 中，被测量定义为受到测量的量。

注 3：测量包括测量系统和实施测量的条件，它可能会改变研究中的现象、物体或物质，使被测量的量可能不同于定义的被测量。在这种情况下，需要进行必要的修正。

10. 测量结果 measurement result，result of measurement［JJF 1001—2011 的 5.1］

与其他有用的相关信息一起赋予被测量的一组量值。

注 1：测量结果通常包含这组量的"相关信息"，诸如某些可以比其他方式更能代表被测量的信息。它可以概率密度函数（PDF）的方式表示。

注 2：测量结果通常表示为单个测得的量值和一个测量不确定度。对某些用途，如果认为测量不确定度可忽略不计，则测量结果可表示为单个测得的量值。在许多领域中这是表示测量结果的常用方式。

注 3：在传统文献和 1993 年版 VIM 中，测量结果定义为赋予被测量的值，并按情况解释为平均值、未修正的结果或已修正的结果。

11. 测得的量值 measured quantity value［JJF 1001—2011 的 5.2］

又称量的测得值 measured value of aquantity，简称测得值 measured value，代表测量结果的量值。

注 1：对重复示值的测量，每个示值可提供相应的测得值。用这一组独立的测得值可计算出作为结果的测得值，如平均值或中位值，通常它附有一个已减小了的与其相关联的测量不确定度。

注2：当认为代表被测量的真值范围与测量不确定度相比小得多时，量的测得值可认为是实际唯一真值的估计值，通常是通过重复测量获得的各独立测得值的平均值或中位值。

注3：当认为代表被测量的真值范围与测量不确定度相比不太小时，被测量的测得值通常是一组真值的平均值或中位值的估计值。

注4：在测量不确定度指南（GUM）中，对测得的量值使用的术语有"测量结果"和"被测量的值的估计"或"被测量的估计值"。

12. 测量精密度 measurement precision［JJF 1001—2011 的 5.10］

简称精密度 precision，在规定条件下，对同一或类似被测对象重复测量所得示值或测得值间的一致程度。

注1：测量精密度通常用不精密程度以数字形式表示，如在规定测量条件下的标准偏差、方差或变差系数。

注2：规定条件可以是重复性测量条件、期间精密度测量条件或复现性测量条件。

注3：测量精密度用于定义测量重复性、期间测量精密度或测量复现性。

注4：术语"测量精密度"有时用于指"测量准确度"，这是错误的。

13. 测量重复性 measurement repeatability［JJF 1001—2011 的 5.13］

简称重复性 repeatability，在一组重复性测量条件下的测量精密度。

14. 重复性测量条件 measurement repeatability condition of measurement［JJF 1001—2011 的 5.14］

简称重复性条件 repeatability condition，相同测量程序、相同操作者、相同测量系统、相同操作条件和相同地点，并在短时间内对同一或相类似被测对象重复测量的一组测量条件。

注：在化学中，术语"序列内精密度测量条件"有时用于指"重复性测量条件"。

15. 复现性测量条件 measurement reproducibility condition of measurement［JJF 1001—2011 的 5.15］

简称复现性条件 reproducibility condition，不同地点、不同操作者、不同测量系统，对同一或相类似被测对象重复测量的一组测量条件。

注1：不同测量系统可采用不同的测量程序。

注2：在给出复现性时应说明改变和未变的条件及实际改变到什么程度。

16. 试验标准偏差 experimental standard deviation（简称：实验标准差）［JJF 1001—2011 的 5.17］

对同一被测量进行 n 次测量，表征测量结果分散性的量，用符号 s 表示。

注1：n 次测量中某单个测得值 x_k 的实验室标准偏差 $s(x_k)$ 可按贝塞尔公式计算：

$$s(x_k) = \sqrt{\frac{\sum_{i=1}^{n}(x_i - \bar{x})^2}{n-1}}$$

式中，x_i 为第 i 次测量的测得值；$\bar{x}$ 为 n 次测量所得一组测得值的算术平均值；n 为测量次数。

注2：n 次测量的算术平均值 $\bar{x}$ 的试验标准偏差 $s(\bar{x})$ 为

$$s(\overline{x}) = \frac{s(x_k)}{\sqrt{n}}$$

17. 测量误差 measurement error，error of measurement[JJF 1001—2011 的 5.3]

简称误差 error，测得的量值减去参考量值。

注1：测量误差的概念在以下两种情况下均可使用：当涉及存在单个参考量值，如用测得值的测量不确定度可忽略的测量标准进行校准，或约定量值给定时，测量误差是已知的；假设被测量使用唯一的真值或范围可忽略的一组真值表征时，测量误差是未知的。

注2：测量误差不应与出现的错误或过失相混淆。

18. 测量不确定度 measurement uncertainty（简称：不确定度）[JJF 1001—2011 的 5.18]

根据所用到的信息，表征赋予被测量值分散性的非负参数。

注1：测量不确定度包括由系统影响引起的分量，如与修正量和测量标准所赋量值有关的分量及定义的不确定度。有时对估计的系统影响未做修正，而是当作不确定度分量处理。

注2：此参数可以是诸如成为标准测量不确定度的标准偏差（或其特定倍数），或是说明了包含概率区间半宽度。

注3：测量不确定度一般由若干分量组成。其中一些分量可根据一系列测量值的统计分布，按测量不确定度的 A 类评定进行评定，并可用标准偏差表征。另一些分量则可根据基于经验或其他信息获得的概率密度函数，按测量不确定度的 B 类评定进行评定，也用标准偏差表征。

注4：通常，对于一组给定的信息，测量不确定度是相应于所赋予被测量的值的。该值的改变将导致相应的不确定度的改变。

注5：本定义是按 2008 年版的 VIM 给出，而在 GUM 中的定义是，表征合理地赋予被测量之值的分散性，与测量结果相联系的参数。

19. 标准不确定度 standard uncertainty[JJF 1001—2011 的 5.19]

以标准偏差表示的测量不确定度。

20. 合成标准不确定度 combined standard uncertainty[JJF 1001—2011 的 5.22]

由在一个测量模型中各输入量的标准测量不确定度获得的输出量的标准测量不确定度。

注：在数学模型中的输入量相关的情况下，当计算合成标准不确定度时必须考虑协方差。

21. 扩展不确定度 expanded uncertainty[JJF 1001—2011 的 5.27]

合成标准不确定度与一个大于1的数字因子的乘积。

注1：该因子取决于测量模型中输出量的概率分布类型及所选取的包含概率。

注2：本定义中术语"因子"是指包含因子。

22. 测量设备和设施的不确定度 measurement instrumentation uncertainty；MIU[GB/Z 6113.401—2018 的 3.1.10]

与测量结果相关的参数，用来表征合理地赋予被测量的值的分散性，它是由所有与测量设备相联系的有关的影响量引起的。

23. 标准符合性不确定度 standards compliance uncertainty；SCU［GB/Z 6113.401—2018 的 3.1.16］

与标准中所描述的符合性测量的结果有关的参数，用来表征合理地赋予被测量的值的分散性。

24. 被测量的固有不确定度 intrinsic uncertainty of the measurand［GB/Z 6113.401—2018 的 3.1.6］

在被测量的量的描述中能被赋值的最小不确定度。理论上，如果测量被测量时所使用的测量系统中的测量设备和设施的不确定度可以被忽略，那么就可以得到该被测量的固有不确定度。

注 1：没有量能在持续较低的不确定度条件下被测量，也就是要在给定的不确定度水平上定义或识别给定的量。如果要想在低于其固有不确定度的条件下测量某个给定的量，那么需要更详细地重新定义该量，这样实际上就是在测量另一个量。

注 2：以被测量的固有不确定度测量得到的结果称为被测量的最佳测量。

25. 测量设备和设施的固有不确定度 intrinsic uncertainty of the measurement instrumentation［GB/Z 6113.401—2018 的 3.1.7］

处于参考条件下所使用的测量设备的不确定度。理论上，如果被测量的固有不确定度可忽略，那么就可得到测量设备和设施的固有不确定度。

注：应用参考被测设备是建立参考条件的一种方法，目的是获得测量设备和设施的固有不确定度。

26. 参考条件 reference conditions［GB/Z 6113.401—2018 的 3.1.13］

在测量系统可允许的不确定度或误差限最小的情况下，影响量的规定值的集合和/或值的范围。

27. 测量不确定度的 A 类评定 type A evaluation of measurement uncertainty［JJF 1001—2011 的 5.20］

对规定测量条件下测得的量值用统计分析的方法进行的测量不确定度分量的评定。

注：规定的测量条件是指重复性测量条件、期间精密度测量条件或复现性测量条件。

28. 测量不确定度的 B 类评定 type B evaluation of measurement uncertainty［JJF 1001—2011 的 5.21］

用不同于测量不确定度 A 类评定的方法对测量不确定度分量进行的评定。

例：权威机构发布的量值；有证标准物质的量值；校准证书；仪器的漂移；经检定的测量仪器的准确度等级；根据人员经验推断的极限值等。

29. 包含区间 coverage interval［JJF 1001—2011 的 5.28］

基于可获得的信息确定的包含被测量一组值的区间，被测量值以一定概率落在该区间内。

注 1：包含区间不一定以所选的测得值为中心。

注 2：不应把包含区间称为置信区间，以避免与统计学概念混淆。

注3：包含区间可由扩展测量不确定度导出。

30. 包含概率 coverage probability［JJF 1001—2011 的 5.29］

在规定的包含区间内包含被测量的一组值的概率。

注1：为避免与统计学概念混淆，不应把包含概率称为置信水平。

注2：在 GUM 中包含概率又称"置信的水平（level of confidence）"。

注3：包含概率替代了曾经使用过的"置信水准"。

31. 包含因子 coverage factor［JJF 1001—2011 的 5.30］

为获得扩展不确定度对合成不确定度所乘的大于1的数。

注：包含因子通常用符号 k 表示。

32. 测量模型 measurement model［JJF 1001—2011 的 5.31］

测量中涉及的所有已知量间的数学关系。

注1：测量模型的通用形式是方程 $h(Y,X_1,\cdots,X_N)=0$，其中测量模型中的输出量 Y 是被测量，其量值由测量模型中输入量 X_1、$\cdots$、X_N 的有关信息推导得到。

注2：在有两个或多个输出量的较复杂情况下，测量模型包含一个以上的方程。

33. 测量函数 measurement function［JJF 1001—2011 的 5.32］

在测量模型中，由输入量的已知量值计算得到的值是输出量的测得值时，输入量与输出量之间的函数关系。

注1：如果测量模型 $h(Y,X_1,\cdots,X_n)=0$ 可明确写成 $Y=f(X_1,\cdots,X_n)$，其中 Y 是测量模型中的输出量，则函数 f 是测量函数。更通俗地说，f 是一个算法符号，算出与输入量 x_1、$\cdots$、x_n 相应的唯一的输出量 $y=f(x_1,\cdots,x_n)$。

注2：测量函数也用于计算测得值 Y 的测量不确定度。

34. 测量模型中的输入量 input quantity in a measurement model［JJF 1001—2011 的 5.33］

简称输入量 input quantity，为计算被测量的测得值而必须测量的，或其值可用其他方式获得的量。

例：当被测量是在规定温度下某钢棒的长度时，则实际温度、在实际温度下的长度以及该棒的线热膨胀系数为测量模型中的输入量。

注1：测量模型中的输入量往往是某个测量系统的输出量。

注2：示值、修正值和影响量可以是一个测量模型中的输入量。

35. 测量模型中的输出量 output quantity in a measurement model［JJF 1001—2011 的 5.34］

简称输出量 output quantity，用测量模型中输入量的值计算得到的测得值的量。

36. 仪器的测量不确定度 instrumental measurement uncertainty［JJF 1001—2011 的 7.24］

由所用的测量仪器或测量系统引起的测量不确定度的分量。

注1：除原级测量标准采用其他方法外，仪器的不确定度通过对测量仪器或测量系统校

准得到。

注2：仪器的不确定度通常按 B 类测量不确定度评定。

注3：对仪器的测量不确定度的有关信息可在仪器说明书中给出。

37. 不确定度报告 uncertainty budget[JJF 1001—2011 的 5.25]

对测量不确定度的陈述，包括测量不确定度的分量及其计算和合成。

注：不确定度报告应该包括测量模型、估计值、测量模型中与各个量相关联的测量不确定度、协方差、所用的概率密度分布函数的类型、自由度、测量不确定度的评定类型和包含因子。

1.2.8 标准化相关的术语和定义

1. 标准化 standardization[GB/T 20000.1—2014 的 3.1]

为了在既定范围内获得最佳秩序，促进共同效益，对现实问题或潜在问题确立共同使用和重复使用的条款以及编制、发布和应用文件的活动。

注1：标准化活动确立的条款，可形成标准化文件，包括标准和其他标准化文件。

注2：标准化的主要效益在于为了产品、过程或服务的预期目的改进它们的适用性，促进贸易、交流以及技术合作。

2. 标准化对象 subject of standardization[GB/T 20000.1—2014 的 3.2]

需要标准化的主题。

注1：本部分适用的"产品、过程或服务"这一表述，旨在从广义上囊括标准化对象，宜等同地理解为包括诸如材料、元件、设备、系统、接口、协议、程序、功能、方法或活动。

注2：标准化可以限定在任何对象的特定方面，例如，可以对鞋子的尺码和耐用性分别标准化。

3. 标准化领域 field of standardization[GB/T 20000.1—2014 的 3.3]

一组相关的标准化对象。

注：例如工程、运输、农业、量和单位均可视为标准化领域。

4. 标准 standard[GB/T 20000.1—2014 的 5.3]

通过标准化活动，按照规定的程序经协商一致制定，为各种活动或其结果提供规则、指南或特性，供共同使用和重复使用的文件。

注1：标准宜以科学、技术和经验的综合成果为基础。

注2：规定的程序指制定标准的机构颁布的标准制定程序。

注3：诸如国际标准、区域标准和国家标准等，由于它们可以公开获得以及必要时通过修正或修订保持与最新技术水平同步，因此它们被视为构成了公认的技术规则。其他层次上通过的标准，诸如专业协（学）会标准、企业标准等，在地域上可影响几个国家。

5. 国际标准 international standard[GB/T 20000.1—2014 的 5.3.1]

由国际标准化组织或国际标准组织通过并公开发布的标准。

6. 区域标准 regional standard[GB/T 20000. 1—2014 的 5. 3. 2]

由区域标准化组织或区域标准组织通过并公开发布的标准。

7. 国家标准 national standard[GB/T 20000. 1—2014 的 5. 3. 3]

由国家标准机构通过并公开发布的标准。

8. 行业标准 industry standard[GB/T 20000. 1—2014 的 5. 3. 4]

由行业机构通过并公开发布的标准。

9. 地方标准 provincial standard[GB/T 20000. 1—2014 的 5. 3. 5]

在国家的某个地区通过并公开发布的标准。

10. 企业标准 company standard[GB/T 20000. 1—2014 的 5. 3. 6]

由企业通过供该企业使用的标准。

11. 规范 specification[GB/T 20000. 1—2014 的 5. 5]

规定产品、过程或服务应满足的技术要求的文件。

注1：适宜时，规范宜指明可以判定其要求是否得到满足的程序。

注2：规范可以是标准、标准的一个部分或标准以外的其他标准化文件。

12. 规程 code practice[GB/T 20000. 1—2014 的 5. 6]

为产品、过程或服务全生命周期的有关阶段推荐良好惯例或程序的文件。

注：规程可以是标准、标准的一个部分或标准以外的其他标准化文件。

13. 法规 regulation[GB/T 20000. 1—2014 的 5. 7]

由权力机关通过的有约束力的法律性文件。

14. 技术法规 regulation[GB/T 20000. 1—2014 的 5. 7. 1]

规定技术要求的法规，它或者直接规定技术要求，或者通过引用标准、规范或规程提供技术要求，或者将标准、规范或规程的内容纳入法规中。

注：技术法规可附带技术指导，列出为了遵守法规要求可采取的某些途径，即视同符合条款。

15. 机构 body[GB/T 20000. 1—2014 的 6. 1]

（负责标准和法规）有特定任务和组成的法定实体或行政实体。

注：机构如组织、权力机关、公司和基金会等。

16. 组织 organization[GB/T 20000. 1—2014 的 6. 2]

以其他机构或个人工作成员组成的，具有既定章程和自身管理部门的机构。

17. 标准化机构 standardizing body[GB/T 20000. 1—2014 的 6. 3]

公认的从事标准化活动的机构。

18. 标准化技术组织 standardizing technical organization[GB/T 20000. 1—2014 的 6. 5]

由标准机构或标准化机构设立的负责标准的起草或编制的组织。

19. 技术委员会 technical committee[GB/T 20000. 1—2014 的 6. 5. 1]

在特定专业领域内，从事标准的编制等工作的标准化技术组织。

20. 分技术委员会 subcommittee[GB/T 20000.1—2014 的 6.5.2]

在技术委员会内设置的负责某一分支领域标准的编制等工作的标准化技术组织。

21. 工作组 working group[GB/T 20000.1—2014 的 6.5.3]

在技术委员会或分技术委员会内设置的负责标准的起草的专家组。

22. 基础标准 basic standard[GB/T 20000.1—2014 的 7.1]

具有广泛的适用范围或包含一个特定领域的通用条款的标准。

注：基础标准可直接应用，也可作为其他标准的基础。

23. 产品标准 product standard[GB/T 20000.1—2014 的 7.9]

规定产品需要满足的要求以保证其适用性的标准。

注1：产品标准除了包括适用性的要求外，也可直接包括或以引用的方式包括诸如术语、取样、检测、包装和标签方面的要求，有时还可包括工艺要求。

注2：产品标准根据其规定的是全部的还是部分的必要要求，可区分为完整的标准和非完整的标准。由此，产品标准又可分为不同类别的标准，例如尺寸类、材料类和交货技术通则类产品标准。

24. 协调标准 harmonized standards[GB/T 20000.1—2014 的 8.1]

不同标准化机构各自针对同一对象批准的，能作为依据建立产品、过程或服务的互换性，或者能够提供试验结果或信息的相对理解的若干标准。

注：符合本定义的协调标准，在表述方面甚至在内容方面都可能有所不同，例如在注、在达到标准要求的指导、在可选项和品种规格的优选等方面都可能有所不同。

25. 一致标准 unified standards[GB/T 20000.1—2014 的 8.2]

内容相同，但是表达形式不同的协调标准。

26. 等同标准 identical standards[GB/T 20000.1—2014 的 8.3]

内容和表达形式都相同的协调标准。

注1：各等同标准的编号可互不相同。

注2：不同语种的等同标准互为准确的译文。

27. 标准草案 draft standard[GB/T 20000.1—2014 的 11.2]

为了征求意见、投票（审查）或批准而提出的标准文本。

28. 起草 drafting[GB/T 20000.1—2014 的 11.4]

确立条款，搭建文本的结构，形成文件草案的活动。

注：标准化活动中，起草主要由工作组完成。

29. 编制 preparation[GB/T 20000.1—2014 的 11.5]

起草文件，履行征求意见、技术审查等程序的活动。

注：标准化活动中，编制主要指标准化技术组织从事的活动。

30. 制定 development[GB/T 20000.1—2014 的 11.6]

确立条款，编制、发布文件的全过程活动。

注：标准化活动中，制定主要指标准机构或标准化机构从事的活动。

31. 修订 revision[GB/T 20000.1—2014 的 11.10]

对规范性文件实质内容和表述的全面必要的更改。

注：修订的结果是发布规范性文件的新版本。

32. 等同 identical；IDT[GB/T 20000.1—2014 的 12.1.1.1]

某一文件与所采用的另一文件的技术内容和文本结构相同的一致性程度。

注：文件版式（例如，页码、字体和字号等）的改变不影响一致性程度。

33. 修改 modified；MOD[GB/T 20000.1—2014 的 12.1.1.2]

某一文件与所采用的另一文件存在已被明确指出并说明原因的技术性差异，和（或）已清晰阐述或比较两个文件之间文本结构变化的一致性程度。

34. 非等效 nonequivalent；NEQ[GB/T 20000.1—2014 的 12.1.1.3]

某一文件与另一文件存在未清晰说明的技术内容和（或）文本结构的差别，或只保留另一文件中少量或不重要的条款的一致性程度。

注：与国际标准一致性程度为非等效的我国标准，不属于采用国际标准。

1.2.9 实验室认可的术语和定义

1. 合格评定 conformity assessment[GB/T 27000—2023 的 3.1]

规定要求得到满足的证实。

注1：GB/T 27000—2023 的附录 A 中的功能法所描述的合格评定过程可能得到一个否定的结果，即证实规定要求未得到满足。

注2：合格评定包括本文件其他地方所定义的活动，例如但不限于 GB/T 27000—2023 中的检测（5.2）、检验（5.3）、审定（5.5）、核查（5.6）、认证（6.6）以及认可（6.7）。

注3：GB/T 27000—2023 的附录 A 将合格评定解释为一系列功能。有助于实现其中任一功能的活动可被描述为合格评定活动。

注4：GB/T 27000—2023 不包含"合格"（conformity）的定义。"合格评定"定义中的"合格"二字不存在单独的含义。GB/T 27000—2023 也不涉及合规（compliance）的概念。

2. 合格评定机构 conformity assessment body[GB/T 27000—2023 的 3.6]

实施除认可外的合格评定活动的机构。

3. 认可机构 accreditation body[GB/T 27000—2023 的 3.7]

实施认可的权威机构。

注：认可机构的权威性可能源自政府、公共权威机构、合同、市场认同或方案所有者。

4. 程序 procedure[GB/T 27000—2023 的 4.2]

为进行某项活动或过程所规定的途径。

注：在此语境中，过程定义为"利用输入实现预期结果的相互关联或相互作用的一组活动"。

5. 产品 product［GB/T 19000—2016 的 3.7.6］

在组织和顾客之间未发生任何交易的情况下，组织能够产生的输出。

注 1：在供方和顾客之间未发生任何必要交易的情况下，可以实现产品的生产，但是，当产品交付给顾客时，通常包含服务因素。

注 2：通常，产品的主要要素是有形的。

注 3：硬件是有形的，其量具有计数的特性（如：轮胎）。流程性材料是有形的，其量具有连续的特性（如：燃料和软饮料）。硬件和流程性材料经常被称为货物。软件由信息组成，无论采用何种介质传递（如：计算机程序、移动电话机应用程序、操作手册、字典、音乐作品版权和驾驶证）。

6. 检测 testing［GB/T 27000—2023 的 5.2］

按照程序确定合格评定对象的一个或多个特性。

注 1：程序可能用以控制检测中的变量，从而提高结果的准确性或可靠性。

注 2：检测的结果可能用规定的单位或与达成一致的参照物的客观对比来表达。

注 3：检测的输出可能包括对于检测结果和规定要求满足情况的评论（如意见和解释）。

注 4：GB/T 27000—2023 的附录 A.3.4 中提供了有关检测和检验的概念的更多信息。

7. 检验 inspection［GB/T 27000—2023 的 5.3］

对合格评定对象的审查，并确定其与具体要求的符合性，或在专业判断的基础上确定其与通用要求的符合性。

注 1：审查可能包括直接或间接的观察，观察则可包括测量或仪器的输出。

注 2：合格评定方案或合同可能规定检验仅为审查。

注 3：GB/T 27000—2023 的附录 A.3.4 中提供了有关检测和检验概念的更多信息。

8. 审核 audit［GB/T 27000—2023 的 5.4］

获取与合格评定对象有关的信息并进行客观评价，以确定规定要求的满足程度的过程。

注 1：在进行审核之前明确规定要求，以便获取相关信息。

注 2：审核对象的例子有管理体系、过程、产品和服务。

注 3：以认可为目的的审核过程称为"评审"。

9. 复核 review［GB/T 27000—2023 的 6.1］

针对合格评定对象满足规定要求的情况，对选取和确定活动及其结果的适宜性、充分性和有效性进行的考虑。

10. 证明 attestation［GB/T 27000—2023 的 6.3］

根据决定发布陈述，证实规定要求已得到满足。

11. 认证 certification［GB/T 27000—2023 的 6.6］

与合格评定对象有关的第三方证明，认可除外。

12. 认可 accreditation［GB/T 27000—2023 的 6.7］

正式表明合格评定机构具备实施特定合格评定活动的能力、公正性和一致运作的第三方证明。

13. 监督 surveillance［GB/T 27000—2023 的 7.1］

合格评定活动的系统性重复，是保持符合性陈述有效性的基础。

14. 批准 approval［GB/T 27000—2023 的 8.1］

根据明示的目的或条件，对销售或使用的产品、服务或过程的许可。

注1：可能将满足规定要求或完成规定程序作为批准依据。

注2：批准可能依据合格评定方案的范围而作出。

15. 实验室间比对 interlaboratory comparison［GB/T 27025—2019 的 3.3］

按照预先规定的条件，由两个或多个实验室对相同或类似的物品进行测量或检测的组织、实施和评价。

16. 实验室内比对 intra laboratory comparison［GB/T 27025—2019 的 3.4］

按照预先规定的条件，在同一实验室内部对相同或类似的物品进行测量或检测的组织、实施和评价。

17. 能力验证 proficiency testing［GB/T 27025—2019 的 3.5］

利用实验室间比对，按照预先制定的准则评价参加者的能力。

18. 实验室 laboratory［GB/T 27025—2019 的 3.6］

从事下列一种或多种活动的机构：检测；校准；与后续检测或校准相关的抽样。

19. 判定规则 decision rule［GB/T 27025—2019 的 3.7］

当声明与规定要求的符合性时，描述如何考虑测量不确定度的规则。

20. 验证 verification［GB/T 27025—2019 的 3.8］

提供客观证据，证明给定项目满足规定要求。

示例1：证实在测量取样质量小至 10mg 时，对于相关量值和测量程序，给定标准物质的均匀性与其声称的一致。

示例2：证实已达到测量系统的性能特性或法定要求。

示例3：证实可满足目标测量不确定度。

注1：适用时，宜考虑测量不确定度。

注2：项目可以是，例如一个过程、测量程序、物质、化合物或测量系统。

注3：满足规定要求，如制造商的规范。

注4：在国际法制计量术语（VIML）中定义的验证，以及在合格评定中通常所讲的验证，是指对测量系统的检查并标记和（或）出具验证证书。

注5：验证不宜与校准混淆。不是每个验证都是确认。

注6：在化学中，验证实体身份或活性时，需要描述该实体或活性的结构或特性。

21. 确认 validation［GB/T 27025—2019 的 3.9］

对规定要求满足预期用途的验证。

示例：通常用于测量水中氮的质量浓度的测量程序，经过确认后也可用于测量人体血清中氮的质量浓度。

22. 检验检测机构 inspection body and laboratory［RB/T 214—2017 的 3.1］

依法成立，依据相关标准或者技术规范，利用仪器设备、环境设施等技术条件和专业技能，对产品或者法律法规规定的特定对象进行检验检测的专业技术组织。

23. 资质认定 mandatory approval［RB/T 214—2017 的 3.2］

国家认证认可监督管理委员会和省级质量技术监督部门依据有关法律法规和标准、技术规范的规定，对检验检测机构的基本条件和技术能力是否符合法定要求实施的评价许可。

24. 资质认定评审 assessment of mandatory approval［RB/T 214—2017 的 3.3］

国家认证认可监督管理委员会和省级质量技术监督部门依据《中华人民共和国行政许可法》的有关规定，自行或者委托专业技术评价机构，组织评审人员，对检验检测机构的基本条件和技术能力是否符合《检验检测机构资质认定评审准则》和评审补充要求所进行的审查和考核。

1.2.10 无线通信设备的术语和定义

1. 无线通信设备 radio communications equipment［ETSI EN 301 489-1 V2.2.3(2019-11)的 3.1］

有意发射和/或接收无线电波进行无线电通信和/或无线电测定的电气或电子设备。无线通信设备可以与辅助设备一起使用，但基本功能不依赖辅助设备完成。

2. 2G 无线移动通信技术

第二代无线移动通信技术，主要指全球移动通信系统（GSM，Global System For Mobile Communication）标准，主要采用时分多址（TDMA）接入技术，是 1992 年欧洲标准化委员会统一推出的标准，采用数字通信技术和统一的网络标准，相对于模拟通信技术称为第二代无线移动通信技术，主要用于使用数字标准进行语音通信。

3. 3G 无线移动通信技术

第三代无线移动通信技术，国际电信联盟（ITU）制定的国际移动通信-2000（IMT-2000）标准，以码分多址（CDMA）为技术特征，用户峰值速率达到 2 Mbit/s 至数十 Mbit/s。它是一种利用 IP（因特网协议）的移动宽带技术，将无线通信与互联网等多媒体通信结合的新一代移动通信系统，除了支持语音电话之外，还支持文本消息、图像处理和视频流等多种媒体形式，提供包括网页浏览、电话会议以及电子商务等多种信息服务。

4. 4G 无线移动通信技术

第四代无线移动通信技术，以正交频分多址（OFDMA）技术为核心，用户峰值速率可达 100 Mbit/s~1 Gbit/s，能够支持各种移动宽带数据业务，在一定程度上实现数据、音频和视频的快速传输，能够支持包括电话、视频、数据和网页浏览在内的所有 IP 网络。

5. 5G 无线移动通信技术

第五代无线移动通信技术，国际移动通信 2020 年（IMT-2020）标准，具有高速率、低时延和大连接特点的新一代宽带移动通信技术，是实现人机物互联的网络基础设施。其具备三大类应用场景，即增强移动宽带（eMBB）、超高可靠低时延通信（uRLLC）和海量机类通信（mMTC），关键性能指标中高速率、低时延和大连接成为 5G 最突出的特征，用户体验速率达 1 Gbit/s，时延低至 1 ms，用户连接能力达 100 万连接/公里^2。

6. 移动台 mobile station［GB/T 22450.1—2008 的 3.1.10］

可以通过一个或多个无线接口访问数字蜂窝移动通信系统业务的实体。当访问业务时，该实体可以在蜂窝服务区域内静止或移动，且可以同时为一个或多个用户提供服务。

7. 基站 base station［GB/T 22450.1—2008 的 3.1.13］

无线移动通信系统中的网络单元，它是为一个小区服务的无线收发信设备。它包括一个或多个无线收发信机。

8. 工作频率范围 operating frequency range［YD/T 1312.1—2015 的 3.1.2］

无线通信设备占用的射频频段。

9. 小区 cell［YD/T 1080—2018 的 3.4.5］

一个基站或该基站的一部分（扇形天线）所覆盖的区域。

10. 上行链路 uplink［YD/T 1080—2018 的 3.6.34］

无线移动通信系统中，从移动台向基站方向的物理链路（移动台发，基站接收）。

11. 下行链路 downlink［YD/T 1080—2018 的 3.6.33］

无线移动通信系统中，从基站向移动台方向的物理链路（基站发，移动台收）。

12. 信道 channel

本文的信道指无线通信的信道，即无线信号作为传输媒介质进行数据信号传送的通道。例如，在时分多址接入系统中，信道是指定义的一定时间序列（如时隙）。

13. 信道带宽 channel bandwidth［3GPP TR 21.905］

支持单个射频载波的射频带宽，其传输带宽在小区的上行链路或下行链路中配置。信道带宽以 MHz 为单位测量，并用作发射机和接收机射频要求的参考。

14. 占用带宽 occupied bandwidth［GB/T 12572—2008 的 3.1.6］

指这样一种带宽，在此频带的频率下限之下和频率上限之上所发射的平均功率分别等于某一给定发射的总平均功率的规定百分数 $\beta/2$。除非另做规定，$\beta/2$ 值等于 0.5%。

15. 终端设备 terminal equipment［YD/T 1080—2018 的 3.2.11］

提供用户接入协议操作所需必要功能的设备。

16. 移动终端 mobile terminal［YD/T 1080—2018 的 3.2.12］

移动设备的一部分，它终止来自/至网络的无线传输，并将终端设备的能力适配到无线传输。

17. 端口 port［GB/T 9254.1—2021 的 3.1.27］

电磁能量进入或离开被测设备的物理接口，如图 1-1 所示。

18. 交流电源端口 AC mains power port［GB/T 9254.1—2021 的 3.1.1］

用于连接到电源网络的端口。

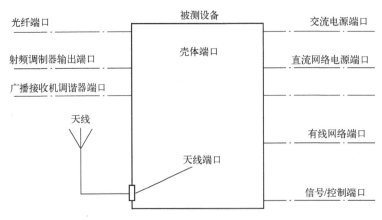

图 1-1　被测设备的端口示例图

注：由专门的交流/直流电源转换器供电的设备定义为交流电源供电的设备。

19. 天线端口 antenna port［GB/T 9254.1—2021 的 3.1.3］

与用于有意发送和/或接收射频（RF）辐射能量的天线相连接的端口。

20. 布置 arrangement［GB/T 9254.1—2021 的 3.1.4］

在测量或试验区域内所有受试设备，本地辅助设备（AE）与相关电缆的物理布局和方位。

21. 辅助设备 ancillary equipment；AE［YD/T 2583.18—2019 的 3.1.2］

与无线通信设备连接使用的设备，且同时满足下列条件：

1）与无线通信设备一起使用，为无线通信设备提供额外的操作或控制特性。例如：把控制扩展到其他位置；

2）不能独立于无线设备使用，否则不能单独提供用户功能；

3）所连接的无线通信设备在无此辅助设备时仍能进行发射和/或接收等预期的操作。（即辅助设备不是主设备基本功能必要的子单元。）

22. 配置 configuration［GB/T 9254.1—2021 的 3.1.10］

被测设备和 AE 的运行条件，包括被测设备和 AE 硬件的选择、被测设备工作的运行模式以及被测设备和 AE 的布置。

23. 功能 function［GB/T 9254.1—2021 的 3.1.16］

设备执行的操作。

注：功能与设备包含的基本技术有关，如显示、记录、处理、控制、重现、发送或接收单一媒体或多媒体内容。该内容可以是数据、音频或视频，或几个内容的组合。

24. 辅助测试设备 associated measurement equipment；AME［YD/T 2583.18—2019 的 3.1.3］

辅助被测设备工作，使被测设备正常工作和/或监视被测设备工作状态的设备，例如基站模拟器。辅助测试设备可以放到测试区域内也可以放到测试区域外，宜放到测试区域外。

25. 运行模式 mode of operation［GB/T 9254.1—2021 的 3.1.23］

试验或测量过程中 EUT（被测设备）所有功能的一系列运行状态。

26. 信号/控制端口 signal/control port［GB/T 9254.1—2021 的 3.1.30］

用于 EUT 组件之间互连，或 EUT 与本地 AE 之间互连的端口，并按照相关功能规范（例如，与其连接的电缆的最大长度）使用。

注：如 RS-232、通用串行总线（USB）、高清晰度多媒体接口（HDMI）和 IEEE 1394（"相线"）。

27. 有线网络端口 wired network port［GB/T 9254.1—2021 的 3.1.32］

通过直接连到单用户或多用户的通信网络将分散的系统互联，用于传输语音、数据和信号的端口。

注 1：如有线电视网络（CATV）、公共交换电信网络（PSTN）、综合业务数字网（ISDN）、数字用户线路（xDSL）、局域网（LAN）以及类似网络。

注 2：此类端口可以支持屏蔽或非屏蔽电缆，如果相关通信规范允许，也可同时提供 AC 或 DC 供电。

28. 电信中心 telecommunication center［GB/T 22451—2008 的 3.1.3］

电信设备所处的安装/运行环境，即基础电信设施，在这个设施内电磁环境受控，具有以下特征：设施内电信设备使用专用的-48 V、-60 V 直流或者 50 Hz 220/380 V 交流配电系统，配电系统配备防雷保护单元和监控设备，同时有一定后备能源并行工作以保证设备电力供应。直流电缆、信号电缆与交流电缆保持一定的距离以避免互耦合，电信中心的接地系统与 ITU—T K.27 建议要求保持一致。线缆架设支架应采用金属电缆支架并与机房内的接地系统良好搭接；电信中心应有防静电措施，例如设施内温湿度可控、采用防静电地板、制定操作和维护设施的导则（例如：使用防静电环、静电防护鞋和帽等）；电信中心应与大功率广播发射机保持一定的距离，允许无线设备的使用，但应采取相应措施限制其向电信设备发射过度的电磁波。

29. 非电信中心 other than telecommunication center［YD/T 1312.1—2015 的 3.1.4］

被测设备不在电信中心内运行的地点。例如，在无保护措施的本地远端局站、商业区、办公室内、用户室内和街道等。

30. 业务模式 traffic mode［YD/T 2583.18—2019 的 3.1.6］

用户设备处于开启状态，且与无线资源控制模块建立了连接。

31. 空闲模式 idle mode［YD/T 2583.18—2019 的 3.1.7］

用户设备处于开启状态但没有建立无线资源控制连接。

32. 一体化天线 integral antenna［YD/T 2583.18—2019 的 3.1.8］

该天线与设备永久连接且被视为机壳端口的一部分，可以是内置的天线或外置的天线。

33. 最大吞吐量 maximum throughput［YD/T 2583.18—2019 的 3.1.9］

对于参考测试信道在单位时间内成功地传送数据的最大数量（以比特、字节和分组等为单位测量）。

34. 免测频段 exclusion band［ETSI EN 301 489-1 V2.2.3(2019-11)的 3.1］

不进行测试或评估的频率范围。

35. 便携使用 portable-use［ETSI EN 301 489-1 V2.2.3(2019-11)的 3.1］

在临时位置使用未连接到外部电源适配器的设备。

36. 便携设备 portable equipment［ETSI EN 301 489-1 V2.2.3(2019-11)的 3.1］

由集成电池或电池供电的便携使用的无线电设备。

37. 可拆卸天线 removable antenna［ETSI EN 301 489-1 V2.2.3(2019-11)的 3.1］

试验时，被测设备的天线可拆卸。

38. 车载设备 vehicular equipment［YD/T 2583.18—2019 的 3.1.17］

固定安装在车辆上由车辆的电源系统供电的设备，或在车辆上使用且配备车载电源适配器使用车辆电源系统供电的设备。

1.3 电磁兼容常用单位及计算公式

1.3.1 常用单位及换算公式

电磁兼容常用的单位为分贝（dB），表示一个相对值，即以某个值为基准（对应 0 dB值）的相对值，表示两个数值的比值的大小，分贝间的计算只有加减计算，没有乘除计算。

分贝（dB）的定义如下：

$$P_{dB}(分贝数) = 10\log_{10}(P_2/P_1)$$

式中，P_2 和 P_1 表示进行比较的两个功率值，采用相同的单位，如果 $P_2 > P_1$，分贝数为正，表示有功率增益；如果 $P_2 < P_1$，分贝数为负，表示发生功率损耗。

分贝的实质是两个数值的比值，只表示两个数值比值的大小，并没有绝对数量的概念，没有量纲。例如 3 dB 表示两个物理量的数值相差 2 倍，不能反映出具体的数值是多少。

分贝可以表示物理量的绝对数值，带有某种量纲，但要定义一个比较基准（参考量，P_1），通常以"1"为参考值，作为比较基准，其量纲作为分贝的单位，如 P_1 为 1 W，P_2/P_1是相对 1 W 的比值，即以 1 W 为 0 dB。此时以带功率量纲的 dB 表示 P_2，则

$$P_{dBW} = 10\log_{10}(P_w/1W)$$

若以 1 mW 为 0 dB，功率 P 应以 mW 为单位，分贝毫瓦的表示公式为

$$P_{dBm} = 10\log_{10}(P_{mW}/1mW)$$

电磁兼容常用 dB 表示的物理量见表 1-4。

表 1-4 常用 dB 表示的物理量

物 理 量	单 位	参 考 值	物 理 量	单 位	参 考 值
功率	dBW	1 W	电流	dBA	1 A
	dBm	1 mW		dBμA	1 μA
电压	dBV	1 V	电阻	dBΩ	1 Ω
	dBμV	1 μV			
电场场强	dBV/m	1 V/m	磁场场强	dBA/m	1 A/m

分贝的单位也可进行相互的转换，例如功率 dBW 与 dBm 的转换公式：

$$P_{\text{dBm}} = 10\log_{10}(P_{\text{W}}/1\,\text{mW}) = 10\log_{10}(P_{\text{W}}/(1\,\text{W}\times10^{-3}))$$

$$= 10\log_{10}(P_{\text{W}}/1\,\text{W}) + 30 = P_{\text{dBW}} + 30$$

常用的物理量转换公式见表1-5~表1-10。

表1-5　电压与分贝（dB）

序号	转换单位	转换公式	转换单位	转换公式
1	V→dBV	$\text{dBV} = 20\log_{10}(\text{V})$	dBV→V	$\text{V} = 10^{(\text{dBV}/20)}$
2	V→dBμV	$\text{dBμV} = 20\log_{10}(\text{V}) + 120$	dBμV→V	$\text{V} = 10^{((\text{dBμV}-120)/20)}$
3	dBV→dBμV	$\text{dBμV} = \text{dBV} + 120$	dBμV→dBV	$\text{dBV} = \text{dBμV} - 120$
4	dBμA→dBμV	$\text{dBμV} = \text{dBμA} + 20\log_{10}(\Omega)$	—	—

表1-6　电流与分贝（dB）

序号	转换单位	转换公式	转换单位	转换公式
1	A→dBA	$\text{dBA} = 20\log_{10}(\text{A})$	dBA→A	$\text{A} = 10^{(\text{dBA}/20)}$
2	A→dBμA	$\text{dBμA} = 20\log_{10}(\text{A}) + 120$	dBμA→A	$\text{A} = 10^{((\text{dBμA}-120)/20)}$
3	dBA→dBμA	$\text{dBμA} = \text{dBA} + 120$	dBμA→dBA	$\text{dBA} = \text{dBμA} - 120$
4	dBμV→dBμA	$\text{dBμA} = \text{dBμV} - 20\log_{10}(\Omega)$	—	—

表1-7　功率与分贝（dB）

序号	转换单位	转换公式	转换单位	转换公式
1	W→dBW	$\text{dBW} = 10\log_{10}(\text{W})$	dBW→W	$\text{W} = 10^{(\text{dBW}/10)}$
2	W→dBm	$\text{dBm} = 10\log_{10}(\text{W}) + 30$	dBm→W	$\text{W} = 10^{((\text{dBm}-30)/10)}$
3	dBW→dBm	$\text{dBm} = \text{dBW} + 30$	dBm→dBW	$\text{dBW} = \text{dBm} - 30$
4	dBμV→dBm	$\text{dBm} = \text{dBμV} - 90 - 10\log_{10}(\Omega)$	dBμA→dBm	$\text{dBm} = \text{dBμA} - 90 + 10\log_{10}(\Omega)$

表1-8　电场场强与分贝（dB）

序号	转换单位	转换公式	转换单位	转换公式
1	V/m→dBV/m	$\text{dBV/m} = 20\log_{10}(\text{V/m})$	dBV/m→V/m	$\text{V/m} = 10^{((\text{dBV/m})/20)}$
2	V/m→dBμV/m	$\text{dBμV/m} = 20\log_{10}(\text{V/m}) + 120$	dBμV/m→V/m	$\text{V/m} = 10^{(((\text{dBμV/m})-120)/20)}$
3	dBV/m→dBμV/m	$\text{dBμV/m} = \text{dBV/m} + 120$	dBμV/m→dBV/m	$\text{dBV/m} = \text{dBμV/m} - 120$

表1-9　磁场强度与分贝（dB）

序号	转换单位	转换公式	转换单位	转换公式
1	A/m→dBA/m	$\text{dBA/m} = 20\log_{10}(\text{A/m})$	dBA/m→A/m	$\text{A/m} = 10^{((\text{dBA/m})/20)}$
2	A/m→dBμA/m	$\text{dBμA/m} = 20\log_{10}(\text{A/m}) + 120$	dBμA/m→A/m	$\text{A/m} = 10^{(((\text{dBμA/m})-120)/20)}$
3	dBA/m→dBμA/m	$\text{dBμA/m} = \text{dBA/m} + 120$	dBμA/m→dBA/m	$\text{dBA/m} = \text{dBμA/m} - 120$
4	dBμA/m→dBμV/m	$\text{dBμV/m} = \text{dBμA/m} + 51.5$	dBμV/m→dBμA/m	$\text{dBμA/m} = \text{dBμV/m} - 51.5$

（续）

序号	转换单位	转换公式	转换单位	转换公式
5	dBμA/m→dBpT	dBpT=dBμA/m+2	dBpT→dBμA/m	dBμA/m=dBpT-2
6	μT→A/m	$A/m = \dfrac{\mu T}{1.25}$	A/m→μT	μT=1.25×(A/m)

表 1-10 天线增益与分贝（dB）

序号	转换单位	转换公式
1	天线增益（dBi）→天线系数（AF）	$AF = 20\log_{10}(MHz) - dBi - 29.79$
2	天线系数（AF）→天线增益（dBi）	$dBi = 20\log_{10}(MHz) - AF - 29.79$
3	天线增益（dBd）→天线增益（dBi）	$dBi = dBd + 2.15$

1.3.2 测试常用公式

1. 场强计算公式

电场场强的计算公式为

$$F = \frac{\sqrt{30P \times 10^{(G_i/10)}}}{D}$$

式中　　F——场强，单位为 V/m；

　　　　P——施加到发射天线的功率，单位为 W；

　　　　G_i——发射天线的增益，单位为 dBi；

　　　　D——发射天线发射参考点到产生场强处的距离，单位为 m。

2. 屏蔽室的谐振频率计算公式

长方形的屏蔽室的谐振频率计算公式：

$$f_{ijk} = \frac{1}{2\sqrt{\mu\varepsilon}} \sqrt{\left(\frac{i}{a}\right)^2 + \left(\frac{j}{b}\right)^2 + \left(\frac{k}{c}\right)^2} \quad \text{（单位为 MHz）}$$

式中　　μ——屏蔽室内部的磁导率；

　　　　ε——屏蔽室内部的介电常数；

　　　　a——屏蔽室的长度，单位为米（m）；

　　　　b——屏蔽室的宽度，单位为米（m）；

　　　　c——屏蔽室的高度，单位为米（m）；

i、j、k——0、1、2 等整数，但 i、j、k 三者中每次最多只能有一个数取 0 值。上式中 $a>b>c$。

在理想条件下，μ 和 ε 为真空下的磁导率和电导率，$\mu\varepsilon = \dfrac{1}{c^2}$，$c$ 为真空光速，谐振频率为

$$f_{ijk} = 150 \sqrt{\left(\frac{i}{a}\right)^2 + \left(\frac{j}{b}\right)^2 + \left(\frac{k}{c}\right)^2} \quad \text{（单位为 MHz）}$$

令 i、j、k 中与最短边长（如 c）对应的系数为 0，另外两个系数（如 i、j）为 1，则可得最低谐振频率 f_r：

$$f_r = f_{110} = 150\sqrt{\left(\frac{1}{a}\right)^2 + \left(\frac{1}{b}\right)^2} \quad （单位为 MHz）$$

3. 电压驻波比计算公式

$$VSWR = \frac{1+\sqrt{\dfrac{p_{rev}}{p_{fwd}}}}{1-\sqrt{\dfrac{p_{rev}}{p_{fwd}}}} = \frac{1+\rho}{1-\rho}, \quad \rho = \sqrt{\frac{p_{rev}}{p_{fwd}}}$$

式中　$VSWR$——电压驻波比；

　　　p_{rev}——反向功率；

　　　p_{fwd}——前向功率；

　　　ρ——反射系数。

4. 失配损耗计算公式

$$ML（单位为 dB）= 10\log\left(\frac{p_{fwd}}{p_{fwd}-p_{rev}}\right) = -10\log_{10}\left(1-\rho^2\right)$$

式中　ML——失配损耗；

　　　p_{rev}——反向功率；

　　　p_{fwd}——前向功率；

　　　ρ——反射系数。

5. 自由空间基本传输损耗计算公式

$$L_A = 20\log\frac{4\pi d}{\lambda} = 20\log 4\pi + 20\log d + 20\log f - 20\log c$$

$$= 20\log d + 20\log f - 147.56$$

将传输频率转换为 GHz，传输距离转换为 km：

$$L_A = 92.4 + 20\log F_{GHz} + 20\log D_{km}$$

式中　L_A——自由空间衰减理论值，单位为 dB；

　　　c——光速，为 $3\times10^8\,\mathrm{m/s}$；

　　　f——传输频率，单位为 Hz；

　　　d——传输的空间距离，单位为 m；

　　　F_{GHz}——传输的频率，单位为 GHz；

　　　D_{km}——传输的空间距离，单位为 km。

6. 波长与频率计算公式

$$\lambda = \frac{c}{f}$$

式中　λ——波长，单位为 m；

　　　c——光速，为 $3\times10^8\,\mathrm{m/s}$；

f——频率，单位为 Hz。

7. 辐射骚扰限值转换公式

$$L_{D2} = 20\log\frac{D1}{D2} + L_{D1}$$

式中　L_{D2}——测量距离为 $D2$ 时的限值，单位为 dBμV/m；

　　　L_{D1}——测量距离为 $D1$ 时的限值，单位为 dBμV/m；

　　　$D1$——测量距离，单位为 m；

　　　$D2$——测量距离，单位为 m。

例如，在 30~230 MHz 时，测量距离 $D1$ 为 10 m，限值 L_{D1} 为 30 dBμV/m，那么测量距离 $D2$ 为 3 m，则限值 $L_{D2} = 20\log\frac{10}{3} + 30 = 40$ dBμV/m。

8. 百分数与分贝转换公式

$$X(\%) = \pm 20\log\frac{(100\pm X)}{100}(\text{单位为 dB})$$

式中　X——百分比的数值；

　　　$\pm$——当 X 的值取正数时公式中取 "+" 号，当 X 的值为负数时公式中取 "−" 号。

例如，当 X 为 5，则转换为 dB 值为 $5\% = 20\log\frac{(100+5)}{100}$dB = 0.42 dB，当 X 为 −5，则转换为 dB 值为 $-5\% = -20\log\frac{(100-5)}{100}$dB = −0.45 dB。

9. 空间的波阻抗计算公式

$$Z = E/H$$

式中　Z——空间的波阻抗，单位为 Ω；

　　　E——电场强度，单位为 V/m；

　　　H——磁场强度，单位为 A/m。

此公式适用于空间的任意场点，包括远场与近场。对于满足远场条件的平面波，Z_0 为自由空间波阻抗：$Z_0 = 120\pi\,\Omega$。

10. 磁场场强与电场场强的计算公式

$$H_{A/m} = \frac{E_{V/m}}{Z_\Omega}$$

$$H_{\mu A/m} = \frac{E_{\mu V/m}}{Z_\Omega}$$

转换为 dB：

$$H_{dB(\mu A/m)} = 20\log H_{(\mu A/m)}$$
$$H_{dB(\mu A/m)} = E_{dB(\mu V/m)} - 20\log Z_\Omega$$

当 $Z = Z_0 = 120\pi$ 时

$$H_{dB(\mu A/m)} = E_{dB(\mu V/m)} - 51.5 \text{ dB}$$

式中　Z——空间的波阻抗，单位为 Ω；

Z_0——自由空间的波阻抗，单位为 Ω；

E——电场强度，单位为 V/m；

H——磁场强度，单位为 A/m。

11. 平面波阻抗（自由空间）的计算公式

$$Z_0 = \sqrt{\frac{\mu_0}{\varepsilon_0}} = 120\pi \approx 377\ \Omega$$

式中　Z_0——自由空间的波阻抗，单位为 Ω；

μ_0——真空磁导率常数，单位为 H/m（亨［利］每米），值为 $4\pi \times 10^{-7}$；

ε_0——真空介电常数，单位为 F/m（法［拉］每米），值为 8.854×10^{-12}。

1.3.3　不确定度评定常用公式

1. 算术平均值计算公式

$$\bar{x} = \frac{1}{n}\sum_{i=1}^{n} x_i$$

式中　$\bar{x}$——在重复性条件或复现性条件下，对同一被测量独立重复观测 n 次，所得一组测得值的算术平均值；

x_i——第 i 次测量的测得值（$i = 1, 2, \cdots, n$）；

n——测量次数。

2. 贝塞尔公式

$$s(x_k) = \sqrt{\frac{\sum\limits_{i=1}^{n}(x_i - \bar{x})^2}{n-1}}$$

式中　$s(x_k)$——n 次测量中某单个测得值 x_k 的实验室标准偏差；

x_i——第 i 次测量的测得值（$i = 1, 2, \cdots, n$）；

$\bar{x}$——在重复性条件或复现性条件下，对同一被测量独立重复观测 n 次，所得一组测得值的算术平均值；

n——测量次数。

3. 算术平均值的试验标准偏差计算公式

$$s(\bar{x}) = \frac{s(x_k)}{\sqrt{n}}$$

式中　$s(\bar{x})$——n 次测量的算术平均值 $\bar{x}$ 的试验标准偏差；

$s(x_k)$——n 次测量中某单个测得值 x_k 的实验室标准偏差；

n——测量次数。

4. 标准不确定度的 A 类评定公式（贝塞尔法）

$$u_A = s(x_k) \quad \text{（测量结果使用的是单次测量值）}$$

$$u_A = u(\bar{x}) = s(\bar{x}) = \frac{s(x_k)}{\sqrt{n}} \quad \text{（测量结果使用的是多次测量的平均值）}$$

式中　$s(\bar{x})$——n 次测量的算术平均值$\bar{x}$的试验标准偏差；

　　　　$s(x_k)$——n 次测量中某单个测得值 x_k 的实验室标准偏差；

　　　　n——测量次数。

5. 标准不确定度的 B 类评定公式

$$u_B = \frac{a}{k}$$

式中　a——为被测量可能值区间的半宽度，被测量的可能值区间为 $[\bar{x}-a, \bar{x}+a]$；

　　　k——根据概率论获得的 k 称为置信因子，当 k 为扩展不确定度的倍乘因子时称包含
　　　　　因子，k 的值根据概率分布和要求的概率 p 确定。已知扩展不确定度是合成标
　　　　　准不确定度的若干倍时，该倍数就是包含因子 k，假设为正态分布时，根据要
　　　　　求的概率查表 1-11 得到 k，非正态分布时，根据概率分布查表 1-12 得到 k。

表 1-11　正态分布情况下概率 p 与置信因子 k 间的关系

p	0.50	0.68	0.90	0.95	0.9545	0.99	0.9973
k	0.675	1	1.645	1.960	2	2.576	3

表 1-12　常用非正态分布的置信因子 k

分布类别	p（%）	k
三角	100	$\sqrt{6}$
梯形（$\beta=0.71$）	100	2
矩形（均匀）	100	$\sqrt{3}$
反正弦	100	$\sqrt{2}$
两点	100	1

6. 合成标准不确定度计算公式（每个输入分量不相关）

$$u_c(y) = \sqrt{\sum_{i=1}^{N} u_i^2(y)}$$

式中　$u_c(y)$——合成标准不确定度；

　　　$u_i(y)$——相应于 $u(x_i)$ 的输出量 y 的不确定度分量；$u(x_i)$ 为每一个输入量的标准不
　　　　　　确定度。

当简单直接测量，测量模型为 $y=x$ 时，应该分析和评定测量时导致测量不确定度的各
个分量 u_i，如果相互间不相关，则合成标准不确定度计算公式为

$$u_c(y) = \sqrt{\sum_{i=1}^{N} u_i^2}$$

式中　$u_c(y)$——合成标准不确定度；

　　　u_i——各个分量的标准不确定度，各个分量相互间不相关。

7. 扩展不确定度 U

$$U = ku_c$$

式中　U——扩展不确定度；

　　　u_c——合成标准不确定度；

　　　k——包含因子，其值一般取 2 或 3，通常取 $k=2$，当取其他值时，应说明其来源。当给出扩展不确定度 U 时，一般应注明所取的 k 值，如果没有注明 k 值，则指 $k=2$。

8. 扩展不确定度 U_p

$$U_p = k_p u_c$$

式中　U_p——扩展不确定度，要求扩展不确定度所确定的区间具有接近于规定的包含概率 p；

　　　p——包含概率；

　　　k_p——包含概率为 p 时的包含因子；

　　　u_c——合成标准不确定度。

1.4　数值修约

在电磁兼容试验中，对于用数值表示的测量结果，应对测量结果的数值进行适当的修约。数值修约是指通过省略原数值的最后若干位数字，调整所保留的末位数字，使最后所得到的值最接近原数值的过程（经过数值修约后的数值称为原数值的修约值）。

1.4.1　修约间隔

修约间隔是指修约值的最小数值单位（修约间隔的数值一经确定，修约值即为该数值的整数倍）。

确定修约间隔包括指定修约间隔为 10^{-n}（n 为正整数），或指明将数修约到 n 位小数；指定修约间隔为 1，或指明将数值修约到"个"位数；指定修约间隔为 10^n（n 为正整数），或指明将数值修约到 10^n 数位，或指明将数值修约到"十""百""千"……数位。

1.4.2　数值修约进舍规则

1）拟舍弃数字的最左一位数字小于 5，则舍去，保留其余各位数字不变。

例如，将 12.1498 修约到个数位，则为 12，修约到一位小数，则为 12.1。

2）拟舍弃数字的最左一位数字大于 5，则进一，即保留数字的末位数字加 1。

例如，将 12.1498 修约到两位小数，则为 12.15。

3）拟舍弃数字的最左一位数字为 5，且其后有非 0 数字时进一，即保留数字的末位数字加 1。

例如，将 10.5002 修约到个位数，则为 11。

4）拟舍弃数字的最左一位数字为 5，且其后无数字或皆为 0 时，若所保留的末位数字为奇数（1,3,5,7,9）则进一，即保留数字的末位数字加 1；若所保留的末位数字为偶数（0,2,4,6,8），则舍去。

例如，修约间隔为 0.1 时，数值为 1.050 修约值为 1.0，数值为 0.35 修约值为 0.4。

5）负数修约时，先将它的绝对值进行修约，然后在所得值前面加上负号。

1.4.3 不允许连续修约

进行数值修约时应依据修约间隔一步到位，不允许连续修约。例如，修约 97.46，修约间隔为 1，则正确的修约为 97.46→97，不正确的修约为 97.46→97.5→98。

1.4.4 数值的计算与修约

对于电磁兼容测量结果，对最终的结果数值通常为先计算，然后再依据修约间隔的要求进行修约。

例如，测量结果 M=1.04+3.0+5.348，则先把结果 9.388 计算出来，然后再对 9.388 进行修约，而不采用对 1.04、3.0 和 5.348 先进行修约，然后再进行计算的方式。

1.5 小结

本章包含了无线通信设备电磁兼容试验常用的一些名词术语，由于来自于不同的标准，一些名词术语可能会与一些标准不相同或不完全相同，另外对于引用标准中的名词术语，部分可能做了编辑性的修改，应以实际使用的标准为依据。

本章中的一些计算公式，为电磁兼容领域常用的公式，在电磁兼容研究和检测中经常使用，对于电磁兼容的计算和单位转换非常实用。

参考文献

[1] 全国无线电干扰标准化技术委员会. 电工术语 电磁兼容: GB/T 4365—2003 [S]. 北京: 中国标准出版社, 2004.

[2] 全国无线电干扰标准化技术委员会 (SAC/TC 79). 无线电骚扰和抗扰度测量设备和测量方法规范 第 1—4 部分: 无线电骚扰和抗扰度测量设备 辐射骚扰测量用天线和试验场地: GB/T 6113.104—2021 [S]. 北京: 中国标准出版社, 2021.

[3] 全国无线电干扰标准化技术委员会 (SAC/TC 79). 无线电骚扰和抗扰度测量设备和测量方法规范 第 2—1 部分: 无线电骚扰和抗扰度测量方法 传导骚扰测量: GB/T 6113.201—2018 [S]. 北京: 中国标准出版社, 2019.

[4] 全国无线电干扰标准化技术委员会 (SAC/TC 79). 无线电骚扰和抗扰度测量设备和测量方法规范 第 2—3 部分: 无线电骚扰和抗扰度测量方法 辐射骚扰测量: GB/T 6113.203—2020 [S]. 北京: 中国标准出版社, 2020.

[5] 全国无线电干扰标准化技术委员会 (SAC/TC 79). 无线电骚扰和抗扰度测量设备和测量方法规范 第 4—1 部分: 不确定度、统计学和限值建模 标准化 EMC 试验的不确定度: GB/Z 6113.401—2018 [S]. 北京: 中国标准出版社, 2018.

[6] 中国标准化研究院. 数值修约规则与极限数值的表示和判定: GB/T 8170—2008 [S]. 北京: 中国标准出版社, 2009.

[7] 全国无线电干扰标准化技术委员会 (SAC/TC 79). 信息技术设备、多媒体设备和接收机 电磁兼容 第 1 部分: 发射要求: GB/T 9254.1—2021 [S]. 北京: 中国标准出版社, 2021.

［8］工业和信息化部．电信术语 无线电波传播：GB/T 14733.9—2008［S］．北京：中国标准出版社，2009．

［9］全国标准化原理与方法标准化技术委员会（SAC/TC286）．标准化工作指南 第1部分：标准化和相关活动的通用术语：GB/T 20000.1—2014［S］．北京：中国标准出版社，2015．

［10］信息产业部．900/1800MHz TDMA 数字蜂窝移动通信系统电磁兼容性限值和测量方法 第1部分：移动台及其辅助设备：GB/T 22450.1—2008［S］．北京：中国标准出版社，2009．

［11］全国认证认可标准化技术委员会（SAC/TC 261）．合格评定 词汇和通用原则：GB/T 27000—2023［S］．北京：中国标准出版社，2023．

［12］全国认证认可标准化技术委员会（SAC/TC 261）．检测和校准实验室能力的通用要求：GB/T 27025—2019［S］．北京：中国标准出版社，2019．

［13］总装备部电子信息基础部．电磁干扰和电磁兼容性术语：GJB 72A—2002［S］．北京：总装备部军标出版发行部，2003．

［14］全国法制计量管理计量技术委员会．通用计量术语及定义：JJF 1001—2011［S］．北京：中国质检出版社，2012．

［15］全国法制计量管理计量技术委员会．测量不确定度评定与表示：JJF 1059.1—2012［S］．北京：中国标准出版社，2013．

［16］工业和信息化部．数字蜂窝移动通信名词术语：YD/T 1080—2018［S］．北京：人民邮电出版社，2018．

［17］中华人民共和国工业和信息化部．无线通信设备电磁兼容性要求和测量方法 第1部分：通用要求：YD/T 1312.1—2015［S］．北京：人民邮电出版社，2015．

［18］中华人民共和国工业和信息化部．无线电设备杂散发射技术要求和测量方法：YD/T 1483—2016［S］．北京：人民邮电出版社，2016．

［19］工业和信息化部．通信电磁兼容名词术语：YD/T 2190—2010［S］．北京：人民邮电出版社，2011．

［20］中华人民共和国工业和信息化部．蜂窝式移动通信设备电磁兼容性能要求和测量方法 第18部分：5G用户设备和辅助设备：YD/T 2583.18—2019［S］．北京：人民邮电出版社，2019．

［21］中国国家认证认可监督管理委员会．检验检测机构资质认定能力评价 检验检测机构通用要求：RB/T 214—2017［S］．北京：中国标准出版社，2017．

［22］ETSI. ElectroMagnetic Compatibility（EMC）standard for radio equipment and services；Part 1：Common technical requirements；Harmonised Standard for ElectroMagnetic Compatibility：ETSI EN 301 489-1 V2.2.3（2019-11）［S］．Valbonne France：European Telecommunications Standards Institute，2019．

第2章　无线通信设备电磁兼容标准

2.1　电磁兼容标准概况

电磁兼容标准是电磁兼容测试的依据，国际上有多个标准化组织涉及电磁兼容标准的制定和研究工作，发布了大量的电磁兼容标准，覆盖家电、工业、医疗、通信、汽车以及航天等各个领域，包含电子电气产品、系统及电磁环境等各个方面，规定了测试方法、测试设备及场地要求、限值要求以及符合性判据。

我国也有很多标准化组织，进行标准的制定和研究工作，与国际标准化组织进行接轨和交流，参与国际标准的研究和制定工作。我国的一些电磁兼容标准等同或修改采用国际标准化组织发布的标准，例如 IEC（国际电工委员会）发布的一些标准。国内各个行业的标准化组织也研究和制定符合国内要求的电磁兼容产品标准，提升国内产品的电磁兼容性能，促进国内电磁兼容技术的发展。

2.2　电磁兼容标准分类

依据电磁兼容标准的应用情况及其规定要求，一般将电磁兼容标准分为四大类，基础标准、通用标准、产品类标准和专用产品标准。

2.2.1　基础标准

基础标准规定实现电磁兼容的一般基础条件和规则，是制定其他电磁兼容标准的基础，可作为产品标准的引用文件。基础标准可以是国际标准或技术报告，一般不涉及具体的产品。它规定术语、电磁现象的描述、兼容电平的规定、骚扰发射限值的一般要求、抗扰度实验电平的推荐、测量技术（含测量设备和设施）、试验方法及其适用性、环境描述和分类等。例如 CISPR 16 系列标准对应我国 GB/T 6113 系列国家标准、IEC 61000-4 系列标准对应我国 GB/T 17626 系列国家标准等标准，为基础标准。

2.2.2　通用标准

通用标准适用于在没有专用产品类和产品电磁兼容标准的情况并在特定环境条件下工作的产品。这类标准规定适用于在该环境下工作的产品和系统的一组基本要求、试验程序和性能判据。通用标准仅规定数量有限的基本发射试验和抗扰度试验、最大的发射电平和最小的抗扰度电平，以实现最佳的性价比。在一般情况下，通用标准将应用环境分为 A（工业环境）和 B（居民、商业及轻工业环境）两大类。目前广泛应用的电磁兼容通用标准为 IEC 61000-6 系列标准，对应国标为 GB/T 17799 系列标准，针对居住、商业和轻工业环境中的设备的电磁兼容性要求。

2.2.3　产品类标准

产品类标准用于只可采用同一标准的一组类似的产品。产品类标准专门针对某类产品规定的电磁兼容要求（发射或抗扰度限值）和相对详细的试验程序。产品类标准通常会尽可能地引用基础标准，并与通用标准相互协调，当存在差异时，如其所规定的发射限值小于通用标准规定的限值，则会就其必要性给予说明。目前大部分的产品类标准均由 CISPR（国际无线电干扰特别委员会）各个分技术委员会制定，其产品类涉及工科医设备电磁兼容标准 CISPR 11 对应国标 GB 4824、机动车船电磁兼容标准 CISPR 12 对应国标 GB 14023、家用电器和电动工具电磁兼容标准 CISPR 14 对应国标 GB 4343、电声电视设备、信息技术设备和多媒体设备电磁兼容发射要求的国际标准 CISPR 32 对应国标 GB/T 9254.1 以及抗扰度国际标准 CISPR 35 对应国标 GB/T 9254.2 等。电信设备产品类标准由 ITU-T 负责制定，如 ITU-T 的 K 系列标准。

2.2.4　专用产品标准

产品标准涉及其特定条件应予以考虑的特定的产品。除产品的特定要求外，产品标准一般采用与产品类电磁兼容标准相同的规则。产品电磁兼容标准一般由 IEC 的产品技术委员会制定，如电焊机电磁兼容标准 IEC 60974-10 对应国标 GB 15579.10、不间断电源设备电磁兼容标准 IEC 62040-2 对应国标 GB 7260.2、通信设备的产品电磁兼容标准如 ETSI EN 301 489 系列标准对应行业标准 YD/T 1312 和 YD/T 2583 系列标准等。

2.3　电磁兼容标准化组织

国际上有多个标准化组织进行电磁兼容的标准研究工作或涉及电磁兼容相关的标准研究工作，制定了大量的电磁兼容标准。主要涉及电磁兼容标准的国际化组织有国际电工委员会（IEC）、国际标准化组织（ISO）和国际电信联盟（ITU），涉及通信设备电磁兼容的国际标准化组织主要是欧洲电信标准组织（ETSI）。

我国的电磁兼容标准基本等同采用国际标准化组织的标准。国内的电磁兼容标准化组织为国家标准化管理委员会下设的电磁兼容标准化技术委员会，对应国际标准化组织的相应技术委员会，如全国电磁兼容标准化技术委员会（TC246）对应 IEC 的电磁兼容技术委员会（TC77），全国无线电干扰标准化技术委员会（TC79）对应 IEC 的国际无线电干扰特别委员会（CISPR）。另外，国内相关行业还有一些技术委员会下设的涉及电磁兼容的分技术委员会或一些行业标准化组织，如全国汽车标准化技术委员会（TC114）的电磁兼容分技术委员会（SC29）以及通信行业标准化组织中国通信标准化协会（CCSA）等标准化组织。

2.3.1　国际电工委员会（IEC）

国际电工委员会（IEC，International Electrotechnical Commission）成立于 1906 年，是世界上成立最早的国际性电工标准化机构，负责有关电气、电子及相关技术领域中的国际标准化工作，制定了大量的国际标准。其宗旨是促进电工、电子和相关技术领域有关电工标准化等所有问题上（如标准的合格评定）的国际合作。

IEC 的官方网站为 https://www.iec.ch/homepage。

IEC 中涉及电磁兼容的技术委员会主要有三个，电磁兼容咨询委员会（ACEC，Advisory Committee on Electromagnetic Compatibility）、电磁兼容委员会（TC77，Electromagnetic Compatibility）和国际无线电干扰特别委员会（CISPR，International Special Committee on Radio Interference），负责电磁兼容的研究和标准化工作。IEC 中涉及电磁兼容的组织结构图如图 2-1 所示。

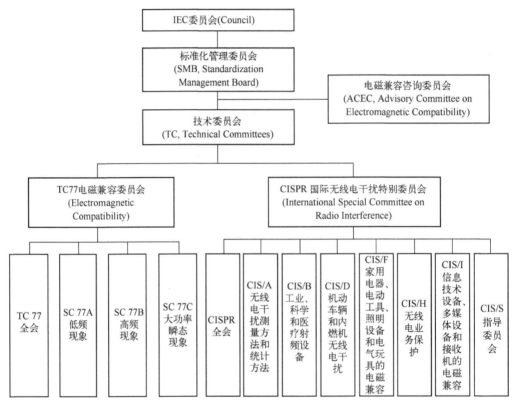

图 2-1　IEC 中涉及电磁兼容的组织结构图

IEC 中与标准相关的文件类型见表 2-1，与标准化相关的组织及文件类型见表 2-2。

表 2-1　与标准相关的文件类型

序　号	简　称	名　　称
1	AMD	Amendment 标准修正案
2	CMV	Commented Version 标准的注释版
3	CSV	Consolidated Version 标准的合并版
4	EXV	Extended Version 标准的扩展版
5	PRV	Pre-release Version 标准的预发版
6	RLV	Redline Version 标准的红线标记版
7	PAS	Publicly Available Specification 公开有效的规范
8	TR	Technical Report 技术报告
9	TS	Technical Specification 技术规范

表 2-2　与标准化相关的组织及文件类型

序　号	简　称	名　称
1	TC	Technical Committee 技术委员会
2	SC	Subcommittee 分委员会
3	PC	Project Committee 项目委员会
4	WG	Working Group 工作组
5	PWI	Preliminary Work Item 预备工作项目
6	NP	New Work Item Proposal 新工作项目提案
7	WD	Working Draft 工作草案
8	CD	Committee Draft 委员会草案
9	CDV	Committee Draft for Vote 委员会投票草案
10	FDIS	Final Draft International Standard 国际标准定稿

1. 电磁兼容咨询委员会（ACEC）

电磁兼容咨询委员会（ACEC）的目标是向标准化管理委员会（SMB）提供咨询意见，指导和协调 IEC 各个 TC 的电磁兼容工作，确保工作的一致性，避免 IEC 标准重复，防止制定出内容相互冲突的标准。其主要出版物为 IEC 指南 107《电磁兼容性—电磁兼容性出版物起草指南》，该指南给出了起草电磁出版物的规范性要求和信息材料，并通过该指南协调 IEC 相关技术委员会的 EMC 工作。ACEC 负责维护 IEC 中 EMC 标准所包含的主要产品清单，并组织研讨会加强 IEC 与行业间关于 EMC 问题的沟通，就 EMC 工作协调 IEC 和其他国际组织的关系。

2. 电磁兼容委员会（TC77）

电磁兼容委员会（TC77）成立于 1973 年，主要负责一些电磁兼容标准和技术报告的制定工作，包括整个频段的抗扰度基础和通用标准、低频（频率≤9 kHz，例如谐波和电压波动）的基础、通用和产品（产品类）的发射标准、高频（频率>9 kHz）的发射标准且与 CISPR 制定的标准进行协调，TC77 不包括产品的抗扰度标准，但是可以与 ACEC 进行合作，研究或参与一些产品抗扰度标准的制定工作。TC77 出版的主要标准是 IEC 61000-2/-3/-4 等系列标准。

TC77 有三个分委员会，SC 77A 为低频（频率≤9 kHz）现象分委员会，已出版的主要标准为 IEC 61000-2/-3 等系列标准，出版的标准见表 2-3。SC 77B 为高频（频率>9 kHz）连续和瞬态现象分委员会，已出版的主要标准为 IEC 61000-4 系列部分标准，出版的标准见表 2-4。SC 77C 为大功率瞬态现象分委员会，主要负责制定保护设备、系统和装置免受强烈但不常见的高功率瞬态现象影响的标准，如高空核爆炸（HEMP）产生的电磁场、有意电磁干扰源、太阳活动引起的地磁感应电流、雷电以及其他瞬态现象，其出版的主要标准为 IEC 61000-5 等系列标准，出版的标准见表 2-5。

表 2-3　SC 77A 出版的主要标准列表

序号	标　准　号	标　准　名　称
1	IEC 61000-3	Electromagnetic compatibility（EMC）-Part 3：Limit-ALL PARTS 电磁兼容 第3部分：限值 所有部分
2	IEC TR 61000-1-4	Electromagnetic compatibility（EMC）-Part 1-4：General-Historical rationale for the limitation of power-frequency conducted harmonic current emissions from equipment, in the frequency range up to 2 kHz 电磁兼容 第1-4部分 综述 2 kHz 内限制设备工频谐波电流传导发射的历史依据
3	IEC TR 61000-1-7	Electromagnetic compatibility（EMC）-Part 1-7：General-Power factor in single-phase systems under non-sinusoidal conditions 电磁兼容 第1-7部分 综述 非正弦条件下单相系统的功率因数
4	IEC TR 61000-2-1	Electromagnetic compatibility（EMC）-Part 2：Environment-Section 1：Description of the environment-Electromagnetic environment for low-frequency conducted disturbances and signalling in public power supply systems 电磁兼容 第2-1部分 环境 环境描述 公用供电系统中的低频传导干扰和信号传输的电磁环境
5	IEC 61000-2-2	Electromagnetic compatibility（EMC）-Part 2-2：Environment-Compatibility levels for low-frequency conducted disturbances and signalling in public low-voltage power supply systems 电磁兼容 第2-2部分 环境 公用低压供电系统中的低频传导干扰和信号传输的兼容性电平
6	IEC 61000-2-4	Electromagnetic compatibility（EMC）-Part 2-4：Environment-Compatibility levels in industrial plants for low-frequency conducted disturbances 电磁兼容 第2-4部分 环境 工业设施的低频传导干扰的兼容性电平
7	IEC TR 61000-2-6	Electromagnetic compatibility（EMC）-Part 2：Environment-Section 6：Assessment of the emission levels in the power supply of industrial plants as regards low - frequency conducted disturbances 电磁兼容 第2-6部分 环境 工业设施电源低频传导干扰发射电平的评估
8	IEC TR 61000-2-7	Electromagnetic compatibility（EMC）-Part 2：Environment-Section 7：Low frequency magnetic fields in various environments 电磁兼容 第2-7部分 环境 不同环境中的低频磁场
9	IEC TR 61000-2-8	Electromagnetic compatibility（EMC）-Part 2-8：Environment-Voltage dips and short interruptions on public electric power supply systems with statistical measurement results 电磁兼容 第2-8部分 环境 具有统计测量结果的公用电力系统的电压暂降和短时中断
10	IEC 61000-2-12	Electromagnetic compatibility（EMC）-Part 2-12：Environment-Compatibility levels for low - frequency conducted disturbances and signalling in public medium - voltage power supply systems 电磁兼容 第2-12部分 环境 公用中压供电系统中的低频传导干扰和信号传输的兼容性电平
11	IEC TR 61000-2-14	Electromagnetic compatibility（EMC）-Part 2-14：Environment-Overvoltages on public electricity distribution networks 电磁兼容 第2-14部分 环境 公用配电网络中的过电压
12	IEC 61000-3-2	Electromagnetic compatibility（EMC）-Part 3-2：Limits-Limits for harmonic current emissions（equipment input current≤16A per phase） 电磁兼容 第3-2部分 限值 谐波电流发射限值（设备每相输入电流≤16A）
13	IEC 61000-3-3	Electromagnetic compatibility（EMC）-Part 3-3：Limits-Limitation of voltage changes, voltage fluctuations and flicker in public low-voltage supply systems, for equipment with rated current≤16A per phase and not subject to conditional connection 电磁兼容 第3-3部分 限值 对每相额定电流≤16A且无条件接入的设备在公用低压供电系统中产生的电压变化、电压波动和闪烁的限值

（续）

序号	标 准 号	标 准 名 称
14	IEC TS 61000-3-4	Electromagnetic compatibility（EMC）-Part 3-4：Limits-Limitation of emission of harmonic currents in low-voltage power supply systems for equipment with rated current greater than 16A 电磁兼容 第3-4部分 限值 对额定电流>16A 的设备在公用低压供电系统中产生的谐波电流发射限值
15	IEC TS 61000-3-5	Electromagnetic compatibility（EMC）-Part 3-5：Limits-Limitation of voltage fluctuations and flicker in low-voltage power supply systems for equipment with rated current greater than 75A 电磁兼容 第3-5部分 限值 对额定电流>75A 的设备在公用低压供电系统中产生的电压波动和闪烁的限值
16	IEC TR 61000-3-6	Electromagnetic compatibility（EMC）-Part 3-6：Limits-Assessment of emission limits for the connection of distorting installations to MV, HV and EHV power systems 电磁兼容 第3-6部分 限值 中、高压电力系统中畸变负荷发射限值的评估
17	IEC TR 61000-3-7	Electromagnetic compatibility（EMC）-Part 3-7：Limits-Assessment of emission limits for the connection of fluctuating installations to MV, HV and EHV power systems 电磁兼容 第3-7部分 限值 中、高压电力系统中波动负荷发射限值的评估
18	IEC 61000-3-8	Electromagnetic compatibility（EMC）-Part 3：Limits-Section 8：Signalling on low-voltage electrical installations-Emission levels, frequency bands and electromagnetic disturbance levels 电磁兼容 第3-8部分 限值 低压电气设施上的信号传输 发射电平、频段和电磁骚扰电平
19	IEC 61000-3-11	Electromagnetic compatibility（EMC）-Part 3-11：Limits-Limitation of voltage changes, voltage fluctuations and flicker in public low-voltage supply systems-Equipment with rated current≤75A and subject to conditional connection 电磁兼容 第3-11部分 限值 对额定电流≤75A 且有条件接入的设备在公用低压供电系统中产生的电压变化、电压波动和闪烁的限制
20	IEC 61000-3-12	Electromagnetic compatibility（EMC）-Part 3-12：Limits-Limits for harmonic currents produced by equipment connected to public low-voltage systems with input current>16 A and ≤75A per phase 电磁兼容 第3-12部分 限值 对每相额定电流>16A 且≤75A 的设备在公用低压供电系统中产生的谐波电流的限值
21	IEC TR 61000-3-13	Electromagnetic compatibility（EMC）-Part 3-13：Limits-Assessment of emission limits for the connection of unbalanced installations to MV, HV and EHV power systems 电磁兼容 第3-13部分 限值 中、高压电力系统中不平衡负荷发射限值的评估
22	IEC TR 61000-3-14	Electromagnetic compatibility（EMC）-Part 3-14：Assessment of emission limits for harmonics, interharmonics, voltage fluctuations and unbalance for the connection of disturbing installations to LV power systems 电磁兼容 第3-14部分 限值 骚扰装置接入低压电力系统的谐波、间谐波、电压波动和不平衡的发射限值评估
23	IEC 61000-4-7	Electromagnetic compatibility（EMC）-Part 4-7：Testing and measurement techniques-General guide on harmonics and interharmonics measurements and instrumentation, for power supply systems and equipment connected thereto 电磁兼容 第4-7部分 试验和测量技术 设备谐波、谐间波的测量和测量仪器导则
24	IEC 61000-4-8	Electromagnetic compatibility（EMC）-Part 4-8：Testing and measurement techniques-Power frequency magnetic field immunity test 电磁兼容 第4-8部分 试验和测量技术 工频磁场抗扰度试验
25	IEC 61000-4-11	Electromagnetic compatibility（EMC）-Part 4-11：Testing and measurement techniques-Voltage dips, short interruptions and voltage variations immunity tests 电磁兼容 第4-11部分 试验和测量技术 电压暂降、短时中断和电压变化的抗扰度试验

（续）

序号	标 准 号	标 准 名 称
26	IEC 61000-4-13	Electromagnetic compatibility (EMC) -Part 4-13: Testing and measurement techniques- Harmonics and interharmonics including mains signalling at a. c. power port, low frequency immunity tests 电磁兼容 第4-13部分 试验和测量技术 交流电源端口谐波、谐间波及电网信号的低频抗扰度试验
27	IEC 61000-4-14	Electromagnetic compatibility (EMC) -Part 4-14: Testing and measurement techniques- Voltage fluctuation immunity test for equipment with input current not exceeding 16A per phase 电磁兼容 第4-14部分 试验和测量技术 每相输入电流不超过16A设备的电压波动抗扰度试验
28	IEC 61000-4-15	Electromagnetic compatibility (EMC) -Part 4-15: Testing and measurement techniques- Flickermeter-Functional and design specifications 电磁兼容 第4-15部分 试验和测量技术 闪烁计功能和设计规范
29	IEC 61000-4-16	Electromagnetic compatibility (EMC) -Part 4-16: Testing and measurement techniques- Test for immunity to conducted, common mode disturbances in the frequency range 0 Hz to 150 kHz 电磁兼容 第4-16部分 试验与测量技术 0~150 kHz 传导共模骚扰抗扰度试验
30	IEC 61000-4-17	Electromagnetic compatibility (EMC) -Part 4-17: Testing and measurement techniques- Ripple on d. c. input power port immunity test 电磁兼容 第4-17部分 试验与测量技术 直流电源输入端口纹波抗扰度试验
31	IEC 61000-4-19	Electromagnetic compatibility (EMC) -Part 4-19: Testing and measurement techniques- Test for immunity to conducted, differential mode disturbances and signalling in the frequency range 2 kHz to 150 kHz at a. c. power ports 电磁兼容 第4-19部分 试验与测量技术 交流电源端口2~150 kHz 传导差模骚扰和信号传输抗扰度试验
32	IEC 61000-4-27	Electromagnetic compatibility (EMC) -Part 4-27: Testing and measurement techniques- Unbalance, immunity test for equipment with input current not exceeding 16A per phase 电磁兼容 第4-27部分 试验和测量技术 每相输入电流小于16A设备的三相电压不平衡抗扰度试验
33	IEC 61000-4-28	Electromagnetic compatibility (EMC) -Part 4-28: Testing and measurement techniques- Variation of power frequency, immunity test for equipment with input current not exceeding 16A per phase 电磁兼容 第4-28部分 试验和测量技术 输入电流小于16A设备的工频频率变化抗扰度试验
34	IEC 61000-4-29	Electromagnetic compatibility (EMC) -Part 4-29: Testing and measurement techniques- Voltage dips, short interruptions and voltage variations on d. c. input power port immunity tests 电磁兼容 第4-29部分 试验和测量技术 直流电源输入端口电压暂降、短时中断和电压变化的抗扰度试验
35	IEC 61000-4-30	Electromagnetic compatibility (EMC) -Part 4-30: Testing and measurement techniques- Power quality measurement methods 电磁兼容 第4-30部分 试验与测量技术 电能质量测试方法
36	IEC 61000-4-34	Electromagnetic compatibility (EMC) -Part 4-34: Testing and measurement techniques- Voltage dips, short interruptions and voltage variations immunity tests for equipment with mains current more than 16A per phase 电磁兼容 第4-34部分 试验和测量技术 电源电流每相大于16A的设备的电压暂降、短时中断和电压变化抗扰度试验
37	IEC TR 61000-4-37	Electromagnetic compatibility (EMC) -Calibration and verification protocol for harmonic emission compliance test systems 电磁兼容 谐波发射一致性测试系统的校准和验证协议

（续）

序号	标 准 号	标 准 名 称
38	IEC TR 61000-4-38	Electromagnetic compatibility（EMC）-Part 4-38：Testing and measurement techniques-Test, verification and calibration protocol for voltage fluctuation and flicker compliance test systems 电磁兼容 第4-38部分 试验和测量技术 电压波动和闪烁一致性测试系统的测试、验证和校准协议

表 2-4　SC 77B 出版的主要标准列表

序号	标 准 号	标 准 名 称
1	IEC 61000-4-2	Electromagnetic compatibility（EMC）-Part 4-2：Testing and measurement techniques-Electrostatic discharge immunity test 电磁兼容 第4-2部分 试验和测量技术 静电放电抗扰度试验
2	IEC 61000-4-3	Electromagnetic compatibility（EMC）-Part 4-3：Testing and measurement techniques-Radiated, radio-frequency, electromagnetic field immunity test 电磁兼容 第4-3部分 试验和测量技术 射频电磁场辐射抗扰度试验
3	IEC 61000-4-4	Electromagnetic compatibility（EMC）-Part 4-4：Testing and measurement techniques-Electrical fast transient/burst immunity test 电磁兼容 第4-4部分 试验和测量技术 电快速瞬变脉冲群抗扰度试验
4	IEC 61000-4-5	Electromagnetic compatibility（EMC）-Part 4-5：Testing and measurement techniques-Surge immunity test 电磁兼容 第4-5部分 试验和测量技术 浪涌（冲击）抗扰度试验
5	IEC 61000-4-6	Electromagnetic compatibility（EMC）-Part 4-6：Testing and measurement techniques-Immunity to conducted disturbances, induced by radio-frequency fields 电磁兼容 第4-6部分 试验和测量技术 射频场感应的传导骚扰抗扰度
6	IEC 61000-4-9	Electromagnetic compatibility（EMC）-Part 4-9：Testing and measurement techniques-Impulse magnetic field immunity test 电磁兼容 第4-9部分 试验和测量技术 脉冲磁场抗扰度试验
7	IEC 61000-4-10	Electromagnetic compatibility（EMC）-Part 4-10：Testing and measurement techniques-Damped oscillatory magnetic field immunity test 电磁兼容 第4-10部分 试验和测量技术 阻尼振荡磁场抗扰度试验
8	IEC 61000-4-12	Electromagnetic Compatibility（EMC）-Part 4-12：Testing and measurement techniques-Ring wave immunity test 电磁兼容 第4-12部分 试验和测量技术 振铃波抗扰度试验
9	IEC 61000-4-18	Electromagnetic compatibility（EMC）-Part 4-18：Testing and measurement techniques-Damped oscillatory wave immunity test 电磁兼容 第4-18部分 试验和测量技术 阻尼振荡波抗扰度试验
10	IEC 61000-4-20	Electromagnetic compatibility（EMC）-Part 4-20：Testing and measurement techniques-Emission and immunity testing in transverse electromagnetic（TEM）waveguides 电磁兼容 第4-20部分 试验和测量技术 横电磁波（TEM）波导中的发射和抗扰度试验
11	IEC 61000-4-21	Electromagnetic compatibility（EMC）-Part 4-21：Testing and measurement techniques-Reverberation chamber test methods 电磁兼容 第4-21部分 试验和测量技术 混波室试验方法
12	IEC 61000-4-31	Electromagnetic compatibility（EMC）-Part 4-31：Testing and measurement techniques-AC mains ports broadband conducted disturbance immunity test 电磁兼容 第4-31部分 试验和测量技术 交流电源端口宽带传导骚扰抗扰度试验
13	IEC 61000-4-39	Electromagnetic compatibility（EMC）-Part 4-39：Testing and measurement techniques-Radiated fields in close proximity-Immunity test 电磁兼容 第4-39部分 试验和测量技术 近距离辐射场抗扰度试验

表 2-5　SC 77C 出版的主要标准列表

序号	标　准　号	标　准　名　称
1	IEC TR 61000-1-3	Electromagnetic compatibility（EMC）-Part 1-3：General-The effects of high-altitude EMP（HEMP）on civil equipment and systems 电磁兼容 第1-3部分 综述 高空电磁脉冲（HEMP）对民用设备和系统的影响
2	IEC TR 61000-1-5	Electromagnetic compatibility（EMC）-Part 1-5：General-High power electromagnetic（HPEM）effects on civil systems 电磁兼容 第1-5部分 综述 高功率电磁场（HPEM）对民用系统的影响
3	IEC 61000-2-9	Electromagnetic compatibility（EMC）-Part 2：Environment-Section 9：Description of HEMP environment-Radiated disturbance. Basic EMC publication 电磁兼容 第2-9部分 环境 高空电磁脉冲（HEMP）环境描述 辐射骚扰
4	IEC 61000-2-10	Electromagnetic compatibility（EMC）-Part 2-10：Environment-Description of HEMP environment-Conducted disturbance 电磁兼容 第2-10部分 环境 高空电磁脉冲（HEMP）环境描述 传导骚扰
5	IEC 61000-2-11	Electromagnetic compatibility（EMC）-Part 2-11：Environment-Classification of HEMP environments 电磁兼容 第2-11部分 环境 高空电磁脉冲（HEMP）环境分类
6	IEC 61000-2-13	Electromagnetic compatibility（EMC）-Part 2-13：Environment-High-power electromagnetic（HPEM）environments-Radiated and conducted 电磁兼容 第2-13部分 环境 高功率电磁环境 辐射和传导
7	IEC 61000-4-23	Electromagnetic compatibility（EMC）-Part 4-23：Testing and measurement techniques-Test methods for protective devices for HEMP and other radiated disturbances 电磁兼容 第4-23部分 试验和测量技术 高空核电磁脉冲和其他辐射骚扰的防护装置的试验方法
8	IEC 61000-4-24	Electromagnetic compatibility（EMC）-Part 4-24：Testing and measurement techniques-Test methods for protective devices for HEMP conducted disturbance 电磁兼容 第4-24部分 试验和测量技术 HEMP 传导骚扰保护装置的试验方法
9	IEC 61000-4-25	Electromagnetic compatibility（EMC）-Part 4-25：Testing and measurement techniques-HEMP immunity test methods for equipment and systems 电磁兼容 第4-25部分 试验和测量技术 设备和系统的 HEMP 抗扰度试验方法
10	IEC TR 61000-4-32	Electromagnetic compatibility（EMC）-Part 4-32：Testing and measurement techniques-High-altitude electromagnetic pulse（HEMP）simulator compendium 电磁兼容 第4-32部分 试验和测量技术 高空核电磁脉冲（HEMP）模拟器概略
11	IEC 61000-4-33	Electromagnetic compatibility（EMC）-Part 4-33：Testing and measurement techniques-Measurement methods for high-power transient parameters 电磁兼容 第4-33部分 试验和测量技术 高功率瞬态参数测量方法
12	IEC TR 61000-4-35	Electromagnetic compatibility（EMC）-Part 4-35：Testing and measurement techniques-HPEM simulator compendium 电磁兼容 第4-35部分 试验和测量技术 高功率电磁（HPEM）模拟器概略
13	IEC 61000-4-36	Electromagnetic compatibility（EMC）-Part 4-36：Testing and measurement techniques-IEMI immunity test methods for equipment and systems 电磁兼容 第4-36部分 试验和测量技术 IEMI 设备和系统的抗扰度测试方法
14	IEC TR 61000-5-3	Electromagnetic compatibility（EMC）-Part 5-3：Installation and mitigation guidelines-HEMP protection concepts 电磁兼容 第5-3部分 安装和减缓导则 HEMP 保护概念
15	IEC TS 61000-5-4	Electromagnetic compatibility（EMC）-Part 5：Installation and mitigation guidelines-Section 4：Immunity to HEMP-Specifications for protective devices against HEMP radiated disturbance. Basic EMC Publication 电磁兼容 第5部分 安装和减缓导则 HEMP 抗扰度 HEMP 辐射骚扰保护装置规范

（续）

序号	标 准 号	标 准 名 称
16	IEC 61000-5-5	Electromagnetic compatibility（EMC）-Part 5：Installation and mitigation guidelines-Section 5：Specification of protective devices for HEMP conducted disturbance. Basic EMC publication 电磁兼容 第5-5部分 安装和减缓导则 HEMP传导骚扰保护装置规范
17	IEC TR 61000-5-6	Electromagnetic compatibility（EMC）-Part 5-6：Installation and mitigation guidelines-Mitigation of external EM influences 电磁兼容 第5-6部分 安装和减缓导则 外部电磁影响的减缓
18	IEC 61000-5-7	Electromagnetic compatibility（EMC）-Part 5-7：Installation and mitigation guidelines-Degrees of protection provided by enclosures against electromagnetic disturbances（EM code） 电磁兼容 第5-7部分 安装和减缓导则 机壳的电磁骚扰防护等级
19	IEC TS 61000-5-8	Electromagnetic compatibility（EMC）-Part 5-8：Installation and mitigation guidelines-HEMP protection methods for the distributed infrastructure 电磁兼容 第5-8部分 安装和减缓导则 分布式基础设施的HEMP防护方法
20	IEC TS 61000-5-9	Electromagnetic compatibility（EMC）-Part 5-9：Installation and mitigation guidelines-System-level susceptibility assessments for HEMP and HPEM 电磁兼容 第5-9部分 安装和减缓导则 系统级HEMP和HPEM的敏感度评估
21	IEC TS 61000-5-10	Electromagnetic compatibility（EMC）-Part 5-10：Installation and mitigation guidelines-Guidance on the protection of facilities against HEMP and IEMI 电磁兼容 第5-10部分 安装和减缓导则 设施的HEMP和IEMI的防护导则
22	IEC 61000-6-6	Electromagnetic compatibility（EMC）-Part 6-6：Generic standards-HEMP immunity for indoor equipment 电磁兼容 第6-6部分 通用标准 室内设备的HEMP抗扰度

2.3.2 国际无线电干扰特别委员会（CISPR）

国际无线电干扰特别委员会（CISPR）为IEC下的技术委员会，成立于1934年，主要负责电磁兼容的标准化工作，包括基础标准、通用标准和产品标准。其主要任务是制定频率在9kHz以上的电磁兼容标准，用以保护无线电的接收，避免来自如各种类型的电器、电力供应系统、工业设备、科学和医疗射频设备、广播接收机（声音和电视）和越来越多的信息技术设备等的干扰。主要标准化工作包括：

1）保护9kHz~400GHz频率范围内的无线电接收，免受电磁环境中电气或电子设备和系统操作引起的干扰。

2）骚扰测量用仪器、设施、方法和统计分析。

3）电气或电子设备和系统的无线电骚扰限值。

4）电气设备、多媒体设备、信息技术设备、声音和电视广播接收设备的抗扰度要求。

5）与IEC负责维护抗扰度测量方法基础标准的技术委员会保持联系，在相关的产品标准中制定抗扰度的测试电平。

6）在IEC其他技术委员会和ISO的技术委员会的标准中与CISPR标准的EMC要求不一致时，与这些技术委员会就设备和产品的发射和抗扰度要求进行磋商。

7）考虑安全问题对电气设备的骚扰抑制和抗扰度的影响。

CISPR中有7个分技术委员会，分别进行相应的标准化工作。

1. 无线电干扰测量方法和统计方法分技术委员会（CIS/A）

其主要负责测量仪器、测试辅助设备和测试场地及通用测量方法的标准化工作以及研究干扰测量结果的统计分析中所用抽样方法、干扰测量与信号接收效果间的相互关系等领域的标准化工作，也发布相关的技术报告。另外负责评估 CISPR 其他分技术委员会制定的测量方法建议，并考虑在 CISPR 基础标准或产品标准中采用这些建议。其出版的主要标准见表 2-6。

表 2-6 CIS/A 出版的主要标准

序号	标 准 号	标 准 名 称
1	CISPR 16-1-1	Specification for radio disturbance and immunity measuring apparatus and methods-Part 1-1：Radio disturbance and immunity measuring apparatus-Measuring apparatus 无线电骚扰和抗扰度测量设备和测量方法规范 第 1-1 部分：无线电骚扰和抗扰度测量设备 测量设备
2	CISPR 16-1-2	Specification for radio disturbance and immunity measuring apparatus and methods-Part 1-2：Radio disturbance and immunity measuring apparatus-Coupling devices for conducted disturbance measurements 无线电骚扰和抗扰度测量设备和测量方法规范 第 1-2 部分：无线电骚扰和抗扰度测量设备 传导骚扰耦合设备
3	CISPR 16-1-3	Specification for radio disturbance and immunity measuring apparatus and methods-Part 1-3：Radio disturbance and immunity measuring apparatus-Ancillary equipment-Disturbance power 无线电骚扰和抗扰度测量设备和测量方法规范 第 1-3 部分：无线电骚扰和抗扰度测量设备 辅助设备 骚扰功率
4	CISPR 16-1-4	Specification for radio disturbance and immunity measuring apparatus and methods-Part 1-4：Radio disturbance and immunity measuring apparatus-Antennas and test sites for radiated disturbance measurements 无线电骚扰和抗扰度测量设备和测量方法规范 第 1-4 部分：无线电骚扰和抗扰度测量设备 辐射骚扰天线和测试场地
5	CISPR 16-1-5	Specification for radio disturbance and immunity measuring apparatus and methods-Part 1-5：Radio disturbance and immunity measuring apparatus-Antenna calibration sites and reference test sites for 5 MHz to 18 GHz 无线电骚扰和抗扰度测量设备和测量方法规范 第 1-5 部分：无线电骚扰和抗扰度测量设备 5 MHz~18 GHz 天线校准场地和参考试验场地
6	CISPR 16-1-6	Specification for radio disturbance and immunity measuring apparatus and methods-Part 1-6：Radio disturbance and immunity measuring apparatus-EMC antenna calibration 无线电骚扰和抗扰度测量设备和测量方法规范 第 1-6 部分：无线电骚扰和抗扰度测量设备 EMC 天线校准
7	CISPR 16-2-1	Specification for radio disturbance and immunity measuring apparatus and methods-Part 2-1：Methods of measurement of disturbances and immunity-Conducted disturbance measurements 无线电骚扰和抗扰度测量设备和测量方法规范 第 2-1 部分：无线电骚扰和抗扰度测量方法 传导骚扰测量
8	CISPR 16-2-2	Specification for radio disturbance and immunity measuring apparatus and methods-Part 2-2：Methods of measurement of disturbances and immunity-Measurement of disturbance power 无线电骚扰和抗扰度测量设备和测量方法规范 第 2-2 部分：无线电骚扰和抗扰度测量方法 骚扰功率测量
9	CISPR 16-2-3	Specification for radio disturbance and immunity measuring apparatus and methods-Part 2-3：Methods of measurement of disturbances and immunity-Radiated disturbance measurements 无线电骚扰和抗扰度测量设备和测量方法规范 第 2-3 部分：无线电骚扰和抗扰度测量方法 辐射骚扰测量
10	CISPR 16-2-4	Specification for radio disturbance and immunity measuring apparatus and methods-Part 2-4：Methods of measurement of disturbances and immunity-Immunity measurements 无线电骚扰和抗扰度测量设备和测量方法规范 第 2-4 部分：无线电骚扰和抗扰度测量方法 抗扰度测量

（续）

序号	标 准 号	标 准 名 称
11	CISPR TR 16-3	Specification for radio disturbance and immunity measuring apparatus and methods-Part 3: CISPR technical reports 无线电骚扰和抗扰度测量设备和测量方法规范 第3部分：CISPR 技术报告
12	CISPR TR 16-4-1	Specification for radio disturbance and immunity measuring apparatus and methods-Part 4-1: Uncertainties, statistics and limit modelling-Uncertainties in standardized EMC tests 无线电骚扰和抗扰度测量设备和测量方法规范 第4-1部分：不确定度、统计学和限值建模 标准化的 EMC 试验不确定度
13	CISPR 16-4-2	Specification for radio disturbance and immunity measuring apparatus and methods-Part 4-2: Uncertainties, statistics and limit modelling-Measurement instrumentation uncertainty 无线电骚扰和抗扰度测量设备和测量方法规范 第4-2部分：不确定度、统计学和限值建模 测量设备和设施的不确定度
14	CISPR TR 16-4-3	Specification for radio disturbance and immunity measuring apparatus and methods-Part 4-3: Uncertainties, statistics and limit modelling-Statistical considerations in the determination of EMC compliance of mass-produced products 无线电骚扰和抗扰度测量设备和测量方法规范 第4-3部分：不确定度、统计学和限值建模 批量产品的 EMC 符合性确定的统计考虑
15	CISPR TR 16-4-5	Specification for radio disturbance and immunity measuring apparatus and methods-Part 4-5: Uncertainties, statistics and limit modelling-Conditions for the use of alternative test methods 无线电骚扰和抗扰度测量设备和测量方法规范 第4-5部分：不确定度、统计学和限值建模 使用替代测试方法的条件
16	CISPR 17	Methods of measurement of the suppression characteristics of passive EMC filtering devices 无源 EMC 滤波装置抑制特性的测量方法

2. 工业、科学和医疗射频设备分技术委员会（CIS/B）

其主要负责工业、科学和医疗电气设备的射频干扰的限值和特定测量方法的标准化工作，包括国际电联"无线电规则"中规定的特定工业、科学和医疗设备以及工科医射频设备。这些设备主要包括实验室设备、医疗电气设备、科学仪器、半导体转换器、工作频率≤9 kHz 的工业电加热设备、机械工具、工业过程测量和控制设备以及半导体制造设备等，其中工科医射频设备主要包括微波供电的紫外线照射装置、微波照明设备、工作频率>9 kHz 的工业感应加热设备、电磁炉、电介质加热设备、工业微波加热设备、微波炉、医疗电气设备、电焊设备、电火花加工（EDM）设备以及教育和培训的示范模型等设备。CIS/B 还负责高压架空电力线产生的射频干扰的限值和测量方法的标准化工作，高压架空电力线包括铁路和城市交通牵引以及高压交流（AC）变电站和直流（DC）变流站。其出版的主要标准见表2-7。

表 2-7 CIS/B 出版的主要标准

序号	标 准 号	标 准 名 称
1	CISPR 11	Industrial, scientific and medical equipment-Radio-frequency disturbance characteristics-Limits and methods of measurement 工业、科学和医疗设备 射频骚扰特性 限值和测量方法
2	CISPR TR 18-1	Radio interference characteristics of overhead power lines and high-voltage equipment-Part 1: Description of phenomena 架空电力线和高压设备无线电干扰特性 第1部分 现象描述
3	CISPR TR 18-2	Radio interference characteristics of overhead power lines and high-voltage equipment-Part 2: Methods of measurement and procedure for determining limits 架空电力线和高压设备无线电干扰特性 第2部分 确定限值的测量方法和程序

（续）

序号	标 准 号	标 准 名 称
4	CISPR TR 18-3	Radio interference characteristics of overhead power lines and high-voltage equipment-Part 3: Code of practice for minimizing the generation of radio noise 架空电力线和高压设备无线电干扰特性 第3部分 最小化无线电噪声产生的操作规范
5	CISPR TR 28	Industrial, scientific and medical equipment (ISM) -Guidelines for emission levels within the bands designated by the ITU 工业、科学和医疗设备（ISM）国际电信联盟（ITU）指定频段内的辐射电平指南

3. 机动车辆和内燃机无线电干扰分技术委员会（CIS/D）

其主要负责机动车辆和内燃机设备的射频干扰限值和测量方法的标准化工作（包括产品本身内的设备对车载无线电接收的干扰），这些设备包括由内燃机、电动机或其组合驱动的自行式设备，但不限于道路车辆和船（长度小于15 m）以及所有配备内燃机的设备或机器。不包括飞机、牵引系统（铁路、电车和不含内燃机的无轨电车）、长度超过15 m的船只和机器人吸尘器。其出版的主要标准见表2-8。

表2-8 CIS/D出版的主要标准

序号	标 准 号	标 准 名 称
1	CISPR 12	Vehicles, boats and internal combustion engines-Radio disturbance characteristics-Limits and methods of measurement for the protection of off-board receivers 车辆、船和内燃机 无线电骚扰特性 用于保护车外接收机的限值和测量方法
2	CISPR 25	Vehicles, boats and internal combustion engines-Radio disturbance characteristics-Limits and methods of measurement for the protection of on-board receivers 车辆、船和内燃机 无线电骚扰特性 用于保护车载接收机的限值和测量方法
3	IEC PAS 62437	Radio disturbance characteristics for the protection of receivers used on board vehicles, boats, and on devices-Limits and methods of measurement-Specifications for active antennas 用于保护车辆、船只和设备上使用的接收机的无线电骚扰特性 限值和测量方法 有源天线规范

4. 家用电器、电动工具、照明设备和电气玩具的电磁兼容分技术委员会（CIS/F）

其主要负责家用和类似用途的电动机和热电器类设备的射频干扰（和抗扰度）限值和特定测量方法的标准化工作，这类设备包括电动工具类、照明类设备、低功率半导体控制装置和类似设备。其中厨房电器有烹饪用具、洗碗机、冰箱和咖啡机等设备；其他家用电器有洗衣机、烘干机、电熨斗、吸尘器以及空调系统等设备；电动和电子玩具有机动玩具、电动益智玩具、电子游戏和游戏机等；电动工具有电钻、电动螺钉旋具和螺纹切割机等工具；照明和类似设备有灯具如荧光灯或LED（发光二极管）灯、街道照明灯、霓虹灯、独立的镇流器、变压器以及转换器等。其出版的主要标准见表2-9。

表2-9 CIS/F出版的主要标准

序号	标 准 号	标 准 名 称
1	CISPR 14-1	Electromagnetic compatibility-Requirements for household appliances, electric tools and similar apparatus-Part 1: Emission 家用电器、电动工具和类似器具的电磁兼容要求 第1部分：发射

（续）

序号	标　准　号	标　准　名　称
2	CISPR 14-2	Electromagnetic compatibility-Requirements for household appliances, electric tools and similar apparatus-Part 2：Immunity-Product family standard 家用电器、电动工具和类似器具的电磁兼容要求 第 2 部分：抗扰度
3	CISPR 15	Limits and methods of measurement of radio disturbance characteristics of electrical lighting and similar equipment 电气照明和类似设备的无线电骚扰特性的限值和测量方法
4	CISPR TR 30-1	Test method on electromagnetic emissions-Part 1：Electronic control gear for single-and double-capped fluorescent lamps 电磁发射的试验方法 第 1 部分：单端和双端荧光灯用电子控制装置
5	CISPR TR 30-2	Test method on electromagnetic emissions-Part 2：Electronic control gear for discharge lamps excluding fluorescent lamps 电磁发射的试验方法 第 2 部分：放电灯（荧光灯除外）用电子控制装置

5. 无线电业务保护分技术委员会（CIS/H）

主要负责识别通用类型限值和测量方法方面的标准化工作，用于评估和控制任何种类的电气或电子设备的无线电频率干扰，便于在给定的电磁环境中操作和使用，并将这些要求纳入各自的 CISPR 通用发射标准中。另外在 CISPR 耦合和干扰模型方面进行标准化工作，确定保护无线电业务的发射限值且考虑产品委员会的需要。评估 CISPR 其他分技术委员会关于无线电频率干扰限值的建议并将这些建议纳入到相应的产品标准中。其出版的主要标准见表 2-10。

表 2-10　CIS/H 出版的主要标准

序号	标　准　号	标　准　名　称
1	CISPR TR 16-2-5	Specification for radio disturbance and immunity measuring apparatus and methods-Part 2-5：In situ measurements for disturbing emissions produced by physically large equipment 无线电骚扰和抗扰度测量设备和测量方法规范 第 2-5 部分：大型设备骚扰发射现场测量
2	CISPR TR 16-4-4	Specification for radio disturbance and immunity measuring apparatus and methods-Part 4-4：Uncertainties, statistics and limit modelling-Statistics of complaints and a model for the calculation of limits for the protection of radio services 无线电骚扰和抗扰度测量设备和测量方法规范 第 4-4 部分：不确定度、统计学和限值建模 投诉的统计和保护无线电业务的限值计算模型
3	CISPR TR 31	Database on the characteristics of radio services 无线电业务特点数据库
4	IEC 61000-6-3	Electromagnetic compatibility（EMC）-Part 6-3：Generic standards-Emission standard for residential, commercial and light-industrial environments 电磁兼容 第 6-3 部分：通用标准 居住、商业和轻工业环境中的发射标准
5	IEC 61000-6-4	Electromagnetic compatibility（EMC）-Part 6-4：Generic standards-Emission standard for industrial environments 电磁兼容 第 6-4 部分：通用标准 工业环境中的发射标准

6. 信息技术设备、多媒体设备和接收机的电磁兼容分技术委员会（CIS/I）

其主要负责信息技术设备、多媒体设备和接收机的干扰和抗扰度限值和测量方法等领域的标准化工作。其出版的主要标准见表 2-11。

表 2-11　CIS/I 出版的主要标准

序号	标　准　号	标　准　名　称
1	CISPR 20	Sound and television broadcast receivers and associated equipment-Immunity characteristics -Limits and methods of measurement 声音和电视广播接收机及有关设备 抗扰度限值和测量方法
2	CISPR 24	Information technology equipment-Immunity characteristics-Limits and methods of measurement 信息技术设备抗扰度限值和测量方法
3	CISPR TR 29	Television broadcast receivers and associated equipment-Immunity characteristics-Methods of objective picture assessment 声音和电视广播接收机及有关设备 抗扰特性 客观图像评价方法
4	CISPR 32	Electromagnetic compatibility of multimedia equipment – Emission requirements 多媒体设备的电磁兼容性 发射要求
5	CISPR 35	Electromagnetic compatibility of multimedia equipment-Immunity requirements 多媒体设备的电磁兼容性 抗扰度要求
6	IEC PAS 62825	Methods of measurement and limits for radiated disturbances from plasma display panel TVs in the frequency range 150 kHz to 30 MHz 等离子电视 150 kHz~30 MHz 辐射骚扰限值和测量方法

7. 指导委员会（CIS/S）

其主要职责为：

1）批准 CISPR 战略业务计划。

2）协助并向 CISPR 主席提供有关 CISPR 事务的建议。

3）与 CISPR 中的所有正在进行的工作保持联系。

4）为从事 CISPR 工作的人员提供指导和帮助。

5）审议直接向指导委员会报告的分技术委员会和工作组的进度报告。

6）就 CISPR 会议的安排向 CISPR 主席提出建议。

7）在职权范围不直接适用时，将新的研究对象提交给分技术委员会。

8）设立工作组向指导委员会报告。

9）协调和指导各委员会之间关于共同问题的工作。

IEC 在电磁兼容标准化领域有着重要的作用，是国际标准化领域中非常重要的组织之一，IEC 出版和发布了诸多电磁兼容相关的标准、技术报告和技术规范，包含了电磁兼容测试的方法、仪器和场地的要求，是电磁兼容测试最完整和重要的标准化组织，其标准在全球范围内被广泛使用，作为电磁兼容测试的基础标准在各个行业中使用。

2.3.3　国际标准化组织（ISO）

国际标准化组织（ISO，International Organization for Standardization）是一个独立的非政府性的国际标准化组织，成立于 1946 年，总部设在瑞士日内瓦，成员包括 164 个会员国，是世界上最大的非政府性标准化专门机构，是国际标准化领域中一个十分重要的组织，中国是 ISO 的正式成员。其组织结构图如图 2-2 所示。ISO 的官方网站为 https://www.iso.org/home.html。

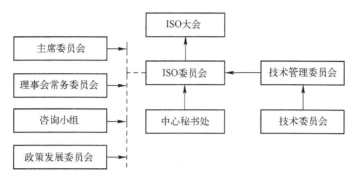

图 2-2 ISO 组织结构图

国际标准化组织发布了 2 万多份国际标准和相关文件，几乎涵盖了从技术到食品安全、农业和医疗保健等几乎每一个行业。其中很多涉及电磁兼容的标准，在一些产品的技术委员会中研究和发布，主要是关于车辆类设备的电磁兼容标准。ISO/TC22/SC32/WG3 工作组发布了关于车辆的电磁兼容系列标准，主要标准见表 2-12。

表 2-12 ISO 关于电磁兼容的主要标准

序号	标 准 号	标 准 名 称
1	ISO 7637-1	Road vehicles-Electrical disturbances from conduction and coupling-Part 1: Definitions and general considerations 道路车辆 由传导和耦合引起的电骚扰 第 1 部分：定义和一般描述
2	ISO 7637-2	Road vehicles-Electrical disturbances from conduction and coupling-Part 2: Electrical transient conduction along supply lines only 道路车辆 由传导和耦合引起的电骚扰 第 2 部分：沿电源线的电瞬态传导
3	ISO 7637-3	Road vehicles-Electrical disturbances from conduction and coupling-Part 3: Electrical transient transmission by capacitive and inductive coupling via lines other than supply lines 道路车辆 由传导和耦合引起的电骚扰 第 3 部分：除电源线外的导线通过容性和感性耦合的电瞬态发射
4	ISO DTS 7637-4	Road Vehicles-Electrical disturbance by conduction and coupling-Part 4: Electrical transient conduction along shielded high voltage supply lines only 道路车辆 由传导和耦合引起的电骚扰 第 4 部分：沿屏蔽高压电源线的电瞬态传导
5	ISO TR 7637-5	Road vehicles-Electrical disturbances from conduction and coupling-Part5: Enhanced definitions and verification methods for harmonization of pulse generators according to ISO 7637 道路车辆 由传导和耦合引起的电骚扰 第 5 部分：脉冲发生器波形的定义和验证方法
6	ISO 11451-1	Road vehicles-Vehicle test methods for electrical disturbances from narrowband radiated electromagnetic energy-Part 1: General principles and terminology 道路车辆 车辆对窄带辐射电磁能的抗扰性试验方法 第 1 部分：一般规定
7	ISO 11451-2	Road vehicles-Vehicle test methods for electrical disturbances from narrowband radiated electromagnetic energy-Part 2: Off-vehicle radiation sources 道路车辆 车辆对窄带辐射电磁能的抗扰性试验方法 第 2 部分：车外辐射源法
8	ISO 11451-3	Road vehicles-Vehicle test methods for electrical disturbances from narrowband radiated electromagnetic energy-Part 3: On-board transmitter simulation 道路车辆 车辆对窄带辐射电磁能的抗扰性试验方法 第 3 部分：车载发射机模拟法
9	ISO 11451-4	Road vehicles-Vehicle test methods for electrical disturbances from narrowband radiated electromagnetic energy-Part 4: Bulk current injection (BCI) 道路车辆 车辆对窄带辐射电磁能的抗扰性试验方法 第 4 部分：大电流注入法

（续）

序号	标 准 号	标 准 名 称
10	ISO 11452-1	Road vehicles—Component test methods for electrical disturbances from narrowband radiated electromagnetic energy—Part 1：General principles and terminology 道路车辆 电气电子部件对窄带辐射电磁能的抗扰性试验方法 第1部分：一般规定
11	ISO 11452-2	Road vehicles—Component test methods for electrical disturbances from narrowband radiated electromagnetic energy—Part 2：Absorber-lined shielded enclosure 道路车辆 电气电子部件对窄带辐射电磁能的抗扰性试验方法 第2部分：电波暗室法
12	ISO 11452-3	Road vehicles—Component test methods for electrical disturbances from narrowband radiated electromagnetic energy—Part 3：Transverse electromagnetic（TEM）cell 道路车辆 电气电子部件对窄带辐射电磁能的抗扰性试验方法 第3部分：横电磁波（TEM）小室法
13	ISO 11452-4	Road vehicles—Component test methods for electrical disturbances from narrowband radiated electromagnetic energy—Part 4：Harness excitation methods 道路车辆 电气电子部件对窄带辐射电磁能的抗扰性试验方法 第4部分：线束激励法
14	ISO 11452-5	Road vehicles—Component test methods for electrical disturbances from narrowband radiated electromagnetic energy—Part 5：Stripline 道路车辆 电气电子部件对窄带辐射电磁能的抗扰性试验方法 第5部分：带状线法
15	ISO 11452-7	Road vehicles—Component test methods for electrical disturbances from narrowband radiated electromagnetic energy—Part 7：Direct radio frequency（RF）power injection 道路车辆 电气电子部件对窄带辐射电磁能的抗扰性试验方法 第7部分：射频（RF）功率直接注入法
16	ISO 11452-8	Road vehicles—Component test methods for electrical disturbances from narrowband radiated electromagnetic energy—Part 8：Immunity to magnetic fields 道路车辆 电气电子部件对窄带辐射电磁能的抗扰性试验方法 第8部分：磁场抗扰法
17	ISO 11452-9	Road vehicles—Component test methods for electrical disturbances from narrowband radiated electromagnetic energy—Part 9：Portable transmitters 道路车辆 电气电子部件对窄带辐射电磁能的抗扰性试验方法 第9部分：便携式发射机模拟法
18	ISO 11452-10	Road vehicles—Component test methods for electrical disturbances from narrowband radiated electromagnetic energy—Part 10：Immunity to conducted disturbances in the extended audio frequency range 道路车辆 电气电子部件对窄带辐射电磁能的抗扰性试验方法 第10部分：扩展音频范围的传导抗扰法
19	ISO 11452-11	Road vehicles—Component test methods for electrical disturbances from narrowband radiated electromagnetic energy—Part 11：Reverberation chamber 道路车辆 电气电子部件对窄带辐射电磁能的抗扰性试验方法 第11部分：混响室法

2.3.4 国际电信联盟（ITU）

国际电信联盟（ITU，International Telecommunication Union）成立时间为1865年5月17日，是主管信息通信技术事务的联合国机构，负责分配和管理全球无线电频谱与卫星轨道资源，制定全球电信标准，向发展中国家提供电信援助，促进全球电信发展。ITU总部在瑞士日内瓦，主要部门为电信标准化部门（ITU-T）、无线电通信部门（ITU-R）和电信发展部门（ITU-D），其组织结构简图如图2-3所示。ITU的官方网站为 https://www.itu.int/en/Pages/default.aspx。

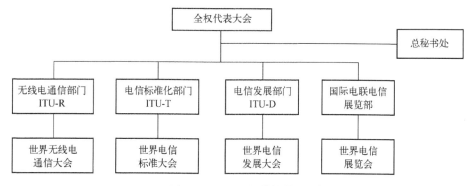

图 2-3　ITU 组织结构简图

ITU 中涉及 EMC 标准研究的主要部门为电信标准化部门（ITU-T），在第五研究组（SG5）进行电信设备的电磁兼容性标准研究，主要研究电信设备的过电压和过电流耐受性、电信设备电磁环境分类、电信设备电磁兼容缓和措施、电信设备雷击防护、电信设备电磁兼容性要求、电信设备骚扰及抗扰性要求等，侧重于电信设备的干扰防护研究。其主要 EMC 标准为 ITU-T K 系列标准。

2.3.5　欧洲电信标准组织（ETSI）

欧洲电信标准组织（ETSI，European Telecommunications Standards Institute）是欧洲邮政和电信管理局会议根据欧洲联盟委员会的建议于 1988 年设立的一个非营利性的电信标准化组织。

ETSI 是公认的区域标准机构，作为欧洲标准化组织（ESO）之一，负责电信、广播和其他电子通信网络和服务的标准化工作，包括通过建立欧洲协调标准来支持欧洲的法规和立法。

ETSI 目前有来自 60 多个国家的 800 多名成员，涉及制造商、网络运营商、服务和内容提供者、国家行政管理机构、大学和研究机构、用户组织、咨询公司和合作伙伴。任何对建立电信和相关标准感兴趣的公司或组织都可以成为 ETSI 的成员，成员分为正式会员、后补会员和观察员三类。

ETSI 组织包括全体大会、董事会、特别委员会、行动协调组、ETSI 合作伙伴项目、行业规范组、技术委员会以及其他工作组，组织结构图如图 2-4 所示。ETSI 官方网站为 https://www.etsi.org/。

ETSI 的出版物有标准、规范和报告，主要有欧洲标准（EN）、ETSI 标准（ES）、ETSI 指南（EG）、ETSI 技术规范（TS）、ETSI 技术报告（TR）、ETSI 特别报告（SR）、ETSI 组报告（GR）和 ETSI 组规范（GS）。这些出版物都是免费的，可以到 ETSI 的网站上搜索下载。与无线通信设备相关的电磁兼容标准为 ETSI EN 301 489 系列标准、ETSI EN 301 908 系列标准、ETSI EN 300 系列标准以及 ETSI EN 303 系列标准，这些标准都是欧洲协调标准，产品做欧盟认证（CE 认证）时，依据这些标准做相应的电磁兼容测试。

2.3.6　国家标准化管理委员会

国家市场监督管理总局对外保留国家标准化管理委员会牌子，内设标准技术管理司和标

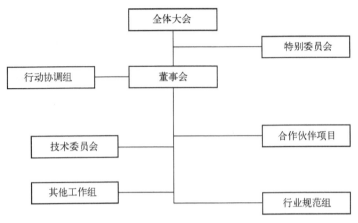

图 2-4 ETSI 组织结构图

准创新管理司,以国家标准化管理委员会名义,下达国家标准计划,批准发布国家标准,审议并发布标准化政策、管理制度、规划和公告等重要文件;开展强制性国家标准对外通报;协调、指导和监督行业、地方、团体、企业标准工作;代表国家参加国际标准化组织、国际电工委员会和其他国际或区域性标准化组织;承担有关国际合作协议签署工作;承担国务院标准化协调机制日常工作。

国家标准化管理委员会下设若干技术委员会与分技术委员会,涉及各个领域,与通信设备电磁兼容相关的技术委员会为 TC79 全国无线电干扰标准化技术委员会(对口 IEC/CISPR)、TC246 全国电磁兼容标准化技术委员会(对口 IEC/TC77、IEC/ACEC)以及 TC485 全国通信标准化技术委员会,这些技术委员会及其分技术委员会负责制定相关领域的电磁兼容标准,包括基础标准、通用标准以及相关的产品类和产品标准。

国家标准化管理委员会的官方网站为 https://www.sac.gov.cn/。

国内的标准化组织及标准信息可在全国标准信息公共服务平台官网上查询,官方网站为 https://std.samr.gov.cn/。

1. TC79 全国无线电干扰标准化技术委员会

其负责全国无线电干扰等专业领域标准化工作,对口 IEC/CISPR 的相关工作,将 CISPR 的相关标准等同转化为国家标准以及制定相关的国家标准,其下设 6 个分技术委员会,分技术委员会具体情况见表 2-13。TC79 制定的主要标准见表 2-14。

表 2-13 TC79 分技术委员会(SC)

序号	编号	名 称	专 业 领 域	成立时间
1	SC1	无线电干扰测量方法和统计方法	负责全国无线电干扰测量仪器、辅助设备及通用测量方法的标准化及研究干扰测量结果的统计分析中所用抽样方法以及干扰测量与信号接收效果间的相互关系等专业领域标准化工作(CISPR A)	1989 年
2	SC2	工业、科学和医疗射频设备	负责全国工业、科学和医用设备的干扰;数据处理设备、大功率半导体控制装置的干扰允许值和特殊测量方法等专业领域标准化工作(CISPR B)	1990 年
3	SC4	机动车辆和内燃机无线电干扰	负责全国机动车辆点火系统和机动车辆电气系统的其他元件以及装有内燃机的其他设备的干扰允许值和特殊测量方法等专业领域标准化工作(CISPRD)	1950 年

（续）

序号	编号	名 称	专业领域	成立时间
4	SC6	家用电器、电动工具、照明设备和电气玩具的电磁兼容	负责全国家用电器、电动工具、照明设备和电气玩具及类似设备的干扰允许值和特殊测量方法等专业领域标准化工作（IEC/CISPR/F）	1988 年
5	SC7	信息技术设备、多媒体设备和接收机的电磁兼容	负责全国信息技术设备、多媒体设备和接收机的干扰和抗扰度限值和测量方法等专业领域标准化工作（IEC/CISPR/I）	2006 年
6	SC8	无线电业务保护	负责全国无线电业务保护等专业领域标准化工作（IEC/CISPR/H）	1989 年

表 2-14 TC79 制定的主要标准

序号	标准号	标准名称	国际标准号	分委会
1	GB/T 6113.101	无线电骚扰和抗扰度测量设备和测量方法规范 第1—1 部分：无线电骚扰和抗扰度测量设备 测量设备	CISPR 16-1-1	SC1
2	GB/T 6113.102	无线电骚扰和抗扰度测量设备和测量方法规范 第1—2 部分：无线电骚扰和抗扰度测量设备 传导骚扰测量的耦合装置	CISPR 16-1-2	SC1
3	GB/T 6113.103	无线电骚扰和抗扰度测量设备和测量方法规范 第1—3 部分：无线电骚扰和抗扰度测量设备 辅助设备 骚扰功率	CISPR 16-1-3	SC1
4	GB/T 6113.104	无线电骚扰和抗扰度测量设备和测量方法规范 第1—4 部分：无线电骚扰和抗扰度测量设备 辐射骚扰测量用天线和试验场地	CISPR 16-1-4	SC1
5	GB/T 6113.105	无线电骚扰和抗扰度测量设备和测量方法规范 第1—5 部分：无线电骚扰和抗扰度测量设备 5 MHz~18 GHz 天线校准场地和参考试验场地	CISPR 16-1-5	SC1
6	GB/T 6113.106	无线电骚扰和抗扰度测量设备和测量方法规范 第1—6 部分：无线电骚扰和抗扰度测量设备 EMC 天线校准	CISPR 16-1-6	SC1
7	GB/T 6113.201	无线电骚扰和抗扰度测量设备和测量方法规范 第2—1 部分：无线电骚扰和抗扰度测量方法 传导骚扰测量	CISPR 16-2-1	SC1
8	GB/T 6113.202	无线电骚扰和抗扰度测量设备和测量方法规范 第2—2 部分：无线电骚扰和抗扰度测量方法 骚扰功率测量	CISPR 16-2-2	SC1
9	GB/T 6113.203	无线电骚扰和抗扰度测量设备和测量方法规范 第2—3 部分：无线电骚扰和抗扰度测量方法 辐射骚扰测量	CISPR 16-2-3	SC1
10	GB/T 6113.204	无线电骚扰和抗扰度测量设备和测量方法规范 第2—4 部分：无线电骚扰和抗扰度测量方法 抗扰度测量	CISPR 16-2-4	SC1
11	GB/Z 6113.205	无线电骚扰和抗扰度测量设备和测量方法规范 第2—5 部分：大型设备骚扰发射现场测量	CISPR/TR 16-2-5	—
12	GB/Z 6113.3	无线电骚扰和抗扰度测量设备和测量方法规范 第3 部分：无线电骚扰和抗扰度测量技术报告	CISPR 16-3	SC1
13	GB/Z 6113.401	无线电骚扰和抗扰度测量设备和测量方法规范 第4—1 部分：不确定度、统计学和限值建模 标准化 EMC 试验的不确定度	CISPR/TR 16-4-1	SC1
14	GB/T 6113.402	无线电骚扰和抗扰度测量设备和测量方法规范 第4—2 部分：不确定度、统计学和限值建模 测量设备和设施的不确定度	CISPR 16-4-2	SC1
15	GB/Z 6113.403	无线电骚扰和抗扰度测量设备和测量方法规范 第4—3 部分：不确定度、统计学和限值建模 批量产品的 EMC 符合性确定的统计考虑	CISPR/TR 16-4-3	SC1

（续）

序号	标准号	标准名称	国际标准号	分委会
16	GB/Z 6113.404	无线电骚扰和抗扰度测量设备和测量方法规范 第4—4部分：不确定度、统计学和限值建模 投诉的统计和限值的计算模型	CISPR/TR 16-4-4	—
17	GB/Z 6113.405	无线电骚扰和抗扰度测量设备和测量方法规范 第4—5部分：不确定度、统计学和限值建模替换试验方法的使用条件	CISPR/TR 16-4-5	SC1
18	GB/T 7343	无源EMC滤波器件抑制特性的测量方法	CISPR 17	—
19	GB 4824	工业、科学和医疗设备 射频骚扰特性 限值和测量方法	CISPR 11	SC2
20	GB/Z 19511	工业、科学和医疗设备（ISM）国际电信联盟（ITU）指定频段内的辐射电平指南	CISPR 28	SC2
21	GB/T 18655	车辆、船和内燃机 无线电骚扰特性 用于保护车载接收机的限值和测量方法	CISPR 25	SC4
22	GB 14023	车辆、船和内燃机 无线电骚扰特性 用于保护车外接收机的限值和测量方法	CISPR 12	SC4
23	GB 4343.1	家用电器、电动工具和类似器具的电磁兼容要求 第1部分：发射	CISPR 14-1	SC6
24	GB/T 4343.2	家用电器、电动工具和类似器具的电磁兼容要求 第2部分：抗扰度	CISPR 14-2	SC6
25	GB/T 17743	电气照明和类似设备的无线电骚扰特性的限值和测量方法	CISPR 15	SC6
26	GB/T 22148.1	电磁发射的试验方法 第1部分：单端和双端荧光灯用电子控制装置	CISPR/TR 30-1	SC6
27	GB/T 22148.2	电磁发射的试验方法 第2部分：放电灯（荧光灯除外）用电子控制装置	CISPR/TR 30-2	SC6
28	GB/T 13837（已废除，此处保留，作为标准制定的历史，后文所列废除标准保留原因同此）	声音和电视广播接收机及有关设备 无线电骚扰特性 限值和测量方法	CISPR 13	SC7
29	GB/T 9383	声音和电视广播接收机及有关设备抗扰度 限值和测量方法	CISPR 20	SC7
30	GB/T 17618	信息技术设备 抗扰度 限值和测量方法	CISPR 24	SC7
31	GB/T 9254.1—2021	信息技术设备、多媒体设备和接收机 电磁兼容 第1部分：发射要求	CISPR 32	SC7
32	GB/T 9254.2—2021	信息技术设备、多媒体设备和接收机 电磁兼容 第2部分：抗扰度要求	CISPR 35	SC7
33	GB/T 9254	信息技术设备的无线电骚扰限值和测量方法	CISPR 22	SC7
34	GB/T 25003	VHF/UHF频段无线电监测站电磁环境保护要求和测试方法	—	SC8
35	GB 17799.3	电磁兼容 通用标准 第3部分：居住环境中设备的发射	IEC 61000-6-3	SC8
36	GB 17799.4	电磁兼容 通用标准 第4部分：工业环境中的发射	IEC 61000-6-4	SC8

2. TC246 全国电磁兼容标准化技术委员会

其负责电磁兼容标准的制定工作，对口 IEC/TC77 的相关工作，将 TC77 制定的标准等同转化为国标以及制定相关的国家标准。其下设 3 个分技术委员会，分技术委员会具体情况见表 2-15，其制定的主要电磁兼容标准见表 2-16。

表 2-15　TC246 的分技术委员会

序号	编号	名称	专业领域	成立时间
1	SC1	高频现象	电磁兼容领域中高频现象（IEC/SC77B）	2008 年
2	SC2	低频现象	电磁兼容领域中低频现象（IEC/SC77A）	2008 年
3	SC3	大功率暂态现象	电磁兼容领域中大功率暂态现象（IEC/SC77C）	2008 年

表 2-16　TC246 的主要标准

序号	标准号	标 准 名 称	国际标准号	分委会
1	GB/T 17626.2	电磁兼容 试验和测量技术 静电放电抗扰度试验	IEC 61000-4-2	SC1
2	GB/T 17626.3	电磁兼容 试验和测量技术 射频电磁场辐射抗扰度试验	IEC 61000-4-3	SC1
3	GB/T 17626.4	电磁兼容 试验和测量技术 电快速瞬变脉冲群抗扰度试验	IEC 61000-4-4	SC1
4	GB/T 17626.5	电磁兼容 试验和测量技术 浪涌（冲击）抗扰度试验	IEC 61000-4-5	SC1
5	GB/T 17626.6	电磁兼容 试验和测量技术 射频场感应的传导骚扰抗扰度	IEC 61000-4-6	SC1
6	GB/T 17626.7	电磁兼容 试验和测量技术 供电系统及所连设备谐波、间谐波的测量和测量仪器导则	IEC 61000-4-7	SC2
7	GB/T 17626.8	电磁兼容 试验和测量技术 工频磁场抗扰度试验	IEC 61000-4-8	SC2
8	GB/T 17626.10	电磁兼容 试验和测量技术 阻尼振荡磁场抗扰度试验	IEC 61000-4-10	SC1
9	GB/T 17626.11	电磁兼容 试验和测量技术 电压暂降、短时中断和电压变化的抗扰度试验	IEC 61000-4-11	SC2
10	GB/T 17626.12	电磁兼容 试验和测量技术 振铃波抗扰度试验	IEC 61000-4-12	SC1
11	GB/T 17626.13	电磁兼容 试验和测量技术 交流电源端口谐波、谐间波及电网信号的低频抗扰度试验	IEC 61000-4-13	SC2
12	GB/T 17626.14	电磁兼容 试验和测量技术 电压波动抗扰度试验	IEC 61000-4-14	SC2
13	GB/T 17626.15	电磁兼容 试验和测量技术 闪烁仪 功能和设计规范	IEC 61000-4-15	SC2
14	GB/T 17626.16	电磁兼容 试验和测量技术 0 Hz～150 kHz 共模传导骚扰抗扰度试验	IEC 61000-4-16	SC2
15	GB/T 17626.17	电磁兼容 试验和测量技术 直流电源输入端口纹波抗扰度试验	IEC 61000-4-17	SC2
16	GB/T 17626.18	电磁兼容 试验和测量技术 阻尼振荡波抗扰度试验	IEC 61000-4-18	SC1
17	GB/T 17626.20	电磁兼容 试验和测量技术 横电磁波（TEM）波导中的发射和抗扰度试验	IEC 61000-4-20	SC1
18	GB/T 17626.21	电磁兼容 试验和测量技术 混波室试验方法	IEC 61000-4-21	SC1
19	GB/T 17626.24	电磁兼容 试验和测量技术 HEMP 传导骚扰保护装置的试验方法	IEC 61000-4-24	SC3
20	GB/T 17626.27	电磁兼容 试验和测量技术 三相电压不平衡抗扰度试验	IEC 61000-4-27	SC2
21	GB/T 17626.28	电磁兼容 试验和测量技术 工频频率变化抗扰度试验	IEC 61000-4-28	SC2
22	GB/T 17626.29	电磁兼容 试验和测量技术 直流电源输入端口电压暂降、短时中断和电压变化的抗扰度试验	IEC 61000-4-29	SC2

（续）

序号	标准号	标准名称	国际标准号	分委会
23	GB/T 17626.30	电磁兼容 试验和测量技术 电能质量测量方法	IEC 61000-4-30	SC2
24	GB/T 17626.34	电磁兼容 试验和测量技术 主电源每相电流大于16 A的设备的电压暂降、短时中断和电压变化抗扰度试验	IEC 61000-4-34	SC2
25	GB 17625.1	电磁兼容 限值 谐波电流发射限值（设备每相输入电流≤16 A）	IEC 61000-3-2	SC2
26	GB/T 17625.2	电磁兼容 限值 对每相额定电流≤16 A且无条件接入的设备在公用低压供电系统中产生的电压变化、电压波动和闪烁的限制	IEC 61000-3-3	SC2
27	GB/Z 17625.3	电磁兼容 限值 对额定电流大于16 A的设备在低压供电系统中产生的电压波动和闪烁的限制	IEC 61000-3-5	SC2
28	GB/Z 17625.4	电磁兼容 限值 中、高压电力系统中畸变负荷发射限值的评估	IEC 61000-3-6	SC2
29	GB/Z 17625.5	电磁兼容 限值 中、高压电力系统中波动负荷发射限值的评估	IEC 61000-3-7	SC2
30	GB/Z 17625.6	电磁兼容 限值 对额定电流大于16 A的设备在低压供电系统中产生的谐波电流的限制	IEC TR 61000-3-4	SC2
31	GB/T 17625.7	电磁兼容 限值 对额定电流≤75 A且有条件接入的设备在公用低压供电系统中产生的电压变化、电压波动和闪烁的限制	IEC 61000-3-11	SC2
32	GB/T 17625.8	电磁兼容 限值 每相输入电流大于16 A小于等于75 A连接到公用低压系统的设备产生的谐波电流限值	IEC 61000-3-12	SC2
33	GB/T 17625.9	电磁兼容 限值 低压电气设施上的信号传输 发射电平、频段和电磁骚扰电平	IEC 61000-3-8	SC1
34	GB/Z 17625.14	电磁兼容 限值 骚扰装置接入低压电力系统的谐波、间谐波、电压波动和不平衡的发射限值评估	IEC TR 61000-3-14	SC2
35	GB/Z 17625.15	电磁兼容 限值 低压电网中分布式发电系统低频电磁抗扰度和发射要求的评估	IEC TR 61000-3-15	SC2

3. TC485 全国通信标准化技术委员会

TC485 于 2009 年 5 月经国标委批准成立，由国标委主管，工业和信息化部作为业务指导单位，中国通信标准化协会作为秘书处承担单位，主要负责通信网络、系统和设备的性能要求、通信基本协议和相关测试方法等领域的国家标准制修订工作。TC485 也负责通信设备的电磁兼容标准研究和制定工作，主要的电磁兼容标准见表 2-17。

表 2-17　TC485 主要的电磁兼容标准

序号	标准号	标准名称
1	GB/T 19286	电信网络设备的电磁兼容性要求及测量方法
2	GB/T 19287	电信设备的抗扰度通用要求
3	GB/T 19483	无绳电话的电磁兼容性要求及测量方法
4	GB/T 19484.1	800 MHz/2 GHz cdma2000 数字蜂窝移动通信系统的电磁兼容性要求和测量方法 第1部分：用户设备及其辅助设备

（续）

序号	标准号	标 准 名 称
5	GB/T 22450.1	900/1800 MHz TDMA 数字蜂窝移动通信系统电磁兼容性限值和测量方法 第 1 部分：移动台及其辅助设备
6	GB/T 22451	无线通信设备电磁兼容性通用要求

2.3.7　中国通信标准化协会（CCSA）

中国通信标准化协会（英文译名为 China Communications Standards Association，缩写为 CCSA）是国内企事业单位自愿联合组织起来，经业务主管部门批准，国家社团登记管理机关登记，在全国范围内开展信息通信技术领域标准化活动的非营利性法人社会团体。协会于 2002 年 12 月 18 日在北京正式成立。

中国通信标准化协会（以下简称：协会）采用单位会员制。作为开放的标准化组织，协会面向全社会开放会员申请，广泛吸收产品制造、通信运营和互联网等企业，科研、技术开发和设计单位，高等院校和社团组织等参加协会。协会遵守中国宪法、法律、法规和国家政策，接受业务主管部门、社团登记管理机关的业务指导和监督管理。

协会按照公开、公平、公正和协商一致原则，建立以政府为指导、企业为主体、市场为导向，产、学、研、用相结合的工作体系，组织开展信息通信标准化活动，为国家信息化和信息产业发展做出贡献。其组织结构图如图 2-5 所示。

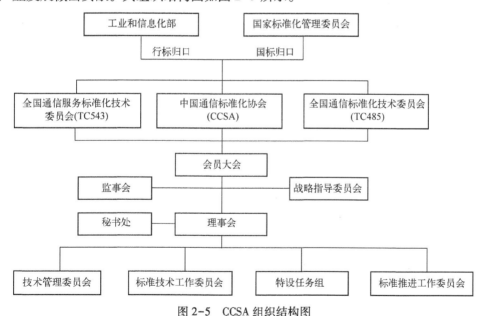

图 2-5　CCSA 组织结构图

对于通信设备的电磁兼容标准由 CCSA 的电磁环境与安全防护技术工作委员会（TC9）进行研究和制定，TC9 于 2004 年 12 月 21 日在北京成立，其研究领域包括：电信设备的电磁兼容、雷击与强电的防护、电磁辐射对人身安全与健康的影响以及电磁信息安全。TC9 下设四个工作组分别是：电信设备的电磁环境工作组（WG1）、电信系统雷击防护与环境适应性工作组（WG2）、电磁辐射与安全工作组（WG3）和共建共享工作组（WG4），各个工作组的职责及研究范围见表2-18。

表 2-18　TC9 工作组职责及研究范围

工 作 组	职责及研究范围	与国际组织对口关系
电信设备的电磁环境工作组（WG1）	电信网络与设备的电磁环境，包括电磁兼容、电磁干扰、天线电磁兼容相关性能和电磁环境特征研究	ITU-T SG5、IEC/CISPR、EN、IEEE、WHO、ANSI
电信系统雷击防护与环境适应性工作组（WG2）	1. 通信设备、设施的雷击防护标准研究 2. 通信设备的环境适应性、通信设施的环境适应性 3. 通信设备安规类测试标准研究	
电磁辐射与安全工作组（WG3）	通信环境对人身安全与健康的影响以及电磁信息安全	
共建共享工作组（WG4）	1. 电信基础设施共建共享中的关键技术研究，包括电磁兼容、电磁互干扰、承重、荷载、电磁辐射、安全防护、共建共享缓和技术措施、资源利用率等 2. 电信基础设施共建共享涉及的第三方服务标准化工作等 3. 电信基础设施共建共享中的管控流程和争端仲裁细则、新共建共享应用场景等	—

　　其中通信设备的电磁兼容性标准在 WG1 中进行研究和制修订，包括电磁兼容通信行业标准和国家标准。

　　TC9 WG1 的标准体系如图 2-6 所示。

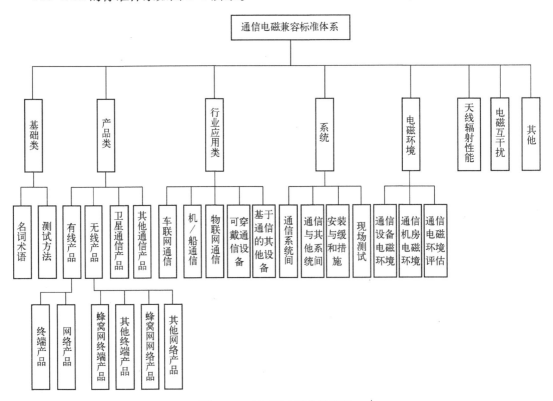

图 2-6　TC9 WG1 标准体系图

　　TC9 WG1 制定及出版的主要标准为 YD/T 2583 系列标准、YD/T 1312 系列标准以及一些有线通信设备的标准等，涵盖了蜂窝式移动通信设备、其他无线通信设备以及有线通信设备等通信设备的电磁兼容性要求和测量方法。WG1 制定的主要标准见表 2-19。

表 2-19　TC9 WG1 制定的主要标准

序号	标准号	标准名称
1	YD/T 2583.1	蜂窝式移动通信设备电磁兼容性能要求和测量方法 第1部分：基站及其辅助设备
2	YD/T 2583.2	蜂窝式移动通信设备电磁兼容性能要求和测量方法 第2部分：用户设备及其辅助设备的通用要求
3	YD/T 2583.3	蜂窝式移动通信设备电磁兼容性能要求和测量方法 第3部分：多模基站及其辅助设备
4	YD/T 2583.4	蜂窝式移动通信设备电磁兼容性能要求和测量方法 第4部分：多模终端及其辅助设备
5	YD/T 2583.5（标准已报批，等待发布，后文部分标准同此）	蜂窝式移动通信设备电磁兼容性能要求和测量方法 第5部分：900/1800 MHz TDMA 基站及其辅助设备
6	YD/T 2583.6	蜂窝式移动通信设备电磁兼容性能要求和测量方法 第6部分：900/1800 MHz TDMA 用户设备及其辅助设备
7	YD/T 2583.7	蜂窝式移动通信设备电磁兼容性能要求和测量方法 第7部分：TD-SCDMA 基站及其辅助设备
8	YD/T 2583.8	蜂窝式移动通信设备电磁兼容性能要求和测量方法 第8部分：TD-SCDMA 用户设备及其辅助设备
9	YD/T 2583.9	蜂窝式移动通信设备电磁兼容性能要求和测量方法 第9部分：WCDMA 基站及其辅助设备
10	YD/T 2583.10	蜂窝式移动通信设备电磁兼容性能要求和测量方法 第10部分：WCDMA 用户设备及其辅助设备
11	YD/T 2583.11	蜂窝式移动通信设备电磁兼容性能要求和测量方法 第11部分：cdma2000 基站及其辅助设备
12	YD/T 2583.12	蜂窝式移动通信设备电磁兼容性能要求和测量方法 第12部分：cdma2000 用户设备及其辅助设备
13	YD/T 2583.13	蜂窝式移动通信设备电磁兼容性能要求和测量方法 第13部分：LTE 基站及其辅助设备
14	YD/T 2583.14	蜂窝式移动通信设备电磁兼容性能要求和测量方法 第14部分：LTE 用户设备及其辅助设备
15	YD/T 2583.15	蜂窝式移动通信设备电磁兼容性能要求和测量方法 第15部分：蜂窝窄带接入（NB-IoT）基站及其辅助设备
16	YD/T 2583.16	蜂窝式移动通信设备电磁兼容性能要求和测量方法 第16部分：蜂窝窄带接入（NB-IoT）用户设备及其辅助设备
17	YD/T 2583.17	蜂窝式移动通信设备电磁兼容性能要求和测量方法 第17部分：5G 基站及其辅助设备
18	YD/T 2583.18	蜂窝式移动通信设备电磁兼容性能要求和测量方法 第18部分：5G 用户设备和辅助设备
19	YD/T 1312.1	无线通信设备电磁兼容性要求和测量方法 第1部分：通用要求
20	YD/T 1312.2	无线通信设备电磁兼容性要求和测量方法 第2部分：宽带无线电设备
21	YD/T 1312.3	无线通信设备电磁兼容性要求和测量方法 第3部分：个人陆地移动无线电设备（PMR）及其辅助设备
22	YD/T 1312.4	无线通信设备电磁兼容性要求和测量方法 第4部分：无线寻呼系统
23	YD/T 1312.5	无线通信设备电磁兼容性要求和测量方法 第5部分：无线语音链路设备和无线话筒
24	YD/T 1312.6	无线通信设备电磁兼容性要求和测量方法 第6部分：业余无线电设备
25	YD/T 1312.7	无线通信设备电磁兼容性要求和测量方法 第7部分：陆地集群无线电设备
26	YD/T 1312.8	无线通信设备电磁兼容性要求和测量方法 第8部分：短距离无线电设备（9 kHz~40 GHz）

（续）

序号	标 准 号	标 准 名 称
27	YD/T 1312.9	无线通信设备电磁兼容性要求和测量方法 第9部分：400/1800 MHz SCDMA 无线接入系统用户设备及其辅助设备
28	YD/T 1312.10	无线通信设备电磁兼容性要求和测量方法 第10部分：400/1800 MHz SCDMA 无线接入系统：基站、直放站、基站控制器及其辅助设备
29	YD/T 1312.11	无线通信设备电磁兼容性要求和测量方法 第11部分：固定宽带无线接入系统 用户站及其辅助设备
30	YD/T 1312.12	无线通信设备电磁兼容性要求和测量方法 第12部分：固定宽带无线接入系统 基站及其辅助设备
31	YD/T 1312.13	无线通信设备电磁兼容性要求和测量方法 第13部分：移动通信终端适配器
32	YD/T 1312.14	无线通信设备电磁兼容性要求和测量方法 第14部分：甚小孔径终端和交互式卫星地球站设备（在卫星固定业务中工作频率范围为 4 GHz～30 GHz）
33	YD/T 1312.15	无线通信设备电磁兼容性要求和测量方法 第15部分：超宽带（UWB）通信设备
34	YD/T 1312.16	无线通信设备电磁兼容性要求和测量方法 第16部分：卫星移动通信系统终端地球站
35	YD/T 1312.17	无线通信设备电磁兼容性要求和测量方法 第17部分：甚低功率活性医用植入设备以及相关外围设备
36	YD/T 1312.18	无线通信设备电磁兼容性要求和测量方法 第18部分：集成广播电视模块的无线通信设备
37	YD/T 1312.19	无线通信设备电磁兼容性要求和测量方法 第19部分：移动地球站和全球卫星导航系统接收机
38	YD/T 1312.20	无线通信设备电磁兼容性要求和测量方法 第20部分：胶囊内窥与嵌入式移动通信终端
39	YD/T 1312.21	无线通信设备电磁兼容性要求和测量方法 第21部分：S 波段卫星通信终端及其辅助设备
40	YD/T 1312.22	无线通信设备电磁兼容性要求和测量方法 第22部分：毫米波设备
41	YD/T 4731—2024	基于无线通信的人体佩戴设备的电磁兼容性要求和测量方法
42	YD/T 2191.1	电信设备电磁兼容安装及缓和措施 第1部分：总则
43	YD/T 2191.2	电信设备安装的电磁兼容及缓和措施 第2部分：接地和线缆
44	YD/T 2191.3	电信设备安装的电磁兼容及缓和措施 第3部分：高空电磁脉冲（HEMP）保护导则
45	YD/T 2191.4	电信设备电磁兼容安装及缓和措施 第4部分：高空电磁脉冲（HEMP）抗扰度—高空电磁脉冲辐射干扰保护装置技术要求
46	YD/T 2191.5	电信设备安装的电磁兼容及缓和措施 第5部分：高空电磁脉冲（HEMP）抗扰度—高空电磁脉冲射频场感应的传导干扰保护装置技术要求
47	YD/T 2191.6	电信设备电磁兼容安装及缓和措施 第6部分：外部电磁干扰的缓和措施
48	YD/T 2191.7	电信设备安装的电磁兼容及缓和措施 第7部分：电磁干扰保护壳体的等级
49	YD/T 2191.8	电信设备安装的电磁兼容及缓和措施 第8部分：电信中心的 HEMP 防护
50	YD/T 2191.9	电信设备安装的电磁兼容及缓和措施 第9部分：通信系统的 HPEM 防护
51	YD/T 2191.10	电信设备安装的电磁兼容及缓和措施 第10部分：HEMP 和 HPEM 的缓和措施
52	YD/T 1690.1	电信设备内部电磁发射诊断技术要求和测量方法（150 kHz～1 GHz）第1部分：通用条件和定义
53	YD/T 1690.2	电信设备内部电磁发射诊断技术要求和测量方法（150 kHz～1 GHz）第2部分：辐射发射测量 TEM 小室和宽带 TEM 小室方法
54	YD/T 1690.3	电信设备内部电磁发射诊断技术要求和测量方法（150 kHz～1 GHz）第3部分：辐射发射测量 外表扫描方法

（续）

序号	标　准　号	标　准　名　称
55	YD/T 1690.4	电信设备内部电磁发射诊断技术要求和测量方法（150 kHz~1 GHz）第 4 部分：传导发射测量 1 Ω/150 Ω 直接耦合方法
56	YD/T 1690.5	电信设备内部电磁发射诊断技术要求和测量方法（150 kHz~1 GHz）第 5 部分：传导发射测量 法拉第笼方法
57	YD/T 1690.6	电信设备内部电磁发射诊断技术要求和测量方法（150 kHz~1 GHz）第 6 部分：传导发射测量 磁场探头方法
58	YD/T 3814.1	通信局站的电磁环境防护 第 1 部分：电磁环境分类
59	YD/T 3814.2	通信局站的电磁环境防护 第 2 部分：电磁环境防护方法
60	YD/T 1482	电信设备电磁环境的分类
61	YD/T 1483	无线电设备杂散发射技术要求和测量方法
62	YD/T 2654	无线电源设备电磁兼容性要求和测量方法
63	YD/T 2655	连接到电信网络的视频监控设备的电磁兼容性要求与测量方法
64	YD/T 968	电信终端设备电磁兼容性要求及测量方法
65	YD/T 983	通信电源设备电磁兼容性要求及测量方法
66	YD/T 991	通信仪表的电磁兼容性限值及测量方法
67	YD/T 1138	固定无线链路设备及其辅助设备的电磁兼容性要求和测量方法
68	YD/T 1244	数字用户线（xDSL）设备电磁兼容性要求和测量方法
69	YD/T 1536	电信设备的电磁辐射信息泄漏要求和测量方法
70	YD/T 1633	电信设备的电磁兼容性现场测试方法
71	YD/T 1643	无线通信设备与助听器的兼容性要求和测试方法
72	YD/T 1965	基于公用电信网的宽带客户网络设备及其辅助设备的电磁兼容性要求和测量方法
73	YD/T 2190	通信电磁兼容名词术语
74	YD/T 2496	通讯安装中电磁故障缓解方法
75	YD/T 2829	感知层设备的电磁兼容性要求与测量方法
76	YD/T 3265	电信和数据设备直流端口电磁兼容要求及测量方法
77	YD/T 3321	家庭网络的电磁环境与评估方法
78	YD/T 3639	无线设备对宽带客户网络用有线终端和电缆的干扰缓解措施

2.4　小结

　　本章主要介绍了无线通信设备电磁兼容试验涉及的主要标准化组织及标准，标准化组织的内容主要来自于其官方网站相关的内容，其相关内容会不断更新，应以其官方网站公布的内容为准。

　　本章列出的标准只是相应的标准化组织制定的一部分标准，这部分标准也不全部适用于无线通信设备的电磁兼容试验，主要是为了便于了解相应的标准化组织及其工作的领域，加深对电磁兼容领域的了解，也能扩展了解其他领域的电磁兼容相关要求。

第3章 无线通信设备电磁兼容测试通用要求

3.1 电磁兼容问题的产生

如何衡量设备的电磁兼容性能或解决设备的电磁兼容相关问题？需要对设备进行电磁兼容性相关的试验，其目的就是找到电磁干扰源或电磁敏感源，有针对性地去解决相关的问题，改进设备的电磁兼容性能，从而使设备在实际使用中，降低由于其电磁兼容性能问题而造成其他设备或本身性能下降的风险。

众所周知，产生电磁兼容性问题的三要素，即电磁干扰源、耦合途径和敏感设备，电磁干扰源是产生电磁干扰的设备，通过电缆、空间辐射等耦合路径影响电磁敏感设备。高频电压/电流是产生干扰的根源，电磁能量在设备之间传播有两种方式：传导和辐射，传导的方式是以导线为媒体，以电压电流的方式干扰敏感设备，辐射是以空间传播的方式，耦合电磁能量干扰敏感设备。常见干扰源有雷电、无线通信、脉冲电路、静电、感性负载通断、发射天线和电缆导线等，电磁干扰源是有意的发射或无意的发射，也可能两者同时存在。

用电设备均可能成为电磁干扰源，同时也可能成为电磁敏感设备，受到电磁信号的影响，不同的设备或电路对于电磁信号的敏感程度不同，例如数字电路抗干扰性较好，但大的脉冲信号可能会使数字电路产生误动作，音频模拟电路则对射频信号比较敏感，所以对于功能不同的设备，抗扰度试验也有所不同。

耦合路径分为空间耦合和传导耦合，空间耦合包括互感耦合、电容耦合和天线辐射耦合等，通过空间的辐射耦合到设备上，包括与设备相连的一些线缆上，产生感应电压或电流来干扰设备的正常运行；传导耦合通过与干扰源直接或间接相连的地线、电源线、信号/控制线以及有线网络线缆，对于干扰源直接产生的或感应产生的干扰电压、电流或脉冲信号传导到设备上，干扰设备的正常运行。产生电磁兼容性问题的三要素的关系如图3-1所示。

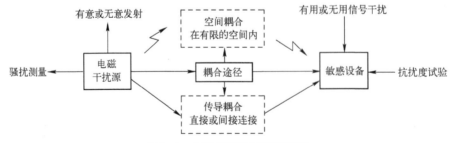

图 3-1 电磁兼容性问题三要素

3.2 电磁兼容测试的分类

弄清楚了产生电磁兼容性问题的三要素，对于电磁兼容性测试的分类就比较清晰了，如果按测试对象划分，一般分为骚扰测量和抗扰度试验，即测试干扰源对外的骚扰情况以及敏感设备抵抗干扰的性能。如果按耦合途径划分，一般分为传导测试和辐射测试。如果按电磁波的应用划分，一般分为有意发射和无意发射测试。这些分类是从不同的角度来划分的，通常信息通信设备的电磁兼容测试分类为：骚扰测量，包括传导发射和辐射发射测量；抗扰度试验，包括传导抗扰度和辐射抗扰度试验。

对于某一设备或系统，其既是电磁干扰源也是电磁敏感设备，在正常工作时，可能会产生对其他设备的干扰信号，同时也受其他干扰源的干扰。要保证设备的电磁兼容性能，就要对其骚扰性和抗扰性都进行测试，这样在相同的电磁环境下，既减少了设备干扰其他设备的风险也增加了设备抗干扰的性能，大大降低了由电磁兼容问题而造成设备出现问题的风险。也就是说，对于某一设备或系统，其电磁兼容性能要通过其骚扰和抗扰性能来进行评估，在相同的电磁环境下，骚扰测量和抗扰度试验是相互关联的，如图 3-2 所示，对于设备 1 的骚扰信号，相对于设备 2 则成为干扰信号，同时设备 1 也受到设备 2 产生的骚扰信号的干扰。

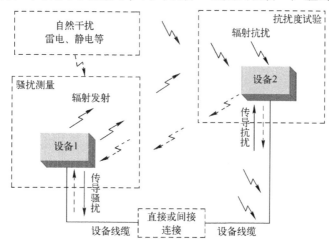

图 3-2　骚扰测量和抗扰度试验的相互关系

3.3　无线通信设备电磁兼容测试项目

无线通信设备的电磁兼容测试项目通常见表 3-1 和表 3-2。不同的无线通信设备，测试项目会存在一些差异，具体的测试项目见相关的行业标准。

表 3-1　骚扰测量项目

序号	测量项目	适用端口	测量方法依据标准
1	辐射杂散骚扰	壳体端口	YD/T 1483
2	辐射骚扰	辅助设备的壳体端口	GB/T 9254.1
3	传导骚扰	有线网络端口	GB/T 9254.1
		DC 电源输入/输出端口	GB/T 9254.1
		AC 电源输入/输出端口	GB/T 9254.1
4	谐波电流	AC 电源输入端口	GB 17625.1

（续）

序号	测量项目	适用端口	测量方法依据标准
5	电压变化、电压波动和闪烁	AC 电源输入端口	GB/T 17625.2
6	瞬态传导骚扰（车载环境）	DC 电源输入/输出端口	GB/T 21437.2

表 3-2　抗扰度试验项目

序号	试验项目	适用端口	试验方法依据标准
1	静电放电抗扰度	壳体端口	GB/T 17626.2
2	射频电磁场辐射抗扰度	壳体端口	GB/T 17626.3
3	电快速瞬变脉冲群抗扰度	信号/控制端口、有线网络端口、AC/DC 电源端口	GB/T 17626.4
4	浪涌（冲击）抗扰度	信号/控制端口、有线网络端口、AC/DC 电源端口	GB/T 17626.5
5	射频场感应的传导骚扰抗扰度	信号/控制端口、有线网络端口、AC/DC 电源端口	GB/T 17626.6
6	工频磁场抗扰度	壳体端口	GB/T 17626.8
7	电压暂降、短时中断和电压变化的抗扰度	AC/DC 电源输入端口	GB/T 17626.11、GB/T 17626.29
8	瞬变与浪涌（车载环境）	DC 电源输入端口	GB/T 21437.2

无线通信设备和其他通信设备的电磁兼容试验依据的主要行业标准见表 3-3～表 3-5。无线通信相关的一些行业标准在持续的制定和修订中，随着技术的发展，无线通信行业标准也会逐步增加。

表 3-3　蜂窝式无线通信设备主要行业标准

序号	蜂窝式无线通信设备	行业标准
1	基站及其辅助设备的通用要求	YD/T 2583.1
2	用户设备及其辅助设备的通用要求	YD/T 2583.2
3	多系统基站及其辅助设备	YD/T 2583.3
4	多模终端及其辅助设备	YD/T 2583.4
5	900/1800 MHz TDMA 基站及其辅助设备	YD/T 2583.5
6	900/1800 MHz TDMA 用户设备及其辅助设备	YD/T 2583.6
7	TD-SCDMA 基站及其辅助设备	YD/T 2583.7
8	TD-SCDMA 用户设备及其辅助设备	YD/T 2583.8
9	WCDMA 基站及其辅助设备	YD/T 2583.9
10	WCDMA 用户设备及其辅助设备	YD/T 2583.10
11	CDMA2000 基站及其辅助设备	YD/T 2583.11
12	CDMA2000 用户设备及其辅助设备	YD/T 2583.12
13	LTE 基站及其辅助设备	YD/T 2583.13
14	LTE 用户设备及其辅助设备	YD/T 2583.14
15	蜂窝窄带接入（NB-IoT）基站及其辅助设备	YD/T 2583.15

（续）

序号	蜂窝式无线通信设备	行业标准
16	蜂窝窄带接入（NB-IoT）用户设备及其辅助设备	YD/T 2583.16
17	5G 基站及其辅助设备	YD/T 2583.17
18	5G 用户设备及其辅助设备	YD/T 2583.18

表 3-4　其他无线通信设备主要行业标准

序号	其他无线通信设备	行业标准
1	无线通信设备通用要求	YD/T 1312.1
2	宽带无线电设备	YD/T 1312.2
3	个人陆地移动无线电设备（PMR）及其辅助设备	YD/T 1312.3
4	无线寻呼系统	YD/T 1312.4
5	无线语音链路设备和无线话筒	YD/T 1312.5
6	业余无线电设备	YD/T 1312.6
7	陆地集群无线电设备	YD/T 1312.7
8	短距离无线电设备（9 kHz~40 GHz）	YD/T 1312.8
9	400/1800 MHz SCDMA 无线接入系统 用户设备及其辅助设备	YD/T 1312.9
10	400/1800 MHz SCDMA 无线接入系统 基站、直放站、基站控制器及其辅助设备	YD/T 1312.10
11	固定宽带无线接入系统用户站及其辅助设备	YD/T 1312.11
12	固定宽带无线接入系统基站及其辅助设备	YD/T 1312.12
13	移动通信终端适配设备	YD/T 1312.13
14	甚小孔径终端和交互式卫星地球站设备	YD/T 1312.14
15	超宽带（UWB）通信设备	YD/T 1312.15
16	卫星移动通信系统终端地球站设备	YD/T 1312.16
17	甚低功率活性医用植入设备以及相关外围设备	YD/T 1312.17
18	集成广播电视模块的无线通信设备	YD/T 1312.18
19	移动地球站及全球卫星导航系统接收机	YD/T 1312.19
20	胶囊内窥与植入式移动通信终端	YD/T 1312.20
21	S 波段卫星通信终端及其辅助设备	YD/T 1312.21
22	毫米波设备	YD/T 1312.22
23	融合无线通信的民用机器人设备	YD/T 1312.23

表 3-5　其他通信设备主要依据标准

序号	其他通信设备	行业标准
1	通信电源设备	YD/T 983
2	通信仪表	YD/T 991
3	电信终端设备	YD/T 968
4	数字用户线（xDSL）设备	YD/T 1244
5	固定无线链路设备及其辅助设备	YD/T 1138

（续）

序号	其他通信设备	行业标准
6	基于公用电信网的宽带客户网络设备及其辅助设备	YD/T 1965
7	无线电源设备	YD/T 2654
8	无绳电话	GB/T 19483
9	电信网络设备	GB/T 19286
10	电信设备	GB/T 19287
11	信息技术设备	GB/T 9254.1、GB/T 9254.2

3.4 无线通信设备电磁兼容测试通用要求

3.4.1 无线通信设备的分类

对于无线通信设备，在进行 EMC 试验时，通常将被测设备分为 3 类，为固定设备、便携设备和车载设备。

固定设备指无线通信设备和/或其辅助设备使用交流或直流供电，在固定场所使用和/或安装使用，例如基站设备。

便携设备指无线通信设备和/或其辅助设备由自身的电池供电，设计目的是便携使用。

车载设备指无线通信设备和/或其辅助设备固定安装在车辆上由车辆的电源系统供电，或在车辆上使用且配备车载电源适配器使用车辆电源系统供电。

对于便携设备，当可使用车辆的电源系统供电时，还应满足车载设备的相关要求。

对于便携设备，当可使用交/直流电源供电时（进行充电时），还应满足固定设备的相关要求。

另外，在进行 EMC 试验布置时，通常按台式设备和落地式设备进行分类布置。对于便携设备和车载设备，一般按台式设备进行试验布置；对于固定设备，按其使用的方式确定其试验布置；对于实际使用时放置在桌面上的固定设备，例如无线路由器，试验时按台式设备进行试验布置；对于实际使用时放置在地面上的设备，例如基站，试验时按落地式设备进行试验布置。

对于壁挂式、顶部安装式和穿戴式无线通信设备，一般按台式设备进行试验布置。

3.4.2 试验项目的适用性

对于无线通信设备，依据其设备的类别，进行 EMC 试验的项目也会不同，通常不同类型设备的试验项目见表 3-6，具体要求见相应的行业标准。

表 3-6 试验项目的适用性

测量项目	适用端口	无线通信设备及其辅助设备		
		固定	车载	便携
辐射杂散骚扰	壳体端口	适用	适用	适用
辐射骚扰	辅助设备的壳体端口	适用	适用	适用

（续）

测量项目	适用端口	无线通信设备及其辅助设备		
		固定	车载	便携
传导骚扰	有线网络端口	适用	适用	不适用
	DC 电源输入/输出端口	适用	适用	不适用
	AC 电源输入/输出端口	适用	不适用	不适用
谐波电流	AC 电源输入端口	适用	不适用	不适用
电压变化、电压波动和闪烁	AC 电源输入端口	适用	不适用	不适用
电瞬态传导骚扰（车载环境）	DC 电源输入/输出端口	不适用	适用	不适用
静电放电抗扰度	壳体端口	适用	适用	适用
射频电磁场辐射抗扰度	壳体端口	适用	适用	适用
电快速瞬变脉冲群抗扰度	有线网络端口、信号/控制端口、AC/DC 电源输入端口	适用	不适用	不适用
浪涌（冲击）抗扰度	有线网络端口、AC/DC 电源输入端口	适用	不适用	不适用
射频场感应的传导骚扰抗扰度	有线网络端口、信号/控制端口、AC/DC 电源输入端口	适用	适用	不适用
工频磁场抗扰度	壳体端口	适用	适用	适用
电压暂降、短时中断和电压变化的抗扰度	AC/DC 电源输入端口	适用	不适用	不适用
瞬变与浪涌抗扰度（车载环境）	DC 电源输入端口	不适用	适用	不适用

3.4.3　通用配置要求

在进行 EMC 试验时，无线通信设备应按实际使用时的典型配置进行试验配置。例如，实际使用时有辅助设备，则在进行试验时应配备辅助设备。

无线通信设备的天线，如果设备的天线是一体化天线时，试验时应配备天线进行测试。如果天线可拆卸，可通过空间链路建立通信连接，建议使用实际使用时的标配天线进行测试，也可通过线缆连接的方式建立通信连接，使用相应的衰减器，避免损坏建立连接的辅助测试设备。对于大功率的发射设备，例如基站，通常选择线缆进行连接。

无线通信设备的端口，为了实现相应的功能，实际使用时与相关设备相连接的端口，在试验时，为了模拟实际的工作状态，至少每类端口均应被激活，与相应的辅助设备、辅助测试设备以及端接负载相连。

对于模块式无线通信设备，试验时，配备相应的主设备（实际使用时配备的设备）或相应的外围电路，能完全实现无线模块式设备的所用功能。

对于实际使用时，使用电源适配器的设备，试验时应配备相应的电源适配器进行试验，应满足固定设备的试验要求，例如便携设备的充电电源适配器。

对于设备的所有线缆，应与实际使用或安装时的线缆一致。

对于无线通信系统设备或组合式无线通信设备，按实际安装使用时的配置进行配置，可选择典型的配置或最小的配置进行试验。

3.4.4　通用工作状态要求

试验时，无线通信设备的发射功率通常选择最大额定功率，对于一些抗扰项目，由于被测设备和/或试验环境无法实现最大额定功率发射时，可适当将发射功率降低，例如降低到额定功率的一半。

无线通信设备试验时的工作状态，对于骚扰项目通常选择业务模式，对于抗扰项目，业务模式和空闲模式均应进行试验。

如果无线通信设备的业务模式支持语音和数据两种业务模式，则抗扰度项目应都进行试验，对于骚扰项目，原则上也应都进行试验，实际试验时，可选择最大的骚扰工作模式进行试验。

对于无线通信设备支持的所有通信制式（例如 GSM、WCDMA、LTE 及 NR）及工作频段，原则上每个制式及每个工作频段均应进行试验，实际试验时，可选择最差的制式及工作频段（即骚扰最大，抗扰最敏感）进行试验。

无线通信设备的信道在国内认证试验时，通常选择工作频段的中间信道或实际使用时的典型信道。对于国际认证，有时会选择高中低三个信道或高低两个信道进行试验。具体要求见相应的行业标准。

对于无线设备的信道带宽，通常在骚扰试验时选择被测设备支持的最小的信道带宽，在抗扰度试验时选择被测设备支持的最大的信道带宽。

无线通信设备试验时的其他工作配置，例如调制方式等，见相应的行业标准要求，原则是选择发射功率最大或容易出问题的工作状态。

3.5　小结

由于无线通信设备的配置及工作状态比较复杂，试验时存在若干试验组合，一些配置无法一一遍历试验，行业标准中也不会给出详细的配置要求，因此，在进行无线通信设备的EMC 试验时，可依据产品的特性、试验工程师的经验及一些预测试的结果，选择试验的配置及工作状态，尽量与被测设备实际工作的典型配置一致，能最大限度地降低 EMC 产生的设备性能出现问题的风险。

本章给出了无线通信设备电磁兼容测试的一些通用配置要求和原则，实际测试时应依据相应的标准要求进行试验配置。

参考文献

［1］全国无线电干扰标准化技术委员会（SAC/TC 79）. 信息技术设备、多媒体设备和接收机 电磁兼容 第 1部分：发射要求：GB/T 9254.1—2021［S］. 北京：中国标准出版社，2021.

［2］信息产业部. 900/1800 MHz TDMA 数字蜂窝移动通信系统电磁兼容性限值和测量方法 第 1 部分：移动台及其辅助设备：GB/T 22450.1—2008［S］. 北京：中国标准出版社，2009.

［3］信息产业部. 无线通信设备电磁兼容性通用要求：GB/T 22451—2008［S］. 北京：中国标准出版社，2009.

第4章 无线通信设备辐射杂散发射测量

4.1 辐射杂散发射的测量原理

无线通信设备在进行工作时,在必要带宽和带外发射域外的单个或多个频点上也会产生辐射发射,这些发射称为辐射杂散发射,辐射杂散发射的功率值过高,可能会对在同一电磁环境下的其他电子、电气设备产生影响,造成其他设备的性能下降或功能丧失。辐射杂散发射测量可以保障无线通信设备的辐射杂散发射值在规定限值以下,这样能有效降低辐射杂散发射对在同一电磁环境下的其他电子、电气设备的干扰,减小由电磁兼容性能问题而造成其他性能问题的风险。

辐射杂散发射测量适用于无线通信设备,将被测无线通信设备假设等效为一个点,即假设被测无线通信设备等效为一个点状辐射源,辐射杂散发射则是测量这个点状辐射源各个方向上辐射杂散域频谱辐射发射功率的最大值,测量单位一般为 dBm。

对于具有无线发信机、收信机或收发信机的无线通信设备,通常情况下都要进行辐射杂散发射测量,在相应的无线通信设备的产品标准中有相应的规定和要求,一般通过测量辐射杂散发射的功率值,来衡量被测设备的辐射杂散发射的标准符合性,具体的限值要求见相应的产品标准。

对于辐射杂散发射的测量,国际电联无线电通信部门制定了辐射杂散发射测量建议书 ITU-R SM. 329-12《杂散域的无用发射》,中国通信标准化协会制定了行业标准 YD/T 1483—2016《无线电设备杂散发射技术要求和测量方法》,规定了无线设备的杂散发射的通用测量方法和限值要求,另外在一些无线通信的电磁兼容产品标准中,也规定了相应的辐射杂散发射的测量方法和要求。

本章主要依据 YD/T 1483—2016《无线电设备杂散发射技术要求和测量方法》标准的要求及一些无线通信设备的电磁兼容行业标准的要求,对 30 MHz ~ 40 GHz 辐射杂散发射的测量方法和测量要求进行介绍和解析,包括产品的限值、测量方法、测量设备、试验场地以及测量系统等的要求以及主要行业标准的具体要求。

4.2 术语和定义

1. 谐波发射 Harmonic Emission[YD/T 1483—2016 的 3.1.1]
频率为占用频带内频率的整数倍的杂散发射。

2. 寄生发射 Parasitic Emission[YD/T 1483—2016 的 3.1.2]
既不依赖于发射机的载频、特征频率而产生,也不依赖于产生载频特征频率的本地振荡器而产生的发射，它是偶然产生的杂散发射。

3. 互调产物 Intermodulation Products［YD/T 1483—2016 的 3.1.3］

以下两者之间互调产生的杂散发射：发射中包含的在载波频率、特征频率或谐波频率的振荡，或生成载波或特征频率时导致的振荡；来自相同的发射系统或来自其他发射机或发射系统的一个或多个其他发射中具有相同性质的振荡。

4. 变频产物 Frequency Conversion Products［YD/T 1483—2016 的 3.1.4］

不包括谐波发射的杂散发射，其频率为生成发射载波或特征频率的振荡频率，或其整数倍，或其整数倍的和或差。

5. 带外发射 Out-of-Band Emission［YD/T 1483—2016 的 3.2］

由调制过程产生的，刚超过必要带宽外的一个或多个频率的发射，不包括杂散发射。

6. 必要带宽 Necessary Bandwidth［YD/T 1483—2016 的 3.4］

给定类型的发射，必要带宽是刚刚好保证规定条件下的信息传输质量和传输速率所需的频带宽度。对于使用信道技术通信的设备，必要带宽一般指的是信道带宽，对于使用跳频或非信道技术通信的设备，一般是指所分配的工作频率的宽度。

7. 杂散发射 Spurious Emission［YD/T 1483—2016 的 3.1］

在 ITU-R SM.329-12 建议书和 YD/T 1483—2016 行业标准中，对于杂散发射的定义为必要带宽和带外发射域外的单个或多个频点上的发射，包括谐波发射、寄生发射、互调产物及变频产物。

在 ITU-R SM.1541-6：2015 建议书的 2.2 节，对辐射杂散域的指导建议为，落在间隔发射的中心频率±2.5 倍的必要带宽处或以外的所有发射，包括互调产物、频率变换产物和寄生发射，通常被认为是杂散域发射，即发射频率 F 在 $f_c-2.5B_N<F<f_c+2.5B_N$ 频率范围内不是杂散域发射，不用测量此频段内的辐射杂散发射。

两个定义是相同的，由图 4-1 可以清晰地看出必要带宽、带外域和杂散域的关系，在杂散域的发射即为杂散发射，杂散发射分为传导杂散发射和辐射杂散发射。

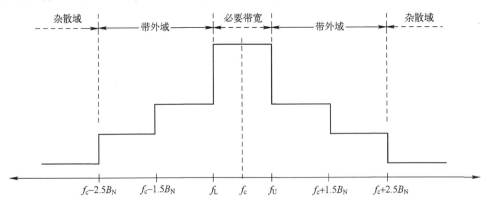

f_c：发射的中心频率
f_L：必要带宽的下限频率
f_U：必要带宽的上限频率
B_N：必要带宽的宽度

图 4-1　必要带宽、带外域和杂散域示意图

通常情况下，杂散域的起始频率与设备发射的中心频率间隔为 2.5 倍的必要带宽，对于不同设备此间隔频率可能不同，可依据 ITU-R SM. 1539 建议书的相关要求进行设置，频率间隔的设置参见表 4-1 和表 4-2。

表 4-1　中心频率与杂散域边界的频率间隔

发射类型	必要带宽（B_N）	中心频率与杂散域边界的频率间隔
窄带	$B_N < B_L$	$2.5B_L$
标准	$B_L < B_N < B_U$	$2.5B_N$
宽带	$B_N > B_U$	$B_U + 1.5B_N$

表 4-2　中心频率与杂散域边界的频率间隔建议值

工作频率范围	窄带发射（$B_N < B_L$）		标准发射（$B_L < B_N$ $< B_U$）频率间隔	宽带发射（$B_N > B_U$）	
	参考带宽（B_L）	频率间隔		参考带宽（B_U）	频率间隔
$9\,kHz < f_c < 150\,kHz$	250 Hz	625 Hz	$2.5B_N$	10 kHz	$1.5B_N + 10\,kHz$
$150\,kHz < f_c < 30\,MHz$	4 kHz	10 kHz	$2.5B_N$	100 kHz	$1.5B_N + 100\,kHz$
$30\,MHz < f_c < 1\,GHz$	25 kHz	62.5 kHz	$2.5B_N$	10 MHz	$1.5B_N + 10\,MHz$
$1\,GHz < f_c < 3\,GHz$	100 kHz	250 kHz	$2.5B_N$	50 MHz	$1.5B_N + 50\,MHz$
$3\,GHz < f_c < 10\,GHz$	100 kHz	250 kHz	$2.5B_N$	100 MHz	$1.5B_N + 100\,MHz$
$10\,GHz < f_c < 15\,GHz$	300 kHz	750 kHz	$2.5B_N$	250 MHz	$1.5B_N + 250\,MHz$
$15\,GHz < f_c < 26\,GHz$	500 kHz	1.25 MHz	$2.5B_N$	500 MHz	$1.5B_N + 500\,MHz$
$f_c > 26\,GHz$	1 MHz	2.5 MHz	$2.5B_N$	500 MHz	$1.5B_N + 500\,MHz$

备注：f_c 为设备工作的中心频率。如果设备的工作频率跨越两个工作频率范围，频率间隔值取较高频率范围的频率间隔值

8. 辐射杂散发射 Radiated Spurious Emission

通过空间传播的杂散发射。

9. 业务模式 Traffic Mode

无线通信设备处于开启状态，且与无线资源控制模块建立了连接，即无线通信设备保持通信连接的工作状态。

10. 空闲模式 Idle Mode

无线通信处于开启状态但没有建立无线资源控制连接，即保持待机的工作状态。

11. 分辨率带宽 Resolution Bandwidth[电磁兼容标准实施指南的 9.2.2.2]

在频谱分析仪中，在中频放大器中的中频滤波器的带宽称为分辨率带宽。

12. 视频带宽 Video Bandwidth[电磁兼容标准实施指南的 9.2.2.2]

频谱分析仪显示输出的视频滤波器的带宽称为视频带宽。

4.3　辐射杂散发射限值及符合性判定

4.3.1　通用限值要求

对于无线通信设备，辐射杂散发射的测量频率范围和限值应符合相应的产品标准的要

求，通常情况下，产品标准会参照表4-3、表4-4和表4-5的要求，依据无线通信设备的类型，规定相应的辐射杂散发射的测量频率范围和限值。对于表4-4的限值仅适用于被测设备正常的业务模式（被测设备正常工作的发射模式），未包含其接收或空闲模式，空闲模式的限值见相应的产品标准。

表4-3 测量频率范围

无线通信设备的工作频率范围	测量频率范围	
	下限频率	上限频率
9 kHz~100 MHz	9 kHz	1 GHz
100 MHz~300 MHz	9 kHz	10 次谐波
300 MHz~600 MHz	30 MHz	3 GHz
600 MHz~5.2 GHz	30 MHz	5 次谐波
5.2 GHz~13 GHz	30 MHz	26 GHz
13 GHz~150 GHz	30 MHz	2 次谐波
150 GHz~300 GHz	30 MHz	300 GHz

表4-4 辐射杂散发射限值

序号	设 备 类 型	测量频率范围 (f)	限 值
1	固定无线接入系统[1]	$30\,\text{MHz} \leqslant f < 21.2\,\text{GHz}$[2]	$-50\,\text{dBm}$
		$21.2\,\text{GHz} \leqslant f <$（见表4-3）[2]	$-30\,\text{dBm}$
2	固定终端用户设备（具有用户设备接口的远程站）[1]	$30\,\text{MHz} \leqslant f < 21.2\,\text{GHz}$[2]	$-40\,\text{dBm}$
		$21.2\,\text{GHz} \leqslant f <$（见表4-3）[2]	$-30\,\text{dBm}$
3	工作频率在1 GHz至6 GHz范围内的宽带无线接入系统（BWA）	$9\,\text{kHz} \leqslant f < 1\,\text{GHz}$[3]	$-36\,\text{dBm}$
		$1\,\text{GHz} \leqslant f <$（见表4-3）[3]	$-30\,\text{dBm}$
4	无线移动通信系统（移动台和基站）	$9\,\text{kHz} \leqslant f < 30\,\text{MHz}$	$-36\,\text{dBm}$
		$30\,\text{MHz} \leqslant f < 1\,\text{GHz}$[3]	$-36\,\text{dBm}$
		$1\,\text{GHz} \leqslant f <$（见表4-3）[3]	$-30\,\text{dBm}$
5	调频（FM）广播设备	$30\,\text{MHz} < f < 87.5\,\text{MHz}$	$-36\,\text{dBm}$（P[4]$< 4\,\text{dBW}$）
			$70\,\text{dBc}$（$4\,\text{dBW} \leqslant P$[4]$< 40\,\text{dBW}$）
			$0\,\text{dBm}$（P[4]$\geqslant 40\,\text{dBW}$）
		$87.5\,\text{MHz} \leqslant f \leqslant 137\,\text{MHz}$	$-36\,\text{dBm}$（P[4]$< 9\,\text{dBW}$）
			$75\,\text{dBc}$（$9\,\text{dBW} \leqslant P$[4]$< 29\,\text{dBW}$）
			$-16\,\text{dBm}$（$29\,\text{dBW} \leqslant P$[4]$< 39\,\text{dBW}$）
			$85\,\text{dBc}$（$39\,\text{dBW} \leqslant P$[4]$< 50\,\text{dBW}$）
			$-5\,\text{dBm}$（P[4]$\geqslant 50\,\text{dBW}$）
		$137\,\text{MHz} < f <$（见表4-3）	$-36\,\text{dBm}$（P[4]$< 4\,\text{dBW}$）
			$70\,\text{dBc}$（$4\,\text{dBW} \leqslant P$[4]$< 40\,\text{dBW}$）
			$0\,\text{dBm}$（P[4]$\geqslant 40\,\text{dBW}$）

（续）

序号	设备类型	测量频率范围（f）	限值
6	工作频率在30 MHz以下的短距离通信设备	9 kHz<f<10 MHz	29−10log(f(kHz)/9)dB(A/m)（在10 m处）
		10 MHz≤f<30 MHz	−1 dB（μA/m）（在10 m处）
		30 MHz≤f<1 GHz	−36 dBm[5]
		47 MHz~74 MHz	−54 dBm
		87.5 MHz~118 MHz	
		174 MHz~230 MHz	
		470 MHz~862 MHz	
		1 GHz≤f<（见表4-3）	−30 dBm
7	工作频率在30 MHz以上的短距离通信设备、无线局域网（RLAN）设备、民用频带（CB）设备、无绳电话以及无线传声器设备	9 kHz≤f<1 GHz	−36 dBm[5]
		47 MHz~74 MHz	−54 dBm
		87.5 MHz~118 MHz	
		174 MHz~230 MHz	
		470 MHz~862 MHz	
		1 GHz≤f<（见表4-3）	−30 dBm

注：

（1）当使用移动通信系统的频率或技术时，应遵守移动通信系统的辐射杂散发射限值

（2）测量时，允许从250%必要带宽的两边采用减小的测量分辨率带宽（RBW），见 YD/T 1483—2016 的附录 F，分辨率带宽的选择参见本章4.7节相应的产品标准要求

（3）测量时，允许从250%必要带宽的两边采用减小的测量分辨率带宽（RBW），见 YD/T 1483—2016 的附录 G，分辨率带宽的选择参见本章4.7节相应的产品标准要求

（4）P 为无线通信设备的最大发射功率（额定发射功率）

（5）对于有限值规定的频率，按规定的限值要求，其他频率按此限值要求

表4-5 推荐测量设备的分辨率带宽

测量频率范围	分辨率带宽（RBW）
9 kHz~150 kHz	9 kHz
150 kHz~30 MHz	10 kHz
30 MHz~1 GHz	100 kHz
>1 GHz	1 MHz

备注：视频带宽（VBW）一般选择为分辨率带宽（RBW）的3倍

4.3.2 无线通信设备依据的标准

1. 蜂窝式无线通信设备

蜂窝式无线通信设备主要指 2G/3G/4G/5G 蜂窝式无线通信设备，包括无线终端和基站设备，蜂窝式无线通信设备辐射杂散发射要求标准见表4-6。

9

表 4-6　辐射杂散发射要求标准

蜂窝式无线通信设备		终端设备	基站设备
2G		YD/T 2583.6	YD/T 2583.5
		3GPP TS 51.010-1	3GPP TS 51.021
3G	TD-SCDMA	YD/T 2583.8	YD/T 2583.7
	WCDMA	YD/T 2583.10	YD/T 2583.9
	CDMA2000	YD/T 2583.12	YD/T 2583.11
	TD-SCDMA/ WCDMA/CDMA2000	3GPP TS 34.124	3GPP TS 25.113
4G		YD/T 2583.14	YD/T 2583.13
		3GPP TS 36.124	3GPP TS 36.113
5G		YD/T 2583.18	YD/T 2583.17
		3GPP TS 38.124	3GPP TS 38.113

2. 其他无线通信设备

短距离无线通信设备，如近距离无线通信（近场通信，NFC）设备，辐射杂散发射要求见 ETSI EN 300 330 标准。

宽带无线数据传输设备，如蓝牙（BT）和无线局域网（WiFi）设备，辐射杂散发射要求见 ETSI EN 300 328 和 ETSI EN 300 440 标准。

超宽带（UWB）无线数据传输设备，辐射杂散发射要求见通信行业标准 YD/T 1312.15 和 YD/T 2237 标准。

对于无线充电设备，辐射杂散发射要求见 ETSI EN 303 417 标准。

4.3.3　标准符合性判定

辐射杂散发射测量，测量结果应符合相应标准中规定的限值要求。通常，对于无线通信设备辐射杂散发射的测量结果，一般不按 GB/Z 6113.401 和 GB/T 6113.402 标准中规定的"符合性判定准则"的方法进行符合性判定，而是对于超出标准中规定限值的测量结果直接判定为"不合格"，对于低于标准规定限值的测量结果判定为"合格"，未考虑不确定度对测量结果的影响。

4.4　辐射杂散发射测量场地和设备的要求

4.4.1　测量场地要求

测量场地应符合 YD/T 1483 标准的要求，依据此标准的要求对测量场地进行验证。

进行辐射杂散发射测量时，测量场地包括开阔试验场地、半电波暗室、全电波暗室、混响室、横电磁波（TEM）室以及吉赫兹横电波（GTEM）室，通常情况下使用开阔试验场地、半电波暗室或全电波暗室。

通常情况下，对于小型设备，可以使用全电波暗室进行测量，对于大型设备，可以使用开阔试验场地、半电波暗室或地面铺设吸波材料的半电波暗室进行测量。具体使用哪种测试场地，依据被测设备的情况，首先考虑测试场地的大小、承重以及配电等情况，其次还要考虑测试场地的使用效率以及测试机构具备的测试场地类型等，例如在国内，一般的测试机构都不具备开阔测试场地，基本都具备半电波暗室和全电波暗室，辐射杂散发射测量基本都使用半电波暗室或全电波暗室。

1. 30 MHz~1000 MHz 测量场地要求

测量场地应符合 GB/T 6113.104 标准的要求，依据 GB/T 6113.104 标准的方法对测量场地进行确认。

对于开阔试验场地和半电波暗室，当测量距离为 3 m 或 10 m，使用归一化场地衰减（NSA）法进行场地确认时，测量场地的归一化场地衰减测量值与归一化场地衰减的理论值的差值在±4 dB 以内。使用参考场地（RSM）法进行场地确认时，测量场地的场地衰减测量值与参考场地的场地衰减值的差值在±4 dB 以内。

对于全电波暗室，当测量距离小于 5 m 时，使用参考场地（RSM）法进行场地确认，试验场地的场地衰减测量值与参考场地的场地衰减值的差值在±4 dB 以内，当测量距离不小于 5 m 时，使用归一化场地衰减（NSA）法进行场地确认，测量场地的归一化场地衰减测量值与归一化场地衰减的理论值的差值在±4 dB 以内。

测量场地也可以是符合 ETSI TR 102 273 标准要求的开阔场、半电波暗室和全电波暗室，场地按 ETSI TR 102 273 标准的验证方法进行验证。

2. 1 GHz~18 GHz 测量场地要求

对于开阔试验场地、半电波暗室和全电波暗室，测量场地应符合 GB/T 6113.104 标准的要求，依据 GB/T 6113.104 标准的方法对测量场地进行确认，测量场地的场地电压驻波比（S_{VSWR}）应在 6 dB 以内。

对于全电波暗室，测量场地符合 YD/T 1483 标准的要求。在 1 GHz~12.75 GHz，也可按 ETSI TR 102 273-2 标准的要求，依据 ETSI TR 102 273-2 标准的方法对测量场地进行确认。测量场地的归一化场地衰减测量值与归一化场地衰减的理论值的差值在±4 dB 以内。

3. 18 GHz~40 GHz 测量场地要求

对于全电波暗室，测量场地依据 YD/T 1483 标准的要求进行验证，测量场地的归一化场地衰减测量值与归一化场地衰减的理论值的差值在±4 dB 以内。

4.4.2 测量设备要求

测量设备均应符合 YD/T 1483 标准及相关标准对测量设备的要求。

1. 测量天线

测量天线应符合 GB/T 6113.104 中对天线的要求。

测量频率范围为 30 MHz~1000 MHz 时，可使用双锥天线、对数周期偶极子阵列天线和复合天线。使用双锥天线（30 MHz~250 MHz）和对数周期偶极子阵列天线（250 MHz~1000 MHz）分频段进行测量时，能减小测量不确定度，但是为了提高测试效率，通常使用一副包含 30 MHz~1000 MHz 频段的宽带复合天线进行测量，选用复合天线测量时应注意，在距离地面高度为 1 m，天线的极化方向为垂直极化测量时，复合天线的尺寸应满足天线的最低点距离场地的地面至少为 25 cm 的要求。

测量频率大于 1 GHz 时，可使用符合测量频率范围要求的喇叭天线。

测量天线的使用，可依据测试系统的设计、测试的需求以及天线的频率范围进行合理使用，例如，如果宽带复合天线的测量频率范围为 25 MHz~3 GHz，那在进行 30 MHz~3 GHz 频率段的测试时可以使用宽带复合天线，3 GHz 以上使用喇叭天线。

在使用测量天线时，一定要注意测量天线测量全频率范围的性能情况，测量天线下限频率向上一定频率范围内，上限频率向下一定频率范围内，在使用时要特别注意，如果此测量频率范围内的天线性能不好，尽量不要使用天线测量这些频段。例如，如果宽带复合天线的测量频率范围为 25 MHz~3 GHz，如果测量天线在 2.5 GHz~3 GHz 频率范围内，天线性能不好，那进行辐射杂散发射测量时，30 MHz~2.5 GHz 测量时可以使用宽带复合天线，2.5 GHz 以上则使用喇叭天线。

2. 测量接收机

测量设备可使用测量接收机或频谱分析仪，测量设备应符合 GB/T 6113.101 和 GB/T 6113.203 中对测量接收机和频谱分析仪的要求，测量设备具有峰值（Peak）和均方根值（RMS）检波器，可进行扫频（Scan）或扫描（Sweep）测量。

3. 天线支架

在开阔试验场地和半电波暗室中，天线支架应支持天线在 1 m 至 4 m 连续或步进升降，定位精度一般在 1 cm 以内，天线的极化方向可进行水平极化和垂直极化的转换。

在全电波暗室中，天线支架一般为固定高度，通常高度固定在 1.5 m 处，在此高度天线支架可上下调整。天线的极化方向可进行水平极化和垂直极化的转换。

4. 转台

转台可水平 360° 连续或步进旋转，定位精度一般在 1° 以内。

5. 被测设备支撑物

支撑被测设备的材料为非金属绝缘材料，在半电波暗室中被测设备支撑物的高度为 0.8 m±0.01 m。在全电波暗室中，被测设备支撑物的台面与全电波暗室内部高度的中线保持齐平，推荐使用非导电、低相对介电常数（$\varepsilon_r \leqslant 1.4$）的材料作为被测设备的支撑物，通常情况下，被测设备的支撑物高度为 1.5 m。

6. 信号源和功率放大器

信号源和功率放大器频率应覆盖测量的频率范围，在使用替代测量法时，功率放大器的功率要保障测量系统能正常接收到替代天线发出的射频信号。

7. 其他设备

在进行辐射杂散发射测量时，可能还需要包括带阻滤波器、高通滤波器、预放大器和射频开关等设备，应依据被测设备的工作频率、测量的频率范围以及涵盖的被测设备来配置这些设备以及相应的线缆，在配置时还要考虑被测设备的工作频率对测量系统的影响，避免出现测量设备和预放大器饱和/失真以及本底噪声过高的情况出现。

4.5 辐射杂散发射的测量方法

4.5.1 通用要求

测量在开阔试验场地、半电波暗室、全电波暗室或地面铺设吸波材料的半电波暗室中进行。辐射杂散发射测量一般有三种方法，替代测量方法、预校准测量方法（预替代法）和直接测量方法，在开阔试验场地和半电波暗室中，可以使用替代法进行辐射杂散发射测量，在全电波暗室和地面铺设吸波材料的半电波暗室中，可以使用替代测量方法、预校准测量方法和直接测量方法进行辐射杂散发射测量。

被测设备的支撑物，对于台式设备，半电波暗室被测设备应放置在距离地面 0.8 m 或全电波暗室的中间高度（一般高度为 1.5 m）高的非导电支撑物上，对于立式设备，被测设备应放置在距地面 0.1 m 高的非导电支撑物上。

测量距离，从被测设备边缘距离天线参考点的最近距离，一般测量距离不小于 3 m，当被测设备比较小，测试频率比较高时，测量距离可以适当缩小，但是距离不能小于 1 m。通常情况下，辐射杂散发射的测量距离为 3 m。

转台与测量天线，测量时转台旋转 360°，可连续旋转或角度步进式旋转，步进角度不大于 22.5°。在开阔试验场地或半电波暗室中测量时，天线从 1 m 至 4 m 升降，可连续升降或步进式升降，步进高度不大于 0.5 m。在全电波暗室或地面铺设吸波材料的半电波暗室中测量时，天线的高度保持不变，与被测设备的高度一致。

被测设备应工作在典型的工作模式下，具体设置要求应按相应的产品标准进行设置。

4.5.2 替代测量方法

替代测量方法（替代法）就是使用已知的系统替代被测设备的辐射杂散发射，再依据替换系统中相关参数的已知值计算出被测设备的辐射杂散发射值，替代法一般分为四个步骤进行，以在全电波暗室中进行测量为例：

第一步，按图 4-2 所示进行测量布置，被测设备放置在测量场地中，按要求摆放及设置其工作状态，测量系统按标准要求的测量方法进行测量，依据测量结果，记录所有相关频率及其对应的最大电平读数。假设其中某一频率 F 的最大电平读数为 V_R。

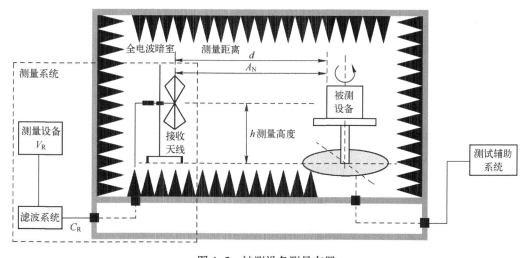

图 4-2　被测设备测量布置

第二步，按图 4-3 所示进行测量布置，将被测设备更换为合适的天线，测量距离、高度和测量系统与第一步相同。调整与此天线相连的信号源的频率和发射电平，使得测量系统

的读数等于 V_R，记录此时信号源的发射电平值。假设此时信号源的发射频率为 F，电平为 V_T。

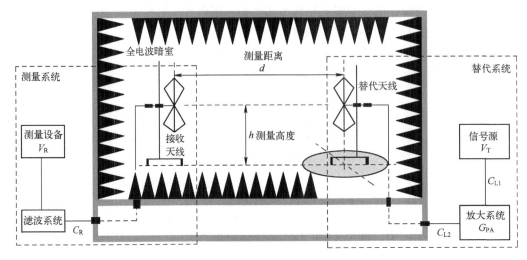

图 4-3　替换被测设备测量布置

第三步，计算被测设备的辐射杂散发射功率值，此时，替代天线的发射功率与被测设备的辐射杂散发射功率相同，由于信号源的发射电平、功率放大器的增益、替代天线的增益以及它们相互连接的线缆衰减均已知，那么在频率 F，替代天线的发射功率 P 等于被测设备的辐射杂散发射功率，可以通过式（4-1）计算得出：

$$P = V_T - C_L + G_{PA} + G_T \tag{4-1}$$

式中　　P——杂散发射功率，单位为 dBm；

$\quad\quad V_T$——信号源发射电平，单位为 dBm；

$\quad\quad C_L$——信号源到替代天线的线路衰减值，为 C_{L1} 与 C_{L2} 的和，单位为 dB；

$\quad\quad G_{PA}$——功率放大系统的增益，单位为 dB；

$\quad\quad G_T$——替代天线的增益，单位为 dBi 或 dBd。

注：公式中所有数值均采用正值。

第四步，按第一步记录的频率及电平，重复第二步和第三步，直至计算出所有频点的杂散发射功率值。

替代天线的增益、功率放大器的增益以及它们相互连接线缆的衰减值，可以通过校准或测量获得相应的数值。

从替代法的实现方式可以看出，为了精确地测量出被测设备的杂散发射功率值，减小测量不确定度，要考虑以下因素：

1）测量系统在设计时要考虑无线设备工作频率对测量系统的影响，避免出现系统饱和或失真的情况。

2）被测设备的旋转方式和测量天线的位置（升降或不动）的设置，会影响被测设备杂散发射功率最大值的获取。

3）替代系统中使用的设备，其参数值（式（4-1）中的参数），均会影响测量结果的正确性。

4.5.3　预校准测量方法

1. 测量步骤

预校准法就是在测量前，将辐射杂散发射测量涉及的参数均进行校准或测量，在进行被测设备辐射杂散发射测量时，依据测量值和相关参数计算出被测设备的辐射杂散发射功率值，一般可将参数值输入测量软件，自动计算出被测设备辐射杂散发射功率。预校准测量方法是替代法的改进方法，实际测量时操作简单且测量效率较高。

预校准法一般都在全电波暗室中进行，以下方法均指在全电波暗室中进行辐射杂散发射测量。测量布置如图 4-2 所示，将提前校准或测量的参数配置到测试软件中，直接测量出被测设备的辐射杂散发射功率值。

一般按以下步骤进行：

第一步，找出辐射杂散发射测量需要的参数，依据图 4-2 的测试布置可知，被测设备的辐射杂散发射功率计算公式为

$$P = V_R + C_R - G_R + A_N - 107 \tag{4-2}$$

式中　P——被测设备的辐射杂散功率，单位为 dBm；

　　V_R——测量设备测得的数值，单位为 dBμV；

　　C_R——接收天线到测量设备的路径衰减值，单位为 dB；

　　G_R——接收天线的增益值，单位为 dBi 或 dBd；

　　A_N——场地的归一化场衰减值，单位为 dB；

　　107——50 Ω 测量系统，dBμV 转换为 dBm 的常数，单位为 dB。

注：转换公式为，$dBm = dBμV - 120 - 10\log R + 30$（$R$ 为测量系统阻抗，为 50 Ω）。

依据归一化场衰减的定义，归一化场衰减 A_N 的计算公式为

$$A_N = A_S + G_R + G_T \tag{4-3}$$

式中　A_N——测量场地的归一化场衰减值，单位为 dB；

　　A_S——测量场地的场地衰减值，单位为 dB；

　　G_R——测量接收天线的增益值，单位为 dBi 或 dBd；

　　G_T——测量场地衰减时发射天线的增益值，单位为 dBi 或 dBd。

将式（4-3）代入式（4-2），则预校准法辐射杂散发射功率的测量计算公式为

$$P = V_R + C_R + A_S + G_T - 107 \tag{4-4}$$

式中　P——被测设备的辐射杂散功率，单位为 dBm；

　　V_R——测量设备测得的数值，单位为 dBμV；

　　C_R——测量接收天线到测量设备的路径衰减值，单位为 dB；

　　G_T——测量场地衰减时发射天线的增益值，单位为 dBi 或 dBd；

　　A_S——测量场地的场地衰减值，单位为 dB；

　　107——50 Ω 测量系统，dBμV 转换为 dBm 的常数值，单位为 dB。

注：场地衰减测量时的接收天线与辐射杂散发射功率测量时的接收天线相同。

由式（4-4）可知，预校准法辐射杂散发射功率测量时，涉及的参数有：

1）C_R：接收天线到测量设备间的路径衰减值。

2）A_S：场地的场地衰减值。

3）G_T：进行场地衰减测量时使用的发射天线的增益值。

第二步，对涉及的参数进行赋值，C_R和A_S实验室可自行进行测量或找其他专业的机构进行测量，G_T从天线的校准证书中获取，如果校准证书不满足辐射杂散发射测量的要求，例如校准的频段或频点不符合要求，可提出相应的要求由校准机构进行校准。

第三步，将涉及的参数C_L、A_S、G_T和常数107设置到测试软件中。

第四步，进行被测设备的测量，按照图4-2的布置进行测量。

对于预校准测量方法，在测量系统、测量场地以及测试距离没有变化的情况下，每次测量时不用重复步骤一到步骤三，直接进行第四步对被测设备进行测量即可。涉及的相关参数的数值以及测量系统，应该依据实验室质量体系的相关要求定期更新和验证，来保障测量的质量。

2. 场地衰减（SA）测量方法

在全电波暗室中进行辐射杂散发射测量，接收天线的高度固定不动，所以场地衰减（SA）与场地插入损耗一致，可按场地插入损耗的测量方法进行场地衰减测量，接收天线的位置与图4-2接收天线的位置一致，发射天线的位置与图4-2被测设备的位置一致，具体布置如图4-4所示。

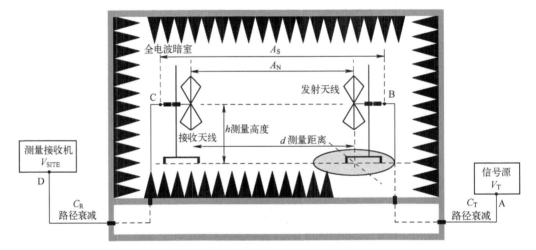

图4-4　场地衰减测量布置

场地衰减按以下步骤进行测量：

1）线缆直连测量，将测量接收机与接收天线连接的线缆（DC）和信号源与发射天线连接的线缆（AB）相连接，如图4-5所示。设置信号源的发射电平为V_T，对所有频率点进行测量，假如某一频率，测量接收机的读数为V_{DIRECT}。

2）连接天线后测量，如图4-4所示，线缆分别与场地内的接收和发射天线相连，信号源发射的频率和电平不变，对所有频率点进行测量，假如某一频率，测量接收机的读数为V_{SITE}。

3）计算场地衰减值，依据式（4-5），计算出所有频率点的场地衰减值（A_S）。

图 4-5 线缆连接图

$$A_S = V_{DIRECT} - V_{SITE} \tag{4-5}$$

式中 V_{DIRECT}——线缆直连时测量接收机测量的电平值,单位为 dBμV;

V_{SITE}——连接天线后测量接收机测量的电平值,单位为 dBμV;

A_S——测量场地的场地衰减值,单位为 dB。

在进行场地衰减测量时,需要注意以下几个方面:①信号源的发射电平值不能设置过大,不能超过测量接收机的最大接收电平值,避免测量接收机受损;②信号源的发射电平值不能设置过小,在进行连接天线测量时,测量接收机的接收电平不能小于接收机的最小接收电平;③进行连接天线测量时,布置要与进行被测设备测量时保持一致,包括天线的高度、测量距离以及暗室的吸波材料布置等,接收天线使用被测设备测量时的接收天线;④如果使用离散频率法测量,最大的步进频率见表 4-7。

表 4-7　最大步进频率

频率范围/MHz	最大步进频率/MHz
30 ~ 100	1
100 ~ 500	5
500 ~ 1000	10
>1000	50

3. 路径衰减（C_L）测量方法

路径衰减测量是指图 4-2 中对接收天线到测量设备间的路径（包括连接的线缆及相关的设备,可视为一条线缆）衰减值（C_R）进行测量,由于滤波系统的原因,可能存在不同的路径,每条路径都应该进行测量。路径测量按以下步骤进行:

1）参考线缆测量,选一条频率和长度符合要求的线缆作为参考线缆,使用参考线缆连接测量接收机和信号源,调整信号源的频率和发射电平,记录测量接收机的电平读数,假设某一频率,信号源的发射电平值为 V_T,测量接收机的读数为 $V_{REFERENCE}$。

2）连接被测路径测量,将被测路径与参考线缆连接,使用其连接测量接收机和信号源,信号源使用第 1）步的频率和发射电平值,记录测量接收机的电平读数,假设某一频率,测量接收机此时的读数为 V_{CABLE}。

3）计算路径衰减值,依据式（4-6）计算所有频率的路径衰减值。

$$C_R = V_{REFERENCE} - V_{CABLE} \tag{4-6}$$

式中 $V_{REFERENCE}$——参考线缆直连时测量接收机测量的电平值,单位为 dBμV;

V_{CABLE}——连接路径后测量接收机测量的电平值,单位为 dBμV;

C_R——路径衰减值,单位为 dB。

在进行路径衰减测量时，应注意以下几个方面：①信号源的发射电平不能设置过大，设置时要考虑被测路径中是否有预放大器，避免信号电平超出预放大器和测量接收机的最大接收电平；②依据路径的情况，要考虑路径的方向性，避免输入输出连接错误。

4. 场地衰减测量方法解析

全电波暗室的场地衰减测量的关键步骤是其第 3）步的计算公式，前两个步骤都是为了第 3）步做准备，弄清楚了计算公式的情况，也就清楚了场地衰减的测量方法，以下对计算公式进行推导和解析。

由场地衰减测量的第 1）步可知，在某一频率点，从左向右，以下等式成立：

$$V_T - C_R - C_T = V_{DIRECT} \tag{4-7}$$

由场地衰减测量的第 2）步可知，在某一频率点，从左向右，以下等式成立：

$$V_T - C_T - A_S - C_R = V_{SITE} \tag{4-8}$$

将式（4-7）代入式（4-8），则 $V_{DIRECT} - A_S = V_{SITE}$ 等式成立，变换后为场地衰减的测量公式：

$$V_{DIRECT} - V_{SITE} = A_S \tag{4-9}$$

式中　V_T——信号源发射的信号电平值，单位为 $dB\mu V$；

　　　V_{DIRECT}——线缆直连时测量接收机测量的电平值，单位为 $dB\mu V$；

　　　V_{SITE}——连接天线后测量接收机测量的电平值，单位为 $dB\mu V$；

　　　C_R——测量接收天线到测量设备的路径衰减值，单位为 dB；

　　　C_T——信号源到发射天线的路径衰减值，单位为 dB；

　　　A_S——测量场地的场地衰减值，单位为 dB。

由式（4-9）可知，式（4-7）和式（4-8）中的 V_T、C_R 和 C_T 的值与场地衰减值无关，场地衰减值只与接收机两次的读数相关。但是在实际的测量时要考虑信号源发射电平的设置和使用连接线缆的性能，发射电平过大，可能会造成测量设备的饱和甚至损坏，发射电平过小，信号会被噪声淹没，这两种情况均可能会造成测量结果不准确，为了避免这种情况出现，在测量前，应根据测量系统的情况，先依据测量设备的量程、线缆的衰减值、天线的增益以及归一化场衰减的理论值，依据式（4-3）、式（4-7）和式（4-8）计算和评估一下，估算出合适的信号源电平值，然后进行测量。对于使用的连接线缆，如果衰减过大或性能不稳定，也会影响测量结果。

路径（线缆）衰减（线缆插入损耗）的测量方法和原理与场地衰减的测量一致，如果将场地衰减测量的直连线缆等效为路径衰减测量的参考线缆，将场地衰减等效为路径衰减，那么就更容易理解了。

不论是场地衰减测量还是路径衰减测量，本文推荐的方法都是使用三步的测量方法，先是信号源和测量接收机对接，然后再代入被测量线缆或场地，最后进行计算得出衰减值，那么可不可以使用信号源和测量接收机直接连接被测线缆或场地进行测量，直接用发射信号电平减去接收信号电平得出衰减值？其实从式（4-5）和式（4-6）及这两个公式的推导过程可知，通过三步测量法，场地衰减值和线缆衰减值只与测量接收机的两次读数有关，其他过程参数都已经消减了，这大大降低了测量的不确定度，提升了测量的准确性，另外在进行场地衰减时，一些连接线缆是必不可少的，如果直接使用式（4-8），线缆的衰减也得进行单独测量，测试步骤不但不少，反而增加了测量的不确定度。

4.5.4　直接测量方法

测量按图 4-2 所示进行测量布置，在全电波暗室、半电波暗室或地面铺设吸波材料的半电波暗室中进行，辐射杂散发射在频率 f 处的等效全向辐射功率值 P_{EIRP}（e.i.r.p.）可通过以下公式得出：

$$P_{EIRP} = P_{READ} + C_{LOSS} - G_{dBi} + 20\log f + 20\log d - 27.6 \tag{4-10}$$

式中　P_{EIRP}——在频率 f 下，被测设备辐射杂散发射功率值（e.i.r.p.），单位为 dBm；

　　　P_{READ}——在频率 f 下，测量接收机的读数值，单位为 dBm；

　　　G_{dBi}——在频率 f 下，测量接收天线的增益值，单位为 dBi；

　　　C_{LOSS}——在频率 f 下，测量接收天线到测量接收机的路径衰减值，单位为 dB；

　　　f——辐射杂散发射的频率，单位为 MHz；

　　　d——被测设备与接收天线的距离，单位为 m。

由式（4-10）可知，在频率 f，测量接收天线的增益值可通过天线的校准证书获得，路径衰减值可提前进行测量，频率 f 和距离 d 均已知，那么通过测量接收机测得的读数即可计算出被测设备在频率 f 处的辐射杂散发射的功率值。可将所有的参数值输入计算机软件中，测量出所有频率的辐射杂散发射的功率值。

在用直接测量法时，也可使用接收天线的天线系数代替天线增益，将式（4-11）代入式（4-10）可知：

$$F_a = 20\log f - G_{dBi} - 29.79 \tag{4-11}$$

$$P_{EIRP} = P_{READ} + C_{LOSS} + F_a + 20\log d + 2.19 \tag{4-12}$$

式中　P_{EIRP}——被测设备辐射杂散发射功率值（e.i.r.p.），单位为 dBm；

　　　P_{READ}——测量接收机的读数值，单位为 dBm；

　　　F_a——测量接收天线的天线系数，单位为 dB(1/m)；

　　　C_{LOSS}——测量接收天线到测量接收机的路径衰减值，单位为 dB；

　　　d——被测设备与接收天线的距离，单位为 m。

由式（4-12）可知，直接测量法使用接收天线的天线系数，计算则更为简单。

通常，当被测设备较大且无法在全电波暗室中进行测量时，则使用直接测量法，在半电波暗室或地面铺设吸波材料的半电波暗室中进行测量。

4.6　辐射杂散发射测量系统要求

4.6.1　测量场地要求

辐射杂散测量的场地通常情况下选择半电波暗室或全电波暗室，依据被测设备的尺寸确定电波暗室的尺寸，如果被测设备的高度和最大直径不大于 1.5 m，通常使用 3 m 法电波暗室，如果被测设备的尺寸较大，则使用更大的电波暗室，例如 10 m 法电波暗室。通常无线通信设备的尺寸一般较小，考虑电波暗室建设成本、利用率以及占用场地的情况，推荐使用 3 m 法电波暗室。比较通用的 3 m 法电波暗室的尺寸为 9 m×6 m×6 m（长×宽×高，屏蔽壳体的内尺寸）。

测量距离一般不小于 3 m，推荐距离为 3 m，如果由于测量频率较高而本底噪声不符合要求时，测量距离可以拉近，但不能小于1m，推荐最小测量距离为1m。

测量方法在没有特殊要求时，大多数标准均可使用预校准的测量方法，这种方法操作方便且测量效率比较高，推荐使用预校准测量方法，在全电波暗室或铺设吸波材料的半电波暗室中进行测量，本章的测量系统及场地均指预校准测量方法。

测量接收天线，在3m法电波暗室中，3GHz以下可选用复合接收天线，3~40GHz可选用喇叭接收天线，半电波暗室中天线可1~4m升降，全电波暗室中天线可1~2m升降。一般情况下，对于18GHz以下的测量，推荐使用双接收天线同时布置进行测量，两个接收天线间的间距尽量大，接收天线与墙面吸波材料距离尽量远，30MHz~18GHz测量场地布置如图4-6所示。18~40GHz，测量系统可全部放到电波暗室中进行，用以减少本底噪声，但是要确保测量系统对测量结果不能有影响，测量场地布置如图4-7所示。

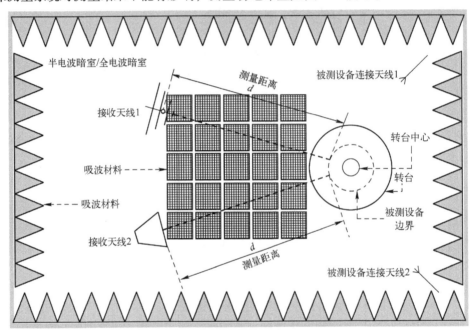

图4-6　30MHz~18GHz测量场地布置

被测设备连接天线，在测量时，为被测设备的通信连接提供有用射频信号。

对于替代测量方法，场地的测量布置可参考预校准测量法的布置，在替代测量时，将被测设备更换为相应的发射天线。

对于大型设备，需要在更大的电波暗室中进行辐射杂散测量时，测量场地的布置可参考本章的测量布置，要考虑测量系统本底噪声的符合性，在不影响测量结果的情况下，对于频率较高的测量，可考虑将测量系统放到电波暗室中。

对于使用单接收天线进行测量的场地布置，可参考相关标准进行测量布置。

4.6.2　测量系统要求

随着无线通信技术的发展与应用，无线通信设备的工作频率也随之提高，本文设计的辐射杂散骚扰测量系统只针对工作频率低于6GHz的无线通信设备，不包含毫米波通信设备或工作频率高于6GHz的无线通信设备。由于国内无线通信设备使用的工作频率较多，涵盖

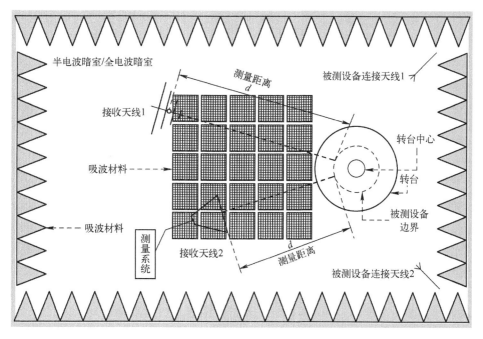

图 4-7　18~40 GHz 测量场地布置

700 MHz~6 GHz，为了提高测量的工作效率，提升测量系统及电波暗室的利用率，本文推荐使用双接收天线测量系统，实现所有工作频率小于 6 GHz 的无线通信设备的辐射杂散测量，包括移动终端设备和无线网络设备。

测量系统要依据被测设备以及测量频段的划分情况，对射频线缆、射频开关矩阵、预放大器、带阻滤波器、衰减器、高通滤波器和接收天线进行选择和组合，另外为了今后技术的扩展还要考虑预留测量路径。

射频线缆应选择优质低插入损耗的柔性线缆，使用频率范围应大于测量的频率范围，连接尽量使用最短的线缆，线缆的接口应与连接设备的接口保持一致，避免使用转接器进行连接，线缆要避免频繁拆卸，要定期进行检查和验证，确保线缆的性能稳定。

射频开关矩阵应选择低插入损耗且可进行自动化控制的射频开关矩阵，射频开关矩阵的通路数量要满足测量系统要求，使用频率范围应涵盖辐射杂散测量的频率范围。对于有可能放到暗室内的射频开关矩阵，射频开关矩阵应不影响测量结果，可使用光电转换器，通过光纤连接到暗室外，进行自动化测量控制。

预放大器应选择性能稳定的预放大器，在选择预放大器时，主要关注频率范围、增益、增益平坦度、噪声系数、输入功率、1 dB 压缩点输出功率以及输入输出电压驻波比（VSWR）技术指标，同时还要考虑预放大器的尺寸、接口类型、工作温度范围、封装、散热装置以及供电情况。

预放大器的频率范围依据辐射杂散测量的频率范围划分确定，选取时频率范围尽量略宽于测量频率范围。增益尽量选择测量频率范围内较高的增益，增益平坦度值尽量小。噪声系数越小越好。输入功率及 1 dB 压缩点的输出功率尽量大，确保被测设备最大功率发射时，预放大器输入端的功率要小于预放大器的最大输入功率，避免损坏预放大器或造成测量结果失真。输入输出电压驻波比（VSWR）尽量小。另外，预放大器的尺寸尽量小，特别是测量系统需要将预放大器安装在紧邻天线的后方时。接口类型要适合使用的频率范围及安装的位置。工作温度范围：低温不能高于0℃，高温不能低于40℃。有封装且带散热装置。供电尽量使用直流供电，供电设备不能影响测量结果。

滤波器包含带阻滤波器、高通滤波器、低通滤波器和衰减器，依据测量系统的需求，各种滤波器可以和射频开关矩阵结合使用，也可以将滤波器组合做成滤波器组箱，对其进行单独的控制。如果测量系统要使用多个滤波器组箱，可以和射频开关矩阵结合使用。

4.6.3 辐射杂散发射测量系统设计案例

本章提供的辐射杂散测量系统示例，涵盖国内工作频率在700 MHz～6 GHz 的蜂窝无线通信设备，包括2G、3G、4G和5G Sub6蜂窝无线通信设备，也包括2.4 GHz蓝牙和无线局域网设备以及5.8 GHz无线局域网设备。辐射杂散发射的测量频率范围为25 MHz～40 GHz，符合国内相关国家标准和行业标准的要求。本系统使用双接收天线，场地的布置如图4-6和图4-7所示。依据测量频率范围，分为两个测量系统，分别为25 MHz～18 GHz 的辐射杂散测量系统，如图4-8所示；18～40 GHz 的辐射杂散测量系统，如图4-9所示。

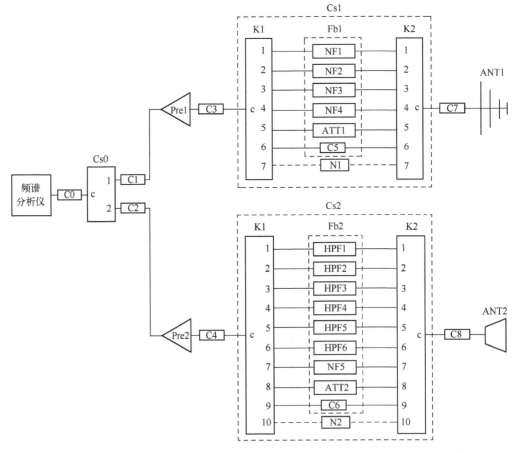

备注：C：射频线缆；Cs：射频开关矩阵；Fb：滤波器组；Pre：预放大器；NF：带阻滤波器；
ATT：衰减器；N：预留未使用；HPF：高通滤波器；ANT：接收天线

图4-8 25 MHz～18 GHz 辐射杂散测量系统

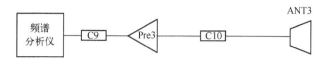

备注：C：射频线缆；Pre：预放大器；ANT：接收天线

图 4-9　18~40 GHz 辐射杂散测量系统

　　测量系统中的频谱分析仪，可以使用一台频率范围包含 25 MHz~40 GHz 的频谱分析仪，也可以分别使用频率范围包含 25 MHz~18 GHz 和 18~40 GHz 的两台频谱分析仪。

　　预放大器的要求见表 4-8。

表 4-8　预放大器

序号	预放大器	Pre1	Pre2	Pre3
1	测量频率范围	25 MHz~3 GHz	1~18 GHz	18~40 GHz
2	使用频率范围（包含）	25 MHz~3.5 GHz	500 MHz~18.5 GHz	17.5~40.5 GHz
3	增益	>30 dB	>40 dB	>40 dB

　　滤波器的要求见表 4-9。

表 4-9　滤波器

序号	名称	代号	建议功能要求
1	带阻滤波器	NF1	被测设备工作频率 900 MHz，带阻滤波器工作频率范围包含 30 MHz~1.2 GHz，带阻带宽 4 MHz，带阻衰减不小于 40 dB
2	带阻滤波器	NF2	被测设备工作频率 1800 MHz，带阻滤波器工作频率范围包含 30 MHz~2.3 GHz，带阻带宽 4 MHz，带阻衰减不小于 40 dB
3	带阻滤波器	NF3	被测设备工作频率 800 MHz，带阻滤波器工作频率范围包含 30 MHz~1.2 GHz，带阻带宽 4 MHz，带阻衰减不小于 40 dB
4	带阻滤波器	NF4	被测设备工作频率 2.4 GHz，带阻滤波器工作频率范围包含 30 MHz~3 GHz，带阻带宽 83.5 MHz，带阻衰减不小于 40 dB
5	带阻滤波器	NF5	被测设备工作频率 5.8 GHz，带阻滤波器工作频率范围包含 3~6.5 GHz，带阻带宽 125 MHz，带阻衰减不小于 40 dB
6	高通滤波器	HPF1	1 GHz 高通滤波器，带通频率范围 1.1~18 GHz
7	高通滤波器	HPF2	2 GHz 高通滤波器，带通频率范围 2.2~18 GHz
8	高通滤波器	HPF3	3 GHz 高通滤波器，带通频率范围 3~18 GHz
9	高通滤波器	HPF4	4 GHz 高通滤波器，带通频率范围 4.2~18 GHz
10	高通滤波器	HPF5	5 GHz 高通滤波器，带通频率范围 5.4~18 GHz
11	高通滤波器	HPF6	10 GHz 高通滤波器，带通频率范围 9.7~18 GHz
12	衰减器	ATT1	使用频率范围包含 DC~3 GHz，衰减值为 6 dB 或 10 dB
13	衰减器	ATT2	使用频率范围包含 1~6 GHz，衰减值为 6 dB 或 10 dB

　　滤波器分为 2 组，如图 4-8 所示分别为滤波器组 Fb1 和 Fb2，本测量系统使用可自动切换的滤波器组，未使用射频开关矩阵 Cs1 和 Cs2，如果有多个滤波器组，可以使用射频开关矩阵与滤波器组进行组合。

　　如果测量系统的本底噪声不满足标准要求，滤波器组 Fb2 和预放大器 Pre2 可以放到电波暗室中,放置在接收天线 ANT2 后方的地面上,与 ANT2 保持最近距离,即接收天线与滤波器组间的连接线缆最短,也可放置在电波暗室的地板下。放置在地面上时,注意滤波器组和预放大器不能对测量结果产生影响。

接收天线的要求见表 4-10。

表 4-10　接收天线

序号	接 收 天 线	ANT1	ANT2	ANT3
1	测量频率范围	25 MHz~3 GHz	1~18 GHz	18~40 GHz
2	建议使用频率范围(包含)	25 MHz~4 GHz	800 MHz~18 GHz	17~40 GHz

对于 18~40 GHz 的测量系统,如图 4-9 所示,如果本底噪声不能满足标准要求,可将整个测量系统都放置在电波暗室中,所有连接线缆尽量短,测量时要确保测量接收机和预放大器不能对测量结果有影响。

4.6.4　辐射杂散发射测量系统功能实现案例

按 4.6.3 节设计的测量系统,对不同无线设备的辐射杂散测量进行规划,规划后使用自动化测试软件,可自动切换到需要的测量系统通路上,依据不同标准的要求对各种无线通信设备进行辐射杂散测量,同时便于技术升级和扩展。

1. 工作频率使用 900 MHz 频段的无线通信设备

辐射杂散测量系统分为 2 个频段进行测量,30 MHz~1.2 GHz 测量系统通路如图 4-10 所示,1.2~6 GHz 测量系统通路如图 4-11 所示,符合 GB/T 22450.1、YD/T 2583.5、YD/T 2583.6、3GPP TS 51.010-1 和 3GPP TS 51.021 等标准的要求。

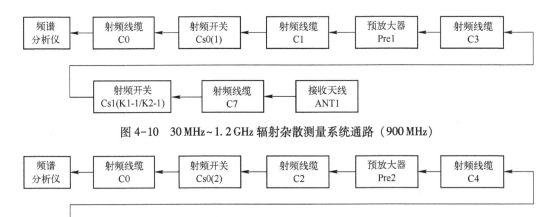

图 4-10　30 MHz~1.2 GHz 辐射杂散测量系统通路(900 MHz)

图 4-11　1.2~6 GHz 辐射杂散测量系统通路(900 MHz)

2. 工作频率使用 1800 MHz 频段的无线通信设备

辐射杂散测量系统分为 2 个频段进行测量,30 MHz~2.3 GHz 测量系统通路如图 4-12 所示,2.3~6 GHz 测量系统通路如图 4-13 所示,符合 GB/T 22450.1、YD/T 2583.5、YD/T

2583.6、3GPP TS 51.010-1 和 3GPP TS 51.021 等标准的要求。

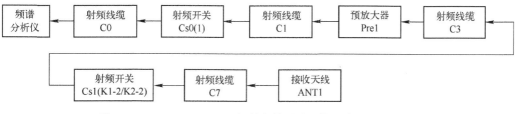

图 4-12 30 MHz~2.3 GHz 辐射杂散测量系统通路（1800 MHz）

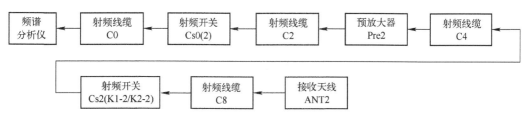

图 4-13 2.3~6 GHz 辐射杂散测量系统通路（1800 MHz）

3. 工作频率使用 800 MHz 频段的无线通信设备

辐射杂散测量系统分为 2 个频段进行测量，30 MHz~1.2 GHz 测量系统通路如图 4-14 所示，1.2~12.75 GHz 测量系统通路如图 4-15 所示，符合 GB/T 19484.1、YD/T 2583.11、YD/T 2583.12、3GPP TS 34.124 和 3GPP TS 25.113 等标准的要求。

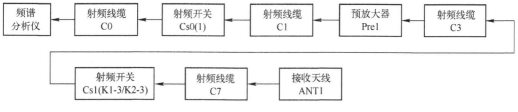

图 4-14 30 MHz~1.2 GHz 辐射杂散测量系统通路（800 MHz）

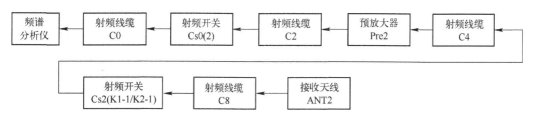

图 4-15 1.2~12.75 GHz 辐射杂散测量系统通路（800 MHz）

4. 工作频率使用 1900 MHz 频段的无线通信设备

辐射杂散测量系统分为 2 个频段进行测量，30 MHz~2.3 GHz 测量系统通路如图 4-16 所示，2.3~12.75 GHz 测量系统通路如图 4-17 所示，符合 YD/T 2583.7、YD/T 2583.8、YD/T 2583.9、YD/T 2583.10、YD/T 2583.13、YD/T 2583.14、3GPP TS 36.124 和 3GPP TS 36.113 等标准的要求。

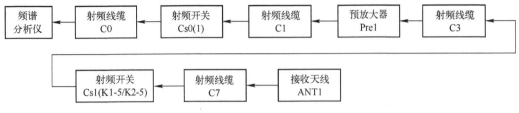

图 4-16 30 MHz~2.3 GHz 辐射杂散测量系统通路（1900 MHz）

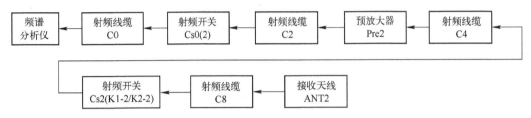

图 4-17 2.3~12.75 GHz 辐射杂散测量系统通路（1900 MHz）

5. 工作频率使用 2~3 GHz 频段的无线通信设备

辐射杂散测量系统分为 3 个频段进行测量，30 MHz~2 GHz 测量系统通路如图 4-18 所示，2~3 GHz 测量系统通路如图 4-19 所示，3~18 GHz 测量系统通路如图 4-20 所示，符合 YD/T 2583.7、YD/T 2583.8、YD/T 2583.13、YD/T 2583.14、YD/T 2583.17 、YD/T 2583.18、3GPP TS 38.124 和 3GPP TS 38.113 等标准的要求。

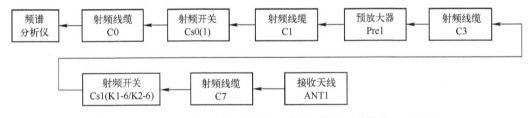

图 4-18 30 MHz~2 GHz 辐射杂散测量系统通路（工作频率 2~3 GHz）

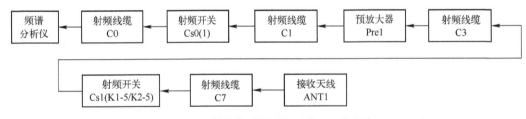

图 4-19 2~3 GHz 辐射杂散测量系统通路（工作频率 2~3 GHz）

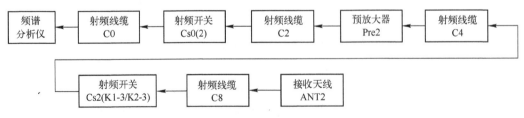

图 4-20 3~18 GHz 辐射杂散测量系统通路（工作频率 2~3 GHz）

6. 工作频率使用 3~4 GHz 频段的无线通信设备

辐射杂散测量系统分为 3 个频段进行测量，30 MHz~3 GHz 测量系统通路如图 4-21 所示，3~4.3 GHz 测量系统通路如图 4-22 所示，4.3~18 GHz 测量系统通路如图 4-23 所示，符合 YD/T 2583.17、YD/T 2583.18、3GPP TS 38.101-1、3GPP TS 38.113 和 3GPP TS 38.124 等标准的要求。

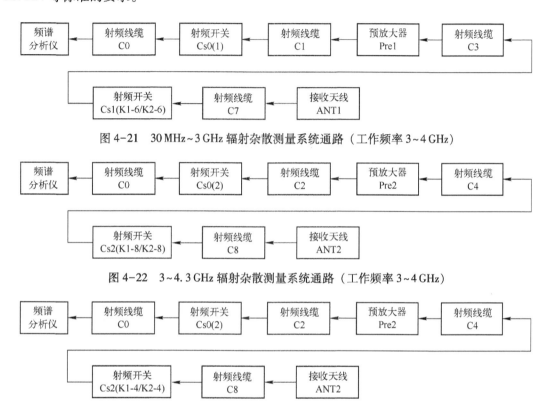

图 4-21　30 MHz~3 GHz 辐射杂散测量系统通路（工作频率 3~4 GHz）

图 4-22　3~4.3 GHz 辐射杂散测量系统通路（工作频率 3~4 GHz）

图 4-23　4.3~18 GHz 辐射杂散测量系统通路（工作频率 3~4 GHz）

7. 工作频率使用 4~5 GHz 频段的无线通信设备

辐射杂散测量系统分为 3 个频段进行测量，30 MHz~3 GHz 测量系统通路如图 4-21 所示，3~5.5 GHz 测量系统通路同图 4-22，5.5~18 GHz 测量系统通路如图 4-24 所示，符合 YD/T 2583.17、YD/T 2583.18、3GPP TS 38.101-1、3GPP TS 38.113 和 3GPP TS 38.124 等标准的要求。

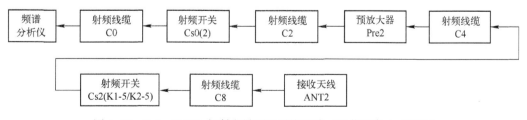

图 4-24　5.5~18 GHz 辐射杂散测量系统通路（工作频率 4~5 GHz）

8. 工作频率使用 700 MHz 频段的无线通信设备

辐射杂散测量系统分为 2 个频段进行测量，30 MHz~1.2 GHz 测量系统通路如图 4-25 所示，1.2~18 GHz 测量系统通路如图 4-26 所示，符合 YD/T 2583.17、YD/T 2583.18、3GPP TS 38.101-1、3GPP TS 38.113 和 3GPP TS 38.124 等标准的要求。

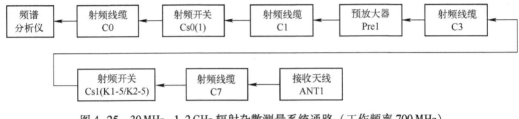

图 4-25　30 MHz~1.2 GHz 辐射杂散测量系统通路（工作频率 700 MHz）

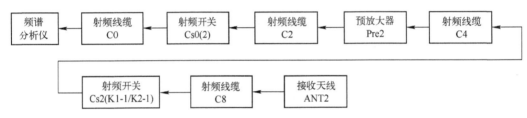

图 4-26　1.2~18 GHz 辐射杂散测量系统通路（工作频率 700 MHz）

9. 工作频率使用 2.4 GHz 频段的蓝牙和无线局域网设备

辐射杂散测量系统分为 2 个频段进行测量，30 MHz~3 GHz 测量系统通路如图 4-27 所示，3~18 GHz 测量系统通路如图 4-28 所示，符合 ETSI EN 300 328 等标准的要求。

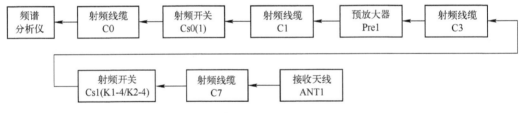

图 4-27　30 MHz~3 GHz 辐射杂散测量系统通路（工作频率 2.4 GHz）

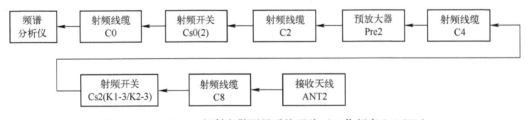

图 4-28　3~18 GHz 辐射杂散测量系统通路（工作频率 2.4 GHz）

10. 工作频率使用 5.8 GHz 频段的无线局域网设备

辐射杂散测量系统分为 3 个频段进行测量，25 MHz~3 GHz 测量系统通路如图 4-29 所示，3~10 GHz 测量系统通路如图 4-30 所示，10~18 GHz 测量系统通路如图 4-31 所示，符合 ETSI EN 300 440 等标准的要求。

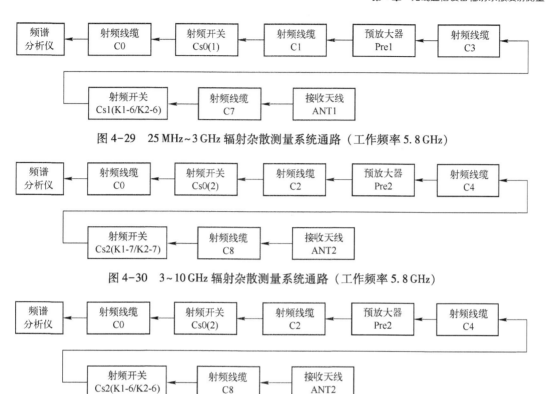

图 4-29　25 MHz~3 GHz 辐射杂散测量系统通路（工作频率 5.8 GHz）

图 4-30　3~10 GHz 辐射杂散测量系统通路（工作频率 5.8 GHz）

图 4-31　10~18 GHz 辐射杂散测量系统通路（工作频率 5.8 GHz）

11. 18~40 GHz 辐射杂散测量系统

对于 18~40 GHz 辐射杂散测量的测量系统通路如图 4-32 所示。

图 4-32　18~40 GHz 辐射杂散测量系统通路

4.7　无线通信终端设备辐射杂散发射测量要求

国内对于无线通信设备的辐射杂散测量，在相应的通信设备电磁兼容国家标准和电磁兼容通信行业标准中一般均有相关规定，通常，国内 CCC 产品认证和进网检验的电磁兼容测试都依据这些国家和通信行业标准进行检测。以下是无线通信终端对辐射杂散测量相关标准的一些要求，其他无线通信设备的辐射杂散相关要求见相应的国家和行业标准。

一些标准有新的版本，本章涉及的相关标准的内容，应按最新版本标准的要求进行。

4.7.1　第二代（2G）无线移动通信终端设备

依据标准 GB/T 22450.1—2008《900/1800 MHz TDMA 数字蜂窝移动通信系统电磁兼容性限值和测量方法 第 1 部分：移动台及其辅助设备》和 YD/T 2583.6—2018《蜂窝式移动通信设备电磁兼容性能要求和测量方法 第 6 部分：900/1800 MHz TDMA 用户设备及其辅助设

备》，标准适用发送和接收语音和/或数据的第一阶段和第二阶段 GSM 900 MHz 和 DCS 1800 MHz 数字蜂窝通信系统的移动台（MS）及其辅助设备，包括便携设备和车载移动台设备，对于辐射杂散测量的要求如下：

1）测量方法，按 YD/T 1483 标准的方法，未指定具体的测量方法，通常情况下使用预校准法，检波方式为峰值检波。

2）测量场地，应满足 GB/T 6113.104 标准的要求，推荐使用全电波暗室。

3）测量距离，测量频率在 1 GHz 以下时，测量距离推荐不小于 3 m，通常情况下测量频率在 1 GHz 以上，推荐测量距离不小于 1 m。

4）测量频率，测量频率范围为 30 MHz ~ 6 GHz。

5）被测设备工作状态，被测设备正常工作，可带或不带辅助设备，使用正常的供电方式供电，工作状态分为业务模式和空闲模式。

6）分辨率带宽，见表 4-11 和表 4-12。

表 4-11　辐射杂散测量带宽（业务模式）

频　段	频　偏		分辨率带宽	视频带宽
30 ~ 50 MHz	—		10 kHz	30 kHz
50 ~ 500 MHz	—		100 kHz	300 kHz
500 ~ 6000 MHz， 不包括与 MS 相应的发射频段： P-GSM 890 ~ 915 MHz E-GSM 880 ~ 915 MHz DCS 1710 ~ 1785 MHz	距相应的 发射频段	0 ~ 10 MHz	100 kHz	300 kHz
		≥10 MHz	300 kHz	1 MHz
		≥20 MHz	1 MHz	3 MHz
		≥30 MHz	3 MHz	3 MHz
P-GSM 890 ~ 915 MHz E-GSM 880 ~ 915 MHz DCS 1710 ~ 1785 MHz	距离载频	1.8 ~ 6.0 MHz	30 kHz	100 kHz
		>6.0 MHz	100 kHz	300 kHz

表 4-12　辐射杂散测量带宽（空闲模式）

频　段	分辨率带宽	视　频　带　宽
30 ~ 50 MHz	10 kHz	30 kHz
50 ~ 6000 MHz	100 kHz	300 kHz

7）限值要求，见表 4-13 和表 4-14，为有效辐射功率（e.r.p.）。

表 4-13　辐射杂散发射限值（业务模式）

频率范围/MHz	峰值功率电平（e.r.p.）/dBm	
	GSM 900 MHz	DCS 1800 MHz
30 ~ 1000	−36	−36
1000 ~ 1710	−30	−30
1710 ~ 1785	−30	−36
1785 ~ 6000	−30	−30

表 4-14 辐射杂散发射限值（空闲模式）

频率范围/MHz	峰值功率电平（e. r. p.）/dBm
30~880	−57
880~915	−59
915~1000	−57
1000~1710	−47
1710~1785	−53
1785~6000	−47

8）注意事项，测量要排除供电和建立通信连接的信号对测量结果的影响，另外注意被测设备工作信号是否过载，避免对测量系统的影响。

4.7.2 第三代（3G）无线移动通信终端设备

依据标准为 YD/T 1592. 1—2012《2 GHz TD-SCDMA 数字蜂窝移动通信系统电磁兼容性要求和测量方法 第 1 部分：用户设备及其辅助设备》、YD/T 1595. 1—2012《2 GHz WCDMA 数字蜂窝移动通信系统电磁兼容性要求和测量方法 第 1 部分：用户设备及其辅助设备》和 YD/T 1597. 1—2007《2 GHz cdma2000 数字蜂窝移动通信系统电磁兼容性要求和测量方法 第 1 部分：用户设备及其辅助设备》，包括便携设备和车载移动台设备，对于辐射杂散测量的要求如下：

1）测量方法，按 YD/T 1483 标准的方法，未指定具体的测量方法，通常情况下使用预校准法，检波方式为 RMS 检波。

2）测量场地，应满足 YD/T 1483 标准的要求，推荐使用全电波暗室。

3）测量距离，测量频率在 1 GHz 以下时，测量距离推荐不小于 3 m，通常情况下测量频率在 1 GHz 以上，推荐测量距离不小于 1 m。

4）测量频率，测量频率范围为 30 MHz~12. 75 GHz。

5）被测设备工作状态，被测设备正常工作，可带或不带辅助设备，使用正常的供电方式供电，工作状态分为业务模式和空闲模式，被测设备全功率发射。

6）分辨率带宽，见表 4-15。

表 4-15 辐射杂散测量带宽

频 率 范 围	分辨率带宽
30 MHz~1 GHz	100 kHz
1~12. 75 GHz	1 MHz

注：视频带宽应当至少为分辨率带宽的 3 倍

7）限值要求，见表 4-16 和表 4-17，为有效辐射功率（e. r. p.）。

表 4-16 辐射杂散发射限值（业务模式）

频 率 范 围	有效辐射功率（e. r. p.）电平
30 MHz~1 GHz	−36 dBm

（续）

频 率 范 围	有效辐射功率（e. r. p.）电平
1~12.75 GHz	−30 dBm
$f_c - X < f < f_c + X$	不要求

注 1：f_c 是 EUT 工作频段的中心频率。视频带宽应当至少为分辨率带宽的 3 倍
注 2：TDSCDMA 设备 X 为 4 MHz，WCDMA 设备 X 为 12.5 MHz，cdma2000 设备，X 为 2.5 倍的信道带宽 MHz

表 4-17 辐射杂散发射限值（空闲模式）

频 率 范 围	有效辐射功率（e. r. p.）电平
30 MHz~1 GHz	−57 dBm
1~12.75 GHz	−47 dBm

8）注意事项，测量要排除供电和建立通信连接的信号对测量结果的影响，另外注意被测设备工作信号是否过载，避免对测量系统的影响。

4.7.3 第四代（4G）无线移动通信终端设备

依据标准为 YD/T 2583.14—2013《蜂窝式移动通信设备电磁兼容性要求和测量方法 第14 部分：LTE 用户设备及其辅助设备》，包括便携设备和车载移动台设备，对于辐射杂散测量的要求如下：

1）测量方法，按 YD/T 1483 标准的方法，未指定具体的测量方法，通常情况下使用预校准法，检波方式为 RMS 检波。

2）测量场地，应满足 GB/T 6113.104 标准的要求，推荐使用全电波暗室。

3）测量距离，测量频率在 1 GHz 以下时，测量距离推荐不小于 3 m，通常情况下测量频率在 1 GHz 以上，推荐测量距离不小于 1 m。

4）测量频率，测量频率范围为 30 MHz~12.75 GHz。

5）被测设备工作状态，被测设备正常工作，可带或不带辅助设备，使用正常的供电方式供电，工作状态分为业务模式和空闲模式，被测设备全功率发射。

6）分辨率带宽。30 MHz~1 GHz，分辨率带宽为 100 kHz。1 GHz~12.75 GHz，分辨率带宽为 1 MHz。

7）限值要求，见表 4-18 和表 4-19，为有效辐射功率（e. r. p.）。

表 4-18 辐射杂散发射限值（业务模式）

频 率 范 围	有效辐射功率（e. r. p.）电平
30 MHz~1 GHz	−36 dBm
1~12.75 GHz	−30 dBm
$f_c - X < f < f_c + X$	不要求

注 1：f_c 是 EUT 工作频段的中心频率
注 2：X 为 2.5 倍的信道带宽 MHz

表 4-19　辐射杂散发射限值（空闲模式）

频 率 范 围	有效辐射功率（e. r. p.）电平
30 MHz ~ 1 GHz	−57 dBm
1 ~ 12. 75 GHz	−47 dBm

8）注意事项，测量要排除供电和建立通信连接的信号对测量结果的影响，另外注意被测设备工作信号是否过载，避免对测量系统的影响。

4.7.4　第五代（5G）无线移动通信终端设备

依据标准为 YD/T 2583. 18—2019《蜂窝式移动通信设备电磁兼容性能要求和测量方法 第 18 部分：5G 用户设备和辅助设备》，包括便携设备和车载移动台设备，含 5G 工作频段 1，即 410~7125 MHz，5G 工作频段 2，即 24250~52600 MHz，与 52600~71000 MHz 的终端设备。对于辐射杂散测量的要求如下：

1）测量方法，按 YD/T 1483 标准的方法，未指定具体的测量方法，通常情况下使用预校准法，检波方式为 RMS 检波。

2）测量场地，应满足 YD/T 1483 标准的要求，推荐使用全电波暗室。

3）测量距离，测量频率在 1 GHz 以下时，测量距离推荐不小于 3 m，通常情况下测量频率在 1 GHz 以上，推荐测量距离不小于 1 m。

4）测量频率，被测设备工作范围 1 为 30 MHz~12. 75 GHz 或工作频率的 5 次谐波，取较大值，最高测量频率不高于 26 GHz。工作频率范围 2 为 30 MHz~工作频率的 5 次谐波。

5）被测设备工作状态，被测设备正常工作，可带或不带辅助设备，使用正常的供电方式供电，工作状态分为业务模式和空闲模式。

6）对于独立组网（SA）方式，UE 宜进行如下设置：

① 信道带宽，为 UE 支持的信道带宽，FR1 设置为最小信道带宽，FR2 设置为最大信道带宽。

② 信道，设置为 UE 支持频段的中间信道。

③ 子载波间隔，为 UE 支持的子载波间隔，FR1 设置为最小子载波间隔，FR2 设置为 120 kHz。

④ 调制方式，FR1 设置为 CP-OFDM QPSK，FR2 设置为 DFT-s-OFDM QPSK。

⑤ RB 数量，FR1 设置为 1@ 0，FR2 设置为 1@ 1。

7）对于非独立组网（NSA）方式，UE 宜进行如下设置：

① 信道带宽，E-UTRA 设置为 5 MHz。NR 为 UE 支持的信道带宽，FR1 设置为最小信道带宽，FR2 设置为最大信道带宽。

② 信道，E-UTRA 设置为中间信道。NR 设置为支持频段的中间信道。

③ 子载波间隔，E-UTRA 设置为 15 kHz。NR 为 UE 支持的子载波间隔，FR1 设置为最小子载波间隔，FR2 设置为 120 kHz。

④ 调制方式，E-UTRA 设置为 QPSK。NR FR1 设置为 CP-OFDM QPSK，FR2 设置为 DFT-s-OFDM QPSK。

⑤ RB 数量，E-UTRA 设置为 1@ 0。NR FR1 设置为 1@ 0，FR2 设置为 1@ 1。

⑥ NSA 频段组合，参考 YD/T 3627，可选择实际使用时典型的频段进行组合。

⑦ NSA 功率，FR1 设置为支持的最大功率减 3 dB，FR2 设置为支持的最大功率。

8）分辨率带宽。30 MHz~1 GHz，分辨率带宽为 100 kHz。1~200 GHz，分辨率带宽为 1 MHz。

9）限值要求，见表 4-20~表 4-23。F_{UL_l} 和 F_{UL_h} 为上行信道带宽的最低频率和最高频率，$BW_{Channel}$ 为信道带宽。

表 4-20 辐射杂散发射限值（FR1 业务模式）

频 率 范 围	有效辐射功率（e. r. p.）电平
30 MHz~1 GHz	−36 dBm
1~12. 75 GHz 或 5 次谐波或 26 GHz	−30 dBm
$F_{UL\_l}-F_{OOB}<f<F_{UL\_h}+F_{OOB}$	不要求

注1：最大的测试频率为 12. 75 GHz 与 EUT 工作频段上限频率的 5 次谐波的最大值，且不大于 26 GHz

注2：F_{OOB}（单位为 MHz）= $2BW_{Channel}$（单位为 MHz）

注3：在过渡频率处应采取较严格限值

表 4-21 辐射杂散发射限值（FR2 业务模式）

频 率 范 围	总辐射功率（TRP）电平
30 MHz~1 GHz	−36 dBm
1~12. 75 GHz	−30 dBm
12. 75 GHz~2 次谐波	−13 dBm
$F_{UL\_l}-F_{OOB}<f<F_{UL\_h}+F_{OOB}$	不要求

注1：最大测试频率为 EUT 工作频段上限频率的 2 次谐波

注2：F_{OOB}（单位为 MHz）= $2BW_{Channel}$（单位为 MHz）

注3：在过渡频率处应采取较严格限值

注4：对于 SA 方式，限值可为 e. i. r. p. 限值，测量方法见本节。如果 e. i. r. p. 值超出限值，则限值为 TRP 值，测量方法见 ETSI TS 138 521-2

注5：对于 NSA 方式，E-UTRA 限值为 e. i. r. p. 限值。NR 限值可为 e. i. r. p. 限值，测量方法见本节，如果 e. i. r. p. 值超出限值，则限值为 TRP 限值，测量方法见 ETSI TS 138 521-3

表 4-22 辐射杂散发射限值（FR1 空闲模式）

频 率 范 围	有效辐射功率（e. r. p.）电平
30 MHz~1 GHz	−57 dBm
1~12. 75 GHz 或 5 次谐波或 26 GHz	−47 dBm

注1：最大测试频率为 12. 75 GHz 与 EUT 工作频段的上限频率的 5 次谐波的最大值，且不大于 26 GHz

注2：在过渡频率处应采取较严格限值

表 4-23 壳体端口的辐射杂散骚扰限值（FR2 空闲模式）

频 率 范 围	总辐射功率（TRP）电平
30 MHz~1 GHz	−57 dBm
1~12. 75 GHz	−47 dBm

（续）

频 率 范 围	总辐射功率（TRP）电平
12.75 GHz~2 次谐波	−47 dBm

注 1：最大测试频率为 EUT 工作频段上限频率的 2 次谐波

注 2：在过渡频率处应采取较严格限值

注 3：对于 SA 方式，限值可为 e.i.r.p. 限值，测量方法见本节。如果 e.i.r.p. 值超出限值，则限值为 TRP 限值，测量方法见 ETSI TS 138 521-2

注 4：对于 NSA 方式，E-UTRA 限值为 e.i.r.p. 限值。NR 限值可为 e.i.r.p. 限值，测量方法见本节，如果 e.i.r.p. 值超出限值，则限值为 TRP 限值，测量方法见 ETSI TS 138 521-3

10）注意事项，测量要排除供电和建立通信连接的信号对测量结果的影响，另外注意被测设备工作信号是否过载，避免对测量系统的影响。

4.7.5 蓝牙和无线局域网设备

1. 2.4 GHz 蓝牙和无线局域网设备

依据标准为 ETSI EN 300 328《宽带传输系统 在 2.4 GHz 频段工作的数据传输设备》，包括工作频段在 2400~2483.5 MHz 的蓝牙和无线局域网设备，对于辐射杂散测量的要求如下：

1）测量方法，使用开阔场和半电波暗室采用替代测量方法，使用全电波暗室采用替代测量方法，对于测量天线固定且被测设备可重复定位的全电波暗室，可采用预校准法。

2）检波方式，预扫描的检波方式为峰值检波，最终测量的检波方式为 RMS 检波。先进行预扫描测量，如果测量值超出或低于限值在 6 dB 范围内，再进行最终测量，确定符合标准的情况，否则依据预扫描的测量值确定合格或不合格。

3）测量场地，应满足 ETSI TR 102 273 系列标准的要求，开阔场、半电波暗室和全电波暗室均可使用，测量系统本底噪声应比限值低至少 12 dB。

4）测量距离，测量距离大于测量波长 λ 与 D^2/λ（D 和 λ 的单位为 m，D 为测量天线最大的物理尺寸）的较大值，与此值不一致时，在报告中注明并将不确定度纳入测量结果。通常情况下，测量频率在 1 GHz 以下时，测量距离推荐不小于 3 m，测量频率在 1 GHz 以上，推荐测量距离不小于 1 m，在系统本底噪声满足的情况下，测量距离均推荐为 3 m。

5）测量频率，测量频率范围为 30 MHz~12.75 GHz，预扫描时采用频域的扫描方法，扫描点数，30 MHz~1 GHz，大于 19400；1~12.75 GHz，大于 23500；最终测量时采用时域的扫描方法，扫描点数最大 30000。

6）被测设备工作状态，被测设备正常工作，可采用手动固定发射频率的工作方式，测量时选择被测设备的高信道和低信道，工作状态分为业务模式和空闲模式。

7）分辨率带宽。30 MHz~1 GHz，分辨率带宽为 100 kHz；1~12.75 GHz，分辨率带宽为 1 MHz，视频带宽为测量带宽的 3 倍。

8）限值要求，见表 4-24 和表 4-25，30 MHz~1 GHz 为限值有效辐射功率（e.r.p.），1~12.75 GHz 限值为等效各向同性辐射功率（e.i.r.p.）。

表 4-24 辐射杂散发射限值（业务模式）

频 率 范 围	限 值
30~47 MHz	−36 dBm

（续）

频率范围	限值
47~74 MHz	−54 dBm
74~87.5 MHz	−36 dBm
87.5~118 MHz	−54 dBm
118~174 MHz	−36 dBm
174~230 MHz	−54 dBm
230~470 MHz	−36 dBm
470~694 MHz	−54 dBm
694 MHz~1 GHz	−36 dBm
1~12.75 GHz	−30 dBm

表 4-25　辐射杂散发射限值（空闲模式）

频率范围	限值
30 MHz~1 GHz	−57 dBm
1~12.75 GHz 或 5 次谐波	−47 dBm

2. 5.8 GHz 无线局域网设备

依据标准为 ETSI EN 300 440《工作频段在 1~40 GHz 的短距离无线设备》，适用于工作频段在 5725~5875 MHz 的无线局域网设备，对于辐射杂散测量的要求如下：

1）测量方法，替代法。

2）检波方式，测量频率在 1 GHz 以下检波方式为准峰值检波，检波方式符合 GB/T 6113.101 和 GB/T 6113.104 标准的要求。测量频率在 1 GHz 以上检波方式为峰值检波，使用频谱分析仪，采用最大保持的方式测量。

3）测量场地，满足 GB/T 6113 和 CISPR 16 系列标准要求的开阔场、半电波暗室和全电波暗室均可使用，测量系统本底噪声应比限值低至少 6 dB。

4）测量距离，测量距离大于测量波长 $\lambda/2$ 与 $2D^2/\lambda$（D 和 λ 的单位为 m，D 为发射天线最大的物理尺寸）的较大值。通常情况下，测量频率在 1 GHz 以下时，测量距离推荐不小于 3 m，测量频率在 1 GHz 以上，推荐测量距离不小于 1 m，在系统本底噪声满足的情况下，测量距离均推荐为 3 m。

5）测量频率，测量频率范围为 25 MHz~40 GHz。

6）被测设备工作状态，被测设备正常工作，可采用手动固定发射频率的工作方式，测量时选择被测设备的高信道和低信道，工作状态分为业务模式和空闲模式。

7）分辨率带宽。25 MHz~1 GHz，分辨率带宽为 100 kHz；大于 1 GHz，分辨率带宽为 1 MHz，视频带宽为测量带宽的 3 倍。

8）限值要求，见表 4-26，为有效辐射功率（e.r.p.）限值。

表 4-26　辐射杂散发射限值

频率	47~74 MHz 87.5~108 MHz 174~230 MHz 470~862 MHz	≤1 GHz 的其他频率	>1 GHz 的频率

（续）

| 业务模式 | 4nW（-54dBm） | 250nW（-36dBm） | 1μW（-30dBm） |
| 空闲模式 | 2nW（-57dBm） | 2nW（-57dBm） | 20nW（-47dBm） |

9）其他要求，测量频段包含被测设备工作频段时，建议测量系统使用带阻滤波器，带阻衰减值不小于30dB。测量频段高于被测设备工作频段时，建议测量系统使用高通滤波器，高通滤波器的截止频率为工作频率的1.5倍，衰减值不小于40dB。

本节中给出无线终端设备的辐射杂散测量要求，均为标准中主要的测量要求，详细的测量要求包括被测设备支撑物的高度、天线高度及转台的转动等，见相应的标准。

4.8 辐射杂散发射测量不确定度评定示例

对于辐射杂散发射测量系统，需要对测量系统的不确定度进行评定，在进行不确定度评定时要确定以下内容：

1）明确测量方法，不同的测量方法，不确定度可能不同，对于每种测量方法，均应分别进行不确定度评定。

2）确定测量系统，不同的测量方法，使用的测量设备或测量系统不同，要确定每个测量系统的相关设备设施，包括测量场地、测量设备以及测量通路相关的设备，测量通路包括射频线缆、预放大器、衰减器以及滤波器等，当测量系统的设备或影响检测结果的相关参数有变化时，不确定度应重新评估。

3）确定数学模型，明确被测量是什么，被测量是怎样被计算或测量出来的，计算公式是什么，有哪些输入量，有哪些影响量。

辐射杂散发射测量不确定度为标准符合性不确定度（SCU），包含了被测量的固有不确定度以及测量设备和设施的不确定度（MIU），也称为被测量的总不确定度或测量系统不确定度。

由于测量的被测设备种类繁多，对每个被测量的固有不确定度进行评定不太现实，因此一般只对测量设备和设施的不确定度（MIU）进行评定，测量结果的符合性判定时，如果考虑不确定度的影响，则不确定度使用测量设备和设施的不确定度。

本章依据文中给出的测量方法和测量系统示例，给出预校准测量方法的不确定度评定示例，为辐射杂散发射测量系统的测量设备和设施的不确定度评定（MIU）。不确定度评定中使用的数据均为虚拟数据。

4.8.1 不确定度评定参考标准

JJF 1059.1—2012《测量不确定度评定与表示》。

GB/Z 6113.401—2018《无线电骚扰和抗扰度测量设备和测量方法规范 第4—1部分：不确定度、统计学和限值建模 标准化EMC试验的不确定度》。

GB/T 6113.402—2022《无线电骚扰和抗扰度测量设备和测量方法规范 第4—2部分：不确定度、统计学和限值建模 测量设备和设施的不确定度》。

CISPR 16-4-2：2018 Specification for radio disturbance and immunity measuring apparatus and methods-Part 4-2: Uncertainties, statistics and limit modelling-Measurement instrumentation uncertainty。

4.8.2 辐射杂散测量系统

1) 辐射杂散发射测量方法为预校准测量方法,见本章的4.5.3节。

2) 辐射杂散测量系统包括测量场地、接收天线、发射天线、信号源、预放大器、测量路径(含滤波器、射频开关及相应的线缆)和频谱分析仪,详细的测量系统设备假设见表4-27。

表4-27 假设的测量系统设备

序号	设备名称	型号及序列号	使用说明	备注
1	电波暗室	XXX, FAC-SN001	全电波暗室	可用地面铺设吸波材料的半电波暗室
2	频谱分析仪	XXX, SA-SN001	25 MHz~40 GHz	—
3	接收天线1	XXX, AN-SN001-R	25 MHz~3 GHz	—
4	接收天线2	XXX, AN-SN002-R	1~18 GHz	—
5	接收天线3	XXX, AN-SN004-R	18~40 GHz	—
6	发射天线1	XXX, AN-SN001-T	25 MHz~3 GHz	—
7	发射天线2	XXX, AN-SN002-T	1~18 GHz	—
8	发射天线3	XXX, AN-SN003-T	18~40 GHz	—
9	信号源	XXX, SG-SN001	25 MHz~40 GHz	—
10	路径1	XXX, GC-SN001	30 MHz~3 GHz	不同的路径应分别进行不确定度评估
11	路径2	XXX, GC-SN002	1~18 GHz	—
12	路径3	XXX, GC-SN003	18~40 GHz	—
13	预放大器1	XXX, PA-SN001	25 MHz~3 GHz	—
14	预放大器2	XXX, PA-SN002	1~18 GHz	—
15	预放大器3	XXX, PA-SN003	18~40 GHz	—

3) 辐射杂散发射测量系统及测量布置如本章的4.5.2节的图4-2所示。

4.8.3 辐射杂散测量的数学模型

在全电波暗室中,使用预校准法进行辐射杂散发射测量,被测量 P 按式(4-13)计算。

$$P = V_r + C_r + A_S + G_T - 107 + \delta V_{sw} + \delta V_{pa} + \delta V_{pr} + \delta G_{pg} + \delta A_N +$$
$$\delta d + \delta A_{NT} + \delta h + \delta a + \delta G_{ag} + \delta M \tag{4-13}$$

式中 P——被测设备的辐射杂散功率,单位为 dBm;

V_r——频谱分析仪读数,单位为 dBμV;

C_r——频谱分析仪到测量接收天线的路径衰减值,单位为 dB;

A_S——全电波暗室的场地衰减值,单位为 dB;

G_T——测量场地衰减时发射天线的增益值,单位为 dBi 或 dBd;

107——50 Ω 测试系统,dBμV 转换为 dBm 的常数,单位为 dB;

δV_{sw}——对频谱分析仪正弦波电压不准确的修正，单位为 dB；

δV_{pa}——对频谱分析仪脉冲幅度响应不理想的修正，单位为 dB；

δV_{pr}——对频谱分析仪脉冲重复频率响应不理想的修正，单位为 dB；

δG_{pg}——对预放大器增益漂移的修正，单位为 dB；

δA_N——对测量场地不理想的修正，单位为 dB；

δd——对接收天线与被测设备之间的测量距离不准确的修正，单位为 dB；

δA_{NT}——对被测设备支撑物材料影响的修正，单位为 dB；

δh——对被测设备离地面的高度不准确的修正，单位为 dB；

δa——对转台角度不准确的修正，单位为 dB；

δG_{ag}——对发射天线增益的频率内插误差的修正，单位为 dB；

δM——对测量系统设备间失配误差的修正，单位为 dB。

4.8.4　各个输入分量的标准不确定度评定

1. 频谱分析仪读数，V_r

频谱分析仪读数变化的原因包括测量系统的不稳定和表的刻度内插误差。V_r的估计值是稳定的信号多次（测量次数在 10 次以上）读数的平均值，可使用不确定度的 A 类评定方法的贝塞尔公式法。辐射杂散发射测量时，使用最大保持的单次测量结果作为最佳估计值，其标准不确定度是单次测量结果的试验标准差。

例如：使用性能稳定的信号源，通过线缆与频谱分析仪相连，在 25 MHz ~ 40 GHz 频率范围内，以一定的频率步长进行多次测量，选择标准偏差最大的频点对应的值进行计算。可依据测量系统频率范围的划分，在不同频率范围内选取。

在 25 MHz ~ 40 GHz 频段内，假设 100 MHz 对应的试验标准差最大，测量结果见表 4-28。

表 4-28　100 MHz 下 10 次测量结果

n	1	2	3	4	5	6	7	8	9	10	平均值
结果（单位为 dBμV）	70.37	70.44	70.43	70.48	70.45	70.43	70.36	70.39	70.39	70.42	70.416

单个值的试验标准差为 0.114 dB，则频谱分析仪读数的标准不确定度为：

$$u(V_r) = 0.114 \, dB$$

2. 频谱分析仪正弦波电压不准确的修正量，δV_{sw}

对频谱分析仪正弦波电压准确度的修正量 δV_{sw} 的估计值及其扩展不确定度和包含因子均可从校准报告得到。如果校准报告仅表明频谱分析仪的正弦波电压准确度在 GB/T 6113.101 所规定的允差要求（±2 dB）的范围内，则 δV_{sw} 的估计值被认为是 0，并服从半宽度为 2 dB 的矩形分布。如果校准报告表明频谱分析仪的正弦波电压准确度优于 GB/T 6113.101 所规定的允差，例如±1 dB，则将该值用于频谱分析仪的不确定度计算（即：此时估计值为 0，服从半宽度为 1 dB 的矩形分布），可使用不确定度的 B 类评定方法。

例如：在校准证书中，正弦波电压的示值最大偏差，在 25 MHz ~ 3 GHz 为 0.22 dB（矩形分布，$k=\sqrt{3}$），3 ~ 40 GHz 为 1.19 dB（矩形分布，$k=\sqrt{3}$），则正弦波电压不准确的修正量 δV_{sw} 的估计值为 0，其标准不确定度为：

$$25\,\text{MHz} \sim 3\,\text{GHz}: u(\delta V_{\text{sw}}) = \frac{0.22}{\sqrt{3}}\,\text{dB} = 0.127\,\text{dB}$$

$$3 \sim 40\,\text{GHz}: u(\delta V_{\text{sw}}) = \frac{1.19}{\sqrt{3}}\,\text{dB} = 0.687\,\text{dB}$$

3. 对频谱分析仪脉冲幅度响应不理想的修正量，δV_{pa}

假设在校准证书中，30 MHz ~ 1 GHz 其脉冲幅度响应符合 GB/T 6113.101 所规定的 ±1.5 dB 允差要求，则修正量 δV_{pa} 的估计值为 0，且服从半宽度为 1.5 dB 的矩形分布。也可使用校准证书中的允差值，例如±1.2 dB，则将该值用于频谱分析仪的不确定度计算，即此时 δV_{pa} 的估计值为 0，且服从半宽度为 1.2 dB 的矩形分布。1 GHz 以上频谱分析仪的脉冲幅度响应未要求，可使用不确定度的 B 类评定方法。

例如：在校准证书中，脉冲幅度响应的最大偏差，在 25 MHz ~ 1 GHz 为 0.2 dB（矩形分布，$k = \sqrt{3}$），则频谱分析仪脉冲幅度响应不理想的修正量 δV_{pa} 的估计值为 0，其标准不确定度为：

$$25\,\text{MHz} \sim 1\,\text{GHz}: u(\delta V_{\text{pa}}) = \frac{0.2}{\sqrt{3}}\,\text{dB} = 0.115\,\text{dB}$$

4. 对频谱分析仪脉冲重复频率响应不理想的修正量，δV_{pr}

假设在校准证书中，25 MHz ~ 1 GHz 其脉冲重复频率响应符合 GB/T 6113.101 规定的允差的要求，则修正量 δV_{pr} 的估计值为 0，且服从半宽度为 1.5 dB（该值被认为是 GB/T 6113.101 允差的典型值）的矩形分布。也可使用校准证书中的允差值，例如±1.4 dB，则将该值用于频谱分析仪的不确定度计算，即此时修正量 δV_{pr} 的估计值为 0，且服从半宽度为 1.4 dB 的矩形分布。1 GHz 以上频谱分析仪的脉冲重复频率响应未要求，可使用不确定度的 B 类评定方法。

例如：在校准证书中，脉冲重复频率响应的最大偏差，在 25 MHz ~ 1 GHz 为 1.4 dB（矩形分布，$k = \sqrt{3}$），则频谱分析仪脉冲重复频率响应不理想的修正量 δV_{pr} 的估计值为 0，其标准不确定度为：

$$25\,\text{MHz} \sim 1\,\text{GHz}: u(\delta V_{\text{pr}}) = \frac{1.4}{\sqrt{3}}\,\text{dB} = 0.808\,\text{dB}$$

5. 频谱分析仪到测量接收天线的路径衰减值，C_{r}

频谱分析仪到测量接收天线的路径衰减包括线缆、滤波器、预放大器及衰减器，不同的路径的衰减值均应分别测量，可选取试验标准差最大的一条路径的值作为不确定度的计算值。路径衰减值 C_{r} 的估计值可通过多次测量（测量次数在 10 次以上）的平均值获得，可使用不确定度的 A 类评定方法的贝塞尔公式法。实际测量系统中使用的路径衰减值，是单次测量结果值作为路径衰减的最佳估计值，其标准不确定度是单次测量结果的试验标准差。

例如某一条路径：按照本章 4.5.3 节的路径衰减测量方法，在 25 MHz ~ 40 GHz 频率范围内，以一定的频率步长进行多次测量，选择试验标准偏差最大的频点对应的值进行计算。可依据测量系统频率范围的划分，在不同频率范围内选取。

在 25 MHz ~ 3 GHz 频段内，假设 2.5 GHz 对应的试验标准差最大，测量结果见表 4-29。

表 4-29 2.5 GHz，10 次测量结果

n	1	2	3	4	5	6	7	8	9	10	平均值
结果（单位为 dB）	−35.6	−35.8	−35.8	−35.6	−35.7	−35.6	−35.5	−35.8	−35.7	−35.5	−35.66

单个值的试验标准差为 0.117 dB，则路径衰减量 C_r 的标准不确定度为：

$$u(C_r) = 0.117\,\text{dB}$$

在 3~40 GHz 频段内，假设 8 GHz 对应的试验标准差最大，测量结果见表 4-30。

表 4-30 8 GHz，10 次测量结果

n	1	2	3	4	5	6	7	8	9	10	平均值
结果（单位为 dB）	−33.6	−33.4	−33.3	−33.6	−33.2	−33.2	−33.7	−33.2	−33.5	−33.5	−33.42

单个值的试验标准差为 0.187 dB，则路径衰减量 C_r 的标准不确定度为：

$$u(C_r) = 0.187\,\text{dB}$$

6. 预放大器增益漂移的修正量，δG_{pg}

预放大器使用时，其温度会发生变化，随着长时间的持续使用，其增益会产生变化，影响测量结果。预放大器增益的漂移可依据持续使用的时间，在持续使用的时间内进行间隔多次测量，记录每次测量的预放大器的增益值，找出增益变化的最大偏差值。假设辐射发射测量每天持续使用预放大器的时间为 10 小时，那么将预放大器加电正常工作，每间隔 1 小时测量一次增益值，测量 10 次，分析每个频率 10 次的增益值，选择偏差值最大频率及偏差值，也可测量多天（多组），找出最大偏差值。假设在 200 MHz 得到预放大器增益的最大偏差值为 ±0.3 dB，则预放大器增益漂移的修正量 δG_{pg} 的估计值为 0，且服从半宽度为 0.3 dB 的矩形分布。

例如：预放大器一直正常工作，每间隔 1 小时测量一次增益值，按 4.5.3 节的路径衰减测量方法，把预放大器假设为被测线缆，进行增益测量，测量 10 次。

在 25 MHz~3 GHz 频率范围内，假设 2.4 GHz 对应的增益偏差值最大，测量结果见表 4-31。

表 4-31 2.4 GHz 预放大器增益的测量结果

n	1	2	3	4	5	6	7	8	9	10	最大差值
结果（单位为 dB）	38.8	38.8	38.4	38.9	38.7	38.8	38.8	38.6	38.8	38.6	0.5

则预放大器增益漂移的修正量 δG_{pg} 的估计值为 0，其标准不确定度为：

$$u(\delta G_{pg}) = \frac{0.5}{\sqrt{3}}\,\text{dB} = 0.289\,\text{dB}$$

在 3~40 GHz 频段内，假设 15 GHz 对应的增益偏差值最大，测量结果见表 4-32。

表 4-32 15 GHz 预放大器增益的测量结果

n	1	2	3	4	5	6	7	8	9	10	最大差值
结果（单位为 dB）	33.8	33.7	33.7	33.5	33.6	33.5	33.7	33.5	32.9	32.8	0.4

则预放大器增益漂移的修正量 δG_{pg} 的估计值为 0，其标准不确定度为：

$$u(\delta G_{pg}) = \frac{0.4}{\sqrt{3}} dB = 0.231 dB$$

7. 全电波暗室的场地衰减值，A_S

场地衰减按 4.5.3 节的场地衰减测量方法进行场地衰减测量，A_S 的估计值可通过多次测量值（测量次数在 10 次以上）的平均得到，使用不确定度的 A 类评定方法。实际测量系统中使用的场地衰减值是单次测量结果作为测量结果的最佳估计值，其标准不确定度是单次测量结果的试验标准差。

例如：在全电波暗室中，按 4.5.3 节的方法进行场地衰减测量，不同的频段使用的天线不同，应该分开测量。接收天线与进行预校准法测量时的天线一致，测量位置及布置与进行预校准法辐射杂散发射测量时保持一致。

在 25 MHz～40 GHz 频率范围内，以一定的频率步长进行多次测量，选择试验标准偏差最大的频点对应的值进行计算。可依据测量系统频率范围的划分，在不同频率范围内选取。

在 25 MHz～3 GHz 频段内，假设 2.4 GHz 对应的试验标准差最大，测量结果见表 4-33。

表 4-33　2.4 GHz，10 次测量结果

n	1	2	3	4	5	6	7	8	9	10	平均值
结果（单位为 dB）	−66.2	−66.5	−66.4	−65.9	−66.6	−66.9	−66.5	−67.0	−67.1	−66.9	−66.6

单个值的试验标准差为 0.380 dB，则场地衰减值 A_S 的估计值的标准不确定度为：

$$u(A_S) = 0.380 dB$$

在 3～40 GHz 频段内，假设 11.5 GHz 对应的试验标准差最大，测量结果见表 4-34。

表 4-34　11.5 GHz，10 次测量结果

n	1	2	3	4	5	6	7	8	9	10	平均值
结果（单位为 dB）	−68.5	−68.1	−68.1	−68.5	−69	−69.4	−69.4	−69.1	−68.8	−68.5	−68.74

单个值的试验标准差为 0.479 dB，则场地衰减值 A_S 估计值的标准不确定度为：

$$u(A_S) = 0.479 dB$$

8. 测量场地不理想的修正量，δA_N

依据 YD/T 1483 标准对于辐射杂散发射测量场地的要求，对于全电波暗室，在 30 MHz～40 GHz 频率范围内，归一化场地衰减值与理论值的偏差在 ±4 dB 范围内。因此，满足 4 dB 允差要求的场地，即使场地不理想，在辐射杂散骚扰测量中也不太会出现因此导致的 4 dB 误差，则修正量 δA_N 的估计值为 0，服从三角分布，半宽度为 4 dB（三角分布，$k = \sqrt{6}$），可使用不确定度的 B 类评定方法。也可使用实际测量的归一化场地衰减值与理论值差值的最大值作为场地不理想的标准不确定度评定，例如测量的最大值为 ±2.5 dB，则修正量 δA_N 的估计值为 0，服从三角分布，半宽度为 2.5 dB（三角分布，$k = \sqrt{6}$），可使用不确定度的 B 类评定方法。则在 30 MHz～40 GHz 频率范围内，场地不理想的修正量 δA_N 的估计值为 0，其标准不确定度为：

$$u(\delta A_N) = \frac{4}{\sqrt{6}} dB = 1.633 dB$$

9. 接收天线与被测设备之间的测量距离不准确的修正量，δd

测量距离的误差来自于被测设备边界的确定、测量接收天线与被测设备的距离和天线塔的倾斜程度。距离误差的修正量 δd 的估计值为 0，且服从矩形分布，该半宽度值是在最大距离误差假设为 ±0.1 m，是在所界定的距离范围内场强与距离成反比的假设的基础上评估出来的，可使用不确定度的 B 类评定方法。

辐射杂散的测量距离为 3 m，则最大距离误差为 ±0.1 m，转换为 dB，为 dB = $\left| 20\log\dfrac{(3\pm0.1)}{3} \right|$，取最大值，为 0.295 dB，则测量距离不准确的修正量 δd 的估计值为 0，其标准不确定度为：

$$u(\delta d) = \frac{0.295}{\sqrt{3}}\,\mathrm{dB} = 0.171\,\mathrm{dB}$$

10. 被测设备支撑物材料影响的修正量，δA_{NT}

依据 GB/T 6113.104 标准中对于被测设备支撑物材料影响的评估方法，评估被测设备支撑物的影响。依据 GB/T 6113.402 标准，在 200 MHz ~ 1 GHz 时，修正量 δA_{NT} 的估计值为 0，服从矩形分布，半宽度为 ±0.5 dB；1 ~ 6 GHz 的修正量 δA_{NT} 的估计值为 0，服从矩形分布，半宽度为 ±1.5 dB；6 GHz 以上的修正量 δA_{NT} 的估计值为 0，服从矩形分布，半宽度为 ±2.0 dB。对于落地式设备，支撑物的影响可忽略不计。也可以用 GB/T 6113.104 标准中对于被测设备支撑物材料影响的评估方法的实测值作为标准不确定度的计算，可使用不确定度的 B 类评定方法。则对被测设备支撑物材料影响的修正量 δA_{NT} 的估计值为 0，其标准不确定度为：

$$200\,\mathrm{MHz} \sim 1\,\mathrm{GHz}：u(\delta A_{\mathrm{NT}}) = \frac{0.5}{\sqrt{3}}\,\mathrm{dB} = 0.289\,\mathrm{dB}$$

$$1 \sim 6\,\mathrm{GHz}：u(\delta A_{\mathrm{NT}}) = \frac{1.5}{\sqrt{3}}\,\mathrm{dB} = 0.866\,\mathrm{dB}$$

$$6\,\mathrm{GHz}\ 以上：u(\delta A_{\mathrm{NT}}) = \frac{2.0}{\sqrt{3}}\,\mathrm{dB} = 1.16\,\mathrm{dB}$$

11. 被测设备离地面的高度不准确的修正量，δh

在全电波暗室中进行辐射杂散测量时，对于台式设备，支撑物的高度通常为 1.5 m，桌子的高度最大误差值为 ±0.01 m，则高度误差的修正量 δh 的估计值为 0，服从正态分布，该半宽度值是最大误差值。对于落地式设备，支撑物高度的影响可以忽略。可使用不确定度的 B 类评定方法。

假设辐射杂散发射测量高度为 1.5 m，则最大高度误差为 ±0.01 m，转换为 dB，为 dB = $\left| 20\log\dfrac{(1.5\pm0.01)}{1.5} \right|$，取最大值，为 0.0581 dB，则被测设备距离地面的高度不准确的修正量 δh 的估计值为 0，其标准不确定度为：

$$u(\delta h) = \frac{0.0581}{2}\,\mathrm{dB} = 0.0291\,\mathrm{dB}$$

12. 转台角度不准确的修正量，δa

转台角度不准确来自转台转动角度的误差，其准确度可从转台的使用说明书中查到。一般情况，转台的旋转精度小于 1°，即误差为 ±1°，转台角度不准确的修正量 δa 的估计值为 0，服从正态分布（正态分布，$k = 2$），半宽度值为误差值，可使用不确定度的 B 类评定方法。

假设辐射杂散骚扰测量时转台转动的步长为 22.5°，误差转换为 dB，为 dB $= \left| 20\log\frac{(22.5\pm1)}{22.5} \right|$，取最大值，为 0.395 dB，则转台角度不准确的修正量 δa 的估计值为 0，其标准不确定度为：

$$u(\delta a) = \frac{0.395}{2}\,\text{dB} = 0.198\,\text{dB}$$

13. 测量场地衰减时发射天线的增益，G_T

发射天线的增益的估计值及其扩展不确定度和包含因子均可从校准报告中得到，可使用不确定度的 B 类评定方法。

假设其校准报告中，30 MHz ~ 3 GHz 增益的扩展不确定度为 1 dB，包含因子为 2，3 ~ 40 GHz 增益的扩展不确定度为 1.5 dB，包含因子为 2，则发射天线增益 G_T 的估计值的标准不确定度为：

$$30\,\text{MHz} \sim 3\,\text{GHz}：u(G_T) = \frac{1}{2}\,\text{dB} = 0.5\,\text{dB}$$

$$3 \sim 40\,\text{GHz}：u(G_T) = \frac{1.5}{2}\,\text{dB} = 0.75\,\text{dB}$$

14. 发射天线增益的频率内插误差的修正量，δG_{ag}

天线的增益与天线系数具有线性相关性，天线增益的频率内插的误差可参考天线系数的频率内插值，天线系数频率内插误差的修正量见 GB/T 6113.402—2022 附录 A 的 A6）及 CISPR 16-4-2：2018 的表 D.7、表 D.8、表 E.1 和表 E.2，可使用不确定度的 B 类评定方法。则天线增益的频率内插误差的修正量 δG_{ag} 的估计值为 0，且服从半宽度为 0.3 dB 的矩形分布，则其标准不确定度为：

$$25\,\text{MHz} \sim 40\,\text{GHz}：u(\delta G_{\text{ag}}) = \frac{0.3}{\sqrt{3}}\,\text{dB} = 0.173\,\text{dB}$$

15. 测量系统设备间失配误差的修正量，δM

依据 4.6.4 节的测量系统路径，频谱分析仪到测量接收天线的路径衰减包括线缆、滤波器、预放大器及衰减器，失配误差主要来自频谱分析仪的输入端口与预放大器的输出端口以及预放大器的输入端口与接收天线的输出端口间，不同的路径应该分别进行分析，可选择修正量 δM 估计值的最大标准不确定度作为最终的不确定度合成。即预放大器与频谱分析仪之间的连接路径（可能包含线缆、衰减器、射频开关及其滤波器）可以看作是一个两端口网络，端口 1 为预放大器的输出端口，端口 2 是接收机的输入端口。天线与预放大器之间的连接路径（可能包含线缆、衰减器、射频开关及其滤波器）也可以看作是一个两端口网络，端口 1 为天线的输出端口，端口 2 是预放大器的输入端口。

由此得到对于两端口网络引入失配的修正量 δM 如下式：

$$\delta M = 20\log\left[\left(1 - \Gamma_e S_{11}\right)\left(1 - \Gamma_r S_{22}\right) - S_{21}^2 \Gamma_e \Gamma_r\right]$$

式中，Γ_e 为天线和预放大器输出端口的反射系数；Γ_r 为预防大器和频谱分析仪输入端口的反射系数。

则可以确定 δM 的极值 $\delta M^{\pm}$：

$$\delta M^{\pm} = 20\log\left[1\pm(\mid\Gamma_e\mid\mid S_{11}\mid+\mid\Gamma_r\mid\mid S_{22}\mid+\mid\Gamma_e\mid\mid\Gamma_r\mid\mid S_{11}\mid\mid S_{22}\mid+\mid\Gamma_e\mid\mid\Gamma_r\mid\mid S_{21}\mid^2)\right]$$

式中，Γ_e 为天线和预放大器输出端口的反射系数；Γ_r 为预放大器和频谱分析仪输入端口的反射系数。

δM 的概率分布近似为 U 形分布（反正弦分布），其区间宽度不大于 $(\delta M^{-}—\delta M^{+})$，则其标准不确定度为不大于区间半宽度除以 $\sqrt{2}$。

假设，从校准报告或技术说明书中查到：

（1-1）频谱分析仪输入端口的 VSWR（电压驻波比），1 GHz 以下小于 2.0，1 GHz 以上小于 3.0，则其输入端口的反射系数为：

$$1\,\text{GHz 以下，}\Gamma_r = \frac{2-1}{2+1} = 0.333$$

$$1\,\text{GHz 以上，}\Gamma_r = \frac{3-1}{3+1} = 0.5$$

预放大器的输出端口的 VSWR（电压驻波比），1 GHz 以下小于 2.0，1 GHz 以上小于 2.7，输入端口的 VSWR 与输出端口一致，则其输出端口的反射系数为：

$$1\,\text{GHz 以下，}\Gamma_e = \frac{2-1}{2+1} = 0.333$$

$$1\,\text{GHz 以上，}\Gamma_e = \frac{2.7-1}{2.7+1} = 0.459$$

（1-2）假设预放大器与频谱分析仪的连接路径，$S_{11} = S_{22} = 0.05$，1 GHz 以下 $S_{21} = 0.85$，1 GHz 以上 $S_{21} = 0.7$。则：

$$1\,\text{GH 以下，}\delta M^{+} = 0.935,\ \delta M^{-} = -1.0483$$

$$1\,\text{GHz 以上，}\delta M^{+} = 1.296,\ \delta M^{-} = -1.525$$

那么，频谱分析仪与预放大器的失配误差修正量 δM_1 的估计值为 0，服从 U 形分布，其标准不确定度为：

$$1\,\text{GHz 以下，}u(\delta M_{1-1}) = \frac{0.935+1.0483}{2\sqrt{2}}\,\text{dB} = 0.701\,\text{dB}$$

$$1\,\text{GHz 以上，}u(\delta M_{1-2}) = \frac{1.296+1.525}{2\sqrt{2}}\,\text{dB} = 0.997\,\text{dB}$$

（2-1）预放大器的输入端口的 VSWR（电压驻波比），1 GHz 以下小于 2.0，1 GHz 以上小于 2.7，则其输入端口的反射系数为：

$$1\,\text{GHz 以下，}\Gamma_r = \frac{2-1}{2+1} = 0.333$$

$$1\,\text{GHz 以上，}\Gamma_r = \frac{2.7-1}{2.7+1} = 0.459$$

（2-2）接收天线输出端口的 VSWR（电压驻波比），1 GHz 以下小于 2.8（一般匹配 3 dB 或 6 dB 衰减器使用，否则低频 VSWR 比较大），1 GHz 以上小于 2.0，则其输出端口的反射系数为：

$$1\,GHz\,以下，\Gamma_e = \frac{2.8-1}{2.8+1} = 0.474$$

$$1\,GHz\,以上，\Gamma_e = \frac{2-1}{2+1} = 0.333$$

假设接收天线与预放大器的连接路径，$S_{11} = S_{22} = 0.05$，$1\,GHz$ 以下 $S_{21} = 0.85$，$1\,GHz$ 以上 $S_{21} = 0.7$。则：

$$1GH\,以下，\delta M^+ = 1.250，\delta M^- = -1.461$$

$$1\,GHz\,以上，\delta M^+ = 0.945，\delta M^- = -1.0599$$

那么，接收天线与预放大器的失配误差修正量 δM_2 的估计值为 0，服从 U 形分布，其标准不确定度为：

$$1\,GHz\,以下，u(\delta M_{2-1}) = \frac{1.250+1.461}{2\sqrt{2}}\,dB = 0.958\,dB$$

$$1\,GHz\,以上，u(\delta M_{2-2}) = \frac{0.945+1.0599}{2\sqrt{2}}\,dB = 0.709\,dB$$

则测量设备间的失配误差修正量 δM 的估计值为 0，其标准不确定度为：

$$1\,GHz\,以下，u(\delta M) = \sqrt{u(\delta M_{1-1})^2 + u(\delta M_{2-1})^2} = \sqrt{0.701^2 + 0.958^2}\,dB = 1.187\,dB$$

$$1\,GHz\,以上，u(\delta M) = \sqrt{u(\delta M_{1-2})^2 + u(\delta M_{2-2})^2} = \sqrt{0.997^2 + 0.709^2}\,dB = 1.223\,dB$$

4.8.5　不确定度的合成

本文的不确定度评定未区分接收天线的极化方向，与天线相关的标准不确定度值取最大值。不确定度的合成见表 4-35 和表 4-36。

表 4-35　25 MHz~3 GHz 辐射杂散骚扰测量不确定度的评定

序号	输　入　量	X_i	x_i 的不确定度或最大允差		$c_i u(x_i)$
			dB	概率分布函数	
1	频谱分析仪读数	V_r	0.114	$k=1$	0.114
2	频谱分析仪正弦波电压不准确的修正量	δV_{sw}	±0.220	矩形分布（$k=\sqrt{3}$）	0.127
3	频谱分析仪脉冲幅度响应不理想的修正量	δV_{pa}	±0.200	矩形分布（$k=\sqrt{3}$）	0.115
4	频谱分析仪脉冲重复频率响应不理想的修正量	δV_{pr}	±1.40	矩形分布（$k=\sqrt{3}$）	0.808
5	频谱分析仪到测量接收天线的路径衰减	C_r	0.117	$k=1$	0.117
6	预放大器增益不稳定的修正量	δG_{pg}	±0.500	矩形分布（$k=\sqrt{3}$）	0.289
7	全电波暗室的场地衰减	A_S	0.380	$k=1$	0.380
8	测量场地不理想的修正量	δA_N	±4.00	三角分布（$k=\sqrt{6}$）	1.633
9	接收天线与被测设备之间的测量距离不准确的修正量	δd	±0.295	矩形分布（$k=\sqrt{3}$）	0.171
10	被测设备支撑物材料影响的修正量	δA_{NT}	±1.50	矩形分布（$k=\sqrt{3}$）	0.886
11	被测设备离地面的高度不准确的修正量	δh	±0.0581	正态分布（$k=2$）	0.0291

（续）

序号	输 入 量	X_i	x_i的不确定度或最大允差		$c_iu(x_i)$
			dB	概率分布函数	
12	转台角度不准确的修正量	δa	±0.395	正态分布（$k=2$）	0.198
13	测量场地衰减时发射天线的增益	G_T	1.00	正态分布（$k=2$）	0.500
14	发射天线增益的频率内插误差的修正量	δG_{ag}	±0.300	矩形分布（$k=\sqrt{3}$）	0.173
15	测量系统设备间失配误差的修正量	δM	1.19	k=1	1.19

合成标准不确定度：2.48 dB
取包含因子 $k=2$
扩展不确定度：5.0 dB

备注：
1. 所有 $c_i=1$
2. $u(x_i)$ 为标准不确定度

表4-36 3~40 GHz 辐射杂散骚扰测量不确定度的评定

序号	输 入 量	X_i	x_i的不确定度或最大允差		$c_iu(x_i)$
			dB	概率分布函数	
1	频谱分析仪读数	V_r	0.114	k=1	0.114
2	频谱分析仪正弦波电压不准确的修正量	δV_{sw}	±1.19	矩形分布（$k=\sqrt{3}$）	0.687
3	频谱分析仪脉冲幅度响应不理想的修正量	δV_{pa}	±0.00	矩形分布（$k=\sqrt{3}$）	0.00
4	频谱分析仪脉冲重复频率响应不理想的修正量	δV_{pr}	±0.00	矩形分布（$k=\sqrt{3}$）	0.00
5	频谱分析仪到测量接收天线的路径衰减	C_r	0.187	k=1	0.187
6	预放大器增益漂移的修正量	δG_{pg}	±0.400	矩形分布（$k=\sqrt{3}$）	0.231
7	全电波暗室的场地衰减	A_S	0.479	k=1	0.479
8	测量场地不理想的修正量	δA_N	±4.00	三角分布（$k=\sqrt{6}$）	1.633
9	接收天线与被测设备之间的测量距离不准确的修正量	δd	±0.295	矩形分布（$k=\sqrt{3}$）	0.171
10	被测设备支撑物材料影响的修正量	δA_{NT}	±2.00	矩形分布（$k=\sqrt{3}$）	1.16
11	被测设备离地面的高度不准确的修正量	δh	±0.0581	正态分布（$k=2$）	0.0291
12	转台角度不准确的修正量	δa	±0.395	正态分布（$k=2$）	0.198
13	测量场地衰减时发射天线的增益	G_T	1.50	正态分布（$k=2$）	0.750
14	发射天线增益的频率内插误差的修正量	δG_{ag}	±0.300	矩形分布（$k=\sqrt{3}$）	0.173
15	测量系统设备间失配误差的修正量	δM	1.22	k=1	1.22

合成标准不确定度：2.64 dB
取包含因子 $k=2$
扩展不确定度：5.3 dB

备注：
1. 所有 $c_i=1$
2. $u(x_i)$ 为标准不确定度

4.9 小结

本章给出了辐射杂散发射的测量方法，主要参考了 YD/T 1483—2016 标准中的方法，YD/T 1483 标准也在修订过程中，新修订标准主要的技术变化是对于辐射杂散发射测量场地性能的要求和测量方法的变化，相关要求可关注最新的 YD/T 1483 标准的要求。

对于本章给出的辐射杂散发射测量系统及测量系统不确定评估，可作为实验室无线通信设备辐射杂散发射测量能力建设的参考，依据实际需求及实际测量系统的情况参考使用。

参考文献

［1］ 全国无线电干扰标准化技术委员会（SAC/TC 79）. 无线电骚扰和抗扰度测量设备和测量方法规范 第1—1部分：无线电骚扰和抗扰度测量设备 测量设备：GB/T 6113.101—2021［S］. 北京：中国标准出版社，2021.

［2］ 全国无线电干扰标准化技术委员会（SAC/TC 79）. 无线电骚扰和抗扰度测量设备和测量方法规范 第1—4部分：无线电骚扰和抗扰度测量设备 辐射骚扰测量用天线和试验场地：GB/T 6113.104—2021［S］. 北京：中国标准出版社，2021.

［3］ 全国无线电干扰标准化技术委员会（SAC/TC 79）. 无线电骚扰和抗扰度测量设备和测量方法规范 第2—3部分：无线电骚扰和抗扰度测量方法 辐射骚扰测量：GB/T 6113.203—2020［S］. 北京：中国标准出版社，2020.

［4］ 全国无线电干扰标准化技术委员会（SAC/TC 79）. 无线电骚扰和抗扰度测量设备和测量方法规范 第4—1部分：不确定度、统计学和限值建模 标准化EMC试验的不确定度：GB/Z 6113.401—2018［S］. 北京：中国标准出版社，2018.

［5］ 全国无线电干扰标准化技术委员会（SAC/TC 79）. 无线电骚扰和抗扰度测量设备和测量方法规范 第4—2部分：不确定度、统计学和限值建模 测量设备和设施的不确定度：GB/T 6113.402—2022［S］. 北京：中国标准出版社，2022.

［6］ IEC. Specification for radio disturbance and immunity measuring apparatus and methods – Part 1-1：Radio disturbance and immunity measuring apparatus-Measuring apparatus：CISPR 16-1-1：2019（Edition 5.0）［S］. Geneva：IEC，2019.

［7］ IEC. Specification for radio disturbance and immunity measuring apparatus and methods – Part 1-4：Radio disturbance and immunity measuring apparatus – Antennas and test sites for radiated disturbance measurements（Edition 4.1；Consolidated Reprint）：CISPR 16-1-4-2020［S］. Geneva：IEC，2020.

［8］ IEC. Specification for radio disturbance and immunity measuring apparatus and methods – Part 2-3：Methods of measurement of disturbances and immunity – Radiated disturbance measurements：CISPR 16-2-3：2016+AMD1：2019+AMD2：2023 CSV Consolidated version［S］. Geneva：IEC，2023.

［9］ IEC. Specification for radio disturbance and immunity measuring apparatus and methods – Part 4-2：Uncertainties，statistics and limit modelling – Measurement instrumentation uncertainty：CISPR 16-4-2：2011+AMD1：2014+AMD2：2018 CSV Consolidated version［S］. Geneva：IEC，2018.

［10］ 全国法制计量管理计量技术委员会. 测量不确定度评定与表示：JJF 1059.1—2012［S］. 北京：中国标准出版社，2013.

［11］ 中华人民共和国工业和信息化部. 无线电设备杂散发射技术要求和测量方法：YD/T 1483—2016［S］. 北京：人民邮电出版社，2016.

[12] 信息产业部. 900/1800 MHz TDMA 数字蜂窝移动通信系统电磁兼容性限值和测量方法 第1部分：移动台及其辅助设备：GB/T 22450.1—2008[S]. 北京：中国标准出版社，2009.

[13] 工业和信息化部. 蜂窝式移动通信设备电磁兼容性能要求和测量方法 第6部分：900/1800 MHz TDMA 用户设备及其辅助设备：YD/T 2583.6—2018[S]. 北京：人民邮电出版社，2018.

[14] 中华人民共和国工业和信息化部. 2 GHz TD-SCDMA 数字蜂窝移动通信系统电磁兼容性要求和测量方法 第1部分：用户设备及其辅助设备：YD/T 1592.1—2012[S]. 北京：人民邮电出版社，2013.

[15] 中华人民共和国工业和信息化部. 2 GHz WCDMA 数字蜂窝移动通信系统电磁兼容性要求和测量方法 第1部分：用户设备及其辅助设备：YD/T 1595.1—2012[S]. 北京：人民邮电出版社，2013.

[16] 中国通信标准化协会. 2 GHz cdma2000 数字蜂窝移动通信系统电磁兼容性要求和测量方法 第1部分：用户设备及其辅助设备：YD/T 1597.1—2007[S]. [出版地不详：出版者不详]，2007.

[17] 工业和信息化部. 蜂窝式移动通信设备电磁兼容性要求和测量方法 第14部分：LTE 用户设备及其辅助设备：YD/T 2583.14—2013[S]. 北京：人民邮电出版社，2013.

[18] 中华人民共和国工业和信息化部. 蜂窝式移动通信设备电磁兼容性能要求和测量方法 第18部分：5G 用户设备和辅助设备：YD/T 2583.18—2019[S]. 北京：人民邮电出版社，2019.

[19] ITU. Unwanted emissions in the spurious domain：ITU-R SM.329-12 (09/2012)[S]. Geneva：ITU，2012.

[20] ITU. Unwanted emissions in the out-of-band domain：ITU-R SM.1541-6-2015[S]. Geneva：ITU，2015.

[21] ETSI. Wideband transmission systems；Data transmission equipment operating in the 2, 4 GHz band；Harmonised Standard for access to radio spectrum：ETSI EN 300 328 V2.2.2 (2019-07)[S]. Valbonne France：ETSI，2019.

[22] ETSI. Short Range Devices (SRD)；Radio equipment to be used in the 1 GHz to 40 GHz frequency range；Harmonised Standard for access to radio spectrum：ETSI EN 300 440 V2.2.1 (2018-07)[S]. Valbonne France：ETSI，2018.

[23] ETSI. Electromagnetic compatibility and Radio spectrum Matters (ERM)；Improvement on Radiated Methods of Measurement (using test site) and evaluation of the corresponding measurement uncertainties；Part 2：Anechoic chamber：ETSI TR 102 273-2 V1.2.1 (2001-12)[S]. Valbonne France：ETSI，2001.

[24] ETSI. Electromagnetic compatibility and Radio spectrum Matters (ERM)；Improvement on Radiated Methods of Measurement (using test site) and evaluation of the corresponding measurement uncertainties；Part 3：Anechoic chamber with a ground plane：ETSI TR 102 273-3 V1.2.1 (2001-12)[S]. Valbonne France：ETSI，2001.

[25] 全国无线电干扰标准化技术委员会，全国电磁兼容标准化技术委员会. 电磁兼容标准实施指南 [M]. 北京：中国标准出版社，2010.

第5章 无线通信设备辐射发射测量

5.1 辐射发射测量的目的

无线通信设备在工作时，除了用来承载语音和数据信息等有用信息的人为设置工作频率（有意发射）以及辐射杂散发射外，还会产生其他频率的无意发射电磁波。工作频率及辐射杂散发射在相关的射频标准及辐射杂散发射标准中进行了规范，辐射发射测量是针对除了工作频率及辐射杂散发射外，对无线设备的辅助设备和/或无线通信系统中非收发信机设备壳体端口的无意发射电磁波的要求。

设备的辐射发射主要通过线缆、器件以及功能电路进行电磁波发射，与设备相连接的线缆可能会有天线的作用，将设备产生的电磁波发射出去，这些电缆一般指与设备永久相连的线缆，包括电源线、射频线、数据线以及信号线等设备间连接的线缆以及设备内部使用的线缆。设备的一些器件，在工作时会产生电磁波，直接通过空间发射出去或耦合到线缆后发射出去，这些器件主要包括晶振、射频或基带芯片、电源模块以及交直流转换电源等器件。一些实现特殊功能的电路，在工作时，也会产生电磁波辐射发射，包括滤波电路、数字电路以及模拟电路等，如果电路设计得不合理或没考虑电磁兼容问题，都会出现辐射发射的相关问题。

无线通信设备及其辅助设备的辐射发射要求和测量方法，通常使用 GB/T 9254.1 和 CIS-PR 32 标准规定的要求和测量方法，相关的行业标准中通常也引用这两个标准测量方法。标准中规定的测量方法是测量与被测设备相隔一定距离的某处的电场强度，测量距离一般为 3 m 或 10 m，也就是说，在距离被测设备 3 m 或 10 m 处，被测设备辐射发射的电场强度符合标准规定的限值，那么可认为其辐射发射的电磁波对其他电子电气设备或通信设备造成干扰的风险较低。

辐射发射测量的目的就是通过对被测设备辐射发射的限制，降低设备辐射的电磁波对其他设备造成干扰的风险。电磁兼容对于辐射发射的要求，一是为无线电频谱提供足够的保护，以保证 9 kHz~400 GHz 频段内的无线电业务按预期正常工作，降低被干扰的风险；二是为在相同环境下的其他电子电气设备提供一定的保护，降低对其正常运行及性能造成影响或干扰的风险。

5.2 术语和定义

1. 辐射发射 radiated emission

能量以电磁波的形式由辐射源发射到空间的现象，即能量以电磁波的形式在空间传播。

在电磁兼容领域辐射发射通常是指设备无意的电磁辐射现象。

2. 有意辐射发射 intentional radiated emission

有意通过辐射的方式产生或发射射频能量，对于无线通信设备是指用于承载传播语音和数据等有用信息的工作频率或频段。

3. 无意辐射发射 unintentional radiated emission

指不是用于 ITU 定义的无线电发射机产生的有意发射及有意发射相关的杂散发射的电磁辐射发射。

4. 壳体端口 enclosure port［GB/T 9254.1—2021 的 3.1.13］

被测设备的物理边界，电磁场可以通过该边界辐射。

5. 正式测量 formal measurement［GB/T 9254.1—2021 的 3.1.15］

用于确定符合性的测量。

注：通常是指执行的最终测量，可以在预扫描测量之后进行。正式测量在试验报告中记录。

6. 最高内部频率 highest internal frequency（F_x）［GB/T 9254.1—2021 的 3.1.17］

被测设备产生或使用的最高基频或某种操作下的最高工作频率。

注：包括在集成电路中单独使用的频率。

7. 天线对参考场地衰减 antenna pair reference site attenuation（A_{APR}）［GB/T 6113.104—2021 的 3.1.3］

一对天线在理想开阔试验场地上相距规定距离时水平极化场地衰减和垂直极化场地衰减测量结果的集合，即一副天线架设在接地平板上固定高度，另一副天线在规定的高度范围内垂直扫描时测量到的最小插入损耗。

注 1：评估使用参考场地法（RSM）进行场地确认测量的不确定度时，A_{APR} 为影响量。

注 2：A_{APR} 的测量结果和符合性试验场地（COMTS）对应的场地衰减测量相比较，可对 COMTS 的性能做出评估。

8. 共模吸收装置 common mode absorption device（CMAD）［GB/T 6113.104—2021 的 3.1.7］

辐射骚扰测量中，施加在离开试验空间后的电缆上以减小符合性不确定度的装置。

9. 试验空间 test volume［GB/T 6113.104—2021 的 3.1.27］

试验设施中放置受试设备（EUT）的确认空间。

注 1：本文中的确认程序用于确认试验空间。

注 2：本文中定义的试验空间的形状为圆柱体。在其他标准中已定义了不同形状的试验空间，例如 IEC 61000-4-20 中的立方体。

10. 受试设备空间 EUT volume［GB/T 6113.104—2021 的 3.1.10］

EUT 的边界直径和高度定义的圆柱体，其包括实际 EUT 的所有部分、电缆支架、1.6 m 长的电缆（30 MHz~1 GHz）或 0.3 m 长的电缆（1 GHz 及以上）。

注 1：试验空间是限制 EUT 空间的判据之一（见 GB/T 6113.203）。

注 2：EUT 空间直径为 D（边界直径），高度为 h。

11. 场地电压驻波比 site voltage standing wave ratio［GB/T 6113. 104—2021 的 7. 3. 1］

测试场地中，电压驻波比是接收到的最大信号和最小信号之比，它是由直射信号（期望的）和反射信号相互干涉造成的。

12. 插入损耗 insertion loss［GB/T 6113. 104—2021 的 3. 1. 14］

装置插入传输线产生的损耗，表示为受试装备插入前后插入点电压的比值。

注：插入损耗等于传输线 S_{21} 参数的倒数，即 $|1/S_{21}|$。

13. 场地插入损耗 site insertion loss；SIL［GB/T 6113. 104—2021 的 3. 1. 26］

当信号发生器的输出与测量接收机的输入之间通过电缆和衰减器直接进行的电气连接被试验场地规定位置上的发射天线和接收天线所替代时，两副极化匹配的天线之间的传输损耗。

14. 场地衰减 site attenuation；SA；A_S［GB/T 6113. 104—2021 的 3. 1. 25］

当一副天线在规定的高度范围内垂直移动，另外一副天线架设在固定高度时，位于试验场地上的这两幅极化匹配的天线之间测得的最小的场地插入损耗。

15. 归一化场衰减 normalized site attenuation（NSA）［ANSI C63. 4—2014 的 3. 1］

场地衰减减去发射天线和接收天线的系数（均为线性单位）。

16. 带宽 bandwidth；B_x［GB/T 6113. 101—2021 的 3. 1］

低于响应曲线中点某一规定电平（x）处测量接收机总选择性曲线的宽度。

注：x 表示所规定电平的分贝（dB）数，例如，B_6 表示为 6 dB 处的带宽。

5.3 无线通信设备辐射发射限值及符合性判定

5.3.1 辐射发射限值

无线通信设备的分类通常依据 GB/T 9254. 1 标准的要求，依据使用环境分为 A 级和 B 级设备，对 B 级设备的要求是为了给居住环境内的广播业务提供足够的保护。主要在居住环境中使用的设备应符合 B 级限值。所有其他设备应符合 A 级限值。对于无线通信设备，除了用于电信中心或工业环境的设备属于 A 级设备外，通常其他无线通信设备均属于 B 级设备。

无线通信设备辐射发射的限值通常引用 GB/T 9254. 1 的限值，相关的电磁兼容行业标准中通常也使用此限值，依据不同的测量场地和测量距离使用对应的限值。GB/T 9254. 1 标准中给的限值见表 5-1～表 5-4。

表 5-1 A 级设备 1 GHz 以下辐射发射要求

序号	频率范围/MHz	测量			A 级限值 dB（μV/m）
		设施	距离/m	检波器类型/带宽	
1	30～230	开阔场（OATS）/半电波暗室（SAC）	10	准峰值/120 kHz	40
	230～1000				47
2	30～230	开阔场（OATS）/半电波暗室（SAC）	3		50
	230～1000				57

（续）

序号	频率范围/MHz	测量			A级限值 dB（μV/m）
		设施	距离/m	检波器类型/带宽	
3	30~230	全电波暗室（FAR）	10	准峰值/120 kHz	42~35
	230~1000				42
4	30~230	全电波暗室（FAR）	3		52~45
	230~1000				52

注1：整个频率范围内仅需满足表中序号1、2、3或4之一的要求即可

注2：在过渡频率（230 MHz）处应采用较严格的限值

注3：对于表中序号3和4，在30~230 MHz频率范围内，限值随频率的对数呈线性减小

表5-2　A级设备1 GHz以上辐射发射要求

序号	频率范围/MHz	测量			A级限值 dB（μV/m）
		设施	距离/m	检波器类型/带宽	
1	1000~3000	自由空间的开阔试验场地（FSOATS）	3	平均值/1 MHz	56
	3000~6000				60
2	1000~3000			峰值/1 MHz	76
	3000~6000				80

注1：1 GHz以上测量频段应同时满足表中序号1和2的要求，测量频率上限由表5-5确定

注2：在过渡频率（3000 MHz）处应采用较严格的限值

注3：FSOATS可能是一个地面铺设吸波材料的SAC/OATS或是一个FAR

注4：CISPR 32：2019标准中，限值已变更为1~6 GHz，平均值限值为60，峰值限值为80

表5-3　B级设备1 GHz以下辐射发射要求

序号	频率范围/MHz	测量			B级限值 dB（μV/m）
		设施	距离/m	检波器类型/带宽	
1	30~230	开阔场（OATS）/半电波暗室（SAC）	10	准峰值/120 kHz	30
	230~1000				37
2	30~230	开阔场（OATS）/半电波暗室（SAC）	3		40
	230~1000				47
3	30~230	全电波暗室（FAR）	10	准峰值/120 kHz	32~25
	230~1000				32
4	30~230	全电波暗室（FAR）	3		42~35
	230~1000				42

注1：整个频率范围内仅需满足表中序号1、2、3或4之一的要求即可

注2：在过渡频率（230 MHz）处应采用较严格的限值

注3：对于表中序号3和4，在30~230 MHz频率范围内，限值随频率的对数呈线性减小

表 5-4　B 级设备 1 GHz 以上辐射发射要求

序号	频率范围/MHz	测量			B 级限值 dB（μV/m）
		设施	距离/m	检波器类型/带宽	
1	1000~3000	自由空间的开阔试验场地（FSOATS）	3	平均值/1 MHz	50
	3000~6000				54
2	1000~3000			峰值/1 MHz	70
	3000~6000				74

注 1：1 GHz 以上测量频段应同时满足表中序号 1 和 2 的要求，测量频率上限由表 5-5 确定

注 2：在过渡频率（3000 MHz）处应采用较严格的限值

注 3：FSOATS 可能是一个地面铺设吸波材料的 SAC/OATS 或是一个 FAR

注 4：CISPR 32:2019 标准中，1~6 GHz 限值已变更，平均值限值变更为 54，峰值限值变更为 74

　　辐射发射测量的频率上限由表 5-5 确定，通常无线通信设备的辐射发射目前都测量到 6 GHz。对于无线通信设备，在进行辐射发射测量时，无线通信设备的工作频率及其谐波频率的辐射发射应该被忽略，但要在测量报告中进行说明，如果表 5-5 中的 F_x 未知，辐射发射应测量到 6 GHz。无线通信设备的辅助设备或无线通信系统中非无线收发设备的辐射发射测量，通常测量的频率到 6 GHz。

表 5-5　辐射发射测量的最高频率

最高内部频率（F_x）	最高测量频率
$F_x \leq 108$ MHz	1 GHz
108 MHz$<F_x \leq 500$ MHz	2 GHz
500 MHz$<F_x \leq 1$ GHz	5 GHz
$F_x > 1$ GHz	$5F_x$，最高不超过 6 GHz

5.3.2　标准符合性判定

　　辐射发射测量，测量结果应符合相应标准中规定的限值要求。

　　通常，对于无线通信设备辐射发射的测量结果，一般不按 GB/Z 6113.401 和 GB/T 6113.402 标准中规定的"符合性判定准则"的方法进行符合性判定，而是对于超出标准中规定限值的测量结果直接判定为"不合格"，对于低于标准规定限值的测量结果判定为"合格"，未考虑不确定度对测量结果的影响。

　　在测量结果中，对于来自无线通信设备有意发射（工作频率）及其杂散发射的频谱，这些信号不进行符合性判定，在测量结果中进行说明。也就是说对于测量结果中来自无线通信设备有意发射或杂散发射的频率，如果这些频率的测量结果值超出了限值，也不判定为不合格，说明其为无线通信设备的工作频率或杂散频率即可。

　　测量时如果使用辅助测试设备，辅助测试设备宜放置在试验区域外，如果放置在试验区域内，辅助测试设备不应影响被测设备的测量结果或其带来的影响应被排除。

5.4　辐射发射测量场地

　　无线通信设备辐射发射测量的测量场地应符合 GB/T 6113.104（CISPR 16-1-4）的

要求。

由于开阔场受气候和周围环境电平的影响较大，对于无线通信设备的辐射发射测量，一般选择在半电波暗室或全电波暗室中进行测量。无线通信设备的相关电磁兼容行业标准中，通常 1 GHz 以下使用半电波暗室（SAC），1 GHz 以上使用自由空间的开阔试验场地（FSOATS），即使用全电波暗室（FAR）或半电波暗室（SAC）地面铺设吸波材料进行辐射发射测量。

5.4.1 辐射发射测量场地的要求

1. 测量场地的等级评价

测量场地的电磁环境电平（本底噪声）与被测电平相比应足够低，测量场地的质量可以按以下四个等级进行评价：

1）周围的环境电平比被测电平低 6 dB 或更低。

2）周围的环境电平中有些发射比被测电平低，但其差值小于 6 dB。

3）周围的环境电平中有些发射比被测电平高，但只在有限的可识别频率上；这些发射可能是非周期的（即相对测量来说，这些发射之间的间隔足够长），也可能是连续的。

4）周围的环境电平在大部分测量频率范围内都比被测电平高，并且是连续出现的。

一般情况下，电波暗室（SAC，FAR 和地面铺设吸波材料的 SAC）的环境电平均能符合 1）的要求。

对于无线通信设备辐射发射测量电波暗室，环境电平一般要求低于限值 10 dB 或更低。

2. 测量场地确认可接受原则

30 MHz~1 GHz 的辐射发射测量场地，在使用归一化场地衰减（NSA）法进行场地确认时，测得的归一化场地衰减值与归一化场地衰减的理论计算值的差值为 ΔA_s，在使用参考场地（RSM）法进行场地确认时，测得的场地衰减值与在参考场地测得的场地衰减值的差值为 ΔA_s，在所有的测量频率和每一个测量位置以及水平和垂直两个极化方向上，差值 ΔA_s 在允差 ±4 dB 以内时，则认为该场地符合要求。

1~6 GHz 的辐射发射测量场地，是通过测量场地电压驻波比（S_{VSWR}）来进行场地确认的，场地电压驻波比 $S_{VSWR} \leq 2:1$ 或 $S_{VSWR,dB} \leq 6$，则认为该场地符合要求。

3. 测量场地的尺寸要求

对于辐射发射测量，30 MHz~1 GHz 的测量距离一般不小于 3 m，1 GHz 以上的测量距离一般不小于 1 m。因此，辐射发射测量场地一般根据测量距离来命名，例如 3 m 法测量场地或 10 m 法测量场地。

在进行辐射发射测量场地建设时，是建设 3 m 法、10 m 法或更大的测量场地，主要依据被测设备的尺寸以及相关行业标准的要求。对于无线通信设备，一般建议使用不小于 3 m 法测量场地即可满足要求。

4. 测量场地屏蔽效能要求

对于使用电波暗室（SAC 或 SAC 地面铺设吸波材料和 FAR）进行辐射发射测量时，电波暗室的屏蔽效能应满足表 5-6 的要求。

表 5-6　电波暗室屏蔽效能要求

序　号	频　段	屏蔽效能要求
1	14~1000 kHz	>60 dB
2	1~1000 MHz	>90 dB
3	1~18 GHz	>80 dB

5.4.2　辐射发射测量场地的确认

1. 概述

30 MHz~1 GHz 辐射发射测量场地的确认，GB/T 6113.104 标准中有三种方法，分别是使用调谐偶极子的 NSA 法、使用宽带天线的 NSA 法和使用宽带天线的参考场地法（RSM）。本文主要给出使用宽带天线的 NSA 法和使用宽带天线的参考场地法（RSM）的场地确认方法。

针对每种类型的场地，表 5-7 规定了 2 种或 3 种场地确认方法，这些方法被认为是完全等效的，即选择一种方法进行评估且符合确认准则即可。此外，也没有规定哪一种确认方法为参考方法。

表 5-7　不同场地类型的场地确认方法（30 MHz~1 GHz）

试验场地类型	适用的场地确认方法		
	使用调谐偶极子 NSA	使用宽带天线 NSA	使用宽带天线 RSM
OATS	适用	适用	适用
有气候保护罩的 OATS	不适用	适用	适用
SAC	不适用	适用	适用
FAR	不适用	适用	适用

1~6 GHz 辐射发射测量场地的确认，使用 GB/T 6113.104 标准规定的 S_{VSWR} 的标准试验程序进行确认。

2. 30 MHz~1 GHz，半电波暗室（SAC）场地确认

（1）使用宽带天线 NSA 场地确认方法

对于 OATS 和 SAC，在使用宽带天线 NSA 场地确认方法时，宽带天线使用两副双锥天线和两副对数周期偶极子阵列（LPDA）天线，通常，30~200 MHz 使用两副双锥天线，200 MHz~1 GHz 使用两副对数周期偶极子阵列天线。两副天线，其中一副天线作为接收天线，一副作为发射天线。发射天线的位置按试验空间的位置要求摆放，一般情况下可以把转台的外边缘作为试验空间的外边缘，接收天线按测试场地的设计位置放置，在进行场地确认时，依据发射天线的位置，保证测量距离不变的情况下，对接收天线的位置进行调整。

在进行场地确认时，对于测试距离 d，双锥天线之间的距离 d 为馈电点振子中心线轴之间的距离，LPDA 天线之间的距离 d 为两副天线纵向轴线中点在接地平板上的投影之间的水平距离。

对于每种极化方向的场地确认，NSA 方法需要进行三个步骤的测量，分别得到 2 个接收

电压值 V_{DIRECT} 和 V_{SITE}。

第一步，进行场地确认时，将连接接收和发射天线的射频线缆断开后，两条线缆对接，如图 5-1 所示，信号源按表 5-8 和表 5-9 的频率和适合的电平值（V_T）发射信号，使用离散频率法或扫描频率法进行测量，记录测量接收机的接收电平值，此值为 V_{DIRECT}。

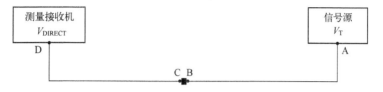

图 5-1 线缆对接测量

GB/T 6113.104—2021 标准中给出了使用宽带天线（如双锥天线和 LPDA 天线）水平极化和垂直极化时的 NSA 理论值，见表 5-8 和表 5-9。实际使用时，可能需要频率间隔更小的 NSA 理论值，表 5-8 和表 5-9 中频率以外的 NSA 理论值可由表 5-8 和表 5-9 中给出的数值进行线性内插得到，频率间隔较小的 NSA 理论值示例见表 5-10 和表 5-11。

表 5-8　NSA 的理论值 A_N[①]（天线水平极化）

极　　化	水　　平										
d/m	3	3	5	5	5	10	10	10	10	30	30
h_1/m	1	2	1	2	2.5	1	2	3	4	1	2
$h_{2,\min}/m$	1	1	1	1	1	1	1	1	1	1	1
$h_{2,\max}/m$	4	4	4	4	4	4	4	4	4	4	4
f_M/MHz	$A_N/\text{dB}(\text{m}^2)$										
30	15.8	11.0	20.7	15.6	14.3	29.8	24.1	21.3	19.7	47.8	41.7
35	13.4	8.8	18.2	13.3	12.2	27.1	21.6	18.9	17.4	45.1	39.1
40	11.3	7.0	16.0	11.4	10.5	24.9	19.4	16.9	15.6	42.8	36.8
45	9.4	5.5	14.1	9.8	9.1	22.9	17.5	15.2	14.2	40.8	34.7
50	7.8	4.2	12.4	8.5	7.9	21.1	15.9	13.7	13.1	38.9	32.7
60	5.0	2.2	9.5	6.3	6.0	18.0	13.1	11.5	11.3	35.8	29.8
70	2.8	0.6	7.2	4.6	4.4	15.5	10.9	9.9	9.9	33.1	27.2
80	0.9	-0.7	5.3	3.2	3.2	13.3	9.2	8.6	8.7	30.8	24.9
90	-0.7	-1.8	3.7	2.0	2.1	11.4	7.8	7.5	7.7	28.8	23.0
100	-2.0	-2.8	2.3	1.0	1.1	9.7	6.7	6.6	6.7	27	21.2
120	-4.2	-4.4	0.1	-0.7	-0.5	7.0	5.0	4.9	5.1	23.9	18.2
140	-6.0	-5.8	-1.7	-2.1	-1.9	4.8	3.5	3.5	3.8	21.2	15.8
160	-7.4	-6.7	-3.1	-3.3	-3.1	3.1	2.3	2.4	2.6	19	13.8
180	-8.6	-7.2	-4.3	-4.4	-4.1	1.7	1.2	1.3	1.6	17	12.0
200	-9.6	-8.4	-5.3	-5.3	-4.7	0.6	0.3	0.4	0.6	15.3	10.6
250	-11.7	-10.6	-7.5	-6.7	-6.7	-1.6	-1.7	-1.6	-1.2	11.6	7.8
300	-12.8	-12.3	-9.2	-8.5	-8.4	-3.3	-3.3	-3.0	-2.8	8.8	6.1

（续）

f_M/MHz	A_N/dB（m²）										
400	-14.8	-14.9	-11.8	-11.2	-11.0	-5.9	-5.8	-5.6	-5.4	4.6	3.5
500	-17.3	-16.7	-13.0	-13.3	-13.0	-7.9	-7.6	-7.6	-7.3	1.8	1.6
600	-19.1	-18.3	-14.9	-14.9	-14.5	-9.5	-9.3	-9.2	-8.9	0.0	0.0
700	-20.6	-19.7	-16.4	-16.1	-15.9	-10.8	-10.6	-10.5	-10.2	-1.3	-1.4
800	-21.3	-20.8	-17.6	-17.3	-17.1	-12.0	-11.8	-11.6	-11.4	-2.5	-2.5
900	-22.5	-21.8	-18.7	-18.4	-18.0	-12.8	-12.9	-12.7	-12.4	-3.5	-3.5
1000	-23.5	-22.7	-19.7	-19.3	-19.0	-13.8	-13.8	-13.6	-13.6	-4.4	-4.5

注：d—发射天线和接收天线中点在接地平板上投影之间的水平距离；h_1—发射天线中心离接地平板高度；h_2—接收天线中心离接地平板高度，将高度扫描范围中得到的最大接收信号用于 NSA 的测量结果；f_M—对应的频率；A_N—对应的 NSA 理论值

① 使用表中数据时需注意，在天线垂直极化、天线中心距地面 1 m 时，天线低端至少距地面 25 cm。所列频率以外的数据可通过内插方式得到

表 5-9　NSA 的理论值 A_N[①]（天线垂直极化）

极　化	垂　直										
d/m	3	3	5	5	5	10	10	10	10	30	30
h_1/m	1	1.5	1	1.5	2.0	1	1.5	2.5	3.5	1	1.5
$h_{2,min}$/m	1	1	1	1	1	1	1	1	1	1	1
$h_{2,max}$/m	4	4	4	4	4	4	4	4	4	4	4
f_M/MHz	A_N/dB（m²）										
30	8.2	9.3	11.4	12.0	12.7	16.7	16.9	17.4	18.2	26.0	26.0
35	6.9	8.0	10.1	10.7	11.5	15.4	15.6	16.1	16.9	24.7	24.7
40	5.8	7.0	8.9	9.6	10.4	14.2	14.4	15.0	15.8	23.5	23.5
45	4.9	6.1	7.9	8.6	9.5	13.2	13.4	14.0	14.9	22.5	22.5
50	4.0	5.4	7.1	7.8	8.7	12.3	12.5	13.2	14.1	21.6	21.6
60	2.6	4.1	5.6	6.3	7.4	10.7	11.0	11.7	12.7	20	20
70	1.5	3.2	4.3	5.2	6.4	9.4	9.7	10.5	11.7	18.7	18.7
80	0.6	2.6	3.3	4.3	5.6	8.3	8.6	9.5	10.9	17.5	17.5
90	-0.1	2.1	2.4	3.5	5.1	7.3	7.6	8.7	10.2	16.5	16.5
100	-0.7	1.9	1.6	2.9	4.7	6.4	6.8	8.0	9.6	15.6	15.6
120	-1.5	1.3	0.3	2.1	3.4	4.9	5.4	7.0	6.8	14.0	14.0
140	-1.8	-1.5	-0.6	1.7	1.0	3.7	4.3	6.2	5.2	12.7	12.7
160	-1.7	-3.7	-1.3	1.0	-0.7	2.6	3.4	4.1	3.9	11.5	11.6
180	-1.3	-5.3	-1.8	-1.0	-2.2	1.8	2.7	2.8	2.8	10.5	10.6
200	-3.6	-6.7	-2.0	-2.6	-3.3	1.0	2.1	1.6	1.7	9.6	9.7
250	-7.7	-9.1	-3.2	-5.5	-5.6	-0.5	0.3	-0.6	-0.3	7.7	7.9
300	-10.5	-10.9	-6.2	-7.5	-7.3	-1.5	-1.9	-2.4	-1.9	6.2	6.5

（续）

f_M/MHz	A_N/dB（m²）										
400	-14.0	-12.6	-10.0	-10.5	-10.0	-4.1	-5.0	-5.1	-4.5	3.9	4.3
500	-16.4	-15.1	-12.5	-12.6	-11.6	-6.7	-7.2	-7.1	-6.3	2.1	2.8
600	-16.3	-16.9	-14.4	-13.5	-13.4	-8.7	-9.0	-8.7	-8.0	0.8	1.8
700	-18.4	-18.4	-15.9	-15.1	-14.8	-10.2	-10.4	-9.9	-9.3	-0.3	-0.9
800	-20.0	-19.3	-17.2	-16.5	-16.0	-11.5	-11.6	-11.1	-10.5	-1.1	-2.3
900	-21.3	-20.4	-17.4	-17.6	-16.9	-12.6	-12.7	-12.1	-11.5	-1.7	-3.4
1000	-22.4	-21.4	-18.5	-18.6	-17.9	-13.6	-13.6	-13.1	-12.4	-3.5	-4.3

注：d—发射天线和接收天线中点在接地平板上投影之间的水平距离；h_1—发射天线中心离接地平板高度；h_2—接收天线中心离接地平板高度，将高度扫描范围中得到的最大接收信号用于 NSA 的测量结果；f_M—对应的频率；A_N—对应的 NSA 理论值

① 使用表中数据时需注意，在天线垂直极化、天线中心距地面 1m 时，天线低端至少距地面 25cm。所列频率以外的数据可通过内插方式得到

表 5-10　NSA 的理论值 A_N[①]（包含部分插值，天线水平极化）

极　化	水　平										
d/m	3	3	5	5	5	10	10	10	10	30	30
h_1/m	1	2	1	2	2.5	1	2	3	4	1	2
$h_{2,min}$/m	1	1	1	1	1	1	1	1	1	1	1
$h_{2,max}$/m	4	4	4	4	4	4	4	4	4	4	4
f_M/MHz	A_N/dB（m²）										
30	15.8	11	20.7	15.6	14.3	29.8	24.1	21.3	19.7	47.8	41.7
31	15.3	10.5	20.2	15.1	13.8	29.2	23.6	20.8	19.2	47.1	41.1
32	14.8	10	19.7	14.6	13.4	28.7	23.1	20.3	18.7	46.6	40.6
33	14.3	9.6	19.2	14.2	13	28.1	22.6	19.8	18.3	46	40.1
34	13.9	9.2	18.7	13.7	12.6	27.6	22.1	19.3	17.8	45.5	39.5
35	13.4	8.8	18.2	13.3	12.2	27.1	21.6	18.9	17.4	45.1	39.1
36	13	8.4	17.7	12.9	11.8	26.7	21.1	18.4	17	44.5	38.6
37	12.5	8.1	17.3	12.5	11.4	26.2	20.7	18	16.7	44	38.1
38	12.1	7.7	16.8	12.1	11.1	25.7	20.3	17.6	16.3	43.6	37.6
39	11.7	7.4	16.4	11.7	10.8	25.3	19.8	17.2	16	43.1	37.2
40	11.3	7	16	11.4	10.5	24.9	19.4	16.9	15.6	42.8	36.8
41	10.9	6.7	15.6	11	10.2	24.4	19	16.5	15.3	42.3	36.3
42	10.5	6.4	15.2	10.7	9.9	24	18.6	16.1	15	41.8	35.9
43	10.2	6.1	14.8	10.4	9.6	23.6	18.3	15.8	14.7	41.4	35.5
44	9.8	5.8	14.5	10.1	9.3	23.2	17.9	15.5	14.5	41	35.1
45	9.4	5.5	14.1	9.8	9.1	22.9	17.5	15.2	14.2	40.8	34.7
46	9.1	5.2	13.7	9.5	8.8	22.5	17.2	14.8	13.9	40.3	34.3

（续）

f_M/MHz	$A_N/\text{dB(m}^2)$										
47	8.8	5	13.4	9.2	8.6	22.1	16.9	14.5	13.7	39.9	34
48	8.4	4.7	13.1	9	8.3	21.8	16.5	14.3	13.5	39.5	33.6
49	8.1	4.5	12.7	8.7	8.1	21.4	16.2	14	13.3	39.2	33.3
50	7.8	4.2	12.4	8.5	7.9	21.1	15.9	13.7	13.1	38.9	32.9
51	7.5	4	12.1	8.2	7.7	20.8	15.6	13.4	12.9	38.5	32.6
52	7.2	3.8	11.8	8	7.5	20.4	15.3	13.2	12.7	38.1	32.2
53	6.9	3.6	11.5	7.7	7.3	20.1	15	13	12.5	37.8	31.9
54	6.6	3.4	11.2	7.5	7.1	19.8	14.7	12.7	12.3	37.5	31.6
55	6.3	3.1	10.9	7.3	6.9	19.5	14.4	12.5	12.1	37.2	31.3
56	6.1	2.9	10.6	7.1	6.7	19.2	14.2	12.3	12	36.9	31
57	5.8	2.7	10.3	6.9	6.5	18.9	13.9	12.1	11.8	36.6	30.7
58	5.5	2.6	10.1	6.7	6.3	18.6	13.6	11.9	11.6	36.3	30.4
59	5.3	2.4	9.8	6.5	6.1	18.3	13.4	11.7	11.5	36	30.1
60	5	2.2	9.5	6.3	6	18	13.1	11.5	11.3	35.8	29.8
61	4.8	2	9.3	6.1	5.8	17.7	12.9	11.3	11.2	35.4	29.5
62	4.5	1.8	9	5.9	5.6	17.5	12.6	11.1	11	35.1	29.2
63	4.3	1.7	8.8	5.7	5.5	17.2	12.4	10.9	10.9	34.8	29
64	4.1	1.5	8.6	5.6	5.3	16.9	12.2	10.8	10.7	34.6	28.7
65	3.8	1.4	8.3	5.4	5.2	16.7	12	10.6	10.6	34.3	28.4
66	3.6	1.2	8.1	5.2	5	16.4	11.7	10.5	10.5	34	28.2
67	3.4	1	7.9	5.1	4.9	16.2	11.5	10.3	10.3	33.8	27.9
68	3.2	0.9	7.7	4.9	4.7	15.9	11.3	10.2	10.2	33.5	27.7
69	3	0.7	7.4	4.7	4.6	15.7	11.1	10	10	33.3	27.4
70	2.8	0.6	7.2	4.6	4.4	15.5	10.9	9.9	9.9	33.1	27.2
71	2.6	0.5	7	4.4	4.3	15.2	10.7	9.8	9.8	32.8	26.9
72	2.4	0.3	6.8	4.3	4.2	15	10.5	9.6	9.7	32.5	26.7
73	2.2	0.2	6.6	4.1	4	14.8	10.4	9.5	9.5	32.3	26.5
74	2	0.1	6.4	4	3.9	14.6	10.2	9.4	9.4	32	26.2
75	1.8	-0.1	6.2	3.9	3.8	14.3	10	9.2	9.3	31.8	26
76	1.6	-0.2	6	3.7	3.7	14.1	9.8	9.1	9.2	31.6	25.8
77	1.4	-0.3	5.8	3.6	3.5	13.9	9.7	9	9.1	31.4	25.6
78	1.2	-0.5	5.7	3.5	3.4	13.7	9.5	8.9	8.9	31.1	25.4
79	1.1	-0.6	5.5	3.3	3.3	13.5	9.3	8.7	8.8	30.9	25.1
80	0.9	-0.7	5.3	3.2	3.2	13.3	9.2	8.6	8.7	30.8	24.9
81	0.7	-0.8	5.1	3.1	3.1	13.1	9	8.5	8.6	30.5	24.7
82	0.6	-0.9	5	3	2.9	12.9	8.9	8.4	8.5	30.3	24.5

（续）

f_M/MHz	A_N/dB(m²)										
83	0.4	−1	4.8	2.8	2.8	12.7	8.7	8.3	8.4	30.1	24.3
84	0.2	−1.2	4.6	2.7	2.7	12.5	8.6	8.2	8.3	29.9	24.1
85	0.1	−1.3	4.5	2.6	2.6	12.3	8.4	8.1	8.2	29.7	23.9
86	−0.1	−1.4	4.3	2.5	2.5	12.1	8.3	8	8.1	29.5	23.7
87	−0.2	−1.5	4.2	2.4	2.4	11.9	8.2	7.8	8	29.3	23.5
88	−0.4	−1.6	4	2.2	2.3	11.8	8	7.7	7.9	29.1	23.3
89	−0.5	−1.7	3.8	2.1	2.2	11.6	7.9	7.6	7.8	28.9	23.1
90	−0.7	−1.8	3.7	2	2.1	11.4	7.8	7.5	7.7	28.8	23
91	−0.8	−1.9	3.6	1.9	2	11.2	7.7	7.4	7.6	28.5	22.8
92	−1	−2	3.4	1.8	1.9	11	7.5	7.3	7.5	28.3	22.6
93	−1.1	−2.1	3.3	1.7	1.8	10.9	7.4	7.2	7.4	28.1	22.4
94	−1.3	−2.2	3.1	1.6	1.7	10.7	7.3	7.1	7.3	27.9	22.2
95	−1.4	−2.3	3	1.5	1.6	10.5	7.2	7	7.2	27.7	22.1
96	−1.5	−2.4	2.9	1.4	1.5	10.4	7.1	6.9	7.1	27.6	21.9
97	−1.7	−2.5	2.7	1.3	1.4	10.2	7	6.8	7	27.4	21.7
98	−1.8	−2.6	2.6	1.2	1.3	10.1	6.9	6.7	6.9	27.2	21.5
99	−1.9	−2.7	2.5	1.1	1.2	9.9	6.8	6.7	6.8	27	21.4
100	−2	−2.8	2.3	1	1.1	9.7	6.7	6.6	6.7	27	21.2
101	−2.2	−2.9	2.2	0.9	1	9.6	6.6	6.5	6.6	26.7	21
102	−2.3	−2.9	2.1	0.8	0.9	9.4	6.5	6.4	6.5	26.5	20.9
103	−2.4	−3	2	0.7	0.8	9.3	6.4	6.3	6.5	26.4	20.7
104	−2.5	−3.1	1.8	0.6	0.8	9.1	6.3	6.2	6.4	26.2	20.6
105	−2.6	−3.2	1.7	0.5	0.7	9	6.2	6.1	6.3	26	20.4
106	−2.8	−3.3	1.6	0.5	0.6	8.8	6.1	6	6.2	25.9	20.3
107	−2.9	−3.4	1.5	0.4	0.5	8.7	6	5.9	6.1	25.7	20.1
108	−3	−3.5	1.4	0.3	0.4	8.6	6	5.9	6	25.6	19.9
109	−3.1	−3.5	1.3	0.2	0.3	8.4	5.9	5.8	6	25.4	19.8
110	−3.2	−3.6	1.1	0.1	0.2	8.3	5.8	5.7	5.9	25.2	19.7
111	−3.3	−3.7	1	0	0.2	8.1	5.7	5.6	5.8	25.1	19.5
112	−3.4	−3.8	0.9	−0.1	0.1	8	5.6	5.5	5.7	24.9	19.4
113	−3.5	−3.9	0.8	−0.1	0	7.9	5.5	5.5	5.6	24.8	19.2
114	−3.6	−3.9	0.7	−0.2	−0.1	7.7	5.4	5.4	5.6	24.6	19.1
115	−3.7	−4	0.6	−0.3	−0.2	7.6	5.4	5.3	5.5	24.5	18.9
116	−3.8	−4.1	0.5	−0.4	−0.2	7.5	5.3	5.2	5.4	24.3	18.8
117	−3.9	−4.2	0.4	−0.5	−0.3	7.4	5.2	5.1	5.3	24.2	18.7
118	−4	−4.2	0.3	−0.6	−0.4	7.2	5.1	5.1	5.3	24	18.5

（续）

f_M/MHz	A_N/dB(m²)										
119	−4.1	−4.3	0.2	−0.6	−0.5	7.1	5	5	5.2	23.9	18.4
120	−4.2	−4.4	0.1	−0.7	−0.5	7	5	4.9	5.1	23.9	18.2
121	−4.3	−4.5	0	−0.8	−0.6	6.9	4.9	4.8	5	23.6	18.1
122	−4.4	−4.5	−0.1	−0.9	−0.7	6.7	4.8	4.8	5	23.5	18
123	−4.5	−4.6	−0.2	−0.9	−0.8	6.6	4.7	4.7	4.9	23.3	17.8
124	−4.6	−4.7	−0.3	−1	−0.8	6.5	4.6	4.6	4.8	23.2	17.7
125	−4.7	−4.8	−0.4	−1.1	−0.9	6.4	4.6	4.5	4.7	23.1	17.6
126	−4.8	−4.8	−0.5	−1.2	−1	6.3	4.5	4.5	4.7	22.9	17.5
127	−4.9	−4.9	−0.6	−1.2	−1	6.2	4.4	4.4	4.6	22.8	17.3
128	−5	−5	−0.6	−1.3	−1.1	6	4.3	4.3	4.5	22.7	17.2
129	−5.1	−5	−0.7	−1.4	−1.2	5.9	4.3	4.3	4.5	22.5	17.1
130	−5.1	−5.1	−0.8	−1.4	−1.2	5.8	4.2	4.2	4.4	22.4	17
131	−5.2	−5.2	−0.9	−1.5	−1.3	5.7	4.1	4.1	4.3	22.3	16.8
132	−5.3	−5.2	−1	−1.6	−1.4	5.6	4.1	4.1	4.3	22.1	16.7
133	−5.4	−5.3	−1.1	−1.7	−1.5	5.5	4	4	4.2	22	16.6
134	−5.5	−5.4	−1.2	−1.7	−1.5	5.4	3.9	3.9	4.1	21.9	16.5
135	−5.6	−5.4	−1.2	−1.8	−1.6	5.3	3.8	3.9	4.1	21.7	16.4
136	−5.6	−5.5	−1.3	−1.9	−1.7	5.2	3.8	3.8	4	21.6	16.3
137	−5.7	−5.6	−1.4	−1.9	−1.7	5.1	3.7	3.7	3.9	21.5	16.1
138	−5.8	−5.6	−1.5	−2	−1.8	5	3.6	3.7	3.9	21.4	16
139	−5.9	−5.7	−1.6	−2.1	−1.8	4.9	3.6	3.6	3.8	21.3	15.9
140	−6	−5.8	−1.7	−2.1	−1.9	4.8	3.5	3.5	3.8	21.2	15.8
141	−6	−5.8	−1.7	−2.2	−2	4.7	3.4	3.5	3.7	21	15.7
142	−6.1	−5.9	−1.8	−2.3	−2	4.6	3.4	3.4	3.6	20.9	15.6
143	−6.2	−5.9	−1.9	−2.3	−2.1	4.5	3.3	3.3	3.6	20.8	15.5
144	−6.3	−6	−2	−2.4	−2.2	4.4	3.2	3.3	3.5	20.7	15.4
145	−6.3	−6	−2	−2.4	−2.2	4.3	3.2	3.2	3.4	20.5	15.3
146	−6.4	−6.1	−2.1	−2.5	−2.3	4.2	3.1	3.2	3.4	20.4	15.2
147	−6.5	−6.1	−2.2	−2.6	−2.3	4.1	3.1	3.1	3.3	20.3	15.1
148	−6.5	−6.2	−2.2	−2.6	−2.4	4	3	3	3.3	20.2	14.9
149	−6.6	−6.2	−2.3	−2.7	−2.5	4	2.9	3	3.2	20.1	14.8
150	−6.7	−6.3	−2.4	−2.7	−2.5	3.9	2.9	2.9	3.1	20	14.7
155	−7	−6.5	−2.7	−3	−2.8	3.4	2.6	2.6	2.9	19.4	14.2
160	−7.4	−6.7	−3.1	−3.3	−3.1	3.1	2.3	2.4	2.6	19	13.8
165	−7.7	−6.8	−3.4	−3.6	−3.4	2.7	2	2.1	2.3	18.4	13.3
170	−8	−6.9	−3.7	−3.9	−3.6	2.3	1.7	1.8	2	17.9	12.9

（续）

f_M/MHz	A_N/dB(m^2)										
175	−8.3	−7	−4	−4.1	−3.9	2	1.5	1.6	1.8	17.4	12.4
180	−8.6	−7.2	−4.3	−4.4	−4.1	1.7	1.2	1.3	1.6	17	12
185	−8.8	−7.5	−4.6	−4.6	−4.3	1.4	1	1.1	1.3	16.5	11.6
190	−9.1	−7.8	−4.8	−4.9	−4.4	1.1	0.7	0.8	1.1	16	11.3
195	−9.3	−8.1	−5.1	−5.1	−4.6	0.9	0.5	0.6	0.8	15.6	10.9
200	−9.6	−8.4	−5.3	−5.3	−4.7	0.6	0.3	0.4	0.6	15.3	10.6
210	−10	−8.9	−5.8	−5.7	−5.1	0.1	−0.2	0	0.2	14.4	9.9
220	−10.5	−9.4	−6.3	−6.1	−5.5	−0.3	−0.6	−0.5	−0.1	13.6	9.3
230	−10.9	−9.8	−6.7	−6.4	−6	−0.8	−1	−0.8	−0.4	12.9	8.8
240	−11.3	−10.2	−7.1	−6.6	−6.4	−1.2	−1.4	−1.2	−0.8	12.2	8.3
250	−11.7	−10.6	−7.5	−6.7	−6.7	−1.6	−1.7	−1.6	−1.2	11.6	7.8
260	−12	−11	−7.8	−7.1	−7.1	−1.9	−2.1	−1.9	−1.5	10.9	7.4
270	−12.3	−11.3	−8.2	−7.5	−7.5	−2.3	−2.4	−2.2	−1.9	10.3	7
280	−12.5	−11.7	−8.5	−7.8	−7.8	−2.6	−2.7	−2.5	−2.2	9.8	6.7
290	−12.6	−12	−8.9	−8.2	−8.1	−2.9	−3	−2.7	−2.5	9.2	6.4
300	−12.8	−12.3	−9.2	−8.5	−8.4	−3.3	−3.3	−3	−2.8	8.8	6.1
310	−12.8	−12.6	−9.5	−8.8	−8.7	−3.6	−3.6	−3.3	−3.1	8.2	5.8
320	−12.9	−12.9	−9.8	−9.1	−9	−3.8	−3.9	−3.6	−3.4	7.7	5.5
330	−12.9	−13.2	−10	−9.4	−9.3	−4.1	−4.2	−3.8	−3.7	7.3	5.2
340	−12.8	−13.4	−10.3	−9.7	−9.6	−4.4	−4.4	−4.1	−3.9	6.8	5
350	−13.1	−13.7	−10.6	−10	−9.8	−4.7	−4.7	−4.4	−4.2	6.4	4.7
360	−13.5	−13.9	−10.8	−10.2	−10.1	−4.9	−4.9	−4.6	−4.4	6	4.5
370	−13.8	−14.2	−11.1	−10.5	−10.3	−5.2	−5.2	−4.9	−4.7	5.6	4.2
380	−14.1	−14.4	−11.3	−10.7	−10.6	−5.4	−5.4	−5.1	−4.9	5.2	4
390	−14.5	−14.6	−11.5	−11	−10.8	−5.6	−5.6	−5.3	−5.1	4.9	3.8
400	−14.8	−14.9	−11.8	−11.2	−11	−5.9	−5.8	−5.6	−5.4	4.6	3.5
410	−15.1	−15.1	−11.9	−11.4	−11.2	−6.1	−6	−5.8	−5.6	4.2	3.3
420	−15.4	−15.3	−12.1	−11.7	−11.4	−6.3	−6.2	−6	−5.8	3.9	3.1
430	−15.6	−15.4	−12.3	−11.9	−11.7	−6.5	−6.3	−6.2	−6	3.6	2.9
440	−15.9	−15.6	−12.4	−12.1	−11.9	−6.7	−6.5	−6.4	−6.2	3.3	2.7
450	−16.1	−15.8	−12.5	−12.3	−12.1	−6.9	−6.7	−6.6	−6.4	3	2.5
460	−16.4	−16	−12.6	−12.5	−12.3	−7.1	−6.9	−6.8	−6.6	2.7	2.3
470	−16.6	−16.2	−12.7	−12.7	−12.4	−7.3	−7.1	−7	−6.8	2.5	2.1
480	−16.8	−16.4	−12.8	−12.9	−12.6	−7.5	−7.3	−7.2	−7	2.2	1.9
490	−17	−16.6	−12.8	−13.1	−12.8	−7.7	−7.4	−7.4	−7.1	2	1.8
500	−17.3	−16.7	−13	−13.3	−13	−7.9	−7.6	−7.6	−7.3	1.8	1.6

（续）

f_M/MHz	A_N/dB(m²)										
510	-17.5	-16.9	-13.2	-13.4	-13.2	-8	-7.8	-7.7	-7.5	1.6	1.4
520	-17.7	-17.1	-13.4	-13.6	-13.3	-8.2	-8	-7.9	-7.7	1.4	1.2
530	-17.9	-17.3	-13.6	-13.8	-13.4	-8.4	-8.2	-8.1	-7.8	1.2	1.1
540	-18.1	-17.4	-13.8	-13.9	-13.6	-8.5	-8.3	-8.2	-8	1	0.9
550	-18.2	-17.6	-14	-14.1	-13.7	-8.7	-8.5	-8.4	-8.2	0.8	0.8
560	-18.4	-17.8	-14.1	-14.3	-13.9	-8.9	-8.7	-8.6	-8.3	0.6	0.6
570	-18.6	-17.9	-14.3	-14.4	-14.1	-9	-8.8	-8.7	-8.5	0.5	0.4
580	-18.8	-18.1	-14.5	-14.6	-14.2	-9.2	-9	-8.9	-8.6	0.3	0.3
590	-18.9	-18.2	-14.7	-14.7	-14.4	-9.3	-9.1	-9	-8.8	0.2	0.1
600	-19.1	-18.3	-14.9	-14.9	-14.5	-9.5	-9.3	-9.2	-8.9	0	0
610	-19.3	-18.5	-15	-15	-14.7	-9.6	-9.4	-9.3	-9.1	-0.1	-0.1
620	-19.4	-18.7	-15.2	-15.1	-14.8	-9.8	-9.6	-9.4	-9.2	-0.3	-0.3
630	-19.6	-18.8	-15.3	-15.2	-14.9	-9.9	-9.7	-9.6	-9.3	-0.4	-0.4
640	-19.7	-18.9	-15.5	-15.3	-15.1	-10	-9.9	-9.7	-9.4	-0.5	-0.6
650	-19.9	-19.1	-15.6	-15.4	-15.2	-10.2	-10	-9.9	-9.6	-0.7	-0.7
660	-20	-19.2	-15.8	-15.6	-15.4	-10.3	-10.1	-10	-9.7	-0.8	-0.8
670	-20.2	-19.4	-15.9	-15.7	-15.5	-10.4	-10.3	-10.1	-9.8	-0.9	-1
680	-20.3	-19.5	-16.1	-15.8	-15.6	-10.6	-10.4	-10.3	-10	-1.1	-1.1
690	-20.4	-19.6	-16.2	-16	-15.8	-10.7	-10.5	-10.4	-10.1	-1.2	-1.2
700	-20.6	-19.7	-16.3	-16.1	-15.9	-10.8	-10.6	-10.5	-10.2	-1.3	-1.4
710	-20.7	-19.8	-16.5	-16.2	-16	-11	-10.8	-10.6	-10.4	-1.4	-1.5
720	-20.8	-19.9	-16.6	-16.4	-16.1	-11.1	-10.9	-10.8	-10.5	-1.6	-1.6
730	-21	-20	-16.8	-16.5	-16.3	-11.2	-11	-10.9	-10.6	-1.7	-1.7
740	-21.1	-20.2	-16.9	-16.6	-16.4	-11.3	-11.1	-11	-10.7	-1.8	-1.8
750	-21.2	-20.3	-17	-16.7	-16.5	-11.4	-11.3	-11.1	-10.8	-1.9	-1.9
760	-21.3	-20.4	-17.1	-16.8	-16.6	-11.6	-11.4	-11.2	-11	-2	-2.1
770	-21.3	-20.5	-17.3	-17	-16.7	-11.7	-11.5	-11.3	-11.1	-2.2	-2.2
780	-21.3	-20.6	-17.4	-17.1	-16.8	-11.8	-11.6	-11.5	-11.2	-2.3	-2.3
790	-21.3	-20.7	-17.5	-17.2	-17	-11.9	-11.7	-11.6	-11.3	-2.4	-2.4
800	-21.3	-20.8	-17.6	-17.3	-17.1	-12	-11.8	-11.6	-11.4	-2.5	-2.5
810	-21.4	-21	-17.7	-17.4	-17.2	-12.1	-11.9	-11.7	-11.5	-2.6	-2.6
820	-21.5	-21.1	-17.8	-17.5	-17.3	-12.1	-12.1	-11.8	-11.6	-2.7	-2.7
830	-21.6	-21.2	-18	-17.6	-17.4	-12.2	-12.2	-12	-11.7	-2.8	-2.8
840	-21.8	-21.3	-18.1	-17.7	-17.5	-12.3	-12.3	-12.1	-11.8	-2.9	-2.9
850	-21.9	-21.4	-18.2	-17.9	-17.6	-12.4	-12.4	-12.2	-11.9	-3	-3
860	-22	-21.5	-18.3	-18	-17.7	-12.4	-12.5	-12.3	-12	-3.1	-3.1

（续）

f_M/MHz	A_N/dB(m²)										
870	-22.1	-21.6	-18.4	-18.1	-17.7	-12.5	-12.6	-12.4	-12.1	-3.2	-3.2
880	-22.3	-21.7	-18.5	-18.2	-17.8	-12.6	-12.7	-12.5	-12.2	-3.3	-3.3
890	-22.4	-21.8	-18.6	-18.3	-18	-12.7	-12.8	-12.6	-12.3	-3.4	-3.4
900	-22.5	-21.8	-18.7	-18.4	-18	-12.8	-12.9	-12.7	-12.4	-3.5	-3.5
910	-22.6	-22	-18.8	-18.5	-18.1	-12.9	-13	-12.8	-12.5	-3.6	-3.6
920	-22.7	-22.1	-18.9	-18.6	-18.2	-13	-13.1	-12.9	-12.6	-3.7	-3.7
930	-22.8	-22.2	-19	-18.7	-18.3	-13.1	-13.2	-13	-12.7	-3.8	-3.8
940	-22.9	-22.3	-19.1	-18.8	-18.4	-13.2	-13.3	-13	-12.8	-3.9	-3.9
950	-23	-22.4	-19.2	-18.8	-18.5	-13.3	-13.3	-13.1	-12.9	-4	-4
960	-23.1	-22.5	-19.3	-18.9	-18.6	-13.4	-13.4	-13.2	-13	-4.1	-4.1
970	-23.2	-22.6	-19.4	-19	-18.7	-13.5	-13.5	-13.3	-13.1	-4.2	-4.2
980	-23.3	-22.6	-19.5	-19.1	-18.8	-13.6	-13.6	-13.4	-13.2	-4.3	-4.3
990	-23.4	-22.7	-19.6	-19.2	-18.9	-13.7	-13.7	-13.5	-13.3	-4.4	-4.4
1000	-23.5	-22.7	-19.7	-19.3	-19	-13.8	-13.8	-13.6	-13.6	-4.4	-4.5

注：d—发射天线和接收天线中点在接地平板上投影之间的水平距离；h_1—发射天线中心离接地平板高度；h_2—接收天线中心离接地平板高度，将高度扫描范围中得到的最大接收信号用于 NSA 的测量结果；f_M—对应的频率；A_N—对应的 NSA 理论值

① 使用表中数据时需注意，在天线垂直极化、天线中心距地面 1m 时，天线低端至少距地面 25cm。所列频率以外的数据可通过内插方式得到

表 5-11　NSA 的理论值 A_N① （包含部分插值，天线垂直极化）

极　　化	垂　　直										
d/m	3	3	5	5	5	10	10	10	10	30	30
h_1/m	1	1.5	1	1.5	2	1	1.5	2.5	3.5	1	1.5
$h_{2,min}$/m	1	1	1	1	1	1	1	1	1	1	1
$h_{2,max}$/m	4	4	4	4	4	4	4	4	4	4	4
f_M/MHz	A_N/dB(m²)										
30	8.2	9.3	11.4	12	12.7	16.7	16.9	17.4	18.2	26	26
31	7.9	9	11.1	11.7	12.5	16.4	16.6	17.1	17.9	25.7	25.7
32	7.7	8.8	10.8	11.4	12.2	16.1	16.3	16.9	17.6	25.5	25.5
33	7.4	8.5	10.6	11.2	11.9	15.9	16.1	16.6	17.4	25.2	25.2
34	7.2	8.3	10.3	10.9	11.7	15.6	15.8	16.4	17.1	24.9	24.9
35	6.9	8	10.1	10.7	11.5	15.4	15.6	16.1	16.9	24.7	24.7
36	6.7	7.8	9.8	10.4	11.2	15.1	15.3	15.9	16.7	24.4	24.4
37	6.5	7.6	9.6	10.2	11	14.9	15.1	15.6	16.5	24.2	24.2
38	6.2	7.4	9.4	10	10.8	14.7	14.8	15.4	16.2	24	24
39	6	7.2	9.2	9.8	10.6	14.4	14.6	15.2	16	23.7	23.8

（续）

f_M/MHz	A_N/dB(m²)										
40	5.8	7	8.9	9.6	10.4	14.2	14.4	15	15.8	23.5	23.5
41	5.6	6.8	8.7	9.4	10.2	14	14.2	14.8	15.6	23.3	23.3
42	5.4	6.6	8.5	9.2	10	13.8	14	14.6	15.4	23.1	23.1
43	5.2	6.5	8.3	9	9.8	13.6	13.8	14.4	15.3	22.9	22.9
44	5	6.3	8.1	8.8	9.7	13.4	13.6	14.2	15.1	22.7	22.7
45	4.9	6.1	7.9	8.6	9.5	13.2	13.4	14	14.9	22.5	22.5
46	4.7	6	7.8	8.4	9.3	13	13.2	13.8	14.7	22.3	22.3
47	4.5	5.8	7.6	8.3	9.2	12.8	13	13.7	14.6	22.1	22.1
48	4.3	5.6	7.4	8.1	9	12.6	12.9	13.5	14.4	21.9	22
49	4.2	5.5	7.2	7.9	8.8	12.5	12.7	13.3	14.2	21.8	21.8
50	4	5.4	7.1	7.8	8.7	12.3	12.5	13.2	14.1	21.6	21.6
51	3.9	5.2	6.9	7.6	8.5	12.1	12.3	13	13.9	21.4	21.4
52	3.7	5.1	6.7	7.5	8.4	12	12.2	12.8	13.8	21.2	21.3
53	3.6	4.9	6.6	7.3	8.3	11.8	12	12.7	13.6	21.1	21.1
54	3.4	4.8	6.4	7.2	8.1	11.6	11.9	12.5	13.5	20.9	20.9
55	3.3	4.7	6.3	7	8	11.5	11.7	12.4	13.4	20.8	20.8
56	3.1	4.6	6.1	6.9	7.9	11.3	11.5	12.2	13.2	20.6	20.6
57	3	4.5	6	6.7	7.7	11.2	11.4	12.1	13.1	20.4	20.5
58	2.9	4.3	5.8	6.6	7.6	11	11.3	12	13	20.3	20.3
59	2.7	4.2	5.7	6.5	7.5	10.9	11.1	11.8	12.9	20.1	20.2
60	2.6	4.1	5.6	6.3	7.4	10.7	11	11.7	12.7	20	20
61	2.5	4	5.4	6.2	7.3	10.6	10.8	11.6	12.6	19.9	19.9
62	2.4	3.9	5.3	6.1	7.2	10.5	10.7	11.4	12.5	19.7	19.7
63	2.3	3.8	5.2	6	7.1	10.3	10.6	11.3	12.4	19.6	19.6
64	2.1	3.7	5	5.9	7	10.2	10.4	11.2	12.3	19.4	19.5
65	2	3.6	4.9	5.8	6.9	10.1	10.3	11.1	12.2	19.3	19.3
66	1.9	3.5	4.8	5.6	6.8	9.9	10.2	11	12.1	19.2	19.2
67	1.8	3.5	4.7	5.5	6.7	9.8	10	10.8	12	19	19.1
68	1.7	3.4	4.5	5.4	6.6	9.7	9.9	10.7	11.9	18.9	18.9
69	1.6	3.3	4.4	5.3	6.5	9.5	9.8	10.6	11.8	18.8	18.8
70	1.5	3.2	4.3	5.2	6.4	9.4	9.7	10.5	11.7	18.7	18.7
71	1.4	3.1	4.2	5.1	6.3	9.3	9.6	10.4	11.6	18.5	18.6
72	1.3	3.1	4.1	5	6.2	9.2	9.5	10.3	11.5	18.4	18.4
73	1.2	3	4	4.9	6.1	9.1	9.3	10.2	11.4	18.3	18.3
74	1.1	2.9	3.9	4.8	6.1	8.9	9.2	10.1	11.3	18.2	18.2
75	1	2.9	3.8	4.7	6	8.8	9.1	10	11.2	18.1	18.1

（续）

f_M/MHz	A_N/dB(m^2)										
76	0.9	2.8	3.7	4.6	5.9	8.7	9	9.9	11.2	17.9	18
77	0.9	2.7	3.6	4.5	5.8	8.6	8.9	9.8	11.1	17.8	17.9
78	0.8	2.7	3.5	4.5	5.8	8.5	8.8	9.7	11	17.7	17.8
79	0.7	2.6	3.4	4.4	5.7	8.4	8.7	9.6	10.9	17.6	17.6
80	0.6	2.6	3.3	4.3	5.6	8.3	8.6	9.5	10.9	17.5	17.5
81	0.5	2.5	3.2	4.2	5.6	8.2	8.5	9.4	10.8	17.4	17.4
82	0.4	2.5	3.1	4.1	5.5	8.1	8.4	9.3	10.7	17.3	17.3
83	0.4	2.4	3	4	5.5	8	8.3	9.3	10.6	17.2	17.2
84	0.3	2.4	2.9	4	5.4	7.9	8.2	9.2	10.6	17.1	17.1
85	0.2	2.3	2.8	3.9	5.3	7.8	8.1	9.1	10.5	17	17
86	0.2	2.3	2.7	3.8	5.3	7.7	8	9	10.5	16.9	16.9
87	0.1	2.2	2.6	3.8	5.2	7.6	7.9	8.9	10.4	16.8	16.8
88	0	2.2	2.5	3.7	5.2	7.5	7.8	8.9	10.3	16.7	16.7
89	−0.1	2.2	2.4	3.6	5.1	7.4	7.7	8.8	10.3	16.6	16.6
90	−0.1	2.1	2.4	3.5	5.1	7.3	7.6	8.7	10.2	16.5	16.5
91	−0.2	2.1	2.3	3.5	5.1	7.2	7.6	8.6	10.2	16.4	16.4
92	−0.2	2.1	2.2	3.4	5	7.1	7.5	8.6	10.1	16.3	16.3
93	−0.3	2.1	2.1	3.3	5	7	7.4	8.5	10.1	16.2	16.2
94	−0.4	2	2	3.3	4.9	6.9	7.3	8.4	10	16.1	16.1
95	−0.4	2	2	3.2	4.9	6.8	7.2	8.3	10	16	16.1
96	−0.5	2	1.9	3.2	4.9	6.8	7.1	8.3	9.9	15.9	16
97	−0.5	2	1.8	3.1	4.8	6.7	7	8.2	9.9	15.8	15.9
98	−0.6	1.9	1.7	3	4.8	6.6	7	8.1	9.8	15.7	15.8
99	−0.6	1.9	1.7	3	4.8	6.5	6.9	8.1	9.8	15.7	15.7
100	−0.7	1.9	1.6	2.9	4.7	6.4	6.8	8	9.6	15.6	15.6
101	−0.7	1.9	1.5	2.9	4.7	6.3	6.7	8	9.4	15.5	15.5
102	−0.8	1.9	1.4	2.8	4.7	6.3	6.6	7.9	9.2	15.4	15.4
103	−0.8	1.9	1.4	2.8	4.7	6.2	6.6	7.8	9	15.3	15.4
104	−0.9	1.9	1.3	2.7	4.6	6.1	6.5	7.8	8.8	15.2	15.3
105	−0.9	1.9	1.2	2.7	4.6	6	6.4	7.7	8.7	15.2	15.2
106	−1	1.8	1.2	2.6	4.6	5.9	6.4	7.7	8.5	15.1	15.1
107	−1	1.8	1.1	2.6	4.6	5.9	6.3	7.6	8.3	15	15
108	−1.1	1.8	1	2.6	4.6	5.8	6.2	7.5	8.2	14.9	15
109	−1.1	1.8	1	2.5	4.6	5.7	6.1	7.5	8	14.8	14.9
110	−1.1	1.8	0.9	2.5	4.6	5.6	6.1	7.4	7.9	14.7	14.8
111	−1.2	1.8	0.9	2.4	4.5	5.6	6	7.4	7.8	14.7	14.7

（续）

f_M/MHz	A_N/dB(m²)										
112	-1.2	1.8	0.8	2.4	4.5	5.5	5.9	7.3	7.6	14.6	14.6
113	-1.2	1.9	0.7	2.3	4.4	5.4	5.9	7.3	7.5	14.5	14.6
114	-1.3	1.9	0.7	2.3	4.2	5.3	5.8	7.2	7.4	14.4	14.5
115	-1.3	1.9	0.6	2.3	4.1	5.3	5.7	7.2	7.3	14.4	14.4
116	-1.3	1.9	0.6	2.2	3.9	5.2	5.7	7.1	7.2	14.3	14.3
117	-1.4	1.7	0.5	2.2	3.8	5.1	5.6	7.1	7.1	14.2	14.3
118	-1.4	1.6	0.4	2.2	3.6	5.1	5.5	7.1	7	14.1	14.2
119	-1.4	1.4	0.4	2.1	3.5	5	5.5	7	6.9	14.1	14.1
120	-1.5	1.3	0.3	2.1	3.4	4.9	5.4	7	6.8	14	14.1
121	-1.5	1.1	0.3	2.1	3.2	4.9	5.3	6.9	6.7	13.9	14
122	-1.5	0.9	0.2	2.1	3.1	4.8	5.3	6.9	6.6	13.9	13.9
123	-1.5	0.8	0.2	2	3	4.7	5.2	6.9	6.6	13.8	13.8
124	-1.6	0.6	0.1	2	2.8	4.7	5.2	6.8	6.5	13.7	13.8
125	-1.6	0.5	0.1	2	2.7	4.6	5.1	6.8	6.4	13.6	13.7
126	-1.6	0.4	0	2	2.6	4.5	5.1	6.7	6.3	13.6	13.6
127	-1.6	0.2	0	1.9	2.4	4.5	5	6.7	6.2	13.5	13.6
128	-1.6	0.1	-0.1	1.9	2.3	4.4	4.9	6.7	6.1	13.4	13.5
129	-1.7	-0.1	-0.1	1.9	2.2	4.3	4.9	6.6	6.1	13.4	13.4
130	-1.7	-0.2	-0.2	1.9	2.1	4.3	4.8	6.6	6	13.3	13.4
131	-1.7	-0.4	-0.2	1.8	2	4.2	4.8	6.6	5.9	13.2	13.3
132	-1.7	-0.5	-0.3	1.8	1.9	4.1	4.7	6.5	5.8	13.2	13.2
133	-1.7	-0.6	-0.3	1.8	1.8	4.1	4.7	6.5	5.7	13.1	13.2
134	-1.7	-0.8	-0.4	1.8	1.6	4	4.6	6.5	5.7	13	13.1
135	-1.7	-0.9	-0.4	1.8	1.5	4	4.6	6.4	5.6	13	13
136	-1.7	-1	-0.4	1.8	1.4	3.9	4.5	6.4	5.5	12.9	13
137	-1.8	-1.1	-0.5	1.8	1.3	3.9	4.5	6.4	5.4	12.9	12.9
138	-1.8	-1.3	-0.5	1.7	1.2	3.8	4.4	6.4	5.4	12.8	12.9
139	-1.8	-1.4	-0.6	1.7	1.1	3.7	4.4	6.3	5.3	12.7	12.8
140	-1.8	-1.5	-0.6	1.7	1	3.7	4.3	6.2	5.2	12.7	12.7
141	-1.8	-1.6	-0.6	1.7	0.9	3.6	4.3	6.1	5.1	12.6	12.7
142	-1.8	-1.8	-0.7	1.7	0.8	3.6	4.2	5.9	5.1	12.5	12.6
143	-1.8	-1.9	-0.7	1.7	0.7	3.5	4.2	5.8	5	12.5	12.6
144	-1.8	-2	-0.8	1.7	0.6	3.5	4.1	5.7	4.9	12.4	12.5
145	-1.8	-2.1	-0.8	1.7	0.5	3.4	4.1	5.5	4.9	12.4	12.4
146	-1.8	-2.2	-0.8	1.7	0.4	3.3	4	5.4	4.8	12.3	12.4
147	-1.8	-2.3	-0.9	1.7	0.3	3.3	4	5.3	4.7	12.3	12.3

（续）

f_M/MHz	A_N/dB(m²)										
148	-1.8	-2.4	-0.9	1.7	0.3	3.2	3.9	5.2	4.7	12.2	12.3
149	-1.8	-2.5	-0.9	1.7	0.2	3.2	3.9	5.1	4.6	12.1	12.2
150	-1.8	-2.7	-1	1.7	0.1	3.1	3.8	5	4.5	12.1	12.2
155	-1.7	-3.2	-1.1	1.5	-0.3	2.9	3.6	4.5	4.2	11.8	11.9
160	-1.7	-3.7	-1.3	1	-0.7	2.6	3.4	4.1	3.9	11.5	11.6
165	-1.6	-4.1	-1.4	0.4	-1.1	2.4	3.2	3.8	3.6	11.3	11.3
170	-1.5	-4.5	-1.5	-0.1	-1.5	2.2	3	3.4	3.3	11	11.1
175	-1.3	-4.9	-1.7	-0.5	-1.8	2	2.9	3.1	3	10.8	10.9
180	-1.3	-5.3	-1.8	-1	-2.2	1.8	2.7	2.8	2.8	10.5	10.6
185	-1.9	-5.7	-1.8	-1.4	-2.5	1.5	2.5	2.5	2.5	10.3	10.4
190	-2.5	-6	-1.9	-1.8	-2.8	1.3	2.4	2.2	2.2	10.1	10.2
195	-3.1	-6.4	-2	-2.2	-3	1.2	2.3	1.9	2	9.8	10
200	-3.6	-6.7	-2	-2.6	-3.3	1	2.1	1.6	1.7	9.6	9.7
210	-4.6	-7.2	-2.1	-3.2	-3.8	0.6	1.9	1.1	1.3	9.2	9.3
220	-5.5	-7.8	-2.1	-3.9	-4.3	0.3	1.7	0.6	0.9	8.8	9
230	-6.3	-8.3	-2	-4.4	-4.8	0	1.6	0.2	0.5	8.4	8.6
240	-7	-8.7	-2.5	-4.9	-5.2	-0.2	1	-0.2	0.1	8.1	8.2
250	-7.7	-9.1	-3.2	-5.5	-5.6	-0.5	0.3	-0.6	-0.3	7.7	7.9
260	-8.4	-9.5	-3.9	-5.9	-6	-0.7	-0.2	-1	-0.6	7.4	7.6
270	-8.9	-9.9	-4.5	-6.3	-6.3	-1	-0.7	-1.4	-1	7.1	7.3
280	-9.5	-10.3	-5.1	-6.7	-6.7	-1.2	-1.1	-1.7	-1.3	6.8	7
290	-10	-10.6	-5.6	-7.1	-7	-1.3	-1.5	-2.1	-1.6	6.5	6.7
300	-10.5	-10.9	-6.2	-7.5	-7.3	-1.5	-1.9	-2.4	-1.9	6.2	6.5
310	-10.9	-11.2	-6.6	-7.9	-7.7	-1.7	-2.3	-2.7	-2.2	5.9	6.2
320	-11.3	-11.5	-7.1	-8.2	-8	-1.8	-2.7	-3	-2.5	5.7	6
330	-11.7	-11.8	-7.5	-8.5	-8.2	-1.9	-3	-3.3	-2.8	5.4	5.7
340	-12.1	-12.1	-7.9	-8.8	-8.5	-2	-3.3	-3.6	-3	5.2	5.5
350	-12.5	-12.3	-8.3	-9.1	-8.8	-2.1	-3.6	-3.8	-3.3	4.9	5.3
360	-12.8	-12.5	-8.7	-9.4	-9	-2.6	-3.9	-4.1	-3.6	4.7	5.1
370	-13.1	-12.7	-9	-9.7	-9.3	-3.1	-4.2	-4.3	-3.8	4.5	4.9
380	-13.5	-12.7	-9.4	-9.9	-9.5	-3.5	-4.5	-4.6	-4	4.3	4.7
390	-13.8	-12.7	-9.7	-10.2	-9.8	-3.8	-4.8	-4.8	-4.3	4.1	4.5
400	-14	-12.6	-10	-10.5	-10	-4.1	-5	-5.1	-4.5	3.9	4.3
410	-14.3	-12.9	-10.3	-10.7	-10.2	-4.4	-5.3	-5.3	-4.7	3.7	4.1
420	-14.6	-13.2	-10.6	-10.9	-10.4	-4.7	-5.5	-5.5	-4.9	3.5	4
430	-14.8	-13.5	-10.8	-11.1	-10.5	-5	-5.8	-5.7	-5.1	3.3	3.8

（续）

f_M/MHz	A_N/dB(m²)										
440	−15.1	−13.7	−11.1	−11.4	−10.6	−5.3	−6	−5.9	−5.3	3.1	3.7
450	−15.3	−14	−11.4	−11.6	−10.6	−5.5	−6.2	−6.1	−5.5	2.9	3.5
460	−15.6	−14.2	−11.6	−11.8	−10.8	−5.8	−6.4	−6.3	−5.7	2.8	3.4
470	−15.8	−14.5	−11.8	−12	−11	−6	−6.6	−6.5	−5.9	2.6	3.2
480	−16	−14.7	−12.1	−12.2	−11.2	−6.3	−6.8	−6.7	−6	2.4	3.1
490	−16.2	−14.9	−12.3	−12.4	−11.4	−6.5	−7	−6.9	−6.1	2.3	3
500	−16.4	−15.1	−12.5	−12.6	−11.6	−6.7	−7.2	−7.1	−6.3	2.1	2.8
510	−16.5	−15.3	−12.7	−12.8	−11.8	−6.9	−7.4	−7.3	−6.5	2	2.7
520	−16.6	−15.5	−12.9	−12.9	−12	−7.2	−7.6	−7.4	−6.7	1.8	2.6
530	−16.7	−15.7	−13.1	−13.1	−12.2	−7.4	−7.8	−7.6	−6.8	1.7	2.5
540	−16.7	−15.9	−13.3	−13.3	−12.4	−7.6	−8	−7.8	−7	1.5	2.4
550	−16.7	−16.1	−13.5	−13.4	−12.5	−7.8	−8.2	−7.9	−7.2	1.4	2.3
560	−16.7	−16.3	−13.7	−13.5	−12.7	−8	−8.3	−8.1	−7.3	1.3	2.2
570	−16.6	−16.4	−13.9	−13.5	−12.9	−8.1	−8.5	−8.2	−7.5	1.1	2.1
580	−16.5	−16.6	−14.1	−13.5	−13	−8.3	−8.7	−8.4	−7.6	1	2
590	−16.3	−16.8	−14.2	−13.5	−13.2	−8.5	−8.8	−8.6	−7.8	0.9	1.9
600	−16.3	−16.9	−14.4	−13.5	−13.4	−8.7	−9	−8.7	−8	0.8	1.8
610	−16.6	−17.1	−14.6	−13.7	−13.5	−8.8	−9.1	−8.8	−8.1	0.7	1.8
620	−16.8	−17.2	−14.7	−13.9	−13.7	−9	−9.3	−9	−8.2	0.5	1.4
630	−17	−17.4	−14.9	−14	−13.8	−9.2	−9.4	−9.1	−8.4	0.4	1.1
640	−17.2	−17.5	−15.1	−14.2	−14	−9.3	−9.6	−9.2	−8.5	0.3	0.7
650	−17.5	−17.7	−15.2	−14.4	−14.1	−9.5	−9.7	−9.3	−8.7	0.2	0.4
660	−17.7	−17.8	−15.4	−14.5	−14.3	−9.6	−9.9	−9.4	−8.8	0.1	0.1
670	−17.9	−18	−15.5	−14.7	−14.4	−9.8	−10	−9.4	−8.9	0	−0.2
680	−18.1	−18.1	−15.7	−14.8	−14.5	−9.9	−10.1	−9.6	−9.1	−0.1	−0.4
690	−18.2	−18.2	−15.8	−15	−14.7	−10.1	−10.3	−9.7	−9.2	−0.2	−0.7
700	−18.4	−18.4	−15.9	−15.1	−14.8	−10.2	−10.4	−9.9	−9.3	−0.3	−0.9
710	−18.6	−18.4	−16.1	−15.3	−14.9	−10.4	−10.5	−10	−9.4	−0.4	−1.1
720	−18.8	−18.4	−16.2	−15.4	−15.1	−10.5	−10.7	−10.1	−9.6	−0.4	−1.3
730	−18.9	−18.4	−16.3	−15.6	−15.2	−10.6	−10.8	−10.2	−9.7	−0.5	−1.4
740	−19.1	−18.5	−16.5	−15.7	−15.3	−10.8	−10.9	−10.4	−9.8	−0.6	−1.6
750	−19.3	−18.7	−16.6	−15.8	−15.4	−10.9	−11	−10.5	−9.9	−0.7	−1.7
760	−19.4	−18.8	−16.7	−16	−15.5	−11	−11.1	−10.6	−10.1	−0.8	−1.8
770	−19.6	−18.9	−16.9	−16.1	−15.7	−11.1	−11.3	−10.7	−10.2	−0.9	−2
780	−19.7	−19.1	−17	−16.2	−15.8	−11.3	−11.4	−10.8	−10.3	−0.9	−2.1
790	−19.9	−19.2	−17.1	−16.3	−15.9	−11.4	−11.5	−11	−10.4	−1	−2.2

（续）

f_M/MHz	A_N/dB(m²)										
800	−20	−19.3	−17.2	−16.5	−16	−11.5	−11.6	−11.1	−10.5	−1.1	−2.3
810	−20.2	−19.4	−17.2	−16.6	−16.1	−11.6	−11.7	−11.2	−10.6	−1.2	−2.4
820	−20.3	−19.6	−17.3	−16.7	−16.2	−11.7	−11.8	−11.3	−10.7	−1.2	−2.5
830	−20.4	−19.7	−17.3	−16.8	−16.3	−11.9	−11.9	−11.4	−10.8	−1.3	−2.6
840	−20.6	−19.8	−17.3	−16.9	−16.3	−12	−12.1	−11.5	−10.9	−1.3	−2.7
850	−20.7	−19.9	−17.4	−17.1	−16.3	−12.1	−12.2	−11.6	−11	−1.4	−2.9
860	−20.8	−20	−17.3	−17.2	−16.5	−12.2	−12.3	−11.7	−11.1	−1.5	−3
870	−21	−20.1	−17.3	−17.3	−16.6	−12.3	−12.4	−11.8	−11.2	−1.5	−3.1
880	−21.1	−20.2	−17.3	−17.4	−16.7	−12.4	−12.5	−11.9	−11.4	−1.6	−3.2
890	−21.2	−20.3	−17.2	−17.5	−16.8	−12.5	−12.6	−12	−11.4	−1.6	−3.3
900	−21.3	−20.4	−17.4	−17.6	−16.9	−12.6	−12.7	−12.1	−11.5	−1.7	−3.4
910	−21.4	−20.6	−17.5	−17.7	−17	−12.7	−12.8	−12.2	−11.6	−1.7	−3.5
920	−21.6	−20.7	−17.6	−17.8	−17.1	−12.8	−12.9	−12.3	−11.7	−1.9	−3.6
930	−21.7	−20.8	−17.7	−17.9	−17.2	−12.9	−13	−12.4	−11.8	−2.1	−3.7
940	−21.8	−20.9	−17.8	−18	−17.3	−13	−13.1	−12.5	−11.9	−2.4	−3.8
950	−21.9	−21	−18	−18.1	−17.4	−13.1	−13.2	−12.6	−12	−2.6	−3.9
960	−22	−21.1	−18.1	−18.2	−17.5	−13.2	−13.2	−12.7	−12.1	−2.8	−4
970	−22.1	−21.2	−18.1	−18.3	−17.6	−13.3	−13.3	−12.8	−12.1	−3	−4
980	−22.2	−21.3	−18.3	−18.4	−17.7	−13.4	−13.4	−12.9	−12.2	−3.2	−4.1
990	−22.3	−21.3	−18.4	−18.5	−17.8	−13.5	−13.5	−13	−12.3	−3.4	−4.2
1000	−22.4	−21.4	−18.5	−18.6	−17.9	−13.6	−13.6	−13.1	−12.4	−3.5	−4.3

注：d—发射天线和接收天线中点在接地平板上投影之间的水平距离；h_1—发射天线中心离接地平板高度；h_2—接收天线中心离接地平板高度，将高度扫描范围中得到的最大接收信号用于 NSA 的测量结果；f_M—对应的频率；A_N—对应的 NSA 理论值

① 使用表中数据时需注意，在天线垂直极化、天线中心距地面 1m 时，天线低端至少距地面 25cm。所列频率以外的数据可通过内插方式得到

第二步，在测量场地中，进行场地确认测量布置。

1）确定场地的测量轴线，即在进行辐射发射测量时，沿此轴线进行测量，在进行暗室设计时通常已经确定了此轴线，如果 SAC 有多条测量轴线，应分别进行场地确认，也就是说，只有进行过场地确认且符合场地确认可接受要求的测量轴线，才能进行辐射发射测量。

2）确定 SAC 的试验空间，即最大被测设备或系统围绕其中心位置 360°旋转所形成的空间（例如，利用转台旋转而成），试验空间限定了场地所能测量的被测设备的最大尺寸，通常取决于被测设备的尺寸及转台的直径大小，一般不会超出转台的范围。

3）确定发射和接收天线的位置，对于发射天线，通常情况下在试验空间水平面的 5 个位置，分别为前、后、左、右和中心位置，两个极化方向（垂直极化和水平极化），除了中心位置，发射天线的位置需要在试验空间的周届上，即双锥天线馈电点振子中心点及 LPDA 天线纵向轴点中心点的投影落在试验空间周届上的相应位置点上。对于接收天线，沿测量轴线

的方向移动定位，使得测量距离 d 保持不变，如图 5-2 和图 5-3 所示。注意，一般建议试验空间需保证天线顶端和最近的吸收材料顶端之间的距离至少为 25 cm，或者天线中点和最近的吸收材料顶端之间的距离至少为 1 m。

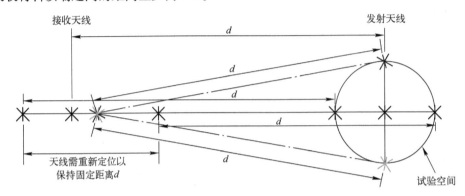

图 5-2　垂直极化确认测量时 SAC 中的典型天线位置

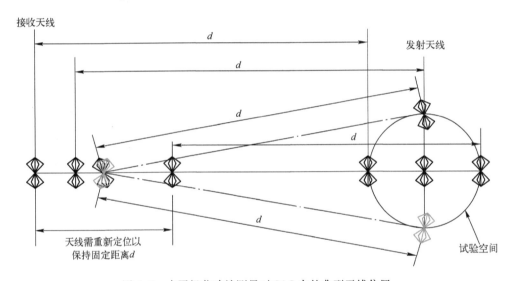

图 5-3　水平极化确认测量时 SAC 中的典型天线位置

4）确定发射和接收天线的高度，如果试验空间的高度不大于 2 m，通常发射天线进行两个高度上的测量确认，即水平极化测量时发射天线高度分别为 1 m 和 2 m，垂直极化测量时发射天线高度分别为 1 m 和 1.5 m。注意，对于垂直极化测量时，天线的低端应高于地面至少 25 cm，对于最低的测量高度，也可能距天线的中心要比 1 m 稍高。接收天线高度在 1 ~ 4 m 高度升降。如果试验空间的高度超过 2 m，则应使用两个发射天线高度 h_1，即对于水平极化，$h_1 = 1$ m 和 $h_1 = h$ m；对于垂直极化，$h_1 = 1$ m 和 $h_1 = (h - 0.5)$ m。例如，如果试验空间的高度为 $h = 3$ m，则对于水平极化，发射天线高度 h_1 应为 1 m 和 3 m，对于垂直极化为 1 m 和 2.5 m。试验空间的高度，取决于被测设备的最大高度，应不小于被测设备的最大高度。

5）确认符合测量次数减少的条件，依据以下原则，减少场地确认测量的次数：

① 如果试验空间后周届与吸波材料和/或其他结构的距离大于 1 m，后周届位置的测量可省略。

② 如果天线的顶端至少能覆盖试验空间直径的 90%，那么试验空间左右位置连线上要进行的水平极化测量的数量就可减少到规定的最小数量。

③ 如果被测设备的高度（包括支撑桌子的高度）小于 1.5 m，那么在 1.5 m 高度位置可不进行垂直极化的测量。

④ 如果试验空间的长×宽×高的尺寸（包括所用的试验桌子的尺寸）不超过 1 m×1.5 m×1.5 m，那么只需在中心、前和后 3 个位置上进行水平极化测量，但是要在 1 m 和 2 m 这 2 个高度上进行。垂直极化的测量不变。如果试验空间后周届与吸波材料和/或其他结构的距离大于 1 m，则后点的测量可省略，如图 5-4 和图 5-5 所示。

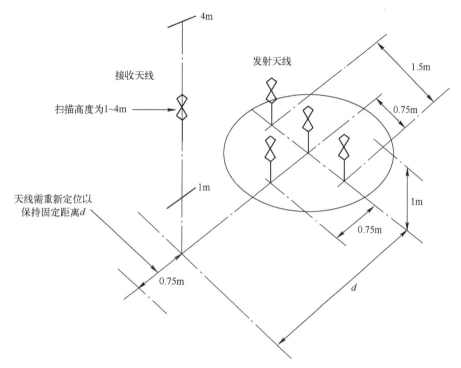

图 5-4　垂直极化确认测量时 SAC 中的典型天线位置（适用于小尺寸的被测设备）

第三步，进行场地衰减测量，在测量场地中，按第二步的要求布置接收天线和发射天线，将断开的射频线缆连接到对应的测量天线上，如图 5-6 所示。使用与第一步相同的测量方法，设置信号源发射与第一步相同频率和电平值（V_T）的信号，接收天线进行高度（h_2）变化扫描后测量接收机测得最大值，此值为 V_{SITE}。测量所有位置和极化的 V_{SITE} 值。测量距离为 3 m、5 m、10 m 和 30 m 时高度变化扫描范围为 1~4 m。

依据公式计算测得的场地衰减值与归一化场地衰减的理论计算值的差值为 ΔA_s，见式（5-1）。

$$\Delta A_s = V_{DIRECT} - V_{SITE} - F_{aT} - F_{aR} - A_N \tag{5-1}$$

式中　ΔA_s——场地衰减（SA）的偏差；

　　　F_{aT}——发射天线系数；

　　　F_{aR}——接收天线系数；

　　　A_N——归一化场地衰减的理论值，见表 5-8。

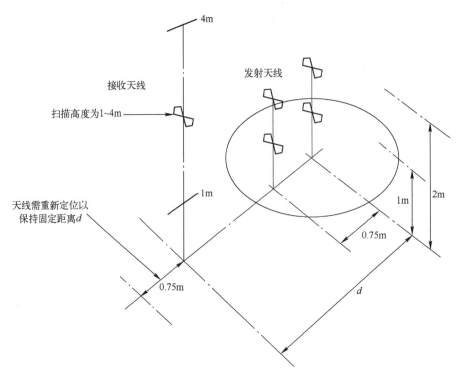

图 5-5　水平极化确认测量时 SAC 中的典型天线位置（适用于小尺寸的被测设备）

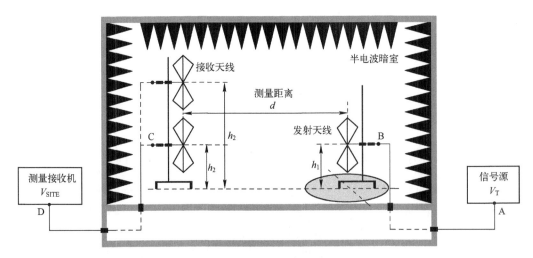

图 5-6　场地衰减测量

$V_{\text{DIRECT}}-V_{\text{SITE}}$ 代表场地衰减的测量值，也就是说，V_{DIRECT} 减去 V_{SITE} 等于经典意义上的场地衰减，这是由包括天线特性在内的传输路径的插入损耗造成的。

F_{aT} 和 F_{aR} 应为校准的自由空间的天线系数。

（2）使用宽带天线 RSM 场地确认方法

参考场地法（RSM）是使用宽带天线进行场地确认的另一种方法。与 NSA 场地确认的要求、布置及测量方法相同，只是在进行差值计算时，使用天线对参考场地衰减（A_{APR}）值进行计算，而不使用天线系数和归一化场地衰减理论值，见式（5-2）。

$$\Delta A_{s} = V_{DIRECT} - V_{SITE} - A_{APR} \tag{5-2}$$

使用参考场地法（RSM）进行场地确认时，应注意以下事项。

1）进行场地确认测量的一对天线应与在参考场地测量场地衰减（A_{APR}）时使用的天线一致。

2）此方法不建议使用复合天线，建议使用双锥天线或 LPDA 天线。

3）A_{APR} 通常可由天线的校准机构提供。

使用网络分析仪或频率步进式的接收机进行 RSM 测量时，应使用表 5-12 规定的频率步长。此步长为最大频率步长。对于使用连续调谐的接收机或频谱分析仪进行 RSM 测量时，此表的规定不适用。

表 5-12　RSM 测量的频率步长

频率范围/MHz	最大频率步长/MHz
30~100	1
100~500	5
500~1000	10

3. 30 MHz~1 GHz，全电波暗室（FAR）场地确认

（1）概述

对于 FAR，在一个圆柱体的试验空间（由转台上的被测设备旋转而成）内，应满足辐射发射测量场地可接受原则的要求，即在所有的测量频率和每一个测量位置以及水平和垂直两个极化方向上，场地衰减的偏差 ΔA_{s} 在 ±4 dB 以内。

FAR 的试验空间的最大高度和最大直径（$h_{max} = d_{max}$）与测量距离的关系见表 5-13。

表 5-13　相对于测量距离试验空间的最大尺寸

试验空间的最大高度 h_{max} 和最大直径 d_{max}/m	测量距离 $d_{nominal}$/m
1.5	3
2.5	5
5	10

（2）FAR 场地确认要求

FAR 场地确认的测量布置如图 5-7 和图 5-8 所示，按以下要求进行场地确认测量。

1）场地确认测量发射天线的要求，发射天线应具有近似的全向 H 面方向性图，通常为小的双锥天线，对于 3 m 测量距离，发射天线的最大尺寸不宜超过 40 cm；对于较大的测量距离，当双锥天线为笼形设计时，两振子顶端之间的最大长度可为 44 cm，当为折叠式或旋转的锥形时，两振子顶端之间的最大长度为 50 cm。

2）场地确认接收天线的要求，典型的接收天线为复合天线（双锥天线和 LPDA 天线的组合）。或者是在 30~200 MHz 使用双锥天线，在 200~1000 MHz 使用 LPDA 天线。使用参考场地法（RSM）进行场地确认时，使用的设备应与在参考场地测量场地衰减时使用的设备完全相同。进行场地确认时，接收天线应与对被测设备进行辐射发射测量时使用的接收天线的类型完全一致。

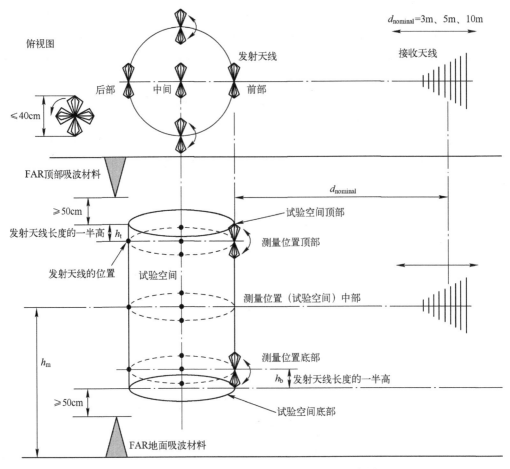

图 5-7　FAR 场地确认所规定的测量位置示意图

3）确定试验空间的尺寸，试验空间的最大高度和最大直径不会超过表 5-11 的要求，依据 FAR 的尺寸及测量的被测设备的最大尺寸，确定试验空间的高度和直径，通常试验空间的直径不会超过转台的直径。

4）确定试验空间的位置，试验空间底部圆的中心的投影为 FAR 转台中心，试验空间中部距离 FAR 地面的高度（h_m）依据试验空间的尺寸及被测设备的类别（台式设备还是落地式设备）确定，但是要确保试验空间顶部与 FAR 顶部吸波材料之间的距离以及试验空间底部与 FAR 地面吸波材料之间的距离至少为 0.5 m。试验空间的中部距离 FAR 地面的高度（h_m）可能是沿着 FAR 的半高和半宽位置的虚拟的轴线。

5）确定试验空间的测量位置，进行 FAR 场地确认时，应在试验空间的底部、中部和顶部 3 个高度上进行确认，测量位置底部与试验空间底部的距离 h_b 以及测量位置顶部与试验空间顶部的距离 h_t 均为发射天线长度的一半（如发射天线长为 40 cm，则 $h_b = h_t = 20$ cm），中部测量位置平面与试验空间的中部平面重合。在每个测量位置平面内选择前、后、左、右和中心位置，作为发射天线的测量位置，分别进行垂直极化和水平极化测量。如果试验空间后面位置与 FAR 墙面吸波材料的距离大于 0.5 m，则后面位置的测量可以省略。

6）确定测量天线的位置，发射天线放置在试验空间需要测量的位置上，发射天线参考

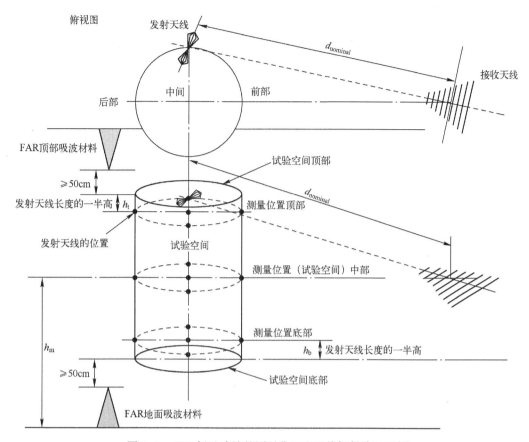

图 5-8　FAR 场地确认的测量位置和天线倾斜放置示例

点的投影与该位置重合。接收天线应固定在试验空间高度的一半的位置上。需倾斜天线来使得两天线的视轴与测量轴（即发射天线和接收天线之间的连线）在一条直线上。测量轴上接收天线参考点（通过天线校准确定）与试验空间前点之间的距离表示为 $d_{nominal}$。当发射天线移动到试验空间的其他位置时，应沿着测量轴移动接收天线以保持 $d_{nominal}$ 不变。对于所有的测量位置和极化方向，接收天线和发射天线应面对着面且两天线的振子应相互平行。

7）确定场地测量时的频率步长，使用离散频率法测量时，应采用的最大频率步长见表 5-14。

表 5-14　FAR 场地确认的频率范围和步长

频率范围/MHz	最大频率步长/MHz
30～100	1
100～500	5
500～1000	10

8）确定场地确认的方法，参考场地法（RSM）适用于小于 5 m 的测量距离。NSA 法适用于不小于 5 m 的测量距离。

9）参考场地法（RSM）场地确认，与本节的参考场地法相同，依次进行线缆直连测量、连接天线测量并进行场地衰减计算，见式（5-3）。

$$\Delta A_s = V_{DIRECT} - V_{SITE} - A_{APR} \qquad (5-3)$$

应注意，参考场地衰减 A_{APR} 的测量距离应与场地确认时的测量距离 $d_{nominal}$ 一致，即参考场地上的测量距离应等于实际中的测量距离 $d_{nominal}$。建议使用专用的天线（发射天线和接收天线）来确定参考场地衰减。A_{APR} 可由天线校准机构获得。

10）NSA 场地确认方法，与本节的 NSA 场地确认方法相同，依次进行线缆直连测量、连接天线测量并进行场地衰减计算，见式（5-4）。

$$\Delta A_s = V_{DIRECT} - V_{SITE} - F_{aT} - F_{aR} - A_{N\,theo} \qquad (5-4)$$

式中，$A_{N\,theo}$ 为自由空间的归一化场地衰减值，单位为 dB（m^2），可由以下公式计算得到，测量距离为 10 m 和 30 m 时，使用式（5-5）。

$$A_{N\,theo} = 20\log\left(\frac{5Z_0 d}{2\pi}\right) - 20\log f_M \qquad (5-5)$$

式中，Z_0 为测量系统阻抗（即 50 Ω），单位是欧姆（Ω）；d 为测量距离（两天线相位中心之间的距离），单位是米（m）；f_M 为测量频率，单位为兆赫兹（MHz）。

测量距离为 3 m 和 5 m 时，使用式（5-6）。

$$A_{N\,theo} = 20\log\left[\frac{5Z_0}{2\pi} \times \frac{d}{\sqrt{1 - \frac{1}{(\beta d)^2} + \frac{1}{(\beta d)^4}}}\right] - 20\log f_M \qquad (5-6)$$

式中，Z_0 为测量系统阻抗（即 50 Ω），单位是欧姆（Ω）；d 为测量距离（两天线相位中心之间的距离），单位是米（m）；f_M 为测量频率，单位为兆赫兹（MHz）；β 为 $\frac{2\pi}{\lambda}$，λ 为测量频率 f_M 对应的波长，单位是米（m）。

（3）降低场地确认测量不确定度的方法

1）当天线垂直极化时，屏蔽电缆应在其离开天线垂落到地面之前至少延伸 2 m 长的距离。如果可能，应将该电缆笔直延伸到 FAR 侧壁管状连接器中。或者是在电缆上加装铁氧体磁环，或使用光缆连接。

2）在天线连接器端接衰减器（如 6 dB 或 10 dB）减小阻抗失配的影响。

3）如果进行被测设备测试时使用双锥天线和 LPDA 天线，在场地确认时也要使用这些天线。

4. 1~6 GHz，全电波暗室（FAR）或地面铺设吸波材料的半电波暗室（SAC）场地确认

（1）概述

进行 1~6 GHz 的辐射发射测量，场地应满足 5.4.1 节的要求。场地的设计应尽量减小反射信号对接收信号的影响，场地可以是满足自由空间条件的开阔场（FSOATS）、全电波暗室（FAR）或地面铺设吸波材料的半电波暗室（SAC）。

场地确认是通过测量场地电压驻波比（S_{VSWR}）来进行的，其目的是检查放置于用该方法评估的试验空间内的任意尺寸和形状的被测设备受到的反射的影响。S_{VSWR} 是接收到的最大信号和最小信号之比，它是由直射信号（期望的）和反射信号相互干涉造成的，可用式（5-7）表示。

$$S_{VSWR} = \frac{E_{max}}{E_{min}} = \frac{V_{max}}{V_{min}} \qquad (5-7)$$

式中　$E_{\max}$ 和 $E_{\min}$ ——分别是接收到信号的最大值和最小值；

　　　　$V_{\max}$ 和 $V_{\min}$ ——分别是用接收机或频谱分析仪接收时信号的最大值和最小值所对应的实测电压值。

将其转换为测量和计算中常用的分贝值（dB），$S_{\mathrm{VSWR,dB}}$ 可能会采用 dBm、dB(μV) 或 dB(μV/m)，见式（5-8）。

$$S_{\mathrm{VSWR,dB}} = 20\log\left(\frac{V_{\max}}{V_{\min}}\right) = 20\log\left(\frac{E_{\max}}{E_{\min}}\right) = V_{\max,\mathrm{dB}} - V_{\min,\mathrm{dB}} = E_{\max,\mathrm{dB}} - E_{\min,\mathrm{dB}} \qquad (5\text{-}8)$$

S_{VSWR} 或 $S_{\mathrm{VSWR,dB}}$ 的值是按照场地确认方法，在每个频点和每种极化时进行一组 6 次的测量得到信号的最大值和最小值之后计算得到的。

1~6 GHz 辐射发射测量场地的确认可通过两种场地确认方法进行确认，分别是 S_{VSWR} 的标准场地确认方法和 S_{VSWR} 的互易场地确认方法。

（2）场地确认时使用的天线和试验设备要求

1）S_{VSWR} 标准试验场地确认方法。放置在试验空间测量位置上的发射天线应该符合 GB/T 6113.104—2021 的 7.4.2 的要求，通常情况下使用符合要求的偶极子天线。进行场地确认测量时的接收天线，应该与进行辐射发射测量时使用的天线类型一致，通常情况下使用辐射发射测量时的天线作为场地确认测量的接收天线，接收天线应符合 GB/T 6113.104—2021 的 4.6.2 的要求。

2）S_{VSWR} 的互易场地确认方法。将辐射发射测量时接收天线的位置作为场地确认测量时发射天线的位置，发射天线应该与进行辐射发射测量时使用的接收天线类型一致，通常可使用辐射发射测量时的接收天线作为场地确认测量时的发射天线，应符合 GB/T 6113.104—2021 的 4.6.2 的要求。使用放置在试验空间测量位置的全向场强探头作为场地确认测量时的接收设备，全向场强探头其各向异性不应超过 3 dB。

（3）场地确认时的测量位置

进行场地确认时，首先要确认试验空间的大小及位置，其次再确定测量的位置。试验空间的大小可参考本节中对于试验空间的建议。

试验空间的大小取决于被测设备的大小及暗室中转台的大小，试验空间的直径通常情况下小于转台的直径，被测设备的尺寸小于试验空间的尺寸。

试验空间的位置，对于 FAR 和地面铺设吸波材料的 SAC，可按图 5-9 的要求确定试验空间的位置。对于 FAR 场地，也可与本节中规定的试验空间的位置一致。

如果试验空间是从试验设施的地板一直延伸到其上的被测设备（通常是落地式被测设备），那么在确认场地时，应按照要求将吸波材料放置在试验空间内，对于那些不能被抬高放置在地平面以上的落地式设备，被放置在地板上的吸波材料遮挡的试验空间的高度不能超过 30 cm。通常情况下，地面铺设的吸波材料可选择高度不超过 30 cm 的吸波材料。

对于落地式被测设备，进行辐射发射测量时，用于场地确认所放置在地板上的吸波材料可以从紧贴被测设备放置的位置外移到距离被测设备底端不超过 10 cm 远的位置。

如果试验空间高于吸波材料，通常用于试验台式设备，那么在场地确认中所使用的吸波材料在进行辐射发射测量时均需保留，并与场地确认时放置的位置相同。在场地确认报告中应包括有吸波材料和接收天线/发射天线布置的照片。

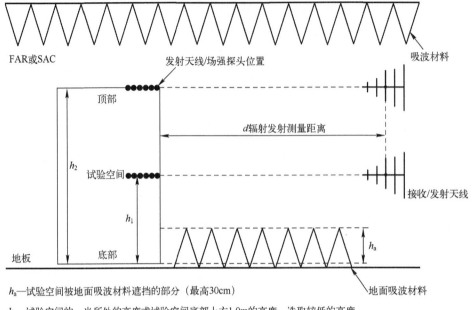

h_a—试验空间被地面吸波材料遮挡的部分（最高30cm）

h_1—试验空间的一半所处的高度或试验空间底部上方1.0m的高度，选取较低的高度

h_2—试验空间顶部所处的高度。如果h_2距离h_1大于0.5m，那么需要在顶部进行场地确认测试

图5-9 场地确认试验空间位置点及高度

场地确认测量位置点的水平分布图如图5-10所示。通过延伸至接收/发射天线参考点的直线上，对每个要求的位置（F：前端；R：右侧；L：左侧；C：中心）、每个极化方向和每个频率依次进行6次测量以评估S_{VSWR}，图中沿接收/发射天线直线排列的6次测量的序列用圆点加数字表示，数字表示位置点的序号，例如，右侧数字为1的圆点为右侧第1个位置点，表示为R1。

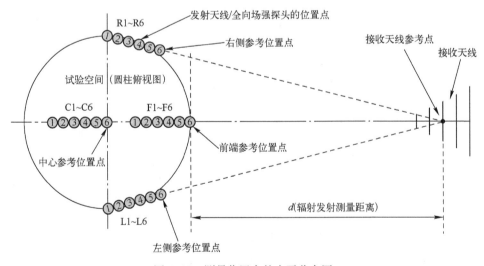

图5-10 测量位置点的水平分布图

在试验空间中如图5-9所示，除了在高度一（h_1）的位置进行水平位置如图5-10位置点的场地确认测量外，还可能进行高度二（h_2）的位置的测量，这取决于试验空间的高度，

如果 h_2 与 h_1 的差值大于 0.5 m，则进行第二高度的测量，在第二高度的测量只需要测量前端的位置点，否则无须进行第二高度的测量。

S_{VSWR} 测量位置点如图 5-10 所示，具体情况如下：

1）前端位置 1~6（F1~F6）。前端位置点位于试验空间中心至接收天线参考点的连线上（测量轴线），F6 位于试验空间的最前端，F6 沿着测量轴线至接收天线参考点的间隔距离为测量距离 d。其他点与 F6 的关系如下，并逐渐远离接收天线。

F5＝F6+2 cm，远离接收天线。

F4＝F6+10 cm，远离接收天线。

F3＝F6+18 cm，远离接收天线。

F2＝F6+30 cm，远离接收天线。

F1＝F6+40 cm，远离接收天线。

2）右侧位置 1~6（R1~R6）。试验空间最右侧的点为 R1（即试验空间的平面圆与测量轴线垂直的直径与圆边的交点），沿 R1 和接收天线参考点的连线，向接收天线参考点移动 40 cm 为 R6 的位置点，其他点与 R6 的关系如下，并逐渐远离接收天线。

R5＝R6+2 cm，远离接收天线。

R4＝R6+10 cm，远离接收天线。

R3＝R6+18 cm，远离接收天线。

R2＝R6+30 cm，远离接收天线。

R1＝R6+40 cm，远离接收天线。

3）左侧位置 1~6（L1~L6）。试验空间最左侧的点为 L1（即试验空间的平面圆与测量轴线垂直的直径与圆边的交点），沿 L1 和接收天线参考点的连线，向接收天线参考点移动 40 cm 为 L6 的位置点，其他点与 L6 的关系如下，并逐渐远离接收天线。

L5＝L6+2 cm，远离接收天线。

L4＝L6+10 cm，远离接收天线。

L3＝L6+18 cm，远离接收天线。

L2＝L6+30 cm，远离接收天线。

L1＝L6+40 cm，远离接收天线。

4）中心位置 1~6（C1~C6）。中心位置点位于试验空间中心至接收天线参考点的连线上（测量轴线），C6 位于试验空间的中心。当试验空间的直径大于 1.5 m 时，则需要测量 C1~C6 的位置点，这些位置点与 C6 的关系如下，并逐渐远离接收天线。

C5＝C6+2 cm，远离接收天线。

C4＝C6+10 cm，远离接收天线。

C3＝C6+18 cm，远离接收天线。

C2＝C6+30 cm，远离接收天线。

C1＝C6+40 cm，远离接收天线。

5）测量位置点的汇总。测量位置点见表 5-15～表 5-19，所有定位点按照高度（h_1，h_2）和位置（前，左，右，中）分组，测量顺序可以按任意顺序进行。每个位置点用 P_{mnopq} 来表示，下标对应下表中第一列的位置点的名称。

表 5-15　前端第一高度 S_{VSWR} 测量位置点

位置点名称	区　域	高　度	极化方向	d_{ref}的参考位置点	与参考位置点的关系
第一个高度处的前端测量位置（前，h_1）					
F1h1H	前	h_1	水平	F6h1	+40 cm 远离接收天线方向
F1h1V	前	h_1	垂直	F6h1	+40 cm 远离接收天线方向
F2h1H	前	h_1	水平	F6h1	+30 cm 远离接收天线方向
F2h1V	前	h_1	垂直	F6h1	+30 cm 远离接收天线方向
F3h1H	前	h_1	水平	F6h1	+18 cm 远离接收天线方向
F3h1V	前	h_1	垂直	F6h1	+18 cm 远离接收天线方向
F4h1H	前	h_1	水平	F6h1	+10 cm 远离接收天线方向
F4h1V	前	h_1	垂直	F6h1	+10 cm 远离接收天线方向
F5h1H	前	h_1	水平	F6h1	+2 cm 远离接收天线方向
F5h1V	前	h_1	垂直	F6h1	+2 cm 远离接收天线方向
F6h1H	前	h_1	水平	F6h1	=参考位置点（前，h_1）
F6h1V	前	h_1	垂直	F6h1	=参考位置点（前，h_1）

表 5-16　中心第一高度 S_{VSWR} 测量位置点

位置点名称	区　域	高　度	极化方向	d_{ref}的参考位置点	与参考位置点的关系
第一个高度处的中心测量位置（中，h_1）					
C1h1H	中	h_1	水平	C6h1	+40 cm 远离接收天线方向
C1h1V	中	h_1	垂直	C6h1	+40 cm 远离接收天线方向
C2h1H	中	h_1	水平	C6h1	+30 cm 远离接收天线方向
C2h1V	中	h_1	垂直	C6h1	+30 cm 远离接收天线方向
C3h1H	中	h_1	水平	C6h1	+18 cm 远离接收天线方向
C3h1V	中	h_1	垂直	C6h1	+18 cm 远离接收天线方向
C4h1H	中	h_1	水平	C6h1	+10 cm 远离接收天线方向
C4h1V	中	h_1	垂直	C6h1	+10 cm 远离接收天线方向
C5h1H	中	h_1	水平	C6h1	+2 cm 远离接收天线方向
C5h1V	中	h_1	垂直	C6h1	+2 cm 远离接收天线方向
C6h1H	中	h_1	水平	C6h1	=参考位置点（前，h_1）
C6h1V	中	h_1	垂直	C6h1	=参考位置点（中，h_1）

表 5-17　右侧第一高度 S_{VSWR} 测量位置点

位置点名称	区　域	高　度	极化方向	d_{ref}的参考位置点	与参考位置点的关系
第一个高度处的右侧测量位置（右，h_1）					
R1h1H	右	h_1	水平	R6h1	+40 cm 远离接收天线方向
R1h1V	右	h_1	垂直	R6h1	+40 cm 远离接收天线方向
R2h1H	右	h_1	水平	R6h1	+30 cm 远离接收天线方向
R2h1V	右	h_1	垂直	R6h1	+30 cm 远离接收天线方向

（续）

位置点名称	区　域	高　度	极化方向	d_{ref}的参考位置点	与参考位置点的关系
第一个高度处的右侧测量位置（右，h_1）					
R3h1H	右	h_1	水平	R6h1	+18 cm 远离接收天线方向
R3h1V	右	h_1	垂直	R6h1	+18 cm 远离接收天线方向
R4h1H	右	h_1	水平	R6h1	+10 cm 远离接收天线方向
R4h1V	右	h_1	垂直	R6h1	+10 cm 远离接收天线方向
R5h1H	右	h_1	水平	R6h1	+2 cm 远离接收天线方向
R5h1V	右	h_1	垂直	R6h1	+2 cm 远离接收天线方向
R6h1H	右	h_1	水平	R6h1	=参考位置点（前，h_1）
R6h1V	右	h_1	垂直	R6h1	=参考位置点（中，h_1）

表 5-18　左侧第一高度 S_{VSWR} 测量位置点

位置点名称	区　域	高　度	极化方向	d_{ref}的参考位置点	与参考位置点的关系
第一个高度处的左侧测量位置（左，h_1）					
L1h1H	左	h_1	水平	L6h1	+40 cm 远离接收天线方向
L1h1V	左	h_1	垂直	L6h1	+40 cm 远离接收天线方向
L2h1H	左	h_1	水平	L6h1	+30 cm 远离接收天线方向
L2h1V	左	h_1	垂直	L6h1	+30 cm 远离接收天线方向
L3h1H	左	h_1	水平	L6h1	+18 cm 远离接收天线方向
L3h1V	左	h_1	垂直	L6h1	+18 cm 远离接收天线方向
L4h1H	左	h_1	水平	L6h1	+10 cm 远离接收天线方向
L4h1V	左	h_1	垂直	L6h1	+10 cm 远离接收天线方向
L5h1H	左	h_1	水平	L6h1	+2 cm 远离接收天线方向
L5h1V	左	h_1	垂直	L6h1	+2 cm 远离接收天线方向
L6h1H	左	h_1	水平	L6h1	=参考位置点（前，h_1）
L6h1V	左	h_1	垂直	L6h1	=参考位置点（中，h_1）

表 5-19　前端第二高度 S_{VSWR} 测量位置点

位置点名称	区　域	高　度	极化方向	d_{ref}的参考位置点	与参考位置点的关系
第二个高度处的前端测量位置（前，h_2）					
F1h2H	前	h_2	水平	F6h2	+40 cm 远离接收天线方向
F1h2V	前	h_2	垂直	F6h2	+40 cm 远离接收天线方向
F2h2H	前	h_2	水平	F6h2	+30 cm 远离接收天线方向
F2h2V	前	h_2	垂直	F6h2	+30 cm 远离接收天线方向
F3h2H	前	h_2	水平	F6h2	+18 cm 远离接收天线方向
F3h2V	前	h_2	垂直	F6h2	+18 cm 远离接收天线方向
F4h2H	前	h_2	水平	F6h2	+10 cm 远离接收天线方向
F4h2V	前	h_2	垂直	F6h2	+10 cm 远离接收天线方向

（续）

位置点名称	区　域	高　度	极化方向	d_{ref}的参考位置点	与参考位置点的关系
第二个高度处的前端测量位置（前，h_2）					
F5h2H	前	h_2	水平	F6h2	+2 cm 远离接收天线方向
F5h2V	前	h_2	垂直	F6h2	+2 cm 远离接收天线方向
F6h2H	前	h_2	水平	F6h2	=参考位置点（前，h_2）
F6h2V	前	h_2	垂直	F6h2	=参考位置点（前，h_2）

6）测量位置的选择原则。依据图 5-9 和图 5-10 所示的位置进行场地确认测量，依据试验空间尺寸，可按以下流程，选择相应的位置点进行场地确认测量。在每个位置点上，水平和垂直两种极化方向上，在每个测试频率点根据每组 6 次独立的测量来确定 S_{VSWR}，如图 5-11 所示。

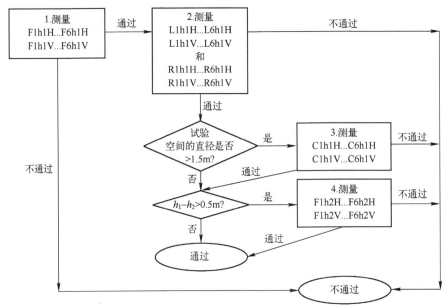

注：
1.测量顺序可不按图中的顺序进行测量
2.F1h1H表示前端位置1（F1）、高度一（h_1）、水平极化（H）测量，其他按此规律

图 5-11　测量流程图

（4）S_{VSWR}场地确认标准测量方法

S_{VSWR}场地确认测量方法，位置点用 P_{mnopq} 表示，下角标对应表 5-15～表 5-19 中的第一列给出的位置点名称。M 表示在每个位置点的实测信号为测量接收到的电场或电压，实测信号同样用下角标表示为 M_{mnopq}。例如，P_{F1h1H} 代表位置F1、高度 h_1、水平极化，而 M_{F1h1H} 代表在该点测量得到的信号（单位：dB）。发射天线和接收天线的极化方向保持一致，使用以下步骤进行 S_{VSWR} 测量。

1）将发射天线的参考点定位到前端第 6 位置点，高度调整为 h_1，极化方向设置为水平极化（P_{F6h1H}）。接收天线放置在辐射发射测量时的位置，测量距离为辐射发射测量时的距离

d，d 是从发射天线的参考点到接收天线的参考点的距离，接收天线和发射天线的高度保持一致。

2）确认显示的接收到的信号在要测量的全频段内至少比环境噪声和测量接收机或频谱分析仪显示的噪声高 20 dB。如果无法满足，那么可能需要在全频率范围和/或部分频率范围使用不同的设备（天线、电缆、信号源和前置放大器）以满足超出显示的本底噪声 20 dB 的要求。

3）在每个频率点，记录实测信号电平 M_{F1h1H}。可以使用扫描（sweep）测量模式，也可以使用扫频（scan）测量模式。如果使用扫频测量模式，那么频率步长应为 50 MHz 或更小。

4）在前端位置，发射天线保持高度 h_1，水平极化，将其移到表 5-15 中的其他 5 个位置点，重复步骤 2)和 3)，一共进行 6 次测量得到 $M_{F1h1H} \sim M_{F6h1H}$。

5）在前端位置，发射天线保持高度 h_1，发射天线设置为垂直极化，按表 5-15 的位置点重复步骤 2)~4)，进行 6 次测量得到 $M_{F1h1V} \sim M_{F6h1V}$。

6）对于所有的测量，按式（5-9），将其测量的电场或电压归一化到表 5-15 中参考位置点的距离上。

$$M'_{mnopq} = M_{mnopq} + 20\log\left(\frac{d_{mnopq}}{d_{ref}}\right) \tag{5-9}$$

式中　　d_{mnopq}——接收天线参考点到测量位置点的实际间隔距离；

　　　　d_{ref}——接收天线参考点到表 5-15~表 5-19 中参考位置点的实测间隔距离；

　　　　M_{mnopq}——测量位置点的实测信号，以 dB 为单位表示的电场或电压；

　　　　M'_{mnopq}——将测量位置点的实测的电场或电压归一化到参考位置点的距离后的值。

7）计算水平极化的 S_{VSWR}，依据电压驻波比计算公式，在 6 个位置点，用归一化后的最大值 $M'_{max,dB}$ 减去归一化后的最小值 $M'_{min,dB}$ 得到前端位置的场地电压驻波比 $S_{VSWR,dB}$。依据垂直极化的归一化数据计算垂直极化的 $S_{VSWR,dB}$。

8）对试验空间的左侧和右侧区域位置重复步骤 1)~7)。注意，当发射天线移动到左侧或右侧位置点时，应保持其视轴方向对准接收天线。接收天线仍旧保持对准试验空间的中心（并不对准两侧的位置点），即和进行被测设备辐射发射测量时接收天线相同的朝向。

9）按照测量位置的选择原则，如果有需要，对中心位置和对第二高度所需的所有测量重复上面的步骤。在第二高度测量时，接收天线应置于和发射天线同样的高度。

（5）S_{VSWR} 场地确认互易测量方法

对于 FAR 或 SAC 允许使用全向场强探头来评估 S_{VSWR}，该场强探头放置在表 5-15~表 5-19 中要求的位置点，作为测量信号的接收设备，全向场强探头需满足 GB/T 6113.104—2021 的 7.4.2 中对辐射方向图的要求。将辐射发射测量使用的接收天线作为场地确认的发射天线。场强探头应能够和发射天线的极化方向保持一致。使用以下步骤进行 S_{VSWR} 测量。

1）将场强探头放置在前端第 6 位置点，高度调整为 h_1，极化方向设置为水平极化（P_{F6h1H}）。发射天线放置在辐射发射测量时的位置，测量距离为辐射发射测量时的距离 d，d 是从试验空间的最前端到发射天线的参考点的距离，发射天线和场强探头的高度保持一致。

2）确认接收到的场强的量级足以使探头正常工作。另外，需要检查发射系统和探头系统的线性度，并且应将谐波抑制到低于主信号至少 15 dB。由于输出功率电平的变化会导致测量结果发生变化，所以推荐使用定向耦合器来监视测试中的前向功率。

3）在每个频率点记录实测信号电平 M_{F1h1H}。可以使用扫描测量模式，也可以使用扫频测量模式。如果使用扫频测量模式，那么频率步长应为 50 MHz 或更小。

4）在前端位置，探头保持高度 h_1，水平极化，将其移到表 5-15 中的其他 5 个位置点，重复步骤 3），一共进行 6 次测量得到 $M_{F1h1H} \sim M_{F6h1H}$。

5）在前端位置，探头保持高度 h_1，变为垂直极化，按表 5-15 的位置点重复步骤 2）~ 4），进行 6 次测量得到 $M_{F1h1V} \sim M_{F6h1V}$。

6）对于所有的测量，按式（5-9），将其测量的电场或电压归一化到表 5-15 中参考位置点的距离上。

7）计算水平极化的 S_{VSWR}，依据电压驻波比计算公式，在 6 个位置点，用归一化后的最大值 $M'_{max,dB}$ 减去归一化后的最小值 $M'_{min,dB}$ 得到前端位置的场地电压驻波比 $S_{VSWR,dB}$。依据垂直极化的归一化数据计算垂直极化的 $S_{VSWR,dB}$。

8）对试验空间的左侧和右侧区域位置重复步骤 1）~7）。注意，对于互易的测量方法，需要调整探头使其方向始终对准发射天线的参考点。发射天线应保持正对准试验空间的中心（并不对准两侧的位置点），即和进行被测设备辐射发射测量时接收天线相同的朝向。

9）按照测量位置的选择原则，如果有需要，对中心位置和对第二高度所需的所有测量重复上面的步骤。在第二高度测量时，探头应与发射天线处于同样的高度。

对于 1~6 GHz 辐射发射场地的确认，所有测量频率点及两种极化的 S_{VSWR} 均应符合5.4.1 节的要求。对于场地确认的两种测量方法，通常情况下选择场地确认标准测量方法。对于互易方法，由于考虑到发射信号的大小及场强探头接收的灵敏度情况，可能需要配备相应的功率放大器才能满足要求，因此互易方法可能不便于实际使用。

对于 1~6 GHz 辐射发射场地确认后，则试验空间的大小和位置就确定了，在对被测设备进行辐射发射测量时，对于测量较小尺寸的被测设备，即被测设备的直径小于试验空间的直径时，应调整测量天线的位置，使得被测设备与测量天线参考点之间的距离与场地确认进行场地电压驻波比测量时的距离一致。

5.5　辐射发射测量设备的要求

5.5.1　测量接收机

测量接收机应符合 GB/T 6113.101（CISPR 16-1-1）标准规定，为带或不带预选器的诸如可调谐电压表、电磁干扰（EMI）接收机、频谱分析仪或基于 FFT（快速傅里叶变换，fast-Fourier transform）的测量仪器一类的仪表。辐射发射测量的测量接收机应该带有 GB/T 6113.203（CISPR 16-2-3）标准规定的平均值（RMS-average）检波器、准峰值（QP）检波器和峰值（PK）检波器，中频带宽支持 6 dB 带宽。

通常情况下，对于 30 MHz~1 GHz 频率范围，辐射发射测量使用 EMI 接收机，1 GHz 以上频率范围，辐射发射测量使用频谱分析仪。

5.5.2　测量天线

辐射发射测量天线应符合 GB/T 6113.104 和 CISPR 16-1-4 标准的要求。天线应为校准过的天线。天线和插入在天线与测量接收机之间的电路不应对测量接收机的总的特性产生显著影响。

天线应为线极化天线,并且极化方向应该可以改变,以便能够测量入射辐射场的所有极化分量。天线中心距地面或 FAR 中的吸波材料的高度依据辐射发射测量的试验程序是可调节的。

为了保证良好的匹配性能,通常情况下可在天线与射频线缆的连接处连接 1 个衰减器,依据情况可选择 3 dB 或 6 dB 衰减器,如果测量时天线使用了衰减器,那在进行天线校准时天线应连接此衰减器进行校准。

1. 频率范围 30 MHz~1 GHz 的测量天线

在 30 MHz~1 GHz 频率范围内,测量的是电场,因此不使用磁场天线。天线应为设计用来测量电场的偶极子类的天线,在进行辐射发射测量时,应使用自由空间天线系数。天线的类型包括:

1)调谐偶极子天线,其振子为直杆或锥形。

2)偶极子阵列天线,例如对数周期偶极子阵列(LPDA)天线,由一系列交错的直杆振子组成。

3)复合天线。

对于辐射发射测量,为了获得较小的测量不确定度,建议优先使用典型的双锥天线或 LPDA 天线。但是由于双锥天线(在 30~250 MHz 频率范围使用)和 LPDA 天线(在 250 MHz~1 GHz 频率范围使用)的使用频率范围不能单独涵盖 30 MHz~1 GHz 的频率范围,在实际的辐射发射测量时,为了提高测试效率,通常选择使用宽带的复合天线,能覆盖 30 MHz~1 GHz 频率的测量,在不确定度评定时,要考虑天线对不确定度的影响。

2. 频率范围 1~6 GHz 的天线

在 1 GHz 以上的辐射发射测量时应使用经过校准的线极化天线,包括 LPDA 天线、双脊波导喇叭天线和标准增益喇叭天线。使用的天线的方向性图的"波束"或主瓣应足够大,以覆盖在测量距离上的被测设备。天线主瓣宽度定义为天线的 3 dB 波束宽度,在天线的相关文件中需要给出确定这个参数的相关信息。对于喇叭天线,应满足式(5-10)的条件。

$$d \geqslant \frac{D^2}{2\lambda} \tag{5-10}$$

式中 d——测量距离,单位为米(m);

D——天线的最大口径,单位为米(m);

λ——测量频率上的自由空间波长,单位为米(m)。

通常在 1~6 GHz 频率范围内进行辐射发射测量时,使用 1 副喇叭天线涵盖整个测量频段,假设辐射发射的测量距离为 3 m,那么使用的喇叭天线的最大尺寸应不大于 31 cm。

5.5.3 预放大器及射频线缆

在进行辐射发射测量时,为了降低环境噪声,通常情况下在测量系统路径上使用预放大器。预放大器的频率范围及增益满足测量要求,注意预放大器的供电不能影响测量结果。在使用过程中,注意被测设备工作频率对预放大器的影响,不能造成预放大器或测量接收机饱和或信号失真。针对无线设备，考虑在其工作频率范围外的辐射发射测量，在预放大器前端增加高通滤波器，避免工作频率对测量系统的影响。

对于连接测量天线到测量接收机的线缆，应使用屏蔽同轴射频线缆，线缆的使用频率及插入损耗应满足测量系统的要求。对于天线后端随天线升降的线缆，要避免其在升降过程中刮蹭天线塔，选择拉伸强度较大的射频线缆。射频线缆不能对接收的测量设备有影响。

5.5.4 转台与天线塔

测量使用的转台，其尺寸应该依据测量场地的尺寸确定。转台能进行 0°~360°连续旋转，也可按设置的步进进行步进式旋转。旋转的速度应分档可选。建议转台转动的精度小于或等于5°，定位精度小于或等于±1°。转台的承重依据暗室设计时的最大被测设备重量确定。

测试使用的天线塔，其承重应大于测量接收天线的重量，在 SAC 中具备 1~4 m 高的范围内可控制自动调节高度，在 FAR 中能自动或手动调节高度，能自动进行天线的极化转换。在自动进行高度调节时，有高度上下应急保护开关及硬件上下限保护部件。天线塔的升降速度可调，可连续或步进式升降，定位精度小于或等于±1 cm。

如果进行符合 ANSI C63.4 标准的辐射发射测量，天线塔应该符合此标准规定的天线塔的要求，即在测量过程中，天线塔具备下倾指向被测设备的功能。

5.5.5 被测设备支撑物

对于台式设备，在进行辐射发射测量时，应放置在非金属的桌子上。桌面的大小通常为 1.5 m×1.0 m（长×宽），高度在 OATS 和 SAC 场地为 0.8 m，在 FAR 场地依据试验空间的位置确定。试验桌应按 GB/T 6113.104—2021 标准的 6.11.2 的要求进行评估，作为辐射发射不确定度评定的一个分量。

为了减少支撑物的影响，通常情况下，使用电导率小于 1.4 的低电导率材料作为辐射发射测量的支撑物。

5.6 辐射发射测量方法

5.6.1 辐射发射的测量原理

辐射发射测量的物理参数是用被测设备所在空间某一规定点的电场强度来表示。例如，对于在开阔试验场地（OATS）上或半电波暗室（SAC）中进行的 30 MHz~1 GHz 的辐射发射测量，该被测量定义为距离被测设备的水平距离 10 m 或 3 m、被测设备在 0°~360°范围内旋转时，作为水平极化、垂直极化以 1~4 m 扫描高度的函数的最大场强。即在距离被测设备 3 m 或 10 m 远处，测量的被测设备的最大发射场强。

进行辐射发射测量时，依据式（5-11）计算测量的场强。

$$E = V_r + A_c + F_a \tag{5-11}$$

式中　E——被测电场强度，单位为分贝微伏每米 [dB(μV/m)]；

　　　V_r——被测量最大接收电压，单位为分贝微伏 [dB(μV)]；

A_c——天线和接收机之间的电缆损耗，单位为分贝（dB）；

F_a——自由空间天线系数，单位为分贝每米［$dB(m^{-1})$］。

5.6.2 被测设备的工作状态

进行辐射发射测量时，被测设备应工作在实际应用时典型应用的工作状态，选择预期可能产生的最大辐射发射电平值的工作状态。在测量过程中，如果能够实现，被测设备尽可能与实际的典型应用一致，如果无法实现，则尽可能使用接近于实际的典型应用的模拟工作状态。例如，对无线终端设备进行辐射发射测量时，使用模拟基站与被测设备建立通信连接。

对于与无线通信设备联合进行辐射发射测量的被测设备，无线通信设备通常工作在业务状态或空闲状态，选择最大的辐射发射工作状态。

对于多功能的被测设备，如果无须对设备内部进行改变即可实现其功能，应按照其每个功能单独进行辐射发射测量，只要每个功能均符合相关标准要求，则认为该被测设备符合要求。对于各功能不能单独运行的设备，或对于某一特定功能独立运行后将导致设备不能满足其主要功能的设备，或对于几项功能同时运行时能节约测量时间的设备，如果该设备在运行必要的功能时可满足相关标准的规定，则认为它符合要求。

被测设备的运行时间，如果被测设备规定了额定的运行时间，那在进行测量时，按规定的时间运行。否则，被测设备在测量过程中应保持持续运行。

如果被测设备支持多个工作模式，各个工作模式能同时工作，则应在多个工作模式同时工作的模式下进行试验，否则每一个工作模式应分别进行试验。例如，被测设备具有语音业务和数据业务工作模式，两种工作模式都应试验。

被测设备的输出功率电平应为最大额定输出功率电平。

被测设备的供电，被测设备应在其规定的额定电压下工作，如果其规定的额定电压不止一种，应选择最大辐射发射的电压进行测量。

5.6.3 被测设备的配置

试验配置应尽可能地接近被测设备实际使用的典型情况。

提供有用射频信号的系统模拟器应置于试验环境外，建立通信连接的有用射频信号应通过试验环境内的天线馈入，提供被测设备典型工作的信号。

当被测设备具有一体化天线时，应安装正常使用时的天线进行试验。

如果被测设备与辅助设备相连，试验可在辅助设备的最小配置下进行，与辅助设备相连的端口应被激活。

如果被测设备有大量的端口，应选取充分数量的端口模拟实际情况的工作条件。

对于被测设备在实际使用中与其他设备连接的端口，试验时这些端口应与辅助设备、辅助测试设备或模拟辅助设备阻抗的匹配负载相连。

对于被测设备在实际使用中不与其他设备连接的端口，例如服务端口、程序端口和调试端口等，测试时这些端口不与其他设备连接。如果为了激励被测设备，这些端口要与辅助测试设备相连，或者互连电缆必须延长时，应确保对被测设备的评估不因辅助测试设备或电缆的延长而受到影响。

辅助测试设备宜放置在试验区域外，如果放置在试验区域内，辅助测试设备不应影响被测设备的测试结果或其带来的影响应被排除。

5.6.4 被测设备的测量布置

1. 测量布置原则

依据被测设备实际使用时的放置方式，进行辐射发射测量时应按表 5-20 测量布置要求的方式进行布置。

表 5-20 被测设备的测量布置原则

被测设备典型的使用方式	测量布置	备注
台式	台式	—
落地式	落地式	—
可台式或落地式	台式	—
机架式安装	机架式或台式	—
其他，例如壁挂式、顶部安装式、手持式和穿戴式	台式	1. 按照正常使用时的朝向放置 2. 如果被测设备设计成顶部安装式，那么朝下的表面可以朝上放置
如果按照台式布置存在危险，可以按照落地式布置，并在试验报告中阐明该布置及其选择的理由		

2. 测量距离

测量距离为被测设备及其本地辅助设备布置完成后，包围所有被测量的设备、本地辅助设备及其连接线缆的假想圆的边界到测量接收天线校准参考点的最短水平距离。假想圆的圆心（测量布置的中心）与转台的中心（试验空间底部圆的中心）在地面的投影重合，如图 5-12 所示。

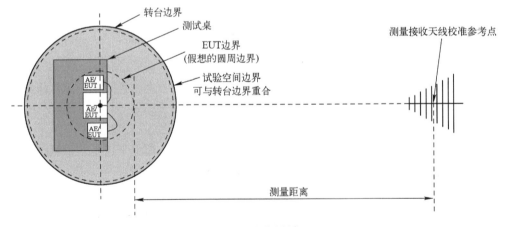

图 5-12 测量距离

3. SAC、OATS 和 FSOATS 内辐射发射测量布置

（1）试验桌

具有合适介电常数的材料制成的非导电桌，以保证能最大限度地减少试验桌对测量结果的影响。试验桌的桌面大小应足够容纳被测设备、本地辅助设备和相关的线缆，通常情况下

桌面的大小不应超出试验空间的边界，试验桌的高度为 0.8 m±0.01 m。

（2）被测设备摆放

台式设备放置在试验桌上，被测设备任何两个单元间的间距应≥0.1 m，如果可行，被测设备的背面应与试验桌的后边对齐。

落地式设备应与水平接地参考平板绝缘，使用最大厚度不超过 0.15 m 的绝缘物支撑。

如果设备之间实际使用时能上下重叠放置，在测量时可将设备重叠放置。

（3）线缆的布置

所有视为被测设备组成部分的线缆应按正常使用状态布置。

与测量区域以外的设备相连的线缆应直接垂落至水平接地参考平板，使用厚度不超过 0.15 m 的绝缘支撑物与水平接地参考平板绝缘，沿线缆离开测量区域的位置走线。

如果可行，电源线的有效长度应为 1 m±0.1 m。

如果可行，台式设备的连接线缆应垂落在试验桌的背面。线缆悬起的部分至水平接地参考平板的距离小于 0.4 m，超出的部分应在线缆中心折叠成长度不超过 0.4 m 的线束，并使这些线束位于水平接地参考平板上方 0.4 m 处。

对于超长的线缆应进行无感性的捆扎，无感捆扎是指利用最小可行的弯曲半径，将线缆来回折叠，从而缩短线缆，当无法捆扎时，应避免线缆绕环。

（4）外部电源

对于台式设备，如果被测设备有外部供电单元（包括 AC/DC 电源转换器），则外部电源放置在试验桌上。如果电源（包括电源插头一体化的电源）端口输入电缆短于 0.8 m，应使用延长电缆，使外部电源单元能放置在试验桌上。

（5）接地线缆

被测设备实际使用时需要专用的接地连接，在测量时应按实际使用时的接地连接方式进行接地，可连接到暗室的水平接地参考平板、暗室墙壁或暗室的专用接地端子上。

（6）布置示例图

测量布置示例如图 5-13～图 5-16 所示。

4. FAR 内辐射发射测量布置

除了离开测量区域的线缆外，被测设备、本地辅助设备的布置与使用 SAC、OATS 和 FSOATS 测量时的布置要求一致。离开测量区域的线缆首先应水平走线，水平走线的最短暴露长度为 0.8 m；然后再垂直走线至测量区域的底部，垂直走线的最短暴露长度为 0.8 m。这些线缆垂落至测量区域底部后，可布线到转台中心的接线孔洞。线缆应以最短路径离开暗室以减少影响。如果制造商规定的线缆短于 1.6 m，那么水平走线应尽可能接近 0.8 m。

电源插座可置于转台上（或绝缘支撑上），只要这种配置可满足暗室场地确认。

需要时，可在转台的中心提供接入孔以便于布线。

测量布置示例如图 5-17、图 5-18 所示。

5.6.5　辐射发射测量程序及设置

1. 测量程序

辐射发射测量程序通常分为两步进行，第一步先进行预扫描测量，捕捉信号，确定被测

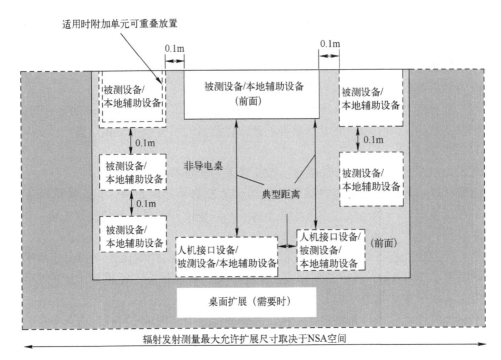

图 5-13 台式被测设备测量布置示例（俯视图）

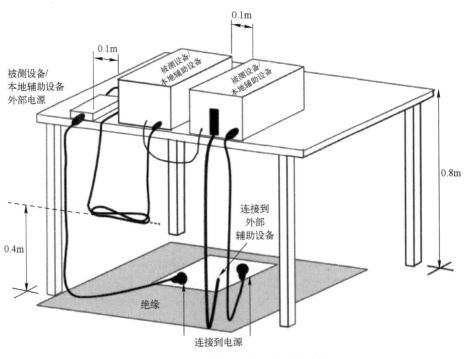

图 5-14 台式被测设备测量布置示例

设备在哪些频率产生的发射电平较高，进行数据筛选并记录转台和天线的位置。第二步进行正式测量，只对发射幅值接近或超过发射限值的频率点进行测量，即仅对反射幅值接近或超过限值的关键的频点测量其最大值，进行相应的数据处理。

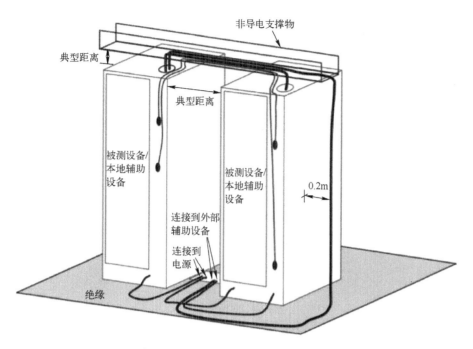

图 5-15　落地式被测设备测量布置示例

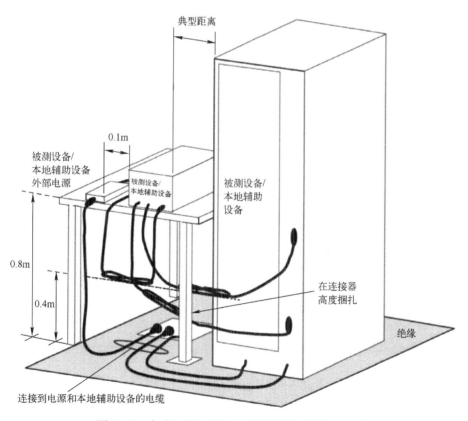

图 5-16　台式和落地式组合的被测设备测量布置示例

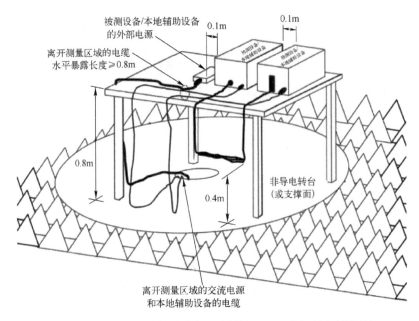

图 5-17　台式被测设备测量布置示例图（FAR 内辐射发射测量）

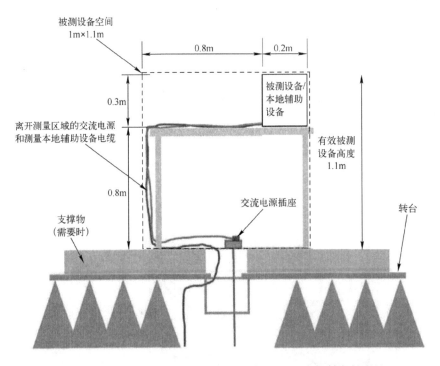

图 5-18　线缆配置和被测设备高度的示例（FAR 内辐射发射测量）

通常情况下，对于能减少测量时间的通用流程如图 5-19 所示。

2. 测量设置

（1）检波器

进行辐射发射测量时，为了节约测量的时间，可以先使用峰值检波器进行测量，然后依据测量结果的情况及限值的要求，再判断是否选择其他检波器进行再次测量，检波器的选择流程如图 5-20、图 5-21 所示。

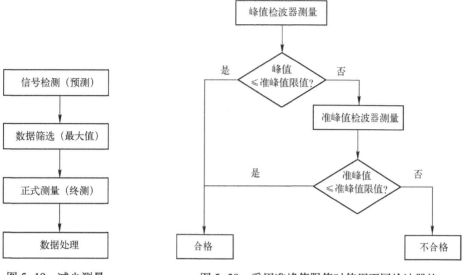

图 5-19　减少测量
时间的流程

图 5-20　采用准峰值限值时使用不同检波器的
流程图（30 MHz~1 GHz）

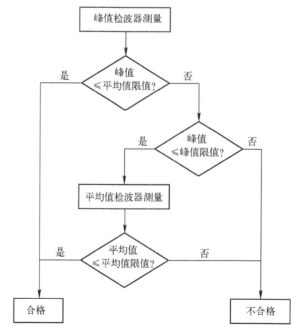

图 5-21　采用平均值和峰值限值时使用不同检波器的流程图（1~6 GHz）

（2）测量接收机的带宽

测量带宽通常选择 GB/T 6113.101（CISPR 16-1-1）标准规定的测量接收机的参考带宽，30 MHz~1 GHz，测量接收机的测量带宽设置为 120kHz（B_6）。1~6 GHz，测量接收机的测量带宽设置为 1 MHz（B_6）。

（3）测量模式

进行测量时，使用最大值保持的测量模式进行扫描（sweep，频率连续测量，频谱分析仪方式）或扫频（scan，频率步进式测量，EMI 测量接收机方式）。在预测量时，可使用扫描方式，能提升测试效率，节约测量时间。在最终测量时，可使用扫频方式，频率的步进应至少小于测量接收机的测量带宽的一半。

（4）测量时间

如果是单次扫描，每一频点的测量时间应大于被测设备间歇信号的脉冲间隔。如果采用最大值保持进行重复扫描，每一频点的观察时间应足够长，以捕捉被测设备的间歇信号，使用峰值检波器进行测量时，使用式（5-12）~式（5-14）计算最短测量时间，如果骚扰电平不稳定，那么每次测量时，对测量接收机的读数观察时间应不小于 15 s。

1）使用频谱分析仪或 EMI 接收机进行扫描测量时（连续扫描方式，sweep 方式），若所选视频带宽（VBW）大于分辨率带宽（RBW），用式（5-12）计算最短扫描时间。

$$T_{s\,min} = (k \times \Delta f)/(B_{res})^2 \qquad (5-12)$$

式中　$T_{s\,min}$——最短扫描时间；

　　　　k——比例常数，与分辨率滤波器的形状有关。对于同步调谐、近似高斯型滤波器，该常数假定为 2~3，对于近似矩形、参差调谐滤波器，k 值为 10~15；

　　　　Δf——频率跨度；

　　　　B_{res}——分辨率带宽。

若所选视频带宽（VBW）小于或等于分辨率带宽（RBW），使用式（5-13）计算最短扫描时间。

$$T_{s\,min} = (k \times \Delta f)/(B_{res} \times B_{video}) \qquad (5-13)$$

式中　B_{video}——视频带宽。

例如，使用频谱分析仪进行连续扫描测量，则使用峰值检波器测量时，假设每 1 GHz 为一个扫描频段，如 1~2 GHz，则最小测量时间为 $(k \times 1)$ ms。如果 k 取 3，则最小测量时间为 3 ms，如果 k 取 10，则最小测量时间为 10 ms。通常，实际测量的时间会设置为比最小测量时间大一些。

2）使用 EMI 接收机进行扫频测量时（步进扫频方式，scan 方式），使用式（5-14）计算最短扫描时间：

$$T_{s\,min} = T_{m\,min} \times \Delta f/(B_{res} \times 0.5) \qquad (5-14)$$

式中　$T_{m\,min}$——每一频率的最短测量（驻留）时间，见表 5-21。

表 5-21　最短测量时间

频　段		最短测量时间 T_m
A	9~150 kHz	10.00 ms
B	0.15~30 MHz	0.50 ms
C/D	30~1000 MHz	0.06 ms
E	1~18 GHz	0.01 ms

例如，在 30 MHz~1 GHz，如果使用 EMI 测量接收机进行步进扫频方式测量，使用峰值检波器测量时，则最短的测量时间为 0.97 s。

（5）接收天线设置

接收天线的极化，应垂直和水平极化都进行测量。

30 MHz~1 GHz，使用 OATS/SAC 场地时，接收天线的扫描高度变化应在水平接地参考平板上方 1~4 m 的范围进行。使用 FAR 场地时，接收天线固定不动，高度固定在试验空间的几何中心高度。

1~6 GHz，使用 FSOATS 场地时，接收天线的扫描高度范围依据测量距离处接收天线最小 3 dB 波瓣宽度，如果波瓣宽度能覆盖被测设备高度的全部，则接收天线固定不变，天线正对被测设备的中心高度。如果波瓣宽度不能覆盖被测设备的全部高度，则接收天线在覆盖被测设备全部高度的高度范围内扫描，也可选择在 1~4 m 的范围内进行。

测量时如果天线的高度需要上下变化，宜使用连续的高度扫描以获得最终最大的发射值。如果使用步进高度扫描，则应注意确保增量（天线升降的步长）足够小，确保捕捉到被测设备最大的发射值。正式测量时，对于预测量选择的要最终测量的频率点，如果预测量时此频率点最大电平值对应的天线高度为 h，预测量时天线高度的步进是 s，则天线应在 $h\pm s$ 的高度范围内（不应超过 1~4 m 的范围）连续搜索进行最终测量。如果预测量时天线连续升降，则在正式测量时，s 取在一个完整的测量频段内天线升高或降低的高度，建议不大于 0.5 m。

（6）转台设置

被测设备放置在转台上，测量时需要进行旋转。转台可以连续旋转或以小于或等于 15° 的步进增量旋转，应进行 0°~360° 旋转，获得每个关注频点的最大发射值。对于转台的连续旋转模式，应设置频谱分析仪的扫描时间，使其在小于或等于转台转过 15° 的时间内扫描完所选择的频率范围。如果转台的选择速度在频谱仪的一个完整扫频或扫描时间内，转台转过角度大于 15°，应使用较小的频率范围来减少频谱仪的扫描时间，从而达到每次扫频时转台的最大角度为 15°。

全电波暗室中进行辐射发射测量时，30 MHz~1 GHz，当不要求转台连续旋转时，转台应至少在三个方位（0°、45° 和 90°）上进行测量。

正式测量时，对于预测量选择的要最终测量的频率点，如果预测量时此频率点最大电平值对应的转台角度为 a，预测量时方位角度的步进为 $1°<s\leqslant15°$ 时，则转台应在 $a\pm s$ 的角度范围内（不应超过 0°~360° 的范围）连续搜索进行最终测量。如果预测量时转台连续旋转，则在正式测量时，s 取 15°。

3. 测量结果

在骚扰电平超过（$L-10$ dB）（L 为用对数单位表示的限值电平）的那些骚扰电平中，对于每种检波方式，应记录 6 个最大的骚扰电平及其对应的频率。还应记录天线的高度、极化方向及转台角度。

对于测量场所的辅助测量设备，即用于被测设备的运行或对被测设备进行监控的设备，其辐射发射不应影响被测设备的辐射发射，如果其影响了被测设备的辐射发射，这些辐射应通过减缓措施来降低这些发射，这些降低措施不应影响被测设备的发射。

对于被测设备与无线通信设备联合进行辐射发射时，无线通信设备的工作频率及其杂散发射应该被忽略，但应记录在报告中。

典型的辐射发射测量包括被测设备的旋转、在高度范围内扫描接收天线和改变天线极化方向这些最大化程序。这个耗时的搜索程序可以自动进行，但需要注意的是使用不同搜索方法，得到的结果可能不同。假如被测设备的辐射特性已知，应在天线杆和转台的搜索范围内选择确定最大骚扰幅值的最大化程序，例如，被测设备在水平面有一个方向性很强的信号发射（如被测设备有缝隙存在），接收机采集数据时，转台应连续旋转。也就是说，如果转台步进旋转，则可能由于旋转的角度增量间隔太大，无法检测到信号的最大幅度或引起信号的完全丢失。频谱分析仪的扫频时间应小于转台旋转15°的时间以得到有效最大值数据。

可以将天线固定在一个高度，360°旋转转台，寻找产生最大发射幅度的角度。然后，改变天线极化方向（例如，由水平极化改为垂直极化），转台反向旋转360°。此过程中，接收机连续采集数据，根据转台角度和天线极化方向，在第二次转台扫频后确定最高幅值。然后选定发射幅值最大时天线和转台的位置，在要求高度范围内移动天线，寻找产生最大幅值的位置。将天线返回至测到最大发射幅值的高度后，通过接收机在准峰值检波模式记录此点的发射电平或通过旋转转台角度，并接着再增加天线高度连续搜寻，更精确地获得给定频率下的最大发射幅度。此外，了解被测设备的辐射发射的特性，有利于选用最适宜的搜索方法设置软件，以便在最短时间内找到被测设备的发射最大值。当最终测量是在辐射特性曲线边沿而非峰值点进行，则会导致测量结果的不确定。

5.7 辐射发射测量不确定度评定示例

辐射发射测量不确定度应为标准符合性不确定度（SCU），包含了被测量的固有不确定度以及测量设备和设施的不确定度（MIU），也称为被测量的总不确定度或测量系统不确定度。

由于测量的被测设备种类繁多，对每个被测量的固有不确定度进行评定不太现实，因此一般只对测量设备和设施的不确定度（MIU）进行评定，测量结果的符合性判定时，如果考虑不确定度的影响，则不确定度使用测量设备和设施的不确定度。

本章的不确定度评定示例为辐射发射测量设备和设施的不确定度评定。不确定度评定的数据均为虚拟数据。

5.7.1 测量不确定度评定参考标准

JJF 1059.1—2012《测量不确定度评定与表示》。

GB/Z 6113.401—2018《无线电骚扰和抗扰度测量设备和测量方法规范 第4—1部分：不确定度、统计学和限值建模 标准化EMC试验的不确定度》。

GB/T 6113.402—2022《无线电骚扰和抗扰度测量设备和测量方法规范 第4—2部分：不确定度、统计学和限值建模 测量设备和设施的不确定度》。

CISPR 16-4-2：2018 Specification for radio disturbance and immunity measuring apparatus and methods-Part 4-2：Uncertainties，statistics and limit modelling-Measurement instrumentation uncertainty。

5.7.2 辐射发射测量方法及测量系统

无线通信设备的辐射发射测量方法依据GB/T 9254.1—2021标准进行。

1. 30 MHz~1 GHz 辐射发射测量系统

假设 30 MHz~1 GHz 辐射发射，测量在半电波暗室中进行，台式被测设备放在 0.8 m 高的非导电桌上，桌子由低介电常数材料制成。落地式被测设备放置在地面上，并与地面使用绝缘支撑物隔开，天线与被测设备的距离为 3 m 或 10 m，使用宽带复合天线，天线在 1~4 m 高度范围内扫描，极化方向为水平极化和垂直极化。转台在 0°~360°范围内旋转，测量被测设备的最大电场强度，单位为 dB(μV/m)。测量布置如图 5-14~图 5-16 所示。

假设测量接收机的型号为 EXX01，测量接收天线的型号为 AXX01。测量布置按 GB/T 9254.1—2021 标准进行布置，如图 5-22 所示。

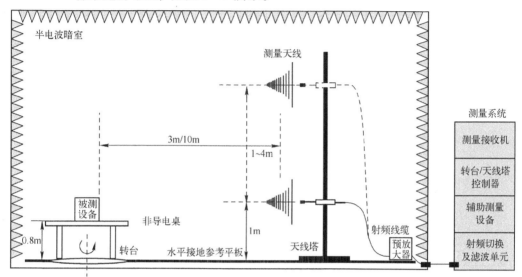

图 5-22　30 MHz~1 GHz 辐射发射测量

2. 1~6 GHz 辐射发射测量系统

假设 1~6 GHz 辐射发射，测量在全电波暗室中进行，使用喇叭天线，天线高度固定，极化方向为水平极化和垂直极化。转台在 0°~360°范围内旋转，测量被测设备的最大电场强度，单位为 dB(μV/m)。测量布置如图 5-17 和图 5-18 所示。

假设测量接收机的型号为 EXX02，测量接收天线的型号为 AXX02。测量布置按 GB/T 9254.1—2021 标准进行布置，如图 5-23 所示。

5.7.3　辐射发射测量的数学模型

被测设备辐射发射的电场强度 E 按式（5-15）计算：

$$E = V_r + a_c + F_a + \delta V_{sw} + \delta V_{pa} + \delta V_{pr} + \delta V_{nf} + \delta M + \delta G_{pg} + \delta F_{af} + \delta F_{ah} + \delta F_{adir} +$$
$$\delta F_{aph} + \delta F_{acp} + \delta F_{abal} + \delta A_N + \delta d + \delta A_{NT} + \delta h + \delta a + \delta E_{amb} \tag{5-15}$$

式中　E——被测设备辐射发射的电场强度，单位为 dB(μV/m)；

　　　V_r——测量接收机读数，单位为 dBμV；

　　　a_c——测量接收机到接收天线的路径衰减，单位为 dB；

　　　F_a——接收天线系数，单位为 dB(1/m)；

　　　δV_{sw}——对测量接收机正弦波电压不准确的修正，单位为 dB；

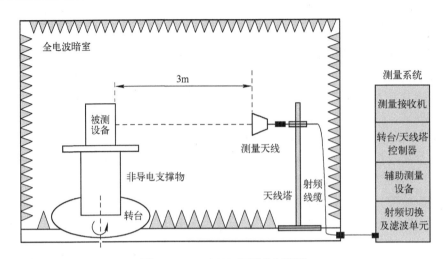

图 5-23 1~6 GHz 辐射发射测量

δV_{pa}——对测量接收机脉冲幅度响应不理想的修正，单位为 dB；

δV_{pr}——对测量接收机脉冲重复频率响应不理想的修正，单位为 dB；

δV_{nf}——对测量系统本底噪声影响的修正，单位为 dB；

δM——对测量系统设备间失配误差的修正，单位为 dB；

δG_{pg}——对预放大器增益漂移的修正，单位为 dB；

δF_{af}——对接收天线系数频率内插误差的修正，单位为 dB；

δF_{ah}——对接收天线系数随高度变化影响的修正，单位为 dB；

δF_{adir}——对接收天线方向性差异的修正，单位为 dB；

δF_{aph}——对接收天线相位中心位置影响的修正，单位为 dB；

δF_{acp}——对接收天线交叉极化响应的修正，单位为 dB；

δF_{abal}——对接收天线不平衡性影响的修正，单位为 dB；

δA_N——对测量场地不理想的修正，单位为 dB；

δd——对接收天线与被测设备之间的测量距离不准确的修正，单位为 dB；

δA_{NT}——对被测设备支撑物材料影响的修正，单位为 dB；

δh——对试验桌离地面的高度不准确影响的修正，单位为 dB；

δa——对转台角度不准确影响的修正，单位为 dB；

δE_{amb}——对环境噪声影响的修正，单位为 dB。

5.7.4　各个输入分量的标准不确定度评定

1. 测量接收机读数，V_r

测量接收机读数变化的原因包括测量系统的不稳定和表的刻度内插误差。V_r 的估计值是稳定的信号多次（测量次数在 10 次以上）读数的平均值，可使用不确定度的 A 类评定方法的贝塞尔公式法。辐射发射测量时，使用最大保持的单次测量结果作为最佳估计值，其标准不确定度是单次测量结果的试验标准差。

例如：使用性能稳定的信号源，通过线缆与测量接收机相连，在 30 MHz~6 GHz 频率范围内，以一定的频率步长进行多次测量，选择标准偏差最大的频点对应的值进行计算。可依据测量系统频率范围的划分，在不同频率范围内选取。

在 30 MHz~6 GHz 频段内，假设 100 MHz 对应的试验标准差最大，测量结果见表 5-22。

表 5-22　100 MHz，10 次测量结果

n	1	2	3	4	5	6	7	8	9	10	平均值
结果 （单位为 dBμV）	70.37	70.44	70.43	70.48	70.45	70.43	70.36	70.39	70.39	70.42	70.416

单个值的试验标准差为 0.114 dB，则测量接收机读数的标准不确定度为：

$$u(V_r) = 0.114 \text{ dB}$$

2. 测量接收机正弦波电压不准确的修正量，δV_{sw}

对测量接收机正弦波电压准确度的修正量 δV_{sw} 的估计值及其扩展不确定度和包含因子均可从校准报告得到。如果校准报告仅表明测量接收机的正弦波电压准确度在 GB/T 6113.101 所规定的允差要求（±2 dB）的范围内，则 δV_{sw} 的估计值被认为是 0，并服从半宽度为 2 dB 的矩形分布。如果校准报告表明测量接收机的正弦波电压准确度优于 GB/T 6113.101 所规定的允差，例如±1 dB，则将该值用于测量接收机的不确定度计算（即：此时估计值为 0，服从半宽度为 1 dB 的矩形分布），可使用不确定度的 B 类评定方法。

例如：在校准证书中，接收机的正弦波电压的示值最大偏差值，在 30 MHz~1 GHz 为 0.22 dB（矩形分布，$k=\sqrt{3}$），1~6 GHz 为 1.19 dB（矩形分布，$k=\sqrt{3}$），则正弦波电压不准确的修正量 δV_{sw} 的估计值为 0，其标准不确定度为：

$$30 \text{ MHz~1 GHz}：u(\delta V_{sw}) = \frac{0.22}{\sqrt{3}} \text{ dB} = 0.127 \text{ dB}$$

$$1~6 \text{ GHz}：u(\delta V_{sw}) = \frac{1.19}{\sqrt{3}} \text{ dB} = 0.687 \text{ dB}$$

3. 测量接收机脉冲幅度响应不理想的修正量，δV_{pa}

假设在校准证书中，30 MHz~1 GHz 其脉冲幅度响应符合 GB/T 6113.101 所规定的±1.5 dB 允差要求，则 δV_{pa} 的估计值为 0，且服从半宽度为 1.5 dB 的矩形分布。也可使用校准证书中的允差值，例如±1.2 dB，则将该值用于测量接收机的不确定度计算，即此时 δV_{pa} 的估计值为 0，且服从半宽度为 1.2 dB 的矩形分布。1~6 GHz 测量接收机脉冲幅度响应未要求，可使用不确定度的 B 类评定方法。

例如：在校准证书中，接收机脉冲幅度的最大偏差值，在 30 MHz~1 GHz 为 0.30 dB（矩形分布，$k=\sqrt{3}$），则测量接收机脉冲幅度响应不理想的修正量 δV_{pa} 的估计值为 0，其标准不确定度为：

$$30 \text{ MHz~1 GHz}：u(\delta V_{pa}) = \frac{0.30}{\sqrt{3}} \text{ dB} = 0.173 \text{ dB}$$

4. 测量接收机脉冲重复频率响应不理想的修正量，δV_{pr}

假设在校准证书中，30 MHz~1 GHz 其脉冲重复频率响应符合 GB/T 6113.101 规定的允差±1.5 dB 的要求，则 δV_{pr} 的估计值为 0，且服从半宽度为 1.5 dB（该值被认为是 GB/T

6113.101 允差的典型值）的矩形分布。也可使用校准证书中的允差值，例如±1.4 dB，则将该值用于测量接收机的不确定度计算，即此时 δV_{pr} 的估计值为 0，且服从半宽度为 1.4 dB 的矩形分布。1~6 GHz 测量接收机脉冲重复频率响应未要求，可使用不确定度的 B 类评定方法。

例如：在校准证书中，脉冲重复频率响应的最大偏差值，在 30 MHz~1 GHz 为 1.4 dB（矩形分布，$k=\sqrt{3}$），则测量接收机脉冲重复频率响应不理想的修正量 δV_{pr} 的估计值为 0，其标准不确定度为：

$$30\,\text{MHz} \sim 1\,\text{GHz}：u(\delta V_{pr}) = \frac{1.4}{\sqrt{3}}\text{dB} = 0.808\,\text{dB}$$

5. 测量系统本底噪声影响的修正量，δV_{nf}

测量系统的本底噪声与限值的接近程度会影响那些接近辐射发射限值的测量结果。对测量系统本底噪声的影响的修正取决于信号类型（例如：脉冲信号或未调制信号）和信噪比，其会改变噪声电平的指示值。可以用测量系统的本底噪声与标准规定的限值做比较作为信噪比的值，使用 GB/T 6113.402—2022 的附录 A 的 A5）的方法进行修正值的估计。对于 30 MHz~1 GHz 辐射发射测量，假设使用半电波暗室，测量距离为 3 m，系统本底噪声的最大准峰值与 B 级设备准峰值限值的差值为 16 dB，则依据图 A.1 可知，偏差值约为 1 dB，则 δV_{nf} 的估计值为 0，且服从半宽度为 1 dB 的矩形分布。对于 1~6 GHz 辐射发射测量，假设使用全电波暗室，测量距离为 3 m，系统本底噪声的最大峰值与 B 级设备峰值限值的差值为 20 dB，则依据图 A.2 可知，偏差值约为 0.7 dB，则 δV_{nf} 的估计值为 0，且服从半宽度为 0.7 dB 的矩形分布，可使用不确定度的 B 类评定方法。测量系统本底噪声影响的修正标准不确定度为：

$$30\,\text{MHz} \sim 1\,\text{GHz}：u(\delta V_{nf}) = \frac{1}{\sqrt{3}}\text{dB} = 0.577\,\text{dB}$$

$$1 \sim 6\,\text{GHz}：u(\delta V_{nf}) = \frac{0.7}{\sqrt{3}}\text{dB} = 0.404\,\text{dB}$$

6. 测量接收机到接收天线的路径衰减，a_c

测量接收机到测量接收天线的路径中可能包括线缆、滤波器、预放大器及衰减器，不同的路径的衰减值均应分别测量，可选取试验标准差最大的一条路径的值作为不确定度的计算值。路径衰减 a_c 的估计值可通过多次测量（测量次数在 10 次以上）的平均值获得，可使用不确定度的 A 类评定方法的贝塞尔公式法。实际测量系统中使用的路径衰减值，是单次测量结果值作为路径衰减的最佳估计值，其标准不确定度是单次测量结果的试验标准差。

例如某一条路径：

在 30 MHz~6 GHz 频率范围内，以一定的频率步长进行多次测量，选择试验标准偏差最大的频点对应的值进行计算。可依据测量系统频率范围的划分，在不同频率范围内选取。

在 30 MHz~1 GHz 频段内，假设 900 MHz 对应的试验标准差最大，测量结果见表 5-23。

表 5-23　900 MHz，10 次测量结果

n	1	2	3	4	5	6	7	8	9	10	平均值
结果（单位为 dB）	-35.6	-35.8	-35.8	-35.6	-35.7	-35.6	-35.5	-35.8	-35.7	-35.5	-35.66

单个值的试验标准差为 0.117 dB，则路径衰减量 a_c 的标准不确定度为：

$$30\,\mathrm{MHz} \sim 1\,\mathrm{GHz}: u(a_c) = 0.117\,\mathrm{dB}$$

在 1~6 GHz 频段内，假设 4 GHz 对应的试验标准差最大，测量结果见表 5-24。

表 5-24　4 GHz，10 次测量结果

n	1	2	3	4	5	6	7	8	9	10	平均值
结果（单位为 dB）	−33.6	−33.4	−33.3	−33.6	−33.2	−33.2	−33.7	−33.2	−33.5	−33.5	−33.42

单个值的试验标准差为 0.187 dB，则路径衰减量 a_c 的标准不确定度为：

$$1 \sim 6\,\mathrm{GHz}: u(a_c) = 0.187\,\mathrm{dB}$$

7. 预放大器增益漂移的修正量，δG_{pg}

预放大器使用时，其温度会发生变化，随着长时间的持续使用，其增益会产生变化，影响测量结果。预放大器增益的漂移可依据持续使用的时间，在持续使用的时间内进行间隔多次测量，记录每次测量的预放大器的增益值，找出增益变化的最大偏差值。假设辐射发射测量每天持续使用预放大器的时间为 10 h，那么将预放大器加电正常工作，每间隔 1 h 测量一次增益值，测量 10 次，分析每个频率 10 次的增益值，选择偏差值最大频率及偏差值，也可测量多天（多组），找出最大偏差值，可使用不确定度的 B 类评定方法。假设在 200 MHz 得到预放大器增益的最大偏差值为 ±0.3 dB，则预放大器增益漂移的修正量 δG_{pg} 的估计值为 0，且服从半宽度为 0.3 dB 的矩形分布。

例如：预放大器一直正常工作，每间隔 1 h 测量一次增益值，测量 10 次。

在 30 MHz~1 GHz 频率范围内，假设 500 MHz 对应的增益偏差值最大，测量结果见表 5-25。

表 5-25　500 MHz，预放大器增益的测量结果

n	1	2	3	4	5	6	7	8	9	10	最大差值
结果（单位为 dB）	38.8	38.8	38.4	38.9	38.7	38.8	38.8	38.6	38.8	38.6	0.5

则预放大器增益漂移的修正量 δG_{pg} 的估计值为 0，其标准不确定度为：

$$30\,\mathrm{MHz} \sim 1\,\mathrm{GHz}: u(\delta G_{pg}) = \frac{0.5}{\sqrt{3}}\,\mathrm{dB} = 0.289\,\mathrm{dB}$$

在 1~6 GHz 频段内，假设 5 GHz 对应的增益偏差值最大，测量结果见表 5-26。

表 5-26　5 GHz，预放大器增益的测量结果

n	1	2	3	4	5	6	7	8	9	10	最大差值
结果（单位为 dB）	33.8	33.7	33.7	33.5	33.6	33.5	33.7	33.5	32.9	32.8	0.4

则预放大器增益漂移的修正量 δG_{pg} 的估计值为 0，其标准不确定度为：

$$1 \sim 6\,\mathrm{GHz}: u(\delta G_{pg}) = \frac{0.4}{\sqrt{3}}\,\mathrm{dB} = 0.231\,\mathrm{dB}$$

8. 测量系统设备间失配误差的修正量，δM

依据本章 5.7.2 节的测量系统，测量接收机到测量接收天线的路径衰减包括线缆、滤波器、预放大器及衰减器，失配误差主要来自测量接收机的输入端口与预放大器的输出端口以及预放大器的输入端口与接收天线的输出端口间，不同的路径应该分别进行分析，可选择修正量 δM 估计值的最大标准不确定度作为最终的不确定度合成，可使用不确定度的 B 类评定方法。即预放大器与频谱分析仪之间的连接路径（可能包含线缆、衰减器、射频开关及其滤波器）可以看作是一个两端口网络，端口 1 为预放大器的输出端口，端口 2 是接收机的输入端口。天线与预放大器之间的连接路径（可能包含线缆、衰减器、射频开关及其滤波器）也可以看作是一个两端口网络，端口 1 为天线的输出端口，端口 2 是预放大器的输入端口。

由此得到对于两端口网络引入失配的修正量 δM 如下式：

$$\delta M = 20\log\left[\,(1-\Gamma_e S_{11})(1-\Gamma_r S_{22})-S_{21}^2\Gamma_e\Gamma_r\,\right]$$

式中，Γ_e 为天线和预放大器输出端口的反射系数；Γ_r 为预防大器和频谱分析仪输入端口的反射系数；S_{11}、S_{21} 和 S_{22} 为相应连接线缆的 S 参数。

则可以确定 δM 的极值 $\delta M^{\pm}$ 将不大于：

$$\delta M^{\pm} = 20\log\left[1\pm(\,|\Gamma_e||S_{11}|+|\Gamma_r||S_{22}|+|\Gamma_e||\Gamma_r||S_{11}||S_{22}|+|\Gamma_e||\Gamma_r||S_{21}|^2)\,\right]$$

δM 的概率分布近似为 U 形分布（反正弦分布），其区间宽度不大于 $(\delta M^{-}-\delta M^{+})$，则其标准不确定度不大于区间半宽度除以 $\sqrt{2}$。

假设，从校准报告或技术说明书中查到：

（1-1）测量接收机输入端口的 VSWR（电压驻波比），1 GHz 以下小于 2.0，1 GHz 以上小于 3.0，则其输入端口的反射系数为：

$$30\,\text{MHz} \sim 1\,\text{GHz}：\Gamma_r = \frac{2-1}{2+1} = 0.333$$

$$1 \sim 6\,\text{GHz}：\Gamma_r = \frac{3-1}{3+1} = 0.5$$

预放大器的输出端口的 VSWR（电压驻波比），1 GHz 以下小于 2.0，1 GHz 以上小于 2.7，输入端口的 VSWR 与输出端口一致，则其输出端口的反射系数为：

$$30\,\text{MHz} \sim 1\,\text{GHz}：\Gamma_e = \frac{2-1}{2+1} = 0.333$$

$$1 \sim 6\,\text{GHz}：\Gamma_e = \frac{2.7-1}{2.7+1} = 0.459$$

（1-2）假设预放大器与频谱分析仪的连接路径，$S_{11}=S_{22}=0.05$，1 GHz 以下 $S_{21}=0.85$，1 GHz 以上 $S_{21}=0.7$。则：

$$30\,\text{MHz} \sim 1\,\text{GHz}：\delta M^{+}=0.935,\ \delta M^{-}=-1.0483$$
$$1 \sim 6\,\text{GHz}：\delta M^{+}=1.296,\ \delta M^{-}=-1.525$$

那么，频谱分析仪与预放大器的失配误差修正量 δM_1 的估计值为 0，服从 U 形分布，其标准不确定度为：

$$30\,\text{MHz} \sim 1\,\text{GHz}：u(\delta M_{1-1}) = \frac{0.935+1.0483}{2\sqrt{2}}\,\text{dB} = 0.701\,\text{dB}$$

$$1\sim 6\,\mathrm{GHz}:u(\delta M_{1-2})=\frac{1.296+1.525}{2\sqrt{2}}\mathrm{dB}=0.997\,\mathrm{dB}$$

（2-1）预放大器的输入端口的 VSWR（电压驻波比），1 GHz 以下小于 2.0，1 GHz 以上小于 2.7，则其输入端口的反射系数为：

$$30\,\mathrm{MHz}\sim 1\,\mathrm{GHz}:\varGamma_{\mathrm{r}}=\frac{2-1}{2+1}=0.333$$

$$1\sim 6\,\mathrm{GHz}:\varGamma_{\mathrm{r}}=\frac{2.7-1}{2.7+1}=0.459$$

（2-2）接收天线输出端口的 VSWR（电压驻波比），1 GHz 以下小于 2.8（一般匹配 3 dB 或 6 dB 衰减器使用，否则低频 VSWR 比较大），1 GHz 以上小于 2.0，则其输出端口的反射系数为：

$$30\,\mathrm{MHz}\sim 1\,\mathrm{GHz}:\varGamma_{\mathrm{e}}=\frac{2.8-1}{2.8+1}=0.474$$

$$1\sim 6\,\mathrm{GHz}:\varGamma_{\mathrm{e}}=\frac{2-1}{2+1}=0.333$$

假设接收天线与预放大器的连接路径，$S_{11}=S_{22}=0.05$，1 GHz 以下 $S_{21}=0.85$，1 GHz 以上 $S_{21}=0.7$。则：

$$30\,\mathrm{MHz}\sim 1\,\mathrm{GHz}:\delta M^+=1.250,\ \delta M^-=-1.461$$
$$1\sim 6\,\mathrm{GHz}:\delta M^+=0.945,\ \delta M^-=-1.0599$$

那么，接收天线与预放大器的失配误差修正量 δM_2 的估计值为 0，服从 U 形分布，其标准不确定度为：

$$30\,\mathrm{MHz}\sim 1\,\mathrm{GHz}:u(\delta M_{2-1})=\frac{1.250+1.461}{2\sqrt{2}}\mathrm{dB}=0.958\,\mathrm{dB}$$

$$1\sim 6\,\mathrm{GHz}:u(\delta M_{2-2})=\frac{0.945+1.0599}{2\sqrt{2}}\mathrm{dB}=0.709\,\mathrm{dB}$$

则测量设备间的失配误差修正量 δM 的估计值为 0，其标准不确定度为：

$$30\,\mathrm{MHz}\sim 1\,\mathrm{GHz}:u(\delta M)=\sqrt{u(\delta M_{1-1})^2+u(\delta M_{2-1})^2}=\sqrt{0.701^2+0.958^2}\,\mathrm{dB}=1.19\,\mathrm{dB}$$
$$1\sim 6\,\mathrm{GHz}:u(\delta M)=\sqrt{u(\delta M_{1-2})^2+u(\delta M_{2-2})^2}=\sqrt{0.997^2+0.709^2}\,\mathrm{dB}=1.22\,\mathrm{dB}$$

9. 接收天线系数，F_{a}

自由空间天线系数 F_{a} 的估计值及其扩展不确定度和包含因子均可从校准报告中得到，可使用不确定度的 B 类评定方法。

假设天线的校准证书中，30 MHz~1 GHz 天线系数的校准不确定度为 0.8 dB（$k=2$），1~6 GHz 天线系数的校准不确定度为 0.7 dB（$k=2$）。则天线系数的标准不确定度为：

$$30\,\mathrm{MHz}\sim 1\,\mathrm{GHz}:u(F_{\mathrm{a}})=\frac{0.8}{2}\mathrm{dB}=0.400\,\mathrm{dB}$$

$$1\sim 6\,\mathrm{GHz}:u(F_{\mathrm{a}})=\frac{0.7}{2}\mathrm{dB}=0.350\,\mathrm{dB}$$

10. 接收天线系数频率内插误差的修正量，δF_{af}

天线系数频率内插误差的修正量见 GB/T 6113.402—2022 附录 A 的 A6）及 CISPR 16-4-2：2018 的表 D.7、表 D.8、表 E.1 和表 E.2，可使用不确定度的 B 类评定方法。则天线系数频率内插误差的修正量 δF_{af} 的估计值为 0，且服从半宽度为 0.3 dB 的矩形分布，则其标准不确定度为：

$$30\,\text{MHz} \sim 6\,\text{GHz}：u(\delta F_{af}) = \frac{0.3}{\sqrt{3}}\,\text{dB} = 0.173\,\text{dB}$$

11. 接收天线系数随高度变化的修正量，δF_{ah}

天线与其在接地平面内的镜像之间的互耦会导致天线系数发生变化。当天线做高度扫描时，天线系数在幅值上与自由空间天线系数会存在偏差 δF_{ah}，通常修正量 δF_{ah} 随频率的增加而减小，300 MHz 以上则可将其忽略。30 MHz ~ 1 GHz，偏差 δF_{ah} 值见 CISPR 16-4-2：2018 的表 D.7 和表 D.8，取接收天线水平和垂直的最大偏差值为 0.5 dB，可使用不确定度的 B 类评定方法，则修正量 δF_{ah} 的估计值为 0，服从半宽度为 0.5 dB 的矩形分布，其标准不确定度为：

$$30\,\text{MHz} \sim 1\,\text{GHz}：u(\delta F_{ah}) = \frac{0.5}{\sqrt{3}}\,\text{dB} = 0.289\,\text{dB}$$

12. 接收天线方向性差异的修正量，δF_{adir}

由于天线在直射路径方向上的响应以及地面反射路径方向上的响应，天线未向下倾斜使得直射路径和反射路径全部包含在天线的 3 dB 波束宽度之内，需要对减小的接收信号电平进行修正。测量距离为 3 m，测量天线未倾斜，修正量 δF_{adir} 估计值的不确定度可直接使用 CISPR 16-4-2：2018 的表 D.7 和表 D.8、表 E.1 和表 E.2 中的值，30 MHz ~ 1 GHz 取接收天线水平和垂直的最大值为 3.2 dB，1 ~ 6 GHz 取接收天线水平和垂直的最大值为 1.5 dB，可使用不确定度的 B 类评定方法，不确定度服从矩形分布，也可从制造商详细的天线辐射方向性图得到修正量 δF_{adir}，则修正量 δF_{adir} 的标准不确定度为：

$$30\,\text{MHz} \sim 1\,\text{GHz}：u(\delta F_{adir}) = \frac{3.2}{\sqrt{3}}\,\text{dB} = 1.85\,\text{dB}$$

$$1 \sim 6\,\text{GHz}：u(\delta F_{adir}) = \frac{1.5}{\sqrt{3}}\,\text{dB} = 0.866\,\text{dB}$$

13. 接收天线相位中心位置影响的修正量，δF_{aph}

辐射发射测量时，使用的是自由空间天线系数，自由空间天线系数适用于天线相位中心的位置，对于复合天线，相位中心位置是随着频率的变化而变化的，因此在测量时，天线到被测设备的距离理论上也应随着频率的变化而进行调整，而实际测量时，天线到被测设备的距离是不变的，使用的是天线的标识位置（天线参考点）到被测设备距离，则天线相位中心的位置与天线标识的位置的差异造成测量距离的误差，假设场强与距离呈反比的情况下，则造成场强测量结果的误差。那么天线相位中心位置影响的修正量 δF_{aph} 的估计值为 0，且服从矩形分布，半宽度为天线相位中心的位置与天线标识的位置的差值。对于使用复合天线进行辐射发射测量，30 ~ 200 MHz 可看作双锥天线，相位中心位置的修正量 δF_{aph} 可忽略不计，

200 MHz~1 GHz 可看作对数周期天线，依据 GB/T 6113.203—2020 的 7.3.1 计算出各个频率的天线相位中心与天线标识的位置的差值，选择最大误差值作为 δF_{aph} 不确定概率分布的半宽度。对于使用复合天线进行辐射发射测量，也可依据 CISPR 16-4-2:2018 的附录 D 的 D12）计算 δF_{aph} 值。例如，天线标识的位置通常为天线物理尺寸的中心，与实际相位中心的误差，对于复合天线，假设最大值不会超过±0.35 m，转换为 dB 值，取 $\left|20\log\dfrac{(3\pm0.35)}{3}\right|$ 的最大值为 1.08 dB。对于喇叭天线，假设最大值不会超过±0.1 m，转换为 dB 值，取 $\left|20\log\dfrac{(3\pm0.1)}{3}\right|$ 的最大值为 0.294 dB。假设测量距离为 3 m，则修正量 δF_{aph} 估计值为 0，其标准不确定度为：

$$30\,\text{MHz}\sim1\,\text{GHz}: u(\delta F_{aph}) = \frac{1.08}{\sqrt{3}}\,\text{dB} = 0.624\,\text{dB}$$

$$1\sim6\,\text{GHz}: u(\delta F_{aph}) = \frac{0.294}{\sqrt{3}}\,\text{dB} = 0.170\,\text{dB}$$

14. 接收天线交叉极化响应的修正量，δF_{acp}

通常双锥天线和双脊波导喇叭天线的交叉极化响应可以忽略。依据 GB/T 6113.104—2021 和 CISPR 16-1-4:2020 的 4.5.5 节的要求，当天线置于线极化的电磁场中，天线与场交叉极化时的端电压应至少比共极化时的端电压低 20 dB，即标准要求交叉极化响应的允差为-20 dB。当干扰信号比有用信号低 20 dB 时，对有用信号产生的最大误差为±0.9 dB。通常在 30 MHz~1 GHz 频段内，使用的复合天线的交叉极化响应都大于 20 dB，1~6 GHz 使用双脊波导喇叭天线，可使用不确定度的 B 类评定方法。则交叉极化响应的修正量 δF_{acp} 的估计值为 0，且服从矩形分布，其半宽度为 0.9 dB，其标准不确定度为：

$$30\,\text{MHz}\sim1\,\text{GHz}: u(\delta F_{acp}) = \frac{0.9}{\sqrt{3}}\,\text{dB} = 0.520\,\text{dB}$$

15. 接收天线不平衡性影响的修正量，δF_{abal}

当输入同轴电缆和天线振子平行时，天线的不平衡造成的影响最大，在 GB/T 6113.104—2021 和 CISPR 16-1-4:2020 的 4.5.4 节中，规定 30 MHz~1 GHz 天线的不平衡性产生的最大允差为±1 dB，可使用不确定度的 B 类评定方法。则在半电波暗室中，天线不平衡的修正量 δF_{abal} 的估计值为 0，且服从矩形分布，其半宽度为 1 dB，其标准不确定度为：

$$30\,\text{MHz}\sim1\,\text{GHz}: u(\delta F_{abal}) = \frac{1}{\sqrt{3}}\,\text{dB} = 0.577\,\text{dB}$$

在全电波暗室中，1~6 GHz 频段，天线不平衡引入的不确定度很小，可忽略。

16. 测量场地不理想的修正量，δA_N

依据 GB/T 6113.104 和 CISPR 16-1-4 标准对于辐射发射测量场地的要求，在 30 MHz~1 GHz 频率范围内，对于半电波暗室，归一化场地衰减值与理论值的偏差在±4 dB 范围内。因此，满足 4 dB 允差要求的场地，即使场地不理想，在辐射杂散骚扰测量中也不太会出现因此导致的 4 dB 误差，则修正量 δA_N 的估计值为 0，服从三角分布，半宽度为 4 dB（三角分布，$k = \sqrt{6}$）。也可使用实际场地测量的归一化场地衰减值与理论值差值的最大值作为场地不理想的标准不确定度评定，可使用不确定度的 B 类评定方法。例如测量的最大差值为 ± 3.0 dB，则修正量 δA_N 的估计值为 0，服从三角分布，半宽度为 3.0 dB（三角分布，$k = \sqrt{6}$），其标准不确定度为：

$$30\,\text{MHz} \sim 1\,\text{GHz}: u(\delta A_N) = \frac{3.0}{\sqrt{6}}\,\text{dB} = 1.22\,\text{dB}$$

在 1~6 GHz，对于全电波暗室，对于场地的要求为 S_{VSWR} 最大允差为 6 dB，依据 GB/T 6113.402—2022 和 CISPR 16-4-2:2018 的附录 E 的 E6）的两种方法评估不确定度。

1）方法一，对于 3 m 法的全电波暗室，其传输损耗与理论值的最大偏差值不超过 ± 4 dB，与 6 dB 的最大 S_{VSWR} 值产生的辐射发射的误差大致相同，场地的传输损耗在整个频率范围最大偏差没有超过 4 dB 的值，且传输损耗具有正态分布，因此最大偏差 4 dB 被看作是相应的扩展不确定度，包含因子 $k = 3$，假设场地实测的传输损耗最大偏差值为 3.5，则场地不理想的修正量 δA_N 的标准不确定度为：

$$1 \sim 6\,\text{GHz}: u(\delta A_N) = \frac{3.5}{3}\,\text{dB} = 1.17\,\text{dB}$$

2）方法二，S_{VSWR} 的实测值除以 2 可以得到由场地不理想所导致的偏差，考虑到 S_{VSWR} 是 15 个（或 20 个）测量结果中的最大值，可以假设其服从三角分布。假设对于 S_{VSWR} 为 5 dB 时，测量场地不理想的修正量 δA_N 的估计值为 0，服从三角分布，半宽度为 2.5 dB，其标准不确定度为：

$$1 \sim 6\,\text{GHz}: u(\delta A_N) = \frac{2.5}{\sqrt{6}}\,\text{dB} = 1.02\,\text{dB}$$

17. 接收天线与被测设备之间的测量距离不准确的修正量，δd

测量距离的误差来自于被测设备边界的确定、测量接收天线与被测设备的距离和天线塔的倾斜程度。距离误差的修正量 δd 的估计值为 0，且服从矩形分布，该半宽度值是在最大距离误差假设为 ± 0.1 m，在所界定的距离范围内场强与距离成反比的假设的基础上评估出来的，可使用不确定度的 B 类评定方法。

辐射发射的测量距离为 3 m，则最大距离误差为 ± 0.1 m，转换为 dB，为 dB $= \left| 20\log \frac{(3 \pm 0.1)}{3} \right|$，取最大值，为 0.295 dB，则测量距离不准确的修正量 δd 的估计值为 0，其标准不确定度为：

$$30\,\text{MHz} \sim 6\,\text{GHz}: u(\delta d) = \frac{0.295}{\sqrt{3}}\,\text{dB} = 0.171\,\text{dB}$$

18. 被测设备支撑物材料影响的修正量，δA_{NT}

依据 GB/T 6113.104 标准中对于被测设备支撑物材料影响的评估方法，评估被测设备支撑物的影响，但是对于影响没有给出允差。因此依据 GB/T 6113.402 或 CISPR 16-4-2 标准，低于 200 MHz 时，修正量 δA_{NT} 的估计值为 0，服从矩形分布，半宽度为 0 dB；在 200 MHz~1 GHz 时，修正量 δA_{NT} 的估计值为 0，服从矩形分布，半宽度为 0.5 dB；1~6 GHz 的修正量 δA_{NT} 的估计值为 0，服从矩形分布，半宽度为 1.5 dB。对于落地式设备，支撑物的影响可忽略不计，可使用不确定度的 B 类评定方法。则对被测设备支撑物材料影响的修正量 δA_{NT} 的估计值为 0，其标准不确定度为：

$$30\,MHz \sim 1\,GHz : u(\delta A_{NT}) = \frac{0.5}{\sqrt{3}}dB = 0.289\,dB$$

$$1 \sim 6\,GHz : u(\delta A_{NT}) = \frac{1.5}{\sqrt{3}}dB = 0.866\,dB$$

19. 试验桌离地面的高度不准确影响的修正量，δh

30 MHz ~ 1 GHz，在半电波暗室中，对于台式设备，被测设备被放置在 0.8 m 高的桌子上，依据 GB/T 9254.1 和 CISPR 32 的要求，桌子的高度最大误差值为 ±0.01 m。高度误差的修正量 δh 的估计值为 0，服从正态分布，该半宽度值是桌子的高度最大误差值。对于落地式设备，支撑物高度的影响可以忽略。1 ~ 6 GHz，在全电波暗室中进行测量时，未规定桌子的高度，因此支撑物高度的影响可以忽略，可使用不确定度的 B 类评定方法。

桌子的最大高度误差为 ±0.01 m，转换为 dB，为 dB = $\left| 20\log\frac{(0.8\pm0.01)}{0.8} \right|$，取最大值，为 0.109 dB，则试验桌距离地面的高度不准确影响的修正量 δh 的估计值为 0，其标准不确定度为：

$$30\,MHz \sim 1\,GHz : u(\delta h) = \frac{0.109}{2}dB = 0.0545\,dB$$

20. 转台角度不准确的修正量，δa

转台角度不准确来自转台转动角度的误差，其准确度可从转台的使用说明书中查到。一般情况，转台的旋转精度小于 1°，即误差为 ±1°，转台角度不准确的修正量 δa 的估计值为 0，服从正态分布（正态分布，$k=2$），半宽度值为误差值，可使用不确定度的 B 类评定方法。

辐射发射测量时转台转动的步长不大于 15°，误差转换为 dB，为 dB = $\left| 20\log\frac{(15\pm1)}{15} \right|$，取最大值，为 0.599 dB，则转台角度不准确的修正量 δa 的估计值为 0，其标准不确定度为：

$$u(\delta a) = \frac{0.599}{2}dB = 0.300\,dB$$

21. 环境噪声影响的修正量，δE_{amb}

在半电波暗室或全电波暗室中进行辐射发射测量，环境噪声主要来自于转台和天线塔的电机和/或控制器，通常这些环境噪声很小，在进行测量系统本底噪声影响的评估中已经包含了这些环境噪声，因此环境噪声影响的修正量 δE_{amb} 的不确定度可以忽略。

5.7.5　不确定度的合成

本文的不确定度评定未区分接收天线的极化方向，与天线相关的标准不确定度值取最大值。不确定度的合成见表 5-27 和表 5-28。

表 5-27　30 MHz~1 GHz 辐射发射测量不确定度的评定

序号	输　入　量	X_i	x_i 的不确定度或最大允差		$c_i u(x_i)$
			dB	概率分布函数	
1	测量接收机读数	V_r	0.114	$k=1$	0.114
2	测量接收机正弦波电压不准确的修正量	δV_{sw}	±0.220	矩形分布 $(k=\sqrt{3})$	0.127
3	测量接收机脉冲幅度响应不理想的修正量	δV_{pa}	±0.300	矩形分布 $(k=\sqrt{3})$	0.173
4	测量接收机脉冲重复频率响应不理想的修正量	δV_{pr}	±1.40	矩形分布 $(k=\sqrt{3})$	0.808
5	测量系统本底噪声影响的修正量	V_{nf}	±1.00	矩形分布 $(k=\sqrt{3})$	0.577
6	测量接收机到接收天线的路径衰减值	a_c	0.117	$k=1$	0.117
7	预放大器增益漂移的修正量	δG_{pg}	±0.500	矩形分布 $(k=\sqrt{3})$	0.289
8	测量系统设备间失配误差的修正量	δM	1.19	$k=1$	1.19
9	接收天线系数	F_a	0.800	2	0.400
10	接收天线系数频率内插误差的修正量	δF_{af}	±0.300	矩形分布 $(k=\sqrt{3})$	0.173
11	接收天线系数随高度变化的修正量	δF_{ah}	±0.500	矩形分布 $(k=\sqrt{3})$	0.289
12	接收天线方向性差异的修正量	δF_{adir}	±3.20	矩形分布 $(k=\sqrt{3})$	1.85
13	接收天线相位中心位置影响的修正量	δF_{aph}	±1.08	矩形分布 $(k=\sqrt{3})$	0.624
14	接收天线交叉极化响应的修正量	δF_{acp}	±0.900	矩形分布 $(k=\sqrt{3})$	0.520
15	接收天线不平衡性影响的修正量	δF_{abal}	±1.00	矩形分布 $(k=\sqrt{3})$	0.577
16	测量场地不理想的修正	δA_N	±3.00	三角分布 $(k=\sqrt{6})$	1.22
17	接收天线与被测设备之间的测量距离不准确的修正量	δd	±0.295	矩形分布 $(k=\sqrt{3})$	0.171
18	被测设备支撑物材料影响的修正量	δA_{NT}	±0.500	矩形分布 $(k=\sqrt{3})$	0.289
19	试验桌离地面的高度不准确影响的修正量	δh	±0.109	正态分布 $k=2$	0.0545
20	转台角度不准确的修正	δa	±0.599	正态分布 $k=2$	0.300
21	环境噪声影响的修正量	δE_{amb}	±0.00	—	0.00

合成标准不确定度：2.99 dB
取包含因子 $k=2$
扩展不确定度：6.0 dB

备注：
1. 所有 $c_i = 1$
2. $u(x_i)$ 为标准不确定度
3. 在 SAC 中测量，测量距离为 3 m，使用未指向天线，取水平极化和垂直极化的最大不确定度值

表 5-28　1~6 GHz 辐射发射测量不确定度的评定

序号	输　入　量	X_i	x_i 的不确定度或最大允差		$c_i u(x_i)$
			dB	概率分布函数	
1	测量接收机读数	V_r	0.114	$k=1$	0.114
2	测量接收机正弦波电压不准确的修正量	δV_{sw}	±1.19	矩形分布 $(k=\sqrt{3})$	0.687
3	测量接收机脉冲幅度响应不理想的修正量	δV_{pa}	±0.00	—	0.00
4	测量接收机脉冲重复频率响应不理想的修正量	δV_{pr}	±0.00	—	0.00
5	测量系统本底噪声影响的修正量	V_{nf}	±0.700	矩形分布 $(k=\sqrt{3})$	0.404
6	测量接收机到接收天线的路径衰减值	a_c	0.187	$k=1$	0.187
7	预放大器增益漂移的修正量	δG_{pg}	±0.400	矩形分布 $(k=\sqrt{3})$	0.231
8	测量系统设备间失配误差的修正量	δM	1.22	$k=1$	1.22
9	接收天线系数	F_a	0.700	2	0.350
10	接收天线系数频率内插误差的修正量	δF_{af}	±0.300	矩形分布 $(k=\sqrt{3})$	0.173
11	接收天线系数随高度变化的修正量	δF_{ah}	±0.00	—	0.00
12	接收天线方向性差异的修正量	δF_{adir}	±1.50	矩形分布 $(k=\sqrt{3})$	0.866
13	接收天线相位中心位置影响的修正量	δF_{aph}	±0.294	矩形分布 $(k=\sqrt{3})$	0.170
14	接收天线交叉极化响应的修正量	δF_{acp}	±0.00	—	0.00
15	接收天线不平衡性影响的修正量	δF_{abal}	±0.00	—	0.00
16	测量场地不理想的修正	δA_N	±2.50	三角分布 $(k=\sqrt{6})$	1.22
17	接收天线与被测设备之间的测量距离不准确的修正量	δd	±0.295	矩形分布 $(k=\sqrt{3})$	0.171
18	被测设备支撑物材料影响的修正量	δA_{NT}	±1.50	矩形分布 $(k=\sqrt{3})$	0.866
19	试验桌离地面的高度不准确影响的修正量	δh	±0.00	—	0.00
20	转台角度不准确的修正	δa	±0.599	正态分布 $k=2$	0.300
21	环境噪声影响的修正量	δE_{amb}	±0.00	—	0.00

合成标准不确定度：2.35 dB
取包含因子 $k=2$
扩展不确定度：4.7 dB

备注：
1. 所有 $c_i=1$
2. $u(x_i)$ 为标准不确定度
3. 在 FAR 中测量，测量距离为 3 m，使用未指向天线

5.8 小结

本章的辐射发射即通信行业标准的辐射骚扰。本章未提供 9 kHz～30 MHz 辐射发射的相关测量要求和方法，对于此频带的测量要求、方法及测量场地性能的要求在最新的 CISPR 16-1-4：2023 中已经给出，国家标准 GB/T 6113.104—2021 也在修订过程中，准备增加此部分要求，一些通信行业标准中也有相关要求，例如无线充电的行业标准。相关技术内容见标准的要求。

本章提供的相关技术内容，一些标准均在持续的更新中，如有差异，相关技术要求均依据最新的标准要求。本章也未给出基于 FFT（Fast Fourier Transform，快速傅里叶变换）的测量设备的测量方法，相关测量方法及要求见 GB/T 6113.203—2020 标准的要求。

参考文献

［1］全国无线电干扰标准化技术委员会（SAC/TC 79）. 信息技术设备、多媒体设备和接收机 电磁兼容 第1部分：发射要求：GB/T 9254.1—2021 ［S］. 北京：中国标准出版社，2021.

［2］IEC. Electromagnetic compatibility of multimedia equipment-Emission requirements：CISPR 32：2015+AMD1：2019 CSV Consolidated version ［S］. Geneva：IEC，2019.

［3］全国无线电干扰标准化技术委员会（SAC/TC 79）. 无线电骚扰和抗扰度测量设备和测量方法规范 第1—1部分：无线电骚扰和抗扰度测量设备 测量设备：GB/T 6113.101—2021 ［S］. 北京：中国标准出版社，2021.

［4］IEC. Specification for radio disturbance and immunity measuring apparatus and methods-Part 1-1：Radio disturbance and immunity measuring apparatus-Measuring apparatus：CISPR 16-1-1：2019（Edition 5.0）［S］. Geneva：IEC，2019.

［5］全国无线电干扰标准化技术委员会（SAC/TC 79）. 无线电骚扰和抗扰度测量设备和测量方法规范 第1—4部分：无线电骚扰和抗扰度测量设备 辐射骚扰测量用天线和试验场地：GB/T 6113.104—2021 ［S］. 北京：中国标准出版社，2021.

［6］IEC. Specification for radio disturbance and immunity measuring apparatus and methods－Part 1－4：Radio disturbance and immunity measuring apparatus-Antennas and test sites for radiated disturbance measurements（Edition 4.1；Consolidated Reprint）：CISPR 16-1-4-2020 ［S］. Geneva：IEC，2020.

［7］全国无线电干扰标准化技术委员会（SAC/TC 79）. 无线电骚扰和抗扰度测量设备和测量方法规范 第2—3部分：无线电骚扰和抗扰度测量方法 辐射骚扰测量：GB/T 6113.203—2020 ［S］. 北京：中国标准出版社，2020.

［8］IEC. Specification for radio disturbance and immunity measuring apparatus and methods－Part 2-3：Methods of measurement of disturbances and immunity－Radiated disturbance measurements：CISPR 16-2-3：2016+AMD1：2019+AMD2：2023 CSV Consolidated version ［S］. Geneva：IEC，2023.

［9］全国无线电干扰标准化技术委员会（SAC/TC 79）. 无线电骚扰和抗扰度测量设备和测量方法规范 第4—1部分：不确定度、统计学和限值建模 标准化 EMC 试验的不确定度：GB/Z 6113.401—2018 ［S］. 北京：中国标准出版社，2018.

［10］全国无线电干扰标准化技术委员会（SAC/TC 79）. 无线电骚扰和抗扰度测量设备和测量方法规范 第

4—2 部分：不确定度、统计学和限值建模 测量设备和设施的不确定度：GB/T 6113.402—2022 ［S］.
北京：中国标准出版社，2022.

［11］ IEC. Specification for radio disturbance and immunity measuring apparatus and methods−Part 4−2：Uncertain-
ties，statistics and limit modelling−Measurement instrumentation uncertainty：CISPR 16−4−2：2011+AMD1：
2014+AMD2：2018 CSV Consolidated version ［S］. Geneva：IEC，2018.

［12］全国法制计量管理计量技术委员会．测量不确定度评定与表示：JJF 1059.1—2012 ［S］. 北京：中国
标准出版社，2013.

［13］中华人民共和国工业和信息化部．蜂窝式移动通信设备电磁兼容性能要求和测量方法 第 18 部分：5G
用户设备和辅助设备：YD/T 2583.18—2019 ［S］. 北京：人民邮电出版社，2019.

第6章 无线通信设备传导发射测量

6.1 传导发射的来源

传导发射（传导骚扰）通常是指低频的电磁波沿导线传播的现象。依据连接导线的端口，传导发射可以分为两大类，电源端口传导发射和模拟/数字数据（信号）端口传导发射。

无线通信设备在工作时，其产生的低频电磁波会通过为其供电的电源线传播到公共电网中，通过模拟/数字数据（信号）线缆传播到与其相连的设备中，这样有可能会对使用公共电网的其他设备或与其相连的设备造成影响或干扰，干扰主要来自于导线上的对称电压和不对称电压干扰、共模电流和差模电流的干扰。通过对其传导发射的测量，在其符合相应标准要求后，会大大降低这种影响或干扰的风险。

无线通信设备的传导发射要求和测量方法，通常使用 GB/T 9254.1 和 CISPR 32 标准规定的要求和测量方法，相关的通信行业标准中通常也引用这两个标准的测量方法和限值。

对于无线终端设备，通常都具备电源端口和天线端口，一些终端设备还具备有线网络端口和信号/控制端口。对于无线系统设备，比较复杂一些，通常具备交流和/或直流电源端口、天线端口、有线网络端口、信号/控制端口、接地端口、调试/维护端口以及光纤端口等端口。这些端口依据使用情况和行业标准的规定，选择进行传导发射测量，通常电源端口都要进行传导发射测量。

6.2 术语和定义

1. 交流电源端口 AC mains power port［GB/T 9254.1—2021 的 3.1.1］

用于连接到电源网络的端口。

注：由专门的交流/直流电源转换器供电的设备定义为交流电源供电的设备。

2. 宿主单元 host unit［GB/T 9254.1—2021 的 3.1.18］

ITE 系统的一部分，或 ITE 的一个单元，用来安放模块，它可能包含有射频源，并可为其他 ITE 提供配电。在宿主单元与模块之间，或者宿主单元与其他 ITE 之间的配电方式可以是交流、直流或交直流。

3. 信息技术设备 information technology equipment；ITE［GB/T 9254.1—2021 的 3.1.19］

其主要功能为对数据和电信消息进行录入、存储、显示、检索、传递、处理、交换或控制（或几种功能的组合），该设备可以配置一个或多个通常用于信息传递的终端端口。

注：例如包括数据处理设备、办公设备、电子商务设备和通信设备。

4. 模拟/数字数据端口 analogue/digital data port［GB/T 9254.1—2021 的 3.1.2］

信号/控制端口、天线端口、有线网络端口、广播接收机调谐器端口、具有金属屏蔽和/或金属卡扣的光纤端口。

5. 信号/控制端口 signal/control port［GB/T 9254.1—2021 的 3.1.30］

用于被测设备组件间互连，或被测设备与本地辅助设备之间互连的端口，并按照相关功能规范（例如，与其连接的电缆的最大长度）使用（对于无线通信设备，主要指用于传递控制信号或数据的端口）。

注：如 RS-232、通用串行总线（USB）、高清晰度多媒体接口（HDMI）和 IEEE 1394（"相线"）。

6. 天线端口 antenna port［GB/T 9254.1—2021 的 3.1.3］

广播接收机调谐器端口以外的其他天线端口，与用于有意发送和/或接收射频（RF）辐射能量的天线相连接（对于无线通信设备，都具备天线端口，通过天线来建立通信连接，发射和接收语音和/或数据）。

7. 有线网络端口 wired network port［GB/T 9254.1—2021 的 3.1.32］

通过直接连接到单用户或多用户的通信网络将分散的系统互联，用于传输语音、数据和信号的端口。

注1：如有线电视网络（CATV）、公共交换电信网络（PSTN）、综合业务数字网络（ISDN）、数字用户线缆（xDSL）、局域网（LAN）以及类似网络（对于无线通信设备，在国内 ISDN 和 xDSL 基本没有了，主要是 LAN 端口）。

注2：此类端口可以支持屏蔽或非屏蔽电缆，如果相关通信规范允许，也可同时提供 AC 或 DC 供电［对于可提供 AC 或 DC 供电的端口，通常为 LAN 网络的 Power Over Ethernet（PoE）供电功能］。

8. 广播接收机调谐器端口 broadcast receiver tuner port［GB/T 9254.1—2021 的 3.1.8］

用于接收地面、卫星和/或有线传输的音频和/或视频广播及类似业务的调制 RF（射频）信号的端口。

注：此端口可以连接到天线、电缆分配系统、录像机或类似设备（此端口通常在广播设备如电视机上具备，无线通信设备通常不具备此端口）。

9. 光纤端口 optical fiber port［GB/T 9254.1—2021 的 3.1.2］

设备上连接光纤的端口（通常，无线终端设备上很少有光纤端口，一些无线的系统设备上会有光纤端口）。

10. 人工网络 artificial network；AN［CISPR 16-2-1：2018 的 3.1.2］

在射频范围内为 EUT（被测设备）提供规定阻抗的网络，此网络将骚扰电压耦合到测量接收机，并将试验电路与电源网络或其他电源线或与辅助设备的信号线进行隔离。

注：AN 有四种基本类型，用于耦合非对称电压的 V 型（V-AN）、用于耦合对称电压和不对称电压的 Δ 型（Δ-AN）、用于耦合非对称电压的 Y 型（Y-AN）和同轴（屏蔽线缆）

网络。

11. 人工电源网络 artificial mains network；AMN［GB/T 6113.201—2018 的 3.1.3］

在射频范围内向 EUT（被测设备）提供一规定阻抗，并能将试验电路与供电电源上的无用射频信号进行隔离，同时将试验电路上的骚扰电压耦合到测量接收机上的网络。

注 1：AMN 有两种基本类型，分别用于耦合非对称电压的 V 型（V-AMN）和用于耦合对称电压和不对称电压的 Δ 型（Δ-AMN）。

注 2：线路阻抗稳定网络（LISN）和 V 型 AMN 可替换使用。

12. 不对称人工网络 asymmetric artificial network；AAN［GB/T 6113.201—2018 的 3.1.5］

用于测量非屏蔽对称信号（例如通信）线上的共模电压（或将共模电压注入非屏蔽对称信号线上）同时具有抑制差模信号功能的网络。

注 1：AAN 是一种提供模拟电信网络产品非对称负载的人工网络。

注 2：术语"Y 型网络"是 AAN 的同义词。

注 3：当接收机测量端口当作骚扰注入端口时，AAN 也可以用于抗扰度测试。

13. 不对称电压 asymmetric voltage［CISPR 16-2-1：2018 的 3.1.6］

在双线或多线电路中各个端子或引线的电气中点和参考接地之间的射频电压，有时也称为共模电压。

注：假设对于低压 AC 电源端口，V_a 是一个电源端子和参考地之间的矢量电压，V_b 是其他电源端子与参考地之间的矢量电压，那么非对称电压为 V_a 和 V_b 矢量和的一半，即 (V_a+V_b) /2。

14. 对称电压 symmetric voltage［CISPR 16-2-1：2018 的 3.1.7］

在双线或多线电路中，任何一对线之间（不包括地电位线）的射频电压，如单相电源或通信线缆中一束双绞线，有时也称为差模电压。

注：对于低压 AC 电源端口，对称电压为 V_a 和 V_b 的矢量差 (V_a-V_b)。

15. 同轴电缆 coaxial cable［GB/T 6113.201—2018 的 3.1.11］

含有一根或多根同轴线的电缆，一般用于测量辅助设备与测量设备或（试验）信号发生器的匹配连接，以提供规定的特性阻抗和允许的最大电缆转移阻抗。

16. 共模电流 common mode current［GB/T 6113.201—2018 的 3.1.12］

指定"几何"横截面穿过的两根或多根导线上的电流矢量和。

17. 差模电流 differential mode current［GB/T 6113.201—2018 的 3.1.14］

指定"几何"横截面穿过任意两根导线上的电流矢量差的一半。

18. 参考地 reference ground［GB/T 6113.201—2018 的 3.1.24］

参考电位连接点。

注：传导骚扰测量系统只能有一个参考地。

19. 参考接地平面 reference ground plane；RGP［CISPR 16-2-1：2018 的 3.1.25］

与参考地处于相同电位的平的导电表面，用作公共参考，并在被测设备（EUT）周边形成可再现的寄生电容。

注1：传导发射测量需要参考接地平面，其作为非对称和不对称骚扰电压测量的参考。

注2：在一些地区，参考接地用来替代参考地。

20. 耦合/去耦网络 coupling/decoupling network；CDN［GB/T 6113.102—2018 的 3.1.9］

用于测量其中一个电路上的信号并防止另一个电路上的信号被测量到，或者用于将信号注入其中一个电路上并防止该信号耦合到另一个电路上的人工网络。

21. 纵向转换损耗 longitudinal conversion loss；LCL［GB/T 6113.102—2018 的 3.1.13］

在一个单端口或双端口网络中，由互连线上的纵向（不对称模式）信号在网络的端子上产生无用横向（对称模式）信号程度的量度。

注：LCL 为比值，用 dB 表示。

6.3　无线通信设备传导发射限值及符合性判定

6.3.1　传导发射限值

无线通信设备传导发射的限值，在相关的电磁兼容通信行业标准中通常引用 GB/T 9254.1 的限值，依据被测设备端口及使用场所选择相应的限值。在通信行业标准中，电信中心设备对应的为 GB/T 9254.1 标准中的 A 级设备，非电信中心设备对应的是 B 级设备。对于无线通信设备，通常对交流电源端口、直流电源端口、信号/控制端口、有线网络端口进行传导发射测量，具体的限值见表 6-1～表 6-5。

表 6-1　A 级设备在交流电源端口的传导发射限值要求

频率范围/MHz	耦合装置	测量带宽	限值/dB（μV）	
			准　峰　值	平　均　值
0.15～0.50	AMN	9 kHz	79	66
0.50～30			73	60

注：在过渡频率处（0.50 MHz）应采用较严格的限值

表 6-2　B 级设备在交流电源端口的传导发射限值要求

频率范围/MHz	耦合装置	测量带宽	限值/dB（μV）	
			准　峰　值	平　均　值
0.15～0.50	AMN	9 kHz	66～56	56～46
0.50～5			56	46
5～30			60	50

注1：在 0.15～0.5 MHz 频率范围内，限值随频率的对数呈线性减小
注2：在过渡频率处（5 MHz）应采用较严格的限值

表 6-3　A 级设备在模拟/数字数据端口的传导发射限值

频率范围 /MHz	电压限值/dB（μV）				电流限值/dB（μA）			
	耦合装置	测量带宽	准峰值	平均值	耦合装置	测量带宽	准峰值	平均值
0.15~0.5	AAN	9 kHz	97~87	84~74	电流探头	9 kHz	53~43	40~30
0.5~30			87	74			43	30

注：在 0.15~0.5 MHz 内，限值随频率的对数呈线性减小

表 6-4　B 级设备在模拟/数字数据端口的传导发射限值

频率范围 /MHz	电压限值/dB（μV）				电流限值/dB（μA）			
	耦合装置	测量带宽	准峰值	平均值	耦合装置	测量带宽	准峰值	平均值
0.15~0.5	AAN	9 kHz	84~74	74~64	电流探头	9 kHz	40~30	30~20
0.5~30			74	64			30	20

注：在 0.15~0.5 MHz 内，限值随频率的对数呈线性减小

表 6-5　直流电源端口的传导发射限值

频率范围/MHz	耦合装置	测量带宽	限值/dB（μV）	
			准峰值	平均值
0.15~0.50	AMN	9 kHz	79	66
0.50~30			73	60

注：在过渡频率处（0.5 MHz）应采用较严格的限值

6.3.2　标准符合性判定

传导发射测量，测量结果应符合相应标准中规定的限值要求。

通常，对于无线通信设备传导发射的测量结果，一般不按 GB/Z 6113.401 和 GB/T 6113.402 标准中规定的"符合性判定准则"的方法进行符合性判定，而是对于超出标准中规定限值的测量结果直接判定为"不合格"，对于低于标准规定限值的测量结果判定为"合格"，未考虑不确定度对测量结果的影响。

在测量结果中，对于来自无线通信设备有意发射（工作频率）及其杂散发射的频谱，这些信号不进行符合性判定，在测量结果中进行说明。也就是说对于测量结果中来自无线通信设备有意发射或杂散发射的频率，如果这些频率的测量结果值超出了限值，也不判定为不合格，在报告中说明其为无线通信设备的工作频率或杂散频率即可。

6.4　传导发射测量设备和场地

6.4.1　测量场地

对于传导发射的测量场地，应满足两个条件，一个条件是，试验场地应能够将被测设备

的各种发射从环境噪声中区分出来，环境电平应比规定的限值至少低 20 dB。另一个条件是，测量场地中有参考接地平面（RGP），参考接地平面的尺寸不小于 2 m×2 m，且保证其边缘大于被测设备的边缘至少 0.5 m。通常情况，传导发射测量都在屏蔽室中进行，也可在半电波暗室中进行，能保证测量场地的环境及电源的噪声干扰。

对于传导发射测量的屏蔽室，在 CNAS-CL01-A008 中有相关的要求，屏蔽室的屏蔽效能应能达到：0.014~1 MHz>60 dB，1~1000 MHz>90 dB，屏蔽室的屏蔽效能至少每 3~5 年进行测量验证，屏蔽室的电源进线对屏蔽室金属壁的绝缘电阻及导线与导线之间的绝缘电阻应大于 2 MΩ，屏蔽室的接地电阻应小于 4 Ω。对于传导发射测量的屏蔽室，以屏蔽室的某面墙作为垂直参考接地平板，为了方便，通常在屏蔽室的地板上铺设接地平板，作为参考水平接地平板。

6.4.2　测量设备

1. 人工电源网络（AMN）

人工电源网络用于被测设备电源端口的传导发射测量，其作用一是在射频范围内向被测设备端子提供规定的阻抗；二是能将供电电源上的无用射频信号与被测设备进行隔离，为被测设备提供干净的供电；三是将骚扰电压耦合到测量接收机上，达到测量的传导发射的目的。

对于无线通信设备电源端口的传导发射测量，人工电源网络应符合 GB/T 6113.102 标准的要求，通常选择 50 Ω/50 μH+5 Ω V 型 AMN［适用于 9~150 kHz，如果其阻抗（模和相角）满足 50 Ω/50 μH V 型 AMN 的要求，也可用于 0.15~30 MHz 的传导发射测量］、50 Ω/50 μH V 型 AMN（适用于 0.15~30 MHz）或 50 Ω/5 μH+1 Ω V 型 AMN（适用于 0.15~108 MHz）。在选择 AMN 时，应考虑以下几个方面：

1）测量的频率范围，无线通信设备传导发射测量的频率范围通常要求为 0.15~30 MHz。

2）被测设备的供电电压，确定被测设备的供电是交流还是直流、交流供电是单相还是三相、直流供电的最大电压，依据供电的电压选择合适的 AMN。通常 AMN 交流和直流都能支持，有单线交流单相的 AMN（例如罗德与施瓦茨的 ESH3-Z6）、双线交流单相 AMN（例如罗德与施瓦茨的 ENV216）、四线交流三相的 AMN（例如罗德与施瓦茨的 ENV4200）或单相和三相合一的 AMN（例如罗德与施瓦茨的 ENV432）。对于无线通信设备，直流供电的电压通常小于 60 V，一般为 48 V，交流供电通常为单相供电，三相供电的设备很少。

3）被测设备的供电电流，在选择 AMN 时，要注意其为被测设备提供的最大电流，被测设备的电流不应大于 AMN 的限制电流，特别是直流供电时，AMN 的限制电流通常要小于交流供电时的限制电流。对于无线通信设备，直流 48 V 供电时，电流通常小于 50A，交流单相供电时，电流通常小于 16 A。

在进行传导发射测量时，AMN 应进行良好的接地，AMN 的外壳与接地参考平面的导电连接带的电阻要小于 2.5 mΩ（ANSI C63.4 的要求），通常 AMN 应放置在测量场地的水平接地参考平板上，使用导电平板（铜板）将 AMN 的外壳接地面和接地参考平板连接，导电平板尽可能短而宽（最大长宽比为 3:1，且电感小于 50 nH，在 30 MHz 时等效阻抗小于 10 Ω），以确保接地良好。

　　对 AMN 进行校准时，应对阻抗模值、阻抗相角和分压系数进行校准，阻抗模值和阻抗相角应符合 GB/T 6113.102 标准的要求，具体要求见表 6-6~表 6-8，V 型 AMN 的基本隔离要求见表 6-9。分压系数用于传导发射测量值的计算，其值影响传导发射测量结果的准确性，每次校准后应将校准报告的最新校准值更新到传导发射测量系统中，更新旧的分压系数值。

表 6-6　50 Ω/50 μH+5 Ω V 型 AMN 阻抗的模和相角（适用于 9~150 kHz）

序　　号	频率/MHz	阻抗的模/Ω	相　　角
1	0.009	5.22	26.55°
2	0.015	6.22	38.41°
3	0.020	7.25	44.97°
4	0.025	8.38	49.39°
5	0.030	9.56	52.33°
6	0.040	11.99	55.43°
7	0.050	14.41	56.40°
8	0.060	16.77	56.23°
9	0.070	19.04	55.40°
10	0.080	21.19	54.19°
11	0.090	23.22	52.77°
12	0.100	25.11	51.22°
13	0.150	32.72	43.35°

注 1：网络阻抗的模允差为±20%，相角的允差为±11.5°
注 2：如果此类 AMN 满足 0.15~30 MHz 频率范围的阻抗（模和相角）的要求，则可用于 0.15~30 MHz 频率范围的传导发射测量

表 6-7　50 Ω/50 μH V 型 AMN 阻抗的模和相角（适用于 0.15~30 MHz）

序　　号	频率/MHz	阻抗的模/Ω	相　　角
1	0.15	34.29	46.70°
2	0.17	36.50	43.11°
3	0.20	39.12	38.51°
4	0.25	42.18	32.48°
5	0.30	44.17	27.95°
6	0.35	45.52	24.45°
7	0.40	46.46	21.70°
8	0.50	47.65	17.66°
9	0.60	48.33	14.86°
10	0.70	48.76	12.81°
11	0.80	49.04	11.25°
12	0.90	49.24	10.03°
13	1.00	49.38	9.04°

（续）

序　号	频率/MHz	阻抗的模/Ω	相　角
14	1.20	49.57	7.56°
15	1.50	49.72	6.06°
16	2.00	49.84	4.55°
17	2.50	49.90	3.64°
18	3.00	49.93	3.04°
19	4.00	49.96	2.28°
20	5.00	49.98	1.82°
21	7.00	49.99	1.30°
22	10.00	49.99	0.91°
23	15.00	50.00	0.61°
24	20.00	50.00	0.46°
25	30.00	50.00	0.30°

注：网络阻抗的模允差为±20%，相角的允差为±11.5°

表 6-8　50 Ω/5 μH+1 Ω V 型 AMN 阻抗的模和相角（适用于 0.15~108 MHz）

序　号	频率/MHz	阻抗的模/Ω	相　角
1	0.15	4.70	72.74°
2	0.20	6.19	73.93°
3	0.30	9.14	73.47°
4	0.40	12.00	71.61°
5	0.50	14.75	69.24°
6	0.70	19.82	64.07°
7	1.00	26.24	56.54°
8	1.50	33.94	46.05°
9	2.00	38.83	38.15°
10	2.50	41.94	32.27°
11	3.00	43.98	27.81°
12	4.00	46.33	21.63°
13	5.00	47.56	17.62°
14	7.00	48.71	12.80°
15	10.00	49.35	9.04°
16	15.00	49.71	6.06°
17	20.00	49.84	4.55°
18	30.00	49.93	3.04°
19	50.00	49.97	1.82°
20	100.00	49.99	0.91°
21	108.00	49.99	0.84°

注：网络阻抗的模允差为±20%，相角的允差为±11.5°

表 6-9　V 型 AMN 的基本隔离要求

序　号	V 型网络类型	频率范围/MHz	基本隔离/dB
1	50 Ω/50 μH+5 Ω	0.009~0.05	0~40ª
		0.05~30	40
2	50 Ω/50 μH	0.15~30	40
3	50 Ω/5 μH+1 Ω	0.15~3	0~40ª
		3~108	40

a 这些值表明基本隔离随着频率的对数线性增加

2. 不对称人工网络（AAN，Y 型网络）

AAN 用于测量被测设备使用非屏蔽平衡对线的有线网络端口（信号线）的传导发射，接入 AAN 后，被测设备的端口应能正常工作，测量 0.15~30 MHz 频率范围的传导发射共模（不对称模式）电压是否符合标准规定的电压限值。对于无线通信设备，通常用于测量被测设备的以太网线（2 对 4 线、3 对 6 线或 4 对 8 线）端口和有线电话线端口的传导发射。

在选择 AAN 时，在 0.15~30 MHz 频率范围内，AAN 的共模终端阻抗、相位角、隔离度、纵向转换损耗（LCL）和分压系数应符合 GB/T 6113.102 标准的要求，具体要求见表 6-10 和表 6-11。对 AAN 进行周期性校准时，校准报告（证书）中应包含所有这些参数的校准。通常 AAN 可分为六类线测量 AAN（例如罗德与施瓦茨的 ENY81-CA6）和五类线或三类线测量 AAN（例如罗德与施瓦茨的 ENY81）。

非屏蔽平衡对线测量用 AAN 的纵向转换损耗具体值参见表 6-10。

表 6-10　非屏蔽平衡对线测量用 AAN 的纵向转换损耗

序　号	频率/MHz	六类线 a_{LCL}/dB	五类线 a_{LCL}/dB	三类线 a_{LCL}/dB
1	0.15	75.00	65.00	55.00
2	0.17	74.99	64.99	54.99
3	0.20	74.99	64.99	54.99
4	0.25	74.99	64.99	54.99
5	0.30	74.98	64.98	54.98
6	0.35	74.98	64.98	54.98
7	0.40	74.97	64.97	54.97
8	0.50	74.96	64.96	54.96
9	0.60	74.94	64.94	54.94
10	0.70	74.92	64.92	54.92
11	0.80	74.89	64.89	54.89
12	0.90	74.86	64.86	54.86
13	1.00	74.83	64.83	54.83
14	1.20	74.76	64.76	54.76
15	1.50	74.63	64.63	54.63

（续）

序　号	频率/MHz	六类线 a_{LCL}/dB	五类线 a_{LCL}/dB	三类线 a_{LCL}/dB
16	2.00	74.36	64.36	54.36
17	2.50	74.03	64.03	54.03
18	3.00	73.66	63.66	53.66
19	4.00	72.85	62.85	52.85
20	5.00	71.99	61.99	51.99
21	7.00	70.29	60.29	50.29
22	10.00	68.01	58.01	48.01
23	15.00	65.00	55.00	45.00
24	20.00	62.70	52.70	42.70
25	30.00	59.32	49.32	39.32

表 6-11　不对称骚扰电压测量用 AAN 的特性

序号	AAN 的参数	要　求
1	网络阻抗的模	150 Ω±20 Ω
2	网络阻抗的相角	0°±20°
3	在网络被测设备端口的纵向转换损耗（LCL）	0.15~30 MHz，见要求 1）、2）和 3）
4	辅助设备端口与被测设备端口之间不对称信号的去耦衰减（隔离度）	0.15~1.5 MHz：>35~55 dB，随频率的对数呈线性增加 >1.5 MHz：>55 dB AAN 对于源于辅助设备的共模辐射的衰减应使得在测量接收机的输入端测得的发射水平比相应的限值至少低 10 dB
5	辅助设备端口与被测设备端口之间的对称电路插入损耗	<3 dB
6	被测设备端口与测量接收机端口之间的不对称电路的电压分压系数。接收机在 AAN 的电压测量端口测得的电压应加上电压分压系数	典型值：9.5 dB±1 dB 分压系数的计算见下式 $$V_{vdf} = 20\log \mid V_{cm}/V_{mp} \mid$$ 式中　V_{vdf}—分压系数，单位为 dB； 　　　V_{cm}—AAN 的被测设备端口的共模阻抗两端的共模电压； 　　　V_{mp}—接收机在 AAN 的电压测量端口直接测得的结果
7	网络的对称负载阻抗	与系统的规范有关，例如 100 Ω 或 600 Ω；由相关产品标准规定
8	有用信号（模拟或数字）的传输带宽	与系统的对称插入损耗规范有关，例如可达到 2 MHz 或可达到 100 MHz；由相关产品标准规定，在有用信号频带内，由于 AAN 的存在造成的插入损耗或其他信号质量的下降不应显著影响被测设备的正常运行
9	频率范围	0.15~30 MHz

AAN 纵向转换损耗（即 a_{LCL}）应符合以下要求：

1）对六类（或更好）非屏蔽平衡对线电缆所连接端口进行测量时所用的 AAN，纵向转换损耗（a_{LCL}）按式（6-1）计算：

$$a_{LCL} = 75 - 10\log\left[1 + \left(\frac{f}{5}\right)^2\right] \qquad (6\text{-}1)$$

式中 a_{LCL}——纵向插入损耗，单位为 dB；

$\quad\quad$ f——适用频率，单位为 MHz。

纵向转换损耗（a_{LCL}）的允差：$f < 2\,\text{MHz}$ 时为 $\pm 3\,\text{dB}$，$2\,\text{MHz} \leqslant f \leqslant 30\,\text{MHz}$ 时为 $-3\,\text{dB}/+6\,\text{dB}$。

2）对五类（或更好）非屏蔽平衡对线电缆所连接端口进行测量时所用的 AAN，纵向转换损耗（a_{LCL}）按式（6-2）计算：

$$a_{LCL} = 65 - 10\log\left[1 + \left(\frac{f}{5}\right)^2\right] \qquad (6\text{-}2)$$

式中 a_{LCL}——纵向插入损耗，单位为 dB；

$\quad\quad$ f——适用频率，单位为 MHz。

纵向转换损耗（a_{LCL}）的允差：$f < 2\,\text{MHz}$ 时为 $\pm 3\,\text{dB}$，$2\,\text{MHz} \leqslant f \leqslant 30\,\text{MHz}$ 时为 $-3\,\text{dB}/+4.5\,\text{dB}$。

3）对三类（或更好）非屏蔽平衡对线电缆所连接端口进行测量时所用的 AAN，纵向转换损耗（a_{LCL}）按式（6-3）计算：

$$a_{LCL} = 55 - 10\log\left[1 + \left(\frac{f}{5}\right)^2\right] \qquad (6\text{-}3)$$

式中 a_{LCL}——纵向插入损耗，单位为 dB；

$\quad\quad$ f——适用频率，单位为 MHz。

纵向转换损耗（a_{LCL}）的允差为 $\pm 3\,\text{dB}$。

注：上述 a_{LCL} 的频率特性为典型非屏蔽平衡电缆在典型环境中的近似值。三类电缆的技术规范［第 3）条］代表了典型通信接入网的 a_{LCL} 值。

3. 电流探头

电流探头用于测量电缆上的不对称骚扰电流，且不需要与骚扰源导线直接导电接触，也不用改变其电路，测量其传导发射是否符合标准规定的电流限值。这种方法对于复杂的导线系统、电子线路等，测量可以在不影响正常工作或正常配置的状态下进行。

电流探头的要求应符合 GB/T 6113.102 标准的要求，具体要求见表 6-12，电流探头在被测频率范围内应具有平坦的频率响应，无谐振产生。使用时，初级线圈的电流不应引起其饱和。无线通信设备的传导发射测量，电流探头的频率响应应覆盖 $0.15 \sim 30\,\text{MHz}$ 的频率范围，其口径至少为 15 mm，通常会选择口径稍大一些的电流探头，便于对通信设备的一些线束进行测量，其测量的最大电流应涵盖被测设备交流或直流的最大电流，对于无线通信设备，通常交流电流不大于 16 A，直流电流不大于 60 A，电流探头的测量电流应不小于这些电流，例如罗德与施瓦茨的 EZ-17 可满足相关要求。

表 6-12 电流探头的特性要求

序号	特 性	要 求
1	插入阻抗	≤1Ω
2	转移阻抗	电流探头端接 50Ω 负载时，在平坦线性范围为 0.1~5Ω；低于平坦线性范围时为 0.001~0.1Ω。电流探头应校准转移阻抗或转移导纳
3	附加的并联电容	电流探头外壳与被测导线之间电容应小于 25 pF
4	频率响应	在规定的频率范围内校准探头的转移阻抗。单个探头频率范围的典型值分别为：100 kHz~100 MHz、100~300 MHz、200~1000 MHz
5	脉冲响应	待定
6	磁饱和	应规定误差不超过 1 dB 时初级导线中直流或交流电源电流的最大值
7	转移阻抗允差	待定
8	外部磁场的影响	当将载流导线从探头口径内移至探头外的附近时，指示器的读数应至少减小 40 dB
9	电场的影响	对于 10 V/m 以下的电场应不敏感
10	位置的影响	使用探头时，任何尺寸的导线放置在口径内的任何部位，当不大于 30 MHz 时测量值的变化应小于 1 dB；当在 30~1000 MHz 频率范围时测量值的变化应小于 2.5 dB
11	电流探头的口径	至少 15 mm

注：转移阻抗可以使用转移阻抗（单位 Ω）的倒数即转移导纳（单位 S，西门子）表示，用分贝表示为［dB（S）］。当用分贝表示各个值时，则测量结果计算时，测量接收机的读数要加上导纳

4. 测量接收机

测量接收机应符合 GB/T 6113.101（CISPR 16-1-1）标准规定，为带或不带预选器的诸如可调谐电压表、电磁干扰（EMI）接收机、频谱分析仪或基于 FFT（快速傅里叶变换，fast-Fourier transform）的测量仪器一类的仪表。传导发射测量的测量接收机应该带有 GB/T 6113.201（CISPR 16-2-1）标准规定的（RMS-average）检波器、准峰值（QP）检波器和峰值（PK）检波器，中频带宽支持 6 dB 带宽。

通常情况下，对于 0.15~30 MHz 频率范围，传导发射测量使用 EMI 接收机，为了提升测量速度，可选择基于 FFT 的测量接收机。

对测量接收机进行校准时，三种检波器均应进行校准。对于测量接收机的一些特性应给予特殊的考虑，包括过载、线性度、选择性、脉冲响应、扫频速度、信号捕捉、灵敏度、幅度准确度、平均值检波、准峰值检波和峰值检波，这些特性的要求参见 GB/T 6113.201—2018 标准的附录 B。

6.5 传导发射测量方法

6.5.1 传导发射的测量原理

无线设备的传导发射测量，通常测量频率范围为 0.15~30 MHz，对电源端口和信号线（模拟/数字数据）端口进行测量，测量耦合设备使用 V 型人工电源网络、AAN 和电流探头。

对于电源端口，使用 V 型人工电源网络，在相线与参考地之间、中性线与参考地之间测量传导发射共模电压。对于信号线端口，使用 AAN（Y 型网络）测量传导发射的共模电压。对于电源端口或信号线端口可使用电流探头测量传导发射的共模电流。

传导发射的限值使用 dB 表示，电压限值的单位为 dB（μV），电流限值的单位是 dB（μA），因此在进行传导发射测量时，使用 dB 单位进行计算。对于共模电压的测量，按式（6-4）计算。

$$V_{\mathrm{M}} = V_{\mathrm{r}} + V_{\mathrm{vdf}} + a_{\mathrm{c}} \tag{6-4}$$

式中　V_{M}——测量的传导发射共模电压，单位为 dB（μV）；

　　　V_{r}——接收机的读数，单位为 dB（μV）；

　　　V_{vdf}——V 型人工电源网络或 AAN 的分压系数，单位为 dB；

　　　a_{c}——人工电源网络的测量端口到接收机输入端口的线路衰减（包含脉冲抑制器或衰减器），单位为 dB。

对于共模电流的测量，按式（6-5）进行计算。

$$A_{\mathrm{M}} = V_{\mathrm{r}} \pm Z_{\mathrm{T}} + a_{\mathrm{c}} \tag{6-5}$$

式中　A_{M}——测量的传导发射共模电压，单位为 dB（μA）；

　　　V_{r}——接收机的读数，单位为 dB（μV）；

　　　Z_{T}——电流探头的转移阻抗或转移导纳，单位为 dB（Ω）或 dB（S），如果校准的是转移阻抗，则式（6-5）中 Z_{T} 为减号，如果校准的是转移导纳，则式（6-5）中 Z_{T} 为加号。通常电磁兼容的测试软件的计算都是"+"的关系，因此在使用转移阻抗校准值时，要将校准值的符号变为相反符号后使用，即输入测试软件的转移阻抗校准值时，要将其值变换为相反符号后输入；

　　　a_{c}——电流探头输出端口到接收机输入端口的线路衰减（包含脉冲抑制器或衰减器），单位为 dB。

6.5.2　被测设备的工作状态

在进行传导发射测量时，被测设备应工作在实际应用时典型应用的工作状态，在测量过程中，如果能够实现，被测设备尽可能与实际的典型应用一致，如果无法实现，则尽可能使用接近于实际的典型应用的模拟工作状态。对于无线通信终端设备，可使用无线综测仪（基站模拟器）与被测设备建立通信连接或使用工程模式（持续发射），模拟被测设备正常的工作模式。对于无线通信网络设备，可设置被测设备的工程模式（持续发射），模拟被测设备的正常工作模式。

无线通信设备通常有两种工作模式，业务模式（包含语音业务和数据业务）和空闲模式，通常在业务模式下，最大功率发射的情况下，传导发射最大，个别情况，在空闲模式下的传导发射最大。

对于多功能的被测设备，如果无须对设备内部进行改变即可实现其功能，应按照其每个功能单独进行传导发射测量，只要每个功能均符合相关标准要求，则认为该被测设备符合要求。对于各功能不能单独运行的设备，或对于某一特定功能独立运行后将导致设备不能满足其主要功能的设备，或对于几项功能同时运行时能节约测量时间的设备，如果该设备在运行必要的功能时可满足相关标准的规定，则认为它符合要求。

被测设备的运行时间，如果被测设备规定了额定的运行时间，则在进行测量时，按规定的时间运行。否则，被测设备在测量过程中应保持持续运行。

如果被测设备支持多个工作模式，各个工作模式能同时工作，则应在多个工作模式同时工作的模式下进行试验，否则每一个工作模式应分别进行试验。例如，被测设备具有语音业务和数据业务工作模式，两种工作模式都应试验。

被测设备的供电，被测设备应在其规定的额定电压下工作，如果其规定的额定电压不止一种，应选择最大传导发射的电压进行测量。

对于电源端口的传导发射测量，应使被测设备的电源工作在最大额定功率下。对于模拟/数字数据端口的传导发射测量，如果具备大量的端口，同类型的端口只测试一个端口，端口应被激活，按正常使用时的方式进行运行，选择运行的信号、声音电平和显示参数使被测设备实现预期功能。

6.5.3　被测设备的配置

试验配置应尽可能地接近被测设备实际使用的典型情况。具体配置参见第 5 章中被测设备的配置。

6.5.4　测量布置

1. 测量布置原则

依据被测设备实际使用时的放置方式，进行传导发射测量布置，应按表 6-13 测量布置要求的方式进行布置。

表 6-13　被测设备的测量布置原则

被测设备典型的使用方式	测 量 布 置	备　　注
台式	台式	—
落地式	落地式	—
台式或落地式	台式	—
机架式安装	机架式或台式	—
其他，例如壁挂式、顶部安装式、手持式和穿戴式	台式	按照正常使用时的朝向放置 如果被测设备设计成顶部安装式，那么朝下的表面可以朝上放置
如果按照台式布置存在危险，可以按照落地式布置，并在试验报告中阐明该布置及其选择的理由		

预期为机架式安装的被测设备可以安装于机架上或按台式布置。既能落地式布置又能台式布置，或既能落地式布置又能采用壁挂式布置的被测设备，应按台式布置。如果通常使用的是落地式设备，则应按照落地式布置。

台式设备的传导发射测量布置有两种方式，即被测设备的底部或背面应放置在离参考接地平面 40 cm 的可操作距离上。接地平面通常是屏蔽室的某个墙面或地板，也可以是一个至少为 2 m×2 m 的接地金属平板。也就是说，一种布置方式为按垂直参考接地平面进行布置，被测设备放置在一个至少 80 cm 高的绝缘材料试验台上，它的背面离屏蔽室的某面墙（垂直参考接地平面）的距离为 40 cm。另一种布置方式为按水平参考接地平面布置，被测设备放置在一个 40 cm 高的绝缘材料试验台上，使得被测设备的底部高出接地平面（水平参考接地平面）40 cm。被测设备的其他的导电平面与参考接地平板之间的距离要大于 40 cm。

落地式设备的传导发射测量布置为被测设备放置在地面上（水平接地参考平面），应与水平接地参考平板绝缘，使用最大厚度不超过 0.15 m 的绝缘物支撑。

2. 传导发射测量布置

（1）试验桌

台式设备传导发射测量，具有合适介电常数材料制成的非导电试验桌，以保证能最大限度地减少试验桌对测量结果的影响。试验桌的桌面大小应足够容纳被测设备、本地辅助设备和相关的线缆，通常情况下桌面的大小为 1.5 m×1.0 m。使用垂直参考接地平面，试验桌的高度为 0.8 m±0.01 m。使用水平参考接地平面，试验桌的高度为 0.4 m±0.01 m。

落地式设备传导发射测量，与水平参考接地平面使用绝缘材料隔离支撑，绝缘支撑材料的高度不超过 0.15 m。

（2）AN 与被测设备的连接

实验室通常将 AN（人工网络）固定安装在地板上或水平参考接地平板上，进行良好的接地。对于台式设备，使用垂直参考接地平面时，人工网络（V 型网络 AMN 和 Y 型网络 AAN）外壳的一个侧面距离垂直参考接地平面及其他的金属部件 40 cm，布置见下文。使用水平参考接地平面时，布置见下文。对于落地式设备，通常使用水平参考接地平面，布置见下文。台式设备和落地式设备的组合，测试布置见下文。

被测设备的边界和 AN 最近的一个表面之间的距离为 80 cm。

对连接至 AN 的电源线和从 AN 到测量接收机的连接电缆进行适当布置，使它们的位置不影响测量结果。对于不配备固定连接导线的被测设备，要按照有关设备文件中的规定，用 1 m 的导线连接到 AN 上。

如果被测设备带有固定的电源线，该导线应为 1 m 长。若超过 1 m，则该导线的一部分应来回折叠为长度 30~40 cm 的线束，并布置成非感性的 S 形状，从而使电源线的总长度不超过 1 m。

被测设备的电源线应连接到一个 AMN。被测设备的其他单元和辅助设备的电源线应连接到另一个（或其他多个）AMN。所有 AMN 都应搭接到参考接地平面。

当被测设备由多个单元组成，每个单元都有独立的电源电缆时，则与 AMN 的连接点按以下规则确定：

1）对于具有多个模块的被测设备，每个模块具有独立的电源电缆（都已连接），制造商提供了一个多插座电源板（多插座电源分配器）以及一根连接到外部电源的电缆为所有模块供电，那么仅对这根电源电缆进行一次测量。

2）制造商未指定通过宿主单元进行供电时，应对每根电源电缆单独进行测量。

3）制造商明确指定通过宿主单元或其他电源供电设备连接的电源电缆或现场接线端子（电源输入端子），应按制造商所描述的方法连接。

4）当制造商规定了特殊的连接方法时，制造商应提供所需的、对连接有影响的硬件用于测试。

在所有其他情况下，被测设备的每个单元有各自独立的电源线时，传导发射测量应针对每个单元的电源线分别进行。

传导发射测量过程中应选择 AAN，并配置成具有代表性的网络，使得在该网络下 EUT 能正常工作。如果因电源输入端口/有线网络端口的位置而不能实现 1 m 要求时，则电缆有效长度应尽可能短。对于包含落地式设备的被测设备，在模拟/数字数据端口和 AAN 之间连接的电缆可以垂直于被测设备且相距被测设备 0.3~0.8 m 布置，在延伸至 AAN 之前垂落到水平参考接地平面（与参考接地平面绝缘）。在这种情况下，任何捆扎的线缆可置于接地平面上（与接地平面绝缘）。

（3）被测设备布置

1）台式设备布置。台式设备放置在试验桌上，被测设备任何两个单元间的间距应≥0.1 m，如果可行，被测设备的背面应与试验桌的后边对齐。

被测设备的电缆应从实验桌的后边沿垂落。如果下垂的电缆与水平接地平板的距离小于40 cm，则应将超长部分在其中心折叠捆扎成不超过 40 cm 的线束，以便其与水平参考接地平板最近的部分至少在水平参考接地平板上 40 cm。

线缆应按正常使用情况来摆放。

如果电源输入线缆长度小于 80 cm（包括插头一体的电源线），需要使用延长的线缆确保外部供电设备能摆放在桌面上。延长线缆应与供电线缆有类似的参数（包括相同的导线数和接地连接特性）。延长线缆应被当作电源电缆的一部分。

被测设备与电源附件之间的线缆应与被测设备其他互连电缆的连接方式相同，也放在桌面上。

如果设备之间上下重叠放置是一种典型的应用，则测试时可将设备重叠放置。

2）落地式设备布置。落地式设备应放置在水平参考接地平板上，其朝向与正常使用情况相一致，其金属部分应与水平接地参考平板绝缘，使用最大厚度不超过 0.15 m 的绝缘物支撑。参考接地平面其边界至少应超出被测设备边界 50 cm，面积至少为 2 m×2 m。

被测设备的电缆应与水平参考接地平板绝缘（绝缘距离不超过 15 cm）。如果设备需要专用的接地连接，应提供专用的连接点，并将该点搭接到水平参考接地平板上。

被测设备的电源电缆应垂落至水平参考接地平板，并与其保持绝缘。

被测设备的电缆超长部分应在其中心被捆扎成不超过 40 cm 的线束，也可以按蛇形布线。如果电缆的长度不足以垂落至水平参考接地平板，但离该平板的距离又不足 40 cm，那么超长部分应在电缆中心捆扎成不超过 40 cm 的线束。该捆扎线束位于水平参考接地平板之上 40 cm，如果电缆入口或电缆连接点距离水平参考接地平板的距离小于 40 cm，则位于电缆入口的高度或电缆连接点的高度。

对于带有垂直走线槽的设备，其电缆槽数量应与典型的实际应用相符。对于非导电材料的电缆槽，设备与垂直电缆之间的最近距离至少 20 cm。对于导电结构的电缆槽，电缆槽与设备最近部分的距离至少为 20 cm。

3）台式和落地式组合设备的布置。台式和落地式组合设备之间的电缆的超长部分应折叠成不超过 40 cm 的线束。捆扎线束位于水平参考接地平板之上 40 cm，如果电缆入口或电缆连接点距离水平参考接地平板的距离小于 40 cm，则位于电缆入口的高度或电缆连接点的高度。

（4）线缆的布置

所有视为被测设备组成部分的线缆应按正常使用状态布置。应将连接电缆、负载或装置与被测设备中的每一种类型的端口中至少一个端口相连，应尽可能按设备实际应用中的典型情况端接每一根电缆。

互连电缆应符合具体设备要求中所规定的型号和长度。如果在测试期间使用了屏蔽的或特殊的电缆以满足限值的要求，则应在测试报告中注明使用这种电缆。

任何超长的电缆应在中点处进行无感捆扎。捆扎的长度应小于 40 cm。无感捆扎是指利用最小可行的弯曲半径，将线缆来回折叠，从而缩短电缆。当无法捆扎时，应避免电缆绕环，可用蛇形走线的方式。

如果可行，电源线的有效长度应为 1 m±0.1 m。

与测量区域以外的设备相连的线缆应直接垂落至水平接地参考平板，使用厚度不超过 0.15 m 的绝缘支撑物与水平接地参考平板绝缘，沿线缆离开测量区域的位置走线。

（5）外部电源

对于台式设备，如果被测设备有外部供电单元（包括 AC/DC 电源转换器），则外部电源放置在试验桌上。如果电源（包括电源插头一体化的电源）端口输入电缆短于 0.8 m，应使用延长电缆，使外部电源单元能放置在试验桌上。

（6）接地线缆

被测设备实际使用时需要专用的接地连接，在测量时应按实际使用时的接地连接方式进行接地，连接应搭接到 AMN 的参考接地点。

如果制造商没有其他要求或规定，接地线的长度应与电源端口电缆相同并且以不超过 0.1 m 的间隔距离平行于电源端口电缆。

（7）试验布置间距

被测设备进行测量布置时，布置间距见表 6-14。

表 6-14 布置间距

序　号	设备或单元	间距/距离	容差（±）
1	测试桌上任何两个设备（单元）间的间距	≥0.1 m	10%
2	不在试验桌上的一个或多个单元中任何两个单元间的间距	典型	—
3	装有被测设备的机架（机柜）与通常离开测量设施的垂直向上电缆之间的最小距离	0.2 m	10%
4	AMN 与被测设备之间的距离	0.8 m	10%
5	AMN 与本地测试辅助设备之间的距离	≥0.8 m	10%
6	AAN 与被测设备之间的距离	0.8 m	10%
7	AAN 与本地测试辅助设备之间的距离	≥0.8 m	10%
8	被测设备、本地测试辅助设备和相关电缆与金属表面（除了参考接地平板以外）之间的间距（该间距不适用于台式和落地式的组合设备），此时台式被测设备距离垂直参考接地平面 0.4 m	≥0.8 m	10%
9	落地式被测设备、本地测试辅助设备和相关电缆与参考接地平板间的绝缘支撑厚度	≤0.15 m	10%
10	传导发射测量的桌面高度	0.8 m 或 0.4 m	±0.01 m

（续）

序　号	设备或单元	间距/距离	容差（±）
11	台式被测设备、本地测试辅助设备和相关电缆与参考接地平板之间的间隔，对于模拟/数字数据端口的试验，受试线缆在导电端接点之前应与参考接地平板之间尽可能保持 0.4 m 间距	0.4 m	10%
12	台式被测设备与测试辅助设备之间的电缆或被测设备与测试辅助设备之间垂落于试验桌背面的电缆部分与参考接地平板之间间隔（可由非导电支撑实现）	参考平板以上 0.4 m	10%
13	连接台式和落地式部分的电缆高度	最低高度 0.4 m 或连接点的高度	10%

（8）布置示例图

1）台式设备布置。参考接地平板应具有的最小尺寸为 2 m×2 m，且在各个方向应至少超出被测设备、本地测试辅助设备和相关电缆 0.5 m。

测量方法 1：使用垂直参考接地平板进行试验。被测设备的背面、本地测试辅助设备和相关电缆应距垂直参考接地平板 0.4 m。使用的所有接地平面应连接在一起。所使用的 AMN 和 AAN 应搭接到垂直参考接地平板或其他搭接到垂直参考接地平板的金属平板上。

信号电缆垂挂在桌子背面的部分，应位于距离垂直参考接地平板 0.4 m 的位置，与任何搭接到垂直参考接地平板的水平参考接地平板的距离不小于 0.4 m。如有必要，可使用一个具有适当介电常数的非导电材料制成的固定装置以保持该距离。

测量布置的示例如图 6-1a～d 所示。

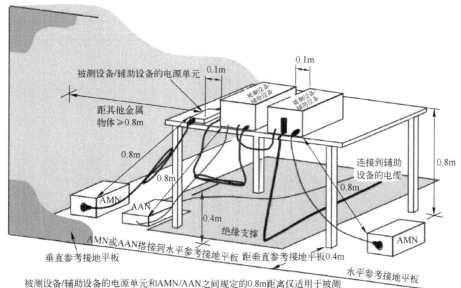

被测设备/辅助设备的电源单元和AMN/AAN之间规定的0.8m距离仅适用于被测的设备，如果是辅助设备，则距离应≥0.8m

a) 台式设备传导发射测量布置示例图（电源端口，测量方法1，带电源单元）

图 6-1　台式设备传导发射测量布置示例图（测量方法 1）

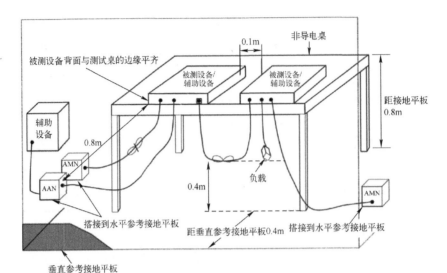

b) 台式设备传导发射测量布置示例图（电源端口，测量方法1）

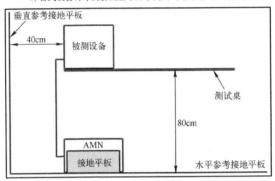

c) 台式设备传导发射测量布置示例图（电源端口，测量方法1，侧视图）

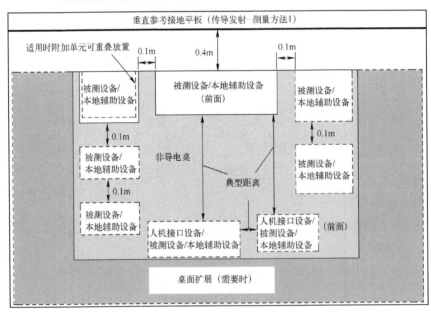

d) 台式设备传导发射测量布置示例图（测量方法1，俯视图）

图 6-1　台式设备传导发射测量布置示例图（测量方法 1）（续）

测量方法 2：使用水平参考接地平板进行试验。被测设备、本地测试辅助和相关电缆应放置在水平参考接地平板上方 0.4 m。

测量布置的示例如图 6-2a、b 和图 6-3 所示。

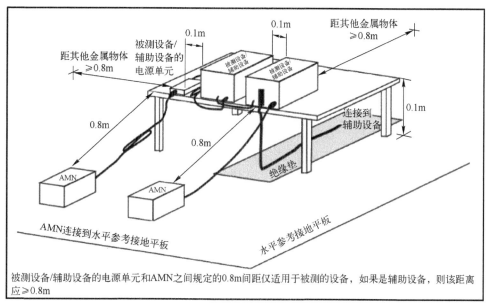

a) 台式设备传导发射测量布置示例图（电源端口，测量方法2）

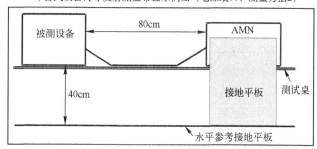

b) 台式设备传导发射测量布置示例图（测量方法2，电源端口，AMN放置在桌面上）

图 6-2 台式设备传导发射测量布置示例图（测量方法2）

2）落地式设备布置。落地式设备按本章的要求进行布置，通常使用水平参考接地平面，如果传导发射测量在 SAC 中进行，也按本章的要求进行测量布置，测量布置示例如图 6-4 所示。如果被测设备设计为架空走线，那么辅助设备的电缆走线应按架空走线布置，测量布置示例如图 6-5 所示。

3）台式和落地式设备组合布置。台式设备按台式设备测量进行布置。落地式设备应在水平参考接地平面上进行测试。当用垂直参考平面对台式设备进行测试，应注意，此时落地式设备应至少距垂直参考接地平面 0.8 m。这可能需要将台式设备和落地式设备之间的间隔设置为较小且方便的距离。测量布置示例如图 6-6 所示。

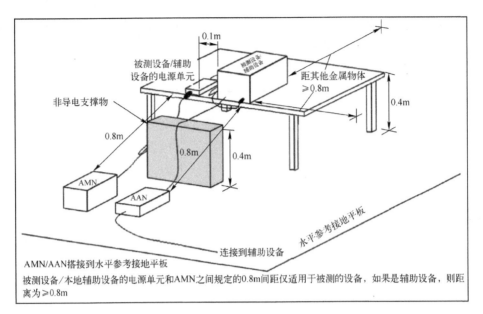

图 6-3　台式设备传导发射测量布置示例图（测量方法 2，电源/电信端口）

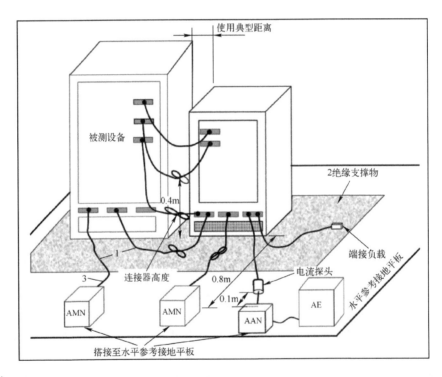

说明：

1. 超长电缆应在其中心处捆扎或缩短到适当的长度

2. 被测设备和电缆应与水平参考接地平板绝缘（最厚 15 mm）

3. 被测设备连接到一个 AMN 上，该 AMN 可以放在水平参考接地平板上或紧贴接地平板的下方，所有其他的设备由第二个 AMN 来供电

电缆长度和距离允差尽可能接近实际应用

图 6-4　落地式设备传导发射测量布置示例图

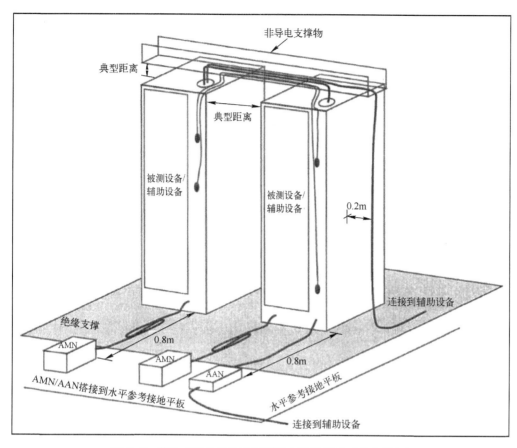

图6-5 落地式设备传导发射测量布置示例图（带走线架）

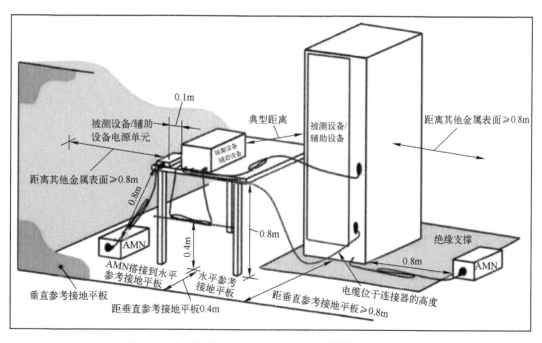

图6-6 台式和落地式组合设备传导发射测量布置示例图

6.5.5 测量程序及设置

1. 测量流程

传导发射测量，通常使用自动化测量软件进行测量。进行测量时，使用准峰值检波方式进行测量，会耗费大量测量时间，为了节约传导发射的测量时间，测量流程可以先进行预扫描测量，找出接近限值或超出限值的频点，然后对这些频点进行最终的测量找出其最大值，最后进行数据处理，测量流程如图 6-7 所示。

2. 测量检波器的使用

为了解决测量时间，在进行传导发射测量时，可优先选择峰值检波器进行测量，对测量结果与限值进行比对后，依据情况再选择准峰值检波器或平均值检波器进行测量。检波器的选择流程如图 6-8 所示。当使用峰值检波器的测量结果满足平均值的限值时，认为设备符合两种限值的要求，不必再进行平均值检波和准峰值检波测量。通常，在传导发射预测量时，使用峰值和平均值两种检波器同时进行测量，然后依据预测量结果与对应限值的余量情况，选择测量值最大的频点，进行最终的测量。

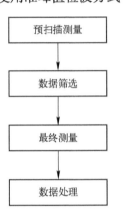

图 6-7 传导发射测量流程

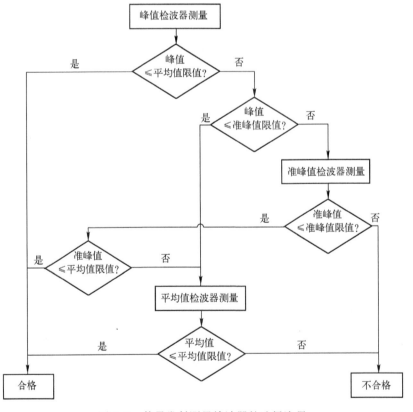

图 6-8 传导发射测量检波器的选择流程

3. 测量接收机的带宽

测量带宽通常选择 GB/T 6113.101（CISPR 16-1-1）标准规定的测量接收机的参考带宽，0.15~30 MHz，测量接收机的测量参考带宽设置为 9 kHz（B_6）。

4. 测量模式

进行测量时，使用最大值保持的测量模式进行扫描（sweep，频率连续测量，频谱分析仪方式）或扫频（scan，频率步进式测量，EMI 测量接收机方式）。在预测量时，可使用扫描方式，能提升测试效率，节约测量时间。在最终测量时，可使用扫频方式，频率的步进应至少小于测量接收机的测量带宽的一半，对于单纯的宽带发射，只要能找到发射频谱的最大值，频率步长可增大。

5. 测量时间

如果是单次扫描，每一频点的测量时间应大于被测设备间歇信号的脉冲间隔。如果采用最大值保持进行重复扫描，每一频点的观察时间应足够长，以捕捉被测设备的间歇信号，使用峰值检波器进行测量时，使用式（6-6）~式（6-8）计算最短测量时间，如果骚扰电平不稳定，那么每次测量时，对测量接收机的读数观察时间应不小于 15 s。

（1）使用频谱分析仪或 EMI 接收机进行扫描测量时（连续扫描方式，sweep 方式）

若所选视频带宽（VBW）大于分辨率带宽（RBW），用式（6-6）计算最短扫描时间。

$$T_{s\ min} = (k \times \Delta f)/(B_{res})^2 \tag{6-6}$$

式中　$T_{s\ min}$——最短扫描时间；

　　　k——比例常数，与分辨率滤波器的形状有关。对于同步调谐、近似高斯型滤波器，该常数假定为 2~3，对于近似矩形、参差调谐滤波器，k 值为 10~15；

　　　Δf——频率跨度；

　　　B_{res}——分辨率带宽。

若所选视频带宽（VBW）小于或等于分辨率带宽（RBW），使用式（6-7）计算最短扫描时间。

$$T_{s\ min} = (k \times \Delta f)/(B_{res} \times B_{video}) \tag{6-7}$$

式中　B_{video}——视频带宽。

使用扫描（sweep）的方式进行传导发射测量时，通常视频带宽会设置为大于分辨率带宽，假设分辨率带宽选择与测量参考带宽相同，为 9 kHz，对于 0.15~30 MHz 频率范围的传导发射测量，k 值取 10，则最小测量时间为：

$$T_{s\ min} = (10 \times 1000 \times 29.85\ kHz)/(9\ kHz \times 9\ kHz) = 3.685\ s$$

（2）使用 EMI 接收机进行扫频测量时（步进扫频方式，scan 方式）

使用式（6-8）计算最短扫频时间：

$$T_{s\,min} = T_{m\,min} \times \Delta f / (B_{res} \times 0.5) \qquad (6-8)$$

式中　$T_{m\,min}$——每一频率点的最小测量（驻留）时间，见 GB/T 6113.201（CISPR 16-2-1），0.15～30 MHz 频率范围最小测量时间为 0.50 ms。

使用扫频（scan）的方式进行传导发射测量时，假设分辨率带宽选择与测量参考带宽相同，为 9 kHz，对于 0.15～30 MHz 频率范围的传导发射测量，则最小测量时间为：

$$T_{s\,min} = 0.5\,ms \times 28.9\,kHz \times 1000 / (9\,kHz \times 0.5) = 3.2\,s$$

6. 测量结果

测量结果的电平超过（$L-10\,dB$）（L 为用对数单位表示的限值电平，见本章的第 3 节）时，对于每种检波方式，如果超过（$L-10\,dB$）的频点多于 6 个，则应记录 6 个最大电平及其对应的频率，如果频率点小于 6 个，则按实际超出的频点记录最大电平及其对应的频点。对于美国 FCC（Federal Communications Commission）认证传导发射测试，要求必须给出 6 个最大电平及其对应的频率点。

6.6　传导发射测量不确定度评定示例

传导发射测量不确定度为标准符合性不确定度（SCU），包含了被测量的固有不确定度以及测量设备和设施的不确定度（MIU），也称为被测量的总不确定度或测量系统不确定度。

由于测量的被测设备种类繁多，对每个被测量的固有不确定度进行评定不太现实，因此一般只对测量设备和设施的不确定度（MIU）进行评定，测量结果的符合性判定时，如果考虑不确定度的影响，则不确定度使用测量设备和设施的不确定度。

本章的不确定度评定示例为传导发射测量设备和设施的不确定度评定。不确定度评定使用的数据均为虚拟数据。

6.6.1　测量不确定度评定参考标准

JJF 1059.1—2012《测量不确定度评定与表示》。

GB/Z 6113.401—2018《无线电骚扰和抗扰度测量设备和测量方法规范 第 4—1 部分：不确定度、统计学和限值建模　标准化 EMC 试验的不确定度》。

GB/T 6113.402—2022《无线电骚扰和抗扰度测量设备和测量方法规范 第 4—2 部分：不确定度、统计学和限值建模　测量设备和设施的不确定度》。

CISPR 16-4-2：2018 Specification for radio disturbance and immunity measuring apparatus and methods-Part 4-2：Uncertainties，statistics and limit modelling-Measurement instrumentation uncertainty。

6.6.2　传导发射测量方法及测量系统

无线通信设备的传导发射测量方法依据 GB/T 9254.1—2021 标准进行。

传导发射测量系统包括测量接收机、脉冲抑制器、射频电缆和人工网络（AN），测量按 GB/T 9254.1—2021 标准要求进行布置，测量在屏蔽室中进行，测量系统如图 6-9 所示。

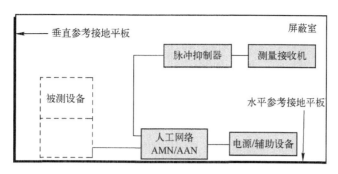

图 6-9 传导发射测量系统示意图

假设传导发射测量设备见表 6-15。

表 6-15 传导发射测量设备列表示例

序 号	名 称	型 号	序 列 号	备 注
1	测量接收机	ESR	01	—
2	人工电源网络	ENV432	02	—
3	不对称人工网络	ENY81	03	—
4	脉冲抑制器或衰减器	P01	04	—
5	射频线缆	CL01	05	—

6.6.3 传导发射测量的数学模型

1. 电源端口的传导发射

被测设备电源端口的传导发射的非对称电压 V 按式（6-9）计算：

$$V = V_r + a_c + F_{AMN} + \delta V_{sw} + \delta V_{pa} + \delta V_{pr} + \delta V_{nf} + \delta M + \delta F_{AMNf} + \delta Z_{AMN} + \delta D_{main} + \delta V_{env} \qquad (6\text{-}9)$$

式中　V——被测设备端口的传导发射电压，单位为 $dB\mu V$；

V_r——测量接收机读数，单位为 $dB\mu V$；

a_c——测量接收机到人工网络的路径衰减值，单位为 dB；

F_{AMN}——人工电源网络（AMN）电压分压系数（VDF），单位为 dB；

δV_{sw}——对测量接收机正弦波电压不准确的修正，单位为 dB；

δV_{pa}——对测量接收机脉冲幅度响应不理想的修正，单位为 dB；

δV_{pr}——对测量接收机脉冲重复频率响应不理想的修正，单位为 dB；

δV_{nf}——对接收机本底噪声影响的修正，单位为 dB；

δM——对测量系统设备间失配误差的修正，单位为 dB；

δF_{AMNf}——对人工电源网络分压系数频率内插误差的修正，单位为 dB；

δZ_{AMN}——对 AMN 阻抗不理想的修正，单位为 dB；

δD_{main}——对交流电源和其他电源骚扰造成的误差的修正，单位为 dB；

δV_{env}——对环境的影响的修正，单位为 dB。

2. 电信端口的传导发射

被测设备电信端口的传导发射的不对称电压 V 按式（6-10）计算：

$$V = V_r + a_c + F_{AAN} + \delta V_{sw} + \delta V_{pa} + \delta V_{pr} + \delta V_{nf} + \delta M + \delta F_{AANf} + \delta Z_{AAN} + \delta a_{LCL} + \delta D_{AE} + \delta V_{env} \qquad (6-10)$$

式中　V——被测设备端口的传导发射电压值，单位为 dBμV；

$\quad\quad V_r$——测量接收机读数，单位为 dBμV；

$\quad\quad a_c$——测量接收机到人工网络的路径衰减值，单位为 dB；

$\quad\quad F_{AAN}$——不对称人工网络（AAN）分压系数（VDF），单位为 dB；

$\quad\quad \delta V_{sw}$——对测量接收机正弦波电压不准确的修正，单位为 dB；

$\quad\quad \delta V_{pa}$——对测量接收机脉冲幅度响应不理想的修正，单位为 dB；

$\quad\quad \delta V_{pr}$——对测量接收机脉冲重复频率响应不理想的修正，单位为 dB；

$\quad\quad \delta V_{nf}$——对测量系统本底噪声影响的修正，单位为 dB；

$\quad\quad \delta M$——对测量系统设备间失配误差的修正，单位为 dB；

$\quad\quad \delta F_{AANf}$——对 AAN 分压系数频率内插误差的修正，单位为 dB；

$\quad\quad \delta Z_{AAN}$——对 AAN 阻抗不理想的修正，单位为 dB；

$\quad\quad \delta a_{LCL}$——对 AAN 纵向转换损耗不理想的修正，单位为 dB；

$\quad\quad \delta D_{AE}$——对来自辅助设备骚扰造成的误差的修正，单位为 dB；

$\quad\quad \delta V_{env}$——对环境的影响的修正，单位为 dB；

6.6.4　各个输入分量的标准不确定度评定

1. 测量接收机读数，V_r

测量接收机读数变化的原因包括测量系统的不稳定和表的刻度内插误差。V_r 的估计值是稳定的信号多次（测量次数在 10 次以上）读数的平均值，可使用不确定度的 A 类评定方法的贝塞尔公式法。传导发射测量时，使用最大保持的单次测量结果作为最佳估计值，其标准不确定度是单次测量结果的试验标准差。

例如：使用性能稳定的信号源，通过线缆与测量接收机相连，在 0.15～30 MHz 频率范围内，以一定的频率步长进行多次测量，选择标准偏差最大的频点对应的值进行计算。

在 0.15～30 MHz 频段内，假设 15 MHz 对应的试验标准差最大，测量结果见表 6-16。

表 6-16　15 MHz，10 次测量结果

n	1	2	3	4	5	6	7	8	9	10	平均值
结果（单位为 dBμV）	70.37	70.44	70.43	70.48	70.45	70.43	70.36	70.39	70.39	70.42	70.416

单个值的试验标准差为 0.114 dB，则测量接收机读数的标准不确定度为：

$$u(V_r) = 0.114 \text{ dB}$$

2. 测量接收机正弦波电压不准确的修正量，δV_{sw}

对测量接收机正弦波电压准确度的修正量 δV_{sw} 的估计值及其扩展不确定度和包含因子均可从校准报告得到。如果校准报告仅表明测量接收机的正弦波电压准确度在 GB/T 6113.101 所规定的允差要求（±2 dB）的范围内，则 δV_{sw} 的估计值被认为是 0，并服从半宽度为 2 dB 的矩形分布。如果校准报告表明测量接收机的正弦波电压准确度优于 GB/T 6113.101 所规定的允差，例如±1 dB，则将该值用于测量接收机的不确定度计算（即：此时估计值为 0，服从半宽度为 1 dB 的矩形分布），可使用不确定度的 B 类评定方法。

例如：在校准证书中，在 $0.15 \sim 30\,\mathrm{MHz}$ 频率范围内，频率为 $30\,\mathrm{MHz}$ 时，电压的准峰值示值最大偏差为 $0.22\,\mathrm{dB}$（矩形分布，$k = \sqrt{3}$），则正弦波电压不准确的修正量 δV_{sw} 的估计值为 0，其标准不确定度为：

$$0.15 \sim 30\,\mathrm{MHz}: u(\delta V_{\mathrm{sw}}) = \frac{0.22}{\sqrt{3}}\,\mathrm{dB} = 0.127\,\mathrm{dB}$$

3. 测量接收机脉冲幅度响应不理想的修正量，δV_{pa}

假设在校准证书中，$0.15 \sim 30\,\mathrm{MHz}$ 其脉冲幅度响应符合 GB/T 6113.101 所规定的 $\pm 1.5\,\mathrm{dB}$ 允差要求，则 δV_{pa} 的估计值为 0，且服从半宽度为 $1.5\,\mathrm{dB}$ 的矩形分布。也可使用校准证书中的允差值，例如 $\pm 1.2\,\mathrm{dB}$，则将该值用于测量接收机的不确定度计算，即此时 δV_{pa} 的估计值为 0，且服从半宽度为 $1.2\,\mathrm{dB}$ 的矩形分布。可使用不确定度的 B 类评定方法。

例如：在校准证书中，脉冲幅度响应的最大偏差值，在 $0.15 \sim 30\,\mathrm{MHz}$ 为 $0.2\,\mathrm{dB}$（矩形分布，$k = \sqrt{3}$），则测量接收机脉冲幅度响应不理想的修正量 δV_{pa} 的估计值为 0，其标准不确定度为：

$$0.15 \sim 30\,\mathrm{MHz}: u(\delta V_{\mathrm{pa}}) = \frac{0.2}{\sqrt{3}}\,\mathrm{dB} = 0.115\,\mathrm{dB}$$

4. 测量接收机脉冲重复频率响应不理想的修正量，δV_{pr}

假设在校准证书中，$0.15 \sim 30\,\mathrm{MHz}$ 其脉冲重复频率响应符合 GB/T 6113.101 规定的允差 $\pm 1.5\,\mathrm{dB}$ 的要求，则 δV_{pr} 的估计值为 0，且服从半宽度为 $1.5\,\mathrm{dB}$（该值被认为是 GB/T 6113.101 允差的典型值）的矩形分布。也可使用校准证书中的允差值，例如 $\pm 1.4\,\mathrm{dB}$，则将该值用于测量接收机的不确定度计算，即此时 δV_{pr} 的估计值为 0，且服从半宽度为 $1.4\,\mathrm{dB}$ 的矩形分布。可使用不确定度的 B 类评定方法。

例如：在校准证书中，脉冲重复频率响应的最大偏差值，在 $0.15 \sim 30\,\mathrm{MHz}$ 为 $1.2\,\mathrm{dB}$（矩形分布，$k = \sqrt{3}$），则测量接收机脉冲重复频率响应不理想的修正量 δV_{pr} 的估计值为 0，其标准不确定度为：

$$0.15 \sim 30\,\mathrm{MHz}: u(\delta V_{\mathrm{pr}}) = \frac{1.2}{\sqrt{3}}\,\mathrm{dB} = 0.693\,\mathrm{dB}$$

5. 测量系统本底噪声影响的修正量，δV_{nf}

测量系统的本底噪声与限值的接近程度会影响那些接近辐射发射限值的测量结果。对测量系统本底噪声的影响的修正取决于信号类型（例如：脉冲信号或未调制信号）和信噪比，其会改变噪声电平的指示值。可以用测量系统的本底噪声与标准规定的限值做比较作为信噪比的值，使用 GB/T 6113.402—2022 的附录 A 的 A5）的方法进行修正值的估计。对于 $0.15 \sim 30\,\mathrm{MHz}$ 传导发射测量，电源端口和电信端口的系统本底噪声的最大准峰值和平均值与对应的 B 级设备限值的差值大于 $40\,\mathrm{dB}$，则依据图 A.1 可知，偏差值约为 $0\,\mathrm{dB}$，则 δV_{nf} 的估计值为 0，且服从半宽度为 $0\,\mathrm{dB}$ 的矩形分布，可使用不确定度的 B 类评定方法。测量系统本底噪声影响的修正标准不确定度为：

$$0.15 \sim 30\,\mathrm{MHz}: u(\delta V_{\mathrm{nf}}) = \frac{0}{\sqrt{3}}\,\mathrm{dB} = 0.000\,\mathrm{dB}$$

6. 测量接收机到人工网络的路径衰减值，a_c

测量接收机到人工网络的路径中可能包括线缆和脉冲抑制器或衰减器。路径衰减 a_c 的估计值可通过多次测量（测量次数在 10 次以上）的平均值获得，可使用不确定度的 A 类评定方法的贝塞尔公式法。实际测量系统中使用的路径衰减值，是单次测量结果值作为路径衰减的最佳估计值，其标准不确定度是单次测量结果的试验标准差。

在 0.15~30 MHz 频率范围内，以一定的频率步长进行多次测量，选择试验标准偏差最大的频点对应的值进行计算。可依据测量系统频率范围的划分，在不同频率范围内选取。

在 0.15~30 MHz 频段内，假设 25 MHz 对应的试验标准差最大，测量结果见表 6-17。

表 6-17　25 MHz，10 次测量结果

n	1	2	3	4	5	6	7	8	9	10	平均值
结果（单位为 dB）	10.8	10.7	10.8	10.7	10.9	10.7	10.9	10.8	10.6	10.7	10.76

单个值的试验标准差为 0.0966 dB，则路径衰减量 a_c 的标准不确定度为：

$$0.15\sim30\,\text{MHz:}\quad u(a_c) = 0.0966\,\text{dB}$$

7. 人工电源网络（AMN）电压分压系数（VDF），F_{AMN}

AMN 的电压分压系数 F_{AMN} 的估计值及其扩展不确定度和包含因子均可从校准报告得到。

假设校准证书中 AMN 的电压分压系数的校准不确定度为 0.3 dB（$k=2$），则 AMN 的电压分压系数的标准不确定度为：

$$0.15\sim30\,\text{MHz:}\quad u(F_{AMN}) = \frac{0.3}{2}\,\text{dB} = 0.150\,\text{dB}$$

8. 不对称人工网络（AAN）分压系数（VDF），F_{AAN}

AAN 的电压分压系数 F_{AAN} 的估计值及其扩展不确定度和包含因子均可从校准报告得到。假设校准证书中 AAN 的电压分压系数的校准不确定度为 0.3 dB（$k=2$），则 AAN 的电压分压系数的标准不确定度为：

$$0.15\sim30\,\text{MHz:}\quad u(F_{AAN}) = \frac{0.3}{2}\,\text{dB} = 0.150\,\text{dB}$$

9. 人工电源网络分压系数频率内插误差的修正量，δF_{AMNf}

频率内插误差分析方法一，分压系数频率内插误差的修正量见 GB/T 6113.402—2022 附录 A 的 A6）及 CISPR 16-4-2:2018 的表 D.7、表 D.8、表 E.1 和表 E.2，可使用不确定度的 B 类评定方法。则分压系数频率内插误差的修正量 δF_{AMNf} 的估计值为 0，且服从半宽度为 0.1 dB 的矩形分布，则其标准不确定度为：

$$0.15\sim30\,\text{MHz:}\quad u(\delta F_{AMNf}) = \frac{0.1}{\sqrt{3}}\,\text{dB} = 0.0577\,\text{dB}$$

10. 不对称人工网络（AAN）分压系数频率内插误差的修正量，δF_{AANf}

频率内插误差分析方法二，对于频率内插值，通常使用线性内插方法，假设在相邻频率 F_1 和 F_2 之间插入频率 F_X，如果 F_1 对应的分压系数值为 F_{VDF1}，F_2 对应的分压系数值为 F_{VDF2}，那么插入频率 F_X 对应的分压系数值 F_{VDEX} 一定在 F_{VDF1} 和 F_{VDF2} 之间，则插入频率的误差会落

在宽度为 $|F_{VDF2}-F_{VDF1}|$ 的区间内，那么分压系数频率内插误差的修正量 δF_{AANf} 的估计值为 0，

且服从半宽度为 $\dfrac{|F_{VDF2}-F_{VDF1}|}{2}$ dB 的矩形分布。如果在 AAN 的分压系数的校准证书中，相邻

频率间的最大差值为 0.21 dB，则其标准不确定度为：

$$0.15 \sim 30\ \text{MHz}: u(\delta F_{AANf}) = \frac{0.105}{\sqrt{3}}\ \text{dB} = 0.0606\ \text{dB}$$

11. AMN 阻抗不理想的修正量，δZ_{AMN}

对于 50 Ω/50 μH+5 Ω 的 AMN 或 50 Ω/50 μH 的 AMN，当其接收机端口端接 50 Ω 时，GB/T 6113.102 中规定该网络阻抗的允差应在标称阻抗模的 20% 以内，相角的允差应在 ±11.5° 以内。由于实际使用的 AMN 的阻抗与理想 AMN 阻抗存在差异，因此实际使用的 AMN 与理想的 AMN 测得的电压会不同，对测量不确定度的贡献的最大值由实际使用的 AMN 的阻抗值与理想的 AMN 的阻抗值的比值的最大值给出。可使用 AN 阻抗偏差计算器，计算出实际使用的 AMN 阻抗（模和相角）的校准值与 AMN 阻抗的理想值测量的电压的最大偏差值，作为 AMN 阻抗不理想的修正量的不确定度，即 AMN 阻抗不理想的修正量 δZ_{AMN} 的估计值为 0，且服从半宽度为测量的电压的最大偏差值的三角分布。假设依据校准证书的 AMN 阻抗（模和相角）值，计算出电压的最大偏差为 1.72 dB，则 δZ_{AMN} 的标准不确定度为：

$$0.15 \sim 30\ \text{MHz}: u(\delta Z_{AMN}) = \frac{1.72}{\sqrt{6}}\ \text{dB} = 0.702\ \text{dB}$$

12. AAN 阻抗不理想的修正量，δZ_{AAN}

方法同上，假设依据校准证书的 AAN（ISN）阻抗（模和相角）值，计算出电压的最大偏差为 1.3 dB，则 δZ_{AAN} 的标准不确定度为：

$$0.15 \sim 30\ \text{MHz}: u(\delta Z_{AAN}) = \frac{1.3}{\sqrt{6}}\ \text{dB} = 0.531\ \text{dB}$$

13. 交流电源和其他电源骚扰造成的误差的修正量，δD_{main}

进行电源端口的传导发射时，AMN 可对电源的骚扰进行抑制，另外，传导发射通常在屏蔽室中进行，屏蔽室的电源均应通过电源滤波器进入，因此交流电源和其他电源骚扰造成的误差的修正 δD_{main} 的估计值为 0，其标准不确定度为 0。

14. 环境的影响的修正量，δV_{env}

环境的影响通常不能给出定量的估计值，一般都包含在测量系统的本底噪声中，另外传导发射测量一般在屏蔽室中进行，因此环境影响的修正 δV_{env} 的不确定度可忽略。

15. 辅助设备骚扰造成的误差的修正量，δD_{AE}

假设 AAN 的最小去耦衰减为 35 dB，辅助设备的骚扰电平与被测设备的骚扰电平相同，依据 GB/T 6113.402—2022 的附录 B，辅助设备骚扰造成的误差的修正 δD_{AE} 的估计值为 0，服从半宽度为 0.2 dB 的矩形分布，则其标准不确定度为：

$$0.15 \sim 30\ \text{MHz}: u(\delta D_{AE}) = \frac{0.2}{\sqrt{3}}\ \text{dB} = 0.115\ \text{dB}$$

16. AAN 纵向转换损耗不理想的修正量，δa_{LCL}

依据线缆的类型，AAN 的纵向转换损耗的允差要求不同。依据 GB/T 6113.102 标准，对三类（或更好）非屏蔽平衡对线电缆所连接端口进行测量时所用的 AAN 的 a_{LCL} 允差为 $\pm 3\,dB$，对于五类线缆 AAN 的 a_{LCL} 允差为 $-3\,dB/+4.5\,dB$，对于六类线缆 AAN 的 a_{LCL} 允差为 $-3\,dB/+6\,dB$。则 δa_{LCL} 的估计值为 0，服从半宽度为允差范围的三角分布，则其标准不确定度为：

$$三类线缆端口测量：u(\delta a_{LCL}) = \frac{|3+3|}{2\sqrt{6}}\,dB = 1.22\,dB$$

$$五类线缆端口测量：u(\delta a_{LCL}) = \frac{|4.5+3|}{2\sqrt{6}}\,dB = 1.53\,dB$$

$$六类线缆端口测量：u(\delta a_{LCL}) = \frac{|6+3|}{2\sqrt{6}}\,dB = 1.84\,dB$$

17. 测量系统设备间失配误差的修正量，δM

传导发射测量系统设备间的失配主要来自测量接收机与 AN 之间的失配。测量接收机与 AN 之间的连接可以看作是一个两端口网络，端口 1 为 AN 的输出端口，端口 2 是接收机的输入端口。

由此得到对于两端口网络引入失配的修正量 δM 见式（6-11）：

$$\delta M = 20\log\left[(1-\Gamma_e S_{11})(1-\Gamma_r S_{22})-S_{21}^2\Gamma_e\Gamma_r\right] \tag{6-11}$$

式中，Γ_e 为 AN 输出端口的反射系数；Γ_r 为测量接收机输入端口的反射系数；S_{11}、S_{21} 和 S_{22} 为测量接收机与 AN 连接线缆的 S 参数。

则可以确定 δM 的极值 $\delta M^\pm$ 将不大于：

$$\delta M^\pm = 20\log\left[1\pm(|\Gamma_e||S_{11}|+|\Gamma_r||S_{22}|+|\Gamma_e||\Gamma_r||S_{11}||S_{22}|+|\Gamma_e||\Gamma_r||S_{21}|^2)\right]$$

δM 的概率分布近似为 U 形分布（反正弦分布），其区间宽度不大于（$\delta M^- - \delta M^+$），则其标准不确定度不大于区间半宽度除以 $\sqrt{2}$。

假设，从校准报告或技术说明书中查到，测量接收机输入端口的 VSWR（电压驻波比），1 GHz 以下小于 1.2，则其输入端口的反射系数为

$$0.15\sim30\,MHz：\Gamma_r = \frac{1.2-1}{1.2+1} = 0.0909$$

AMN 输出端口的 VSWR（电压驻波比）为 1.3，AAN 输出端口的 VSWR（电压驻波比）为 1.4，则其输出端口的反射系数为

$$AMN：\Gamma_e = \frac{1.3-1}{1.3+1} = 0.130$$

$$AAN：\Gamma_e = \frac{1.4-1}{1.4+1} = 0.167$$

假设 AN 与测量接收机的连接路径，$S_{11}=S_{22}=0.05$，$S_{21}=0.20$。则：

$$AMN：\delta M^+ = 0.0998，\delta M^- = -0.101$$

$$AAN: \delta M^+ = 0.117, \quad \delta M^- = -0.118$$

那么，测量接收机与 AN 的失配误差修正量 δM 的估计值为 0，服从 U 形分布，其标准不确定度为

$$AMN: u(\delta M) = \frac{0.0998 + 0.101}{2\sqrt{2}} dB = 0.0710\ dB$$

$$AAN: u(\delta M) = \frac{0.117 + 0.118}{2\sqrt{2}} dB = 0.0831\ dB$$

6.6.5　不确定度的合成

不确定度的评定见表 6-18 和表 6-19。

表 6-18　电源端口传导发射测量不确定度的评定

序号	输　入　量	X_i	x_i 的不确定度或最大允差		$c_i u(x_i)$
			dB	概率分布函数	
1	测量接收机读数	V_r	0.114	$k=1$	0.114
2	测量接收机正弦波电压不准确的修正量	δV_{sw}	±0.220	矩形分布 $(k=\sqrt{3})$	0.127
3	测量接收机脉冲幅度响应不理想的修正量	δV_{pa}	±0.200	矩形分布 $(k=\sqrt{3})$	0.115
4	测量接收机脉冲重复频率响应不理想的修正量	δV_{pr}	±1.20	矩形分布 $(k=\sqrt{3})$	0.693
5	测量系统本底噪声影响的修正量	V_{nf}	±0.0	矩形分布 $(k=\sqrt{3})$	0.000
6	测量接收机到人工电源网络的路径衰减	a_c	0.0966	$k=1$	0.0966
7	人工电源网络（AMN）电压分压系数（VDF）	F_{AMN}	0.300	$k=2$	0.150
8	人工电源网络分压系数频率内插误差的修正量	δF_{AMNf}	±0.100	矩形分布 $(k=\sqrt{3})$	0.0577
9	AMN 阻抗不理想的修正量	δZ_{AMN}	±1.72	三角分布 $(k=\sqrt{6})$	0.702
10	交流电源和其他电源骚扰造成的误差的修正量	δD_{main}	±0.00	—	0.000
11	环境的影响的修正量，δV_{env}	δV_{env}	—	—	—
12	测量系统设备间失配误差的修正量	δM	±0.100	U 形分布 $k=\sqrt{2}$	0.0707

合成标准不确定度：1.02 dB
取包含因子 $k=2$
扩展不确定度：2.0 dB

备注：
1. 所有 $c_i = 1$
2. $u(x_i)$ 为标准不确定度

表 6-19　电信端口传导发射测量不确定度的评定

序号	输　入　量	X_i	x_i 的不确定度或最大允差		$c_i u(x_i)$
			dB	概率分布函数	
1	测量接收机读数	V_r	0.114	$k=1$	0.114
2	测量接收机正弦波电压不准确的修正量	δV_{sw}	±0.220	矩形分布 ($k=\sqrt{3}$)	0.127
3	测量接收机脉冲幅度响应不理想的修正量	δV_{pa}	±0.200	矩形分布 ($k=\sqrt{3}$)	0.115
4	测量接收机脉冲重复频率响应不理想的修正量	δV_{pr}	±1.20	矩形分布 ($k=\sqrt{3}$)	0.693
5	测量系统本底噪声影响的修正量	V_{nf}	±0.00	矩形分布 ($k=\sqrt{3}$)	0.00
6	测量接收机到不对称人工网络的路径衰减	a_c	0.0966	$k=1$	0.0966
7	不对称人工网络（AAN）电压分压系数（VDF）	F_{AAN}	0.300	$k=2$	0.150
8	不对称人工网络分压系数频率内插误差的修正量	δF_{AANf}	±0.105	矩形分布 ($k=\sqrt{3}$)	0.0606
9	AAN 阻抗不理想的修正量	δZ_{AAN}	±1.30	三角分布 ($k=\sqrt{6}$)	0.531
10	辅助设备骚扰造成的误差的修正量	δD_{AE}	±0.200	矩形分布 ($k=\sqrt{3}$)	0.115
11	环境的影响的修正量，δV_{env}	δV_{env}	—	—	—
12	测量系统设备间失配误差的修正量	δM	±0.118	U 形分布 $k=\sqrt{2}$	0.0831
13	AAN 纵向转换损耗不理想的修正量	三类，δa_{LCL}	±3.00	三角分布 ($k=\sqrt{6}$)	1.22
		五类，δa_{LCL}	±3.75		1.53
		六类，δa_{LCL}	±4.50		1.84

合成标准不确定度：1.53 dB（三类），1.79 dB（五类），2.06 dB（六类）
取包含因子 $k=2$
扩展不确定度：3.1 dB（三类），3.6 dB（五类），4.1 dB（六类）

备注：
1. 所有 $c_i=1$
2. $u(x_i)$ 为标准不确定度

6.7　小结

本章的传导发射即通信设备行业标准中的传导骚扰。最新的 CISPR 16-2-1：2017 及正在修订的 GB/T 6113.201—2018 标准对一些要求做了更新，如对于各种类型 AN 的描述，一些测量布置及测量程序的修改等，一些要求如与本章不一致，应按最新标准的要求进行测量。

本章也未给出基于 FFT 的测量设备的测量方法，相关测量方法及要求见最新的 GB/T

6113.201 标准的要求。

参考文献

[1] 全国无线电干扰标准化技术委员会（SAC/TC 79）. 无线电骚扰和抗扰度测量设备和测量方法规范 第 1-2 部分：无线电骚扰和抗扰度测量设备 传导骚扰测量的耦合装置：GB/T 6113.102—2018 ［S］. 北京：中国标准出版社，2018.

[2] 全国无线电干扰标准化技术委员会（SAC/TC 79）. 无线电骚扰和抗扰度测量设备和测量方法规范 第 2—1 部分：无线电骚扰和抗扰度测量方法 传导骚扰测量：GB/T 6113.201—2018 ［S］. 北京：中国标准出版社，2019.

[3] IEC. Specification for radio disturbance and immunity measuring apparatus and methods-Part 1-2：Radio disturbance and immunity measuring apparatus-Coupling devices for conducted disturbance measurements：CISPR 16-1-2：2014+AMD1：2017 CSV Consolidated version ［S］. Geneva：IEC, 2017.

[4] IEC. Specification for radio disturbance and immunity measuring apparatus and methods-Part 2-1：Methods of measurement of disturbances and immunity-Conducted disturbance measurements：CISPR 16-2-1：2014+ AMD1：2017 CSV Consolidated version ［S］. Geneva：IEC, 2017.

[5] IEEE. American National Standard for Methods of Measurement of Radio-Noise Emissions from Low-Voltage Electrical and Electronic Equipment in the Range of 9 kHz to 40 GHz：C63.4-2014 ［S］. New York：American National Standards Institute, 2014.

[6] 中华人民共和国工业和信息化部. 蜂窝式移动通信设备电磁兼容性能要求和测量方法 第 18 部分：5G 用户设备和辅助设备：YD/T 2583.18—2019 ［S］. 北京：人民邮电出版社，2019.

第7章 无线通信设备谐波电流与电压变化、电压波动和闪烁测量

7.1 谐波电流与电压变化、电压波动和闪烁的测量依据

对于使用交流供电的民用无线通信设备,我国通常使用单相电压为 220 V、频率为 50 Hz 的供电系统进行供电,一般情况下额定电流不大于 16 A,因此谐波电流测试方法按 GB 17625.1 (IEC 61000-3-2) 标准进行,电压变化、电压波动和闪烁测试方法按 GB/T 17625.2 (IEC 61000-3-3) 标准进行。本章只限于对额定电流不大于 16 A,使用交流单相电压 220 V、频率 50 Hz 供电的被测设备,对其电源端口的谐波电流、电压变化、电压波动和闪烁的测量。

7.2 谐波电流

电网供电系统提供的电压波形为正弦波,当设备为纯阻性时(可看作纯阻性负载),其供电的伏安特性呈线性,电压和电流的波形呈确定的正比例关系,即 I(电流)$= U$(电压)$/R$(电阻)公式成立,则电流波形没有畸变,仍为正弦波。当设备含有非线性元件时,即设备为非纯阻性设备,供电网络输入的正弦电压波形经过设备的非线性元件后,波形发生畸变,电流波形随之畸变,该畸变的电流波形分解成基波和各次谐波分量,谐波分量经电源线注入供电网络中,成为供电网络谐波的来源。

供电网络中的谐波电流,指的是频率为供电网络基波频率整数倍(倍数大于 1)的正弦波电流的分量。例如我国供电系统的供电频率为 50 Hz 的正弦波(即基波频率为 50 Hz),则其 2 次谐波为 100 Hz 的正弦波,3 次谐波为 150 Hz,以此类推。

谐波电流的主要影响有:

1) 供电网络传输线上有谐波电流(不提供有效功率),使得电网供电的元件产生谐波热损耗。

2) 使得供电系统中的中性线电流量增大,容易使中性线过载而产生过热甚至火灾。

3) 引起电压失真,造成在同一供电网络的电容器和电机以及电缆产生过热、绝缘老化,使用寿命缩短甚至损坏。

4) 会导致继电保护和自动装置的误动作,并会使电气测量仪表计量不准确。

5) 对接入同一供电网络的其他设备产生电磁干扰,对临近的通信设备造成干扰。

通过对设备电源端口的谐波电流的测量,谐波电流值符合标准的限值规定,能减少对公共供电网络的影响,降低上述影响的风险。

7.2.1 名词术语

1. 谐波频率 harmonic frequency；f_n[GB/T 17626.7—2017 的 3.2.1]

电力系统（基波）频率的整数倍频率（$f_n = n \times f_1$）。

2. 总谐波电流 total harmonic current；THC[GB 17625.1—2022 的 3.10]

2~40 次谐波电流分量的总均方根值。如下式所示：

$$THC = \sqrt{\sum_{h=20}^{40} I_h^2}$$

3. 总谐波畸变率 total harmonic distortion；THD[GB 17625.1—2022 的 3.11]

若干谐波分量（为 2~40 次谐波电流分量 I_h）的总均方根值与基波分量均方根值之比。如下式所示：

$$THD = \sqrt{\sum_{h=2}^{40} \left(\frac{I_h}{I_1} \right)^2} = \frac{THC}{I_1}$$

4. 部分奇次谐波电流 partial odd harmonic current；POHC[GB 17625.1—2022 的 3.12]

21~39 次奇次谐波电流分量的总均方根值。如下式所示：

$$POHC = \sqrt{\sum_{h=21,23}^{39} I_h^2}$$

7.2.2 测量设备

通常谐波测量由电源和谐波测量仪组成，电源为被测设备提供符合标准要求的供电，谐波测量仪进行谐波分析测量。测量布置如图 7-1 和图 7-2 所示。测量设备应符合 GB/T 17626.7 和 IEC 61000-4-7 标准的要求。

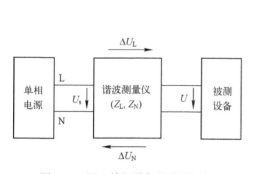

图 7-1　用于单相设备的谐波测量

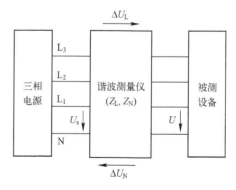

图 7-2　用于三相设备的谐波测量

1. 电源

电源为被测设备供电，应满足以下要求：

1）试验电压应为被测设备的额定电压，单相和三相电源的试验电压应分别为 220 V 和

380V。试验电压的变化范围应保持在额定电压的±2.0%之内，频率变化范围应保持在额定频率的±0.5%之内。

2）三相试验电源的每一对相电压基波之间的相位角应为120°±1.5°。

3）电压谐波对试验电压均方根值的比例不应超过表7-1的值。

表7-1 电压谐波对试验电压均方根值的比例值

序 号	谐 波	比 例 值
1	3 次谐波	0.9%
2	5 次谐波	0.4%
3	7 次谐波	0.3%
4	9 次谐波	0.2%
5	2~10 次偶次谐波	0.2%
6	11~40 次谐波	0.1%

4）试验电压的峰值应在其均方根值的1.40~1.42倍之内，并应在过零后87°~93°达到峰值。对A类设备或B类设备进行试验时不做此要求。

2. 谐波测量仪

谐波测量仪用于对被测设备的谐波测量，应满足以下要求：

1）测量频率涵盖电源频率至最高到9kHz的频率范围。

2）支持离散傅里叶变换（DFT），可支持快速傅里叶变换（FFT）。

3）支持对原始数据进行诸如平滑和原始结果的加权等的附加运算。

4）其电流输入回路，应与待分析的电流相适应，应能对谐波电流进行直接测量。此外，还应有一个低压高阻抗电压输入端，可以是外部的电阻分流器。合适的输入回路灵敏度范围为0.1~10V，如果输入回路满足测量设备精度要求，则0.1V为优选值。输入回路电压降的方均根值不应超过0.15V。每个电流输入回路应能承受1.2倍标称电流的连续输入电流，并在持续1s的10倍标称电流应力下，不导致任何损坏。信号方均根值不大于5A时，仪器应能够承受峰值系数最高为4的输入信号，信号方均根值不大于10A时，峰值系数应达到3.5，更高的量程时，峰值系数应达到2.5。

5）电压输入回路，应适应待分析电压的最大值和频率，在电压信号幅值高达1.2倍的最大电压值（量程）时，仍应能保持其性能和测量准确度不变。1.5倍以上的峰值系数才能满足测量要求，在电压高度畸变的工业电网中，峰值系数至少取2才能满足测量要求。任何情况下都要求有过载指示。在交流电源输入信号为4倍额定输入电压或1kV的方均根值（取较小者），持续1s的电压下，不应引起仪器的任何损坏。输入回路在230V时的功率损耗不应超过0.5V·A，若果提供高灵敏度输入（低于50V）端子，其输入电阻至少为10kΩ/V。幅值很高的基波（供电频率）电压不应产生过载导致仪表损坏，或不应引起仪器输入端信号相互调制。

6）谐波测量仪的准确度一般分为两级，无线通信设备的谐波测量通常选择I类设备进行，谐波测量仪在其工作频率范围内，对单一频率和稳态信号的最大允许误差见表7-2。

表 7-2 谐波测量仪的准确度要求

准 确 度	测量类型	测量条件	最大误差
I	电压	$U_m \geq 1\% U_{nom}$	$\pm 5\% \ U_m$
		$U_m < 1\% U_{nom}$	$\pm 0.05\% \ U_{nom}$
	电流	$I_m \geq 3\% I_{nom}$	$\pm 5\% I_m$
		$I_m < 3\% I_{nom}$	$\pm 0.15\% \ I_{nom}$
	功率	$P_m \geq 150\,W$	$\pm 1\% \ P_m$
		$P_m < 150\,W$	$\pm 1.5\,W$

U_{nom}：谐波测量仪器的标称电压范围，通常为最大电压值

I_{nom}：测量仪器的标称电流范围，通常为最大电流值

U_m、I_m 和 P_m：测量值，指在谐波测量仪的测量端口输入到谐波测量仪的电压、电流和功率值

例如，谐波测量仪的电压测量范围为 10~530 Vrms，即 $U_{nom} = 530V$，如果输入的电压值 U_m 为 8 V（>5.3 V），则此时谐波测量仪的最大误差为 ±0.4 V，如果输入的电压值 U_m 为 4 V（<5.3 V），则此时谐波测量仪的最大误差为 ±0.02 V

7.2.3 被测设备的分类

1. A 类设备

A 类设备包含：

1）平衡的三相设备。

2）家用电器，不包括列入 B 类、C 类和 D 类的设备。

3）吸尘器。

4）高压清洗机。

5）工具，不包括便携式工具。

6）独立相位控制调光器。

7）舞台照明和工作室的专业灯具。

8）音视频设备。

未规定为 B、C、D 类的设备均应视为 A 类设备。

2. B 类设备

B 类设备包含：

1）便携工具。

2）不属于专用设备的弧焊设备。

3. C 类设备

C 类设备包含：照明设备。

4. D 类设备

D 类设备为规定功率小于或等于 600 W 的下列设备：

1）个人计算机和个人计算机显示器。

2）电视接收机。

3）具有一个或多个变速驱动器以控制压缩机电机的冰箱和冷冻机。

7.2.4　谐波电流限值

下列类型设备的限值未规定（限值可能在将来标准的修改或修订中给出）：

1）额定功率小于 5 W 的照明设备。

2）额定功率 75 W 及以下的设备，照明设备除外（该值将来可能会从 75 W 降低到 50 W）。

3）总额定功率大于 1 kW 的专用设备。

4）独立式相位控制调光器：

① 用于白炽灯时，额定功率不大于 1 kW。

② 用于白炽灯以外的照明设备时，对于后沿调光器以及默认模式设备为后沿的通用相位控制调光器，额定功率不大于 200 W。

③ 用于白炽灯以外的照明设备时，对于前沿调光器以及未将默认模式设置为后沿的通用相位控制调光器，额定功率不大于 100 W。

澄清：对于用于白炽灯和其他类型照明设备的、额定功率高于 100 W 或 200 W（取决于相位控制调光器的类型）且不超过 1000 W 的独立式相位控制调光器，用于白炽灯时，限值不适用；但用于非白炽灯的照明设备时，限值适用。

注：前沿调光器和默认模式未设置到后沿模式的通用相位控制调光器的下限低于后沿调光器的下限，因为当连接白炽灯以外的光源时，前沿调光器的高次谐波发射明显增高。

对受控有功输入功率不大于 200 W、采用对称控制的加热元件，没有规定限值。

1. A 类设备的限值

A 类设备输入电流的各次谐波不应超过表 7-3 给出的限值。

表 7-3　A 类设备的限值

谐波次数 h	最大允许谐波电流/A
奇 次 谐 波	
3	2.30
5	1.14
7	0.77
9	0.40
11	0.33
13	0.21
$15 \leqslant h \leqslant 39$	$0.15 \times 15/h$
偶 次 谐 波	
2	1.08
4	0.43
6	0.30
$8 \leqslant h \leqslant 40$	$0.23 \times 8/h$

2. B 类设备的限值

B 类设备输入电流的各次谐波不应超过表 7-3 给出值的 1.5 倍。

3. C 类设备的限值

如果照明设备因某个有功输入功率 ≤ 2 W 的控制模块的谐波贡献而不符合以下（1）或（2）的要求，在能分别测量控制模块和设备其余部分的供电电流，且设备其余部分在发射试验时与正常运行条件下产生相同电流时，则该控制模块的贡献值可忽略。

（1）额定功率大于 25 W

对于额定功率大于 25 W 且内置相位控制调光的白炽灯灯具，输入电流的各次谐波不应超过表 7-3 中给出的限值。

对于额定功率大于 25 W 的任何其他照明设备，输入电流的各次谐波不应超过表 7-4 中给出的相应限值。对于那些具有控制功能（如调光、调色）的装置，当在以下两种情况下进行试验时，输入电流的各次谐波不得超过根据表 7-4 给出的最大有功输入功率（P_{max}）条件下百分比得出的谐波电流限值。

表 7-4　C 类设备限值[a]

谐波次数 h	最大允许谐波电流，为基波输入电流的百分比（%）
2	2
3	27[b]
5	10
7	7
9	5
11 ≤ h ≤ 39 （仅奇次谐波）	3

注：
a. 一些 C 类产品使用其他发射限值
b. 基于现代照明技术可实现 0.90 或更高的功率因数的假设而确定此限值

1）设置控制功能以获得 P_{max}。

2）将控制功能设置到预期在有功输入功率范围 $[P_{min}, P_{max}]$ 内产生最大总谐波电流（THC）的位置，其中：

① $P_{max} \leq 50$ W，$P_{min} = 5$ W。

② 50 W < $P_{max} \leq$ 250 W 时，$P_{min} = 10\% P_{max}$。

③ $P_{max} >$ 250 W 时，$P_{min} = 25$ W。

（2）额定功率大于或等于 5 W 且小于或等于 25 W

额定功率大于或等于 5 W 且小于或等于 25 W 的照明设备应符合以下三项要求之一：

1）谐波电流不超过 D 类设备的限值中与功率相关的限值；

2）用基波电流百分数表示的 3 次谐波电流应不超过 86%，5 次谐波不超过 61%；同时，当基波电源电压过零点作为参考 0° 时，输入电流波形应在 60° 或之前达到电流阈值，在 65° 或之前出现峰值，在 90° 之前不能降低到电流阈值以下。电流阈值等于在测量窗口内出现的最高绝对峰值的 5%，在包括该最高绝对峰值的周期之内确定相位角测量值相对相位角和电流参数如图 7-3 所示。频率高于 9 kHz 的电流分量应不影响测量结果。

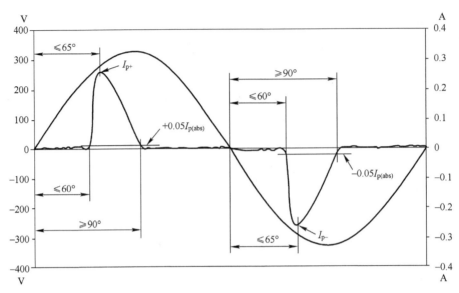

图 7-3 相对相位角和电流参数示意图

注：$I_{p(abs)}$ 取 I_{p+} 和 I_{p-} 中绝对值较大者。

3）总谐波畸变率（THD）应不超过 70%。用基波电流百分数表示，3 次谐波电流应不超过 35%，5 次谐波电流应不超过 25%，7 次谐波电流应不超过 30%，9 次和 11 次谐波电流应不超过 20%，2 次谐波电流应不超过 5%。

如果照明设备包括控制装置（例如调光、调色），或被用于驱动多个负载，则仅在控制功能被使用且设置在光源负载在产生最大有功输入功率时进行测量。

注：上述要求是基于以下的假设——对于使用除相位控制以外控制器的照明设备，当输入功率降低时 THC 随之降低。

4. D 类设备的限值

D 类设备的各次谐波电流应不超过表 7-5 给出的限值。

表 7-5 D 类设备的限值

谐波次数 h	每瓦允许的最大谐波电流/mA·W^{-1}	最大允许谐波电流/A
3	3.4	2.30
5	1.9	1.14
7	1.0	0.77
9	0.5	0.40
11	0.35	0.33
$13 \leqslant h \leqslant 39$（仅奇次谐波）	0.385/h	见表 7-3

5. 限值的应用及标准符合性判定

（1）单个谐波电流的平均限值

在整个试验观察周期内得到的单个谐波电流的平均值应不大于采用的限值。

（2）1.5 s 谐波电流平滑均方根限值

对于每次谐波，所有采用 7.2.5 节定义的 1.5 s 谐波电流平滑均方根值应为以下二者之一：

1）不大于所应用限值的 150%。

2）当同时满足下列条件时，不大于所应用限值的 200%：

① 被测设备属于 A 类设备。

② 超过 150% 应用限值的持续时间，不超过 10% 的观察周期，或者持续时间总共不超过试验观察周期内的 10 min（取两者中较小者）。

③ 在整个试验观察周期内，谐波电流的平均值不超过应用限值的 90%。

（3）较小的谐波电流限值

正常的试验条件下，当测得的谐波电流值小于输入电流的 0.6% 或小于 5 mA 时（取两者中的较大者），谐波电流不予考虑。

（4）21 次及以上的奇次谐波电流限值

对于 21 次及以上的奇次谐波，在整个观察周期中按照 7.2.5 节定义的 1.5 s 平滑均方根值计算的每个单次谐波电流的平均值，同时满足下列条件时，可以超过适用限值的 50%：

1）测量的 POHC 不超过依据应用限值计算出的 POHC。

2）所有单个谐波电流的 1.5 s 平滑均方根值应不大于所应用限值的 150%。

（5）放宽使用限值的规则

这些放宽限值的使用（对 21 次及以上的奇次谐波的平均值使用超过适用限值的 50% 限值，对单个 1.5 s 谐波电流平滑均方根值使用所应用限值的 200% 限值）是相互排斥的，不能同时使用。

7.2.5　谐波电流测量方法及测量结果示例

应按下列要求测量谐波电流：

1）对于每次谐波，在每个 DFT（离散傅里叶变换）时间窗口内测量 1.5 s 平滑（使用 GB/T 17626.7 标准规定的一阶低通数字滤波器进行平滑处理，其时间常数为 1.5 s）有效谐波电流。

2）在表 7-6 规定的观察周期内，计算由 DFT 时间窗口得到的测量值的算术平均值。

表 7-6　试验观察周期

设备运行类型	观 察 周 期
准稳态	观察周期具备足够的持续时间，可以预期能满足标准中重复性的建议
短周期（$T_{cycle} \leqslant 2.5$ min）	观察周期 ≥ 10 周期（参考法）或观察周期具有足够的持续时间或同步，可以预期能满足标准中重复性的建议
随机	观察周期具备足够的持续时间，可以预期能满足标准中重复性的建议
长周期（$T_{cycle} > 2.5$ min）	完整的设备程序周期（参考法）或预期为产生最大 THC 的典型 2.5 min 的操作周期

注 1："同步"表示总的观察周期非常接近设备运行周期的整数倍，以满足标准中对重复性的推荐

注 2："重复性"指在相同的试验条件下（相同的设备、工作状态、试验配置及一致的试验环境条件），在整个试验观察周期内，单个谐波电流的平均值的重复性应优于适用限值的 ±5%

注 3：设备运行类型（准稳态、短周期、随机和长周期）是指执行涵盖设备所有工作状态的重复性周期活动情况

3）应按下列要求确定计算限值的输入功率值：

① 在每个 DFT 时间窗口测量 1.5s 平滑有功输入功率。

② 在整个测量周期内，由 DFT 时间窗口确定功率的最大测量值。

谐波电流和有功输入功率应在相同的试验条件下测量，但不需要同时测量。

通常谐波测量均为自动化测量，有专用的测量软件配合测量设备进行测量。依据被测设备及相应标准要求，选择测量周期和相应的限值后，软件进行自动化测量、计算相应的限值及进行符合性判断。测量数据示例见表 7-7，测量结果示例图如图 7-4 所示。

表 7-7 谐波测量数据示例

谐波次数	谐波电流平均值（A 类设备限值）和最大值（1.5s 平滑均方根值，A 类设备限值的 150%）								最终结果
	平 均 值				最 大 值				
	测量值/A	测量值与限值的比（%）	限值/A	结果判定	测量值/A	测量值与限值的比（%）	限值/A	结果判定	
1	0.831	—	—	—	0.991	—	—	—	—
2	0.004	0.352	1.080	NA	0.006	0.383	1.620	合格	合格
3	0.311	13.510	2.300	合格	0.408	11.831	3.450	合格	合格
4	0.004	1.024	0.430	NA	0.007	1.135	0.645	合格	合格
5	0.205	18.023	1.140	合格	0.236	13.788	1.710	合格	合格
6	0.003	1.069	0.300	NA	0.005	1.175	0.450	NA	NA
7	0.061	7.875	0.770	合格	0.068	5.915	1.155	合格	合格
8	0.002	0.842	0.230	NA	0.003	0.861	0.345	NA	NA
9	0.055	13.846	0.400	合格	0.076	12.616	0.600	合格	合格
10	0.002	0.829	0.184	NA	0.002	0.714	0.276	NA	NA
11	0.094	28.404	0.330	合格	0.112	22.658	0.495	合格	合格
12	0.002	1.063	0.153	NA	0.002	0.977	0.230	NA	NA
13	0.058	27.385	0.210	合格	0.070	22.237	0.315	合格	合格
14	0.002	1.250	0.131	NA	0.002	1.216	0.197	NA	NA
15	0.009	5.779	0.150	合格	0.013	5.754	0.225	合格	合格
16	0.001	1.289	0.115	NA	0.002	1.265	0.173	NA	NA
17	0.051	38.285	0.132	合格	0.056	28.294	0.199	合格	合格
18	0.001	1.346	0.102	NA	0.002	1.225	0.153	NA	NA
19	0.047	39.766	0.118	合格	0.062	34.869	0.178	合格	合格
20	0.001	1.050	0.092	NA	0.001	0.860	0.138	NA	NA
21	0.023	21.684	0.107	合格	0.031	19.418	0.161	合格	合格
22	0.001	1.236	0.084	NA	0.001	1.035	0.125	NA	NA
23	0.023	23.788	0.098	合格	0.029	19.579	0.147	合格	合格
24	0.001	1.424	0.077	NA	0.002	1.340	0.115	NA	NA
25	0.032	35.958	0.090	合格	0.042	31.244	0.135	合格	合格

（续）

	谐波电流平均值（A 类设备限值）和最大值（1.5 s 平滑均方根值，A 类设备限值的 150%）								
	平 均 值				最 大 值				
谐波次数	测量值/A	测量值与限值的比（%）	限值/A	结果判定	测量值/A	测量值与限值的比（%）	限值/A	结果判定	最终结果
26	0.001	1.644	0.071	NA	0.002	1.525	0.106	NA	NA
27	0.028	33.573	0.083	合格	0.040	31.784	0.125	合格	合格
28	0.001	1.462	0.066	NA	0.001	1.341	0.099	NA	NA
29	0.020	25.764	0.078	合格	0.023	19.829	0.116	合格	合格
30	0.001	1.119	0.061	NA	0.001	0.927	0.092	NA	NA
31	0.017	22.795	0.073	合格	0.019	17.401	0.109	合格	合格
32	0.001	1.390	0.058	NA	0.001	1.137	0.086	NA	NA
33	0.024	35.391	0.068	合格	0.034	33.081	0.102	合格	合格
34	0.001	1.734	0.054	NA	0.001	1.524	0.081	NA	NA
35	0.025	39.280	0.064	合格	0.029	29.652	0.096	合格	合格
36	0.001	1.935	0.051	NA	0.001	1.748	0.077	NA	NA
37	0.007	11.142	0.061	合格	0.009	9.500	0.091	合格	合格
38	0.001	1.753	0.048	NA	0.001	1.593	0.073	NA	NA
39	0.016	27.370	0.058	合格	0.020	23.260	0.087	合格	合格
40	0.001	1.686	0.046	NA	0.001	1.384	0.069	NA	NA

注 1：NA 表示测得的谐波电流值小于输入电流的 0.6% 或小于 5 mA，结果不适用
注 2：由于表中的数值使用了数据修约，表中的数值会与标准规定的值有微小的偏差

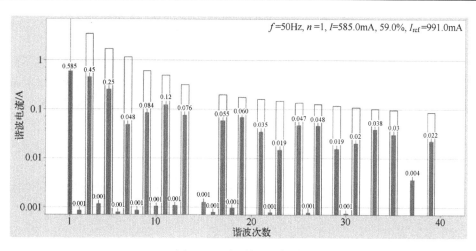

图 7-4　测量结果示例图

7.2.6 无线通信设备的谐波电流测量

对于无线通信设备，进行谐波电流测量时，被测设备应正常工作，尽量接近实际的工作

状态或模拟实际的工作状态，通常需要使用相关的辅助设备或系统的其他设备来实现。通常，测试时，能建立通信连接的设备，建立持续的通信连接或模拟持续通信连接，不能建立通信连接的设备，可使用相应的软件，模拟持续的通信连接或持续的发射。通常，谐波电流测量时，对无线被测设备的发射功率设置为最大额定功率。

无线通信设备通常为 A 类设备。谐波电流限值应符合 A 类设备的限值。

无线通信设备的谐波电流测量时，观察周期通常设置为 2.5 min。

无线通信设备的测量流程如图 7-5 所示。

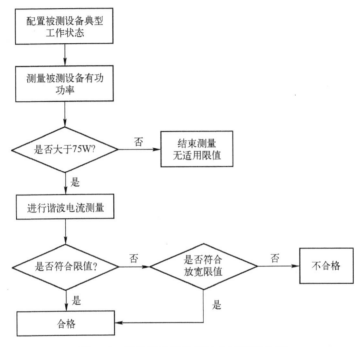

图 7-5　无线通信设备谐波电流测量流程

对于具备多种功能的无线通信设备，运行每个功能时，设备使用的限值可能不同。如果每个功能可以单独操作，可以运行每个功能时单独进行谐波电流测量，当所有结果都符合标准相应的要求时，则被测设备符合要求。如果每个功能无法单独操作，可以在所有功能同时工作时进行谐波电流测量，测量结果满足所有功能中最严格的限值，则被测设备符合要求。另外，如果能确认被测设备的主要功能，可在所有功能同时工作时，进行谐波电流测量，结果满足主要功能时的限值，则被测设备符合要求。

对于测量结果进行符合性判断时，应在观察周期内单次谐波的平均值和每次谐波 1.5 s 平滑均方根值均应满足标准限值要求。

7.3　电压变化、电压波动和闪烁

大量的各种类型的电气设备接入到公共低压电网中，其启动及工作情况各不相同，会造成电网的负荷频繁变化，引起电网的电压产生波动和变化，使得连接到公共低压电网中的照明设备和显示设备亮度产生闪烁变化，影响人的视觉感受。

通常电压波动和闪烁会有以下影响：

1）照明灯光闪烁，引起人员的视觉不适。

2）显示器的画面不稳定，造成视觉感受不佳。

3）电动机的转速不稳定，影响产品质量。

4）造成一些电子仪器、计算机以及对电压波动敏感的设备不能正常工作。

通过制定相关的标准，对于接入到公共低压电网的设备，对其施加到公共低压电网的电压波动和闪烁进行限制以及对其可能产生的电压变化进行限制，减少对公共低压电网电压的影响。

7.3.1　术语和定义

1. 闪烁 flicker［GB/T 17625.2—2007 的 3.6］

亮度或频谱分布随时间变化的光刺激所引起的不稳定的视觉效果。

2. 短期闪烁指示值 short-term flicker indicator；P_{st}［GB/T 17625.2—2007 的 3.8］

评定短时间（几分钟，通常为 10 min）闪烁的严酷程度；$P_{st}=1$ 表示敏感性常规阈值。

3. 长期闪烁指示值 long-term flicker indicator；P_{lt}［GB/T 17625.2—2007 的 3.9］

用连续的 P_{st} 值评定长时间（几个小时，通常为 2 h）内闪烁的严酷程度。

4. 电压变化 voltage change［GB/T 4365—2003 的 2.8］

在一定但非规定的时间间隔内，电压的均方根值或峰值在两个临近电平间的持续变动。

5. 相对电压变化 relative voltage change［GB/T 4365—2003 的 2.8］

电压变化的幅值与额定（标称）电压值之比。

6. 电压的半周期均方根值（有效值）half period r. m. s. value of the voltage；U_{hp}［IEC 61000-3-3:2021 的附录 C］

在半个周期内，在基频电压的连续过零点之间确定的电源电压的均方根值（有效值）。

7. 电压的半周期均方根值（有效值）特性 half period r. m. s. value characteristics；$U_{hp}(t)$［IEC 61000-3-3:2021 的附录 C］

电压的半周期均方根值（有效值）的时间函数，由连续的 U_{hp} 值确定，如图 7-6 所示。

8. 电压变化特性 relative voltage change characteristic；$\Delta U(t)$［IEC 61000-3-3:2021 的 3.2］

均方根（有效值）电压变化的时间函数，以电源电压过零点之间每个连续半周期上的均方根值电压变化作为单个值进行评估，电压处于稳态至少 1 s 的时间间隔除外，如图 7-6 所示。

9. 相对电压变化特性 relative voltage change characteristic；$d(t)$［IEC 61000-3-3:2021 的 3.2］

电压变化特性的绝对值与额定（标称）电压之比，通常用百分比表示，如图 7-7 和图 7-8 所示。

10. 稳态电压变化 steady state voltage change；ΔU_c[GB/T 17625.2—2007 的 3.4]

两个连续稳态电压之间的电压差值，如图 7-6 所示。

11. 最大相对稳态电压变化 maximum relative steady state voltage change；d_c[GB/T 17625.2—2007 的 3.4]

在观察周期内，稳态电压变化绝对值的最大值与额定（标称）电压之比，通常用百分比表示，如图 7-7 和图 7-8 所示。

12. 最大电压变化 maximum voltage change；ΔU_{max}[GB/T 17625.2—2007 的 3.3]

电压变化特性的最大均方根值与最小的均方根值的差值，如图 7-6 所示。

13. 相对最大电压变化 relative maximum voltage change；d_{max}[GB/T 17625.2—2007 的 3.4]

在观察周期内，电压变化绝对值的最大值与额定（标称）电压之比，通常用百分比表示，如图 7-7 和图 7-8 所示。

14. 最大持续时间 maximum time duration；T_{max}[IEC 61000-3-3：2021 的 3.5]

在观察周期内，相对电压变化 $d(t)$ 超过 d_c 限值的最大持续时间，如图 7-7 和图 7-8 所示。

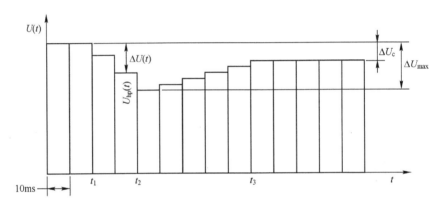

图 7-6 电压的半周期均方根值（有效值）特性

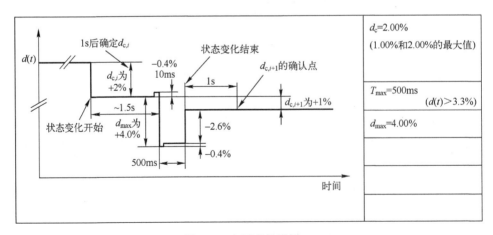

图 7-7 电压变化示例一

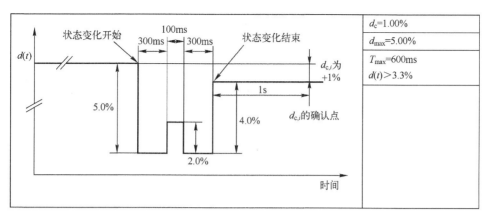

图7-8　电压变化示例二

15. 电压波动 voltage fluctuation［GB/T 4365—2003 的 2.8］

一系列的电压变化或电压均方根值或峰值的连续变化。

16. 闪烁计 flicker meter［GB/T 17625.2—2007 的 3.9］

用来测量闪烁的仪器。通常用来测量 P_{st} 和 P_{lt}。

7.3.2　测量设备

通常对于无线通信设备的电压变化、电压波动和闪烁测量，使用直接测量方法。测量设备包括闪烁分析仪和试验电源，使用专用的测量软件进行设备控制和自动化测量。

1. 闪烁分析仪

闪烁分析仪包含闪烁计，应符合 GB/T 17625.2、GB/T 17626.15 和 IEC 61000-4-15 对闪烁计的要求，准确度优于5%。通常闪烁分压仪包含相应的分析功能和内置参考阻抗（Z_{ref}），参考阻抗符合 IEC/TR 60725 的规定，其值为 0.24 Ω+j0.15 Ω 和 0.16 Ω+0.10 Ω。

2. 试验电源

试验电源电压（开路电压）应为设备的额定电压。如果对设备规定了一个电压范围，那么试验电压为单相220 V或三相380 V。试验电压应保持在标称值的±2%以内，频率应为50 Hz±0.25 Hz。

电源电压总谐波失真率应小于3%。

如果试验电源电压波动产生的 P_{st} 值小于 0.4，则在试验期间可忽略试验电源电压的波动。如果直接使用公共电网为被测设备供电进行测量，在每次试验前后都应验证试验电源电压的波动。如果使用受控电源为被测设备供电进行测量，则应在校准受控电源时验证试验电源电压的波动。

7.3.3　电压波动和闪烁限值

以下为被测设备电源端口的电压波动和闪烁限值，按本文的相关要求进行测量。限值如下。

P_{st}值不大于 1.0。

P_{lt}值不大于 0.65。

在被测设备电源端口，单个电压变化期间，$d(t)$值超过 3.3%的累计时间 T_{max}，T_{max}不大于 500 ms。

最大相对稳态电压变化 d_c 不超过 3.3%。

最大相对电压变化 d_{max} 不超过：

1）4%，无附加条件。

2）6%，设备为：

① 手动开关。

② 每天多于 2 次的自动开关，且在电源中断后有一个延时再启动（延时不少于数十秒），或手动再启动。

3）7%，设备为：

① 使用时有人照看（例如：吹风机、真空吸尘器、厨房设备如搅拌器、园艺设备如割草机、便携式工具如电钻）。

② 每天不多于 2 次的自动开关或打算手动的开关，且在电源中断后，有一个延时再启动（延时不少于数十秒）或手动再启动。

对于所有具有电源中断后恢复时能立即动作的自动开关的设备，限值 1）适用。对于所有手动开关设备，根据开关的频率，限值 2）或 3）适用。

进行闪烁测量时，通常，对于 P_{st} 测量，观察时间（测量时间）为 10 min。对于 P_{lt} 测量，观察时间（测量时间）为 120 min。

7.3.4　无线通信设备的电压波动和闪烁测量结果实例

对于无线通信设备，进行电压波动和闪烁测量时，被测设备应正常工作，尽量接近实际的工作状态或模拟实际的工作状态，通常需要使用相关的辅助设备或系统的其他设备来实现。通常，测量时，能建立通信连接的设备，建立持续的通信连接或模拟持续通信连接，不能建立通信连接的设备，可使用相应的软件，模拟持续的通信连接或持续的发射。通常，电压波动和闪烁测量时，无线被测设备的发射功率设置为最大额定功率。

通常，无线通信设备进行电压波动和闪烁测量时，最大相对电压变化 d_{max} 不超过 4%，其他限值见本章 7.3.3 节。对于 P_{st} 测量，观察时间（测量时间）为 10 min。对于 P_{lt} 测量，观察时间（测量时间）为 120 min。P_{st} 测量结果示例见表 7-8，P_{lt} 测量结果示例见表 7-9。

表 7-8 P_{st} 测量结果示例

P_{st} 测量	P_{st}	d_c（%）	d_{max}（%）	T_{max}（s）
测量值	0.458	0	0.246	0
限值	1	3.3	4	0.5
结果判断	合格	合格	合格	合格

表 7-9 P_{lt} 测量结果示例

P_{lt} 测量	P_{lt}	d_c（%）	d_{max}（%）	T_{max}（s）
测量值	0.458	0	0.383	0
限值	0.65	3.3	4	0.5
结果判断	合格	合格	合格	合格

7.4 标准符合性判定

测量结果应符合相应标准中规定的限值要求。

通常，对于无线通信设备谐波电流、电压波动和闪烁的测量结果，一般不按 GB/Z 6113.401 和 GB/T 6113.402 标准中规定的"符合性判定准则"的方法进行符合性判定，而是对于超出标准中规定限值的测量结果直接判定为"不合格"，对于低于标准规定限值的测量结果判定为"合格"，未考虑不确定度对测量结果的影响。

7.5 小结

本章未涉及供电电流大于 16 A 设备的测量，一些通信行业标准中给出了供电电流大于 16 A 的测量要求和方法，一些标准引用 GB/Z 17625.3 和 GB/Z 17625.6 标准的要求，在最新的通信行业标准修订中修改为依据 GB/T 17625.7 和 GB/T 17625.8 标准的要求，对于供电电流大于 16 A 的设备，可按这两个标准的要求进行测量。

参考文献

［1］国家标准化管理委员会．电磁兼容 限值 第1部分：谐波电流发射限值（设备每相输入电流≤16 A）：GB 17625.1—2022［S］．北京：中国标准出版社，2022．

［2］IEC. Electromagnetic compatibility（EMC）-Part 3-2：Limits-Limits for harmonic current emissions（equipment input current ≤ 16 A per phase）：IEC 61000-3-2：2018+AMD1：2020+AMD2：2024 CSV Consolidated version［S］．Geneva：IEC，2024．

［3］中国电器工业协会．电磁兼容 限值 对每相额定电流≤16 A 且无条件接入的设备在公用低压供电系统中产生的电压变化、电压波动和闪烁的限制：GB/T 17625.2—2007［S］．北京：中国标准出版社，2008．

［4］ IEC. Electromagnetic compatibility（EMC）-Part 3-3：Limits-Limitation of voltage changes，voltage fluctuations and flicker in public low-voltage supply systems，for equipment with rated current ≤16 A per phase and not subject to conditional connection：IEC 61000-3-3：2013+AMD1：2017+AMD2：2021 CSV Consolidated version ［S］. Geneva：IEC，2021.

［5］ 全国电磁兼容标准化技术委员会（SAC/TC 246）. 电磁兼容 试验和测量技术 供电系统及所连设备谐波、间谐波的测量和测量仪器导则：GB/T 17626.7—2017 ［S］. 北京：中国标准出版社，2017.

［6］ 全国电磁兼容标准化技术委员会（SAC/TC 246）. 电磁兼容 试验和测量技术 闪烁仪 功能和设计规范：GB/T 17626.15—2011 ［S］. 北京：中国标准出版社，2012.

［7］ IEC. Electromagnetic compatibility（EMC）-Part 4-15：Testing and measurement techniques-Flickermeter-Functional and design specifications：IEC 61000-4-15：2010 ［S］. Geneva：IEC，2010.

第8章 无线通信设备射频电磁场辐射抗扰度测试

8.1 射频电磁波产生的来源及传播

随着无线通信技术的广泛应用及无线频谱资源的大量使用，无线通信设备工作的电磁环境日益复杂，面临电磁波辐射干扰而造成性能问题的风险逐渐增加。电磁波通过空间传播时会耦合到其所覆盖范围内的所有电子电气设备或通信设备上，从而可能会在这些设备上感应出电压或电流，即电磁能量的转移，这些电压或电流除了用于设备正常工作的需要外（有意发射或接收的电磁波感应产生的电压或电流，如无线设备的工作频率在设备接收天线感应的电压或电流），对于其他设备则可能是干扰电压或电流，可能会造成设备出现各种性能问题。

电磁波辐射干扰对于无线通信设备，可能会造成无线通信设备通信中断，无线通信信号不稳定，时强时弱，存储的数据丢失或异常，一些功能失灵，无法进行通信连接等情况。对于语音通信造成音频质量下降如声音不清晰、有噪声、声音断续或通话中断等，对于数据通信造成数据传输异常如数据传输报错、传输时间过长以及传输中断等。

电磁波辐射耦合的主要路径有：①通过设备的天线耦合，通过设备自身的接收或发射天线，接收到设备非工作频率的其他电磁波，感应出电压或电流后传导到设备的器件或电路；②通过设备的线缆耦合，通过设备的所有线缆，例如电源线、信号线以及数据线等，在线缆上感应出电压或电流，通过线缆传导到设备的器件或电路；③通过设备的器件或电路耦合，电磁波耦合到一些敏感的元器件或电路，元器件或电路因感应出的电压或电流而受到影响或传导至其他器件或电路。这些由于电磁波耦合而产生的感应电压或电流，可能会对设备造成干扰。

电磁波的主要来源分为有意发射和无意发射的电磁波，有意发射的电磁波主要有蜂窝无线通信设备的工作频率及其辐射杂散频率、手持无线电收发机的工作频率、短距离无线通信设备的工作频率、卫星通信的工作频率以及无线广播和电视的工作频率等有意发射频率。无意发射主要还包括电力设备、工科医设备及所有的用电设备工作时的无意电磁发射以及自然界的电磁辐射等。

为了减少无线通信设备由电磁波干扰而造成相应问题的风险，应对无线通信设备的抗电磁波辐射干扰的性能进行评估，通常在实验室内模拟电磁波辐射的电场来评估无线通信设备对电磁波电场干扰的抗干扰性能。射频电磁场辐射抗扰度试验（以下简称辐射抗扰度试验），为评估设备对电磁波辐射干扰的抗干扰性能的方法和要求。进行此项试验时，设备符合相应的标准要求后，可降低由电磁波辐射干扰造成问题的风险。

本章主要介绍无线通信设备对于来自非近距离的射频源的辐射抗扰度试验的方法和要求。近距离，一般是指辐射源和受影响设备间的距离，频率高于 26 MHz 时距离不大于 200 mm，频率低于 26 MHz 时距离不大于 500 mm。

8.2 术语和定义

1. 调幅 amplitude modulation；AM[IEC 61000-4-3:2020 的 3.1.1]

周期性载波的幅度经调制后是调制信号瞬时值的特定函数的一种调制，该函数通常是线性的。

2. 连续波 continuous wave；CW[IEC 61000-4-3:2020 的 3.1.9]

在稳态条件下，相同的连续振荡的正弦电磁波，可以通过中断或调制来传递信息。

3. 电磁波 electromagnetic wave[IEC 61000-4-3:2020 的 3.1.10]

以时变电磁场传播为特征的波。

4. 场强 field strength[IEC 61000-4-3:2020 的 3.1.12]

给定点产生的电磁场值。

5. 频带 frequency band[IEC 61000-4-3:2020 的 3.1.13]

两个限定的频率点之间频率延伸的连续区间。

6. 完全照射方法 full illumination method[IEC 61000-4-3:2020 的 3.1.14]

被测设备的被测面完全被均匀场域（UFA）覆盖的试验方法。

7. 部分照射法 partial illumination method [IEC 61000-4-3:2020 的 3.1.22]

当被测设备的被测面不能使用单个均匀场域（UFA）一次覆盖时使用的试验方法。

8. 各向同性场探头 isotropic field probe[IEC 61000-4-3:2020 的 3.1.18]

场传感器，其探测特性与电磁波的传播方向和极化无关。

9. 均匀场域 uniform field area；UFA[IEC 61000-4-3:2020 的 3.1.28]

场强设置的假想垂直平面，在该平面内场强的变化足够小。

10. RMS 最大值 maximum RMS value[IEC 61000-4-3:2020 的 3.1.19]

在一个调制周期的观测时间内，射频调制信号短期的有效值（RMS）最大值。

注：短期 RMS 是在一个载波周期内进行计算的，例如 RMS 最大值的计算见式（8-1），RMS 电压最大为

$$U_{\text{maximum rms}} = U_{\text{p-p}}/(2 \times \sqrt{2}) \qquad (8-1)$$

11. 调制因子 modulation factor[IEC 61000-4-3:2020 的 3.1.20]

在线性幅度调制中，调制信号的最大和最小幅度之差与这些幅度之和的比值，通常用百分比表示，见式（8-2），表示为

$$m = 100 \times \frac{U_{\text{p-p,max}} - U_{\text{p-p,min}}}{U_{\text{p-p,max}} + U_{\text{p-p,min}}} \qquad (8-2)$$

幅度调制特性见 8.3 节。

12. 1 dB 压缩点输出功率 output power at 1 dB compression point

在功率放大器的动态范围内，功率放大器的输出功率随着输入功率的增大而线性增大。随着输入功率的逐步增大，功率放大器的输出功率最终不再随着输入功率的增加而线性增加，也就是说此时其输出功率低于小信号增益所预计的值。通常把功率放大器增益下降到比线性增益低 1 dB 时的输出功率定义为 1 dB 压缩点输出功率。典型情况下，当输出功率超过 1 dB 压缩点输出功率时，增益会迅速下降达到一个最大值或饱和的输出功率，通常此时的输出功率会比 1 dB 压缩点输出功率大 3~4 dB。

8.3　试验频率及试验等级

辐射抗扰度试验的试验频率通常从 80 MHz 开始，依据相关产品标准的要求，确定试验的上限频率。对于无线通信设备，目前辐射抗扰度试验通常在 80 MHz~6 GHz 频率范围内进行，主要是基于无线通信设备的工作频率，而随着无线通信技术的发展，使用的工作频率会超出 6 GHz，例如 5G 毫米波通信、6G 通信技术等，对于无线通信设备的辐射抗扰度试验的上限频率也会随之增加。

辐射抗扰度试验的试验等级的划分通常见表 8-1。

表 8-1　辐射抗扰度试验的试验等级

试 验 等 级	试验场强（RMS）/V·m⁻¹
1	1
2	3
3	10
4	30
×	特定

×是开放的等级，其场强可为任意值。该等级可在产品标准中规定

选择试验等级时应考虑能承受的被测设备失效的后果，如果被测设备失效造成的后果严重，可选择较高的试验等级。

试验等级和频段可依据被测设备使用的电磁环境来选择，可通过对环境的电磁场分析计算或实际测量环境的电磁场，依据环境的电磁场及频谱情况，选择合适的试验等级和试验频率范围。

由于空间电磁波干扰主要来自于无线电发射机，因此对环境的电磁场进行分析计算评估时，主要考虑无线电发射机，对于无线电发射机的发射功率产生的场强，通常用相对于半波偶极子的 ERP（有效辐射功率）来定义，对于远场来说，无线电发射机产生的场强可由式（8-3）得到：

$$E = k\sqrt{P}/d \tag{8-3}$$

式中　E——场强值（有效值），单位为伏每米（V/m）；

  k——常数,在远场自由空间传播时其值等于7;

  P——功率值(ERP),单位为瓦(W);

  d——距发射机天线的距离。

  在使用公式时,应注意环境附近的发射和吸收物体,这些物体会改变环境的场强。依据环境中的设备使用时距离无线电发射机的典型距离,可计算出其位置处的场强情况,从而确定其辐射抗扰度的试验等级。对于复杂的环境,可通过使用测量设备进行现场测量的方式,获得电磁环境的场强情况,从而对于在此环境中使用的设备选择辐射抗扰度的试验等级。GB/T 17626.3 和 IEC 61000-4-3 的附录 E 给出了辐射抗扰度试验等级选择的指南及无线通信设备产生的场强与距离的关系。

  对于无线通信设备,在其相关的行业标准中,辐射抗扰度的试验等级通常选择等级 2,依据使用或安装的场所,一些无线通信设备可能选择等级 3 或在部分特殊的频率范围内选择等级 3,其他频段为等级 2,具体试验等级及试验频段见相应的行业标准。

  表 8-1 中给出的试验场强是未调制载波信号的场强值,为场强的有效值(RMS)。对无线通信设备进行测试时,使用 1 kHz 的正弦波对未调制载波信号进行 80% 的幅度调制后进行辐射抗扰度试验,来模拟实际的辐射干扰情况,信号发生器输出的调幅特性要求见表 8-2。

表 8-2   信号发生器输出的调幅特性要求

调幅	调制因子 m: 内部或外部,在信号发生器的输出端测量,$m = (80 \pm 10)\%$ $$m = 100 \times \frac{U_{\text{p-p,max}} - U_{\text{p-p,min}}}{U_{\text{p-p,max}} + U_{\text{p-p,min}}}$$
	1 kHz 正弦波:1 kHz±0.1 kHz

  信号发生器输出的波形,假设未调制时有效电压值为 1 V,输出的波形如图 8-1a 所示,则调制后信号发生器输出的波形如图 8-1b 所示。

  对于无线通信设备,为什么选择使用 1 kHz 的正弦波对未调制载波信号进行 80% 的幅度调制的方法,可参见 GB/T 17626.3 和 IEC 61000-4-3 的附录 A,给出了选择的原理及相应的数据验证。依据无线通信技术的发展,在 80 MHz~6 GHz 频率范围内,干扰的来源主要来自于数字无线通信设备的工作频率及其辐射杂散频率,使用正弦波幅度调制,1 kHz,80% 幅度调制,具有较明显的优点:

  1)实验表明,只要最大 RMS 电平保持不变,不同类型的非恒定包络调制的干扰效果之间可以建立良好的相关性。

  2)不必规定(和测量)TDMA(时分多址接入)脉冲的上升时间。

  3)在 GB/T 17626.6 和 IEC 61000-4-6 中使用相同的方式。

  4)场容易产生且场监测的设备容易获得。

  5)对于具备模拟音频的设备,被测设备的解调会产生可用窄带电平表测量的音频响应,从而减少了背景噪声。

  6)已经证明能有效模拟其他调制类型[如 FM(调频)、相位调制和脉冲调制]。

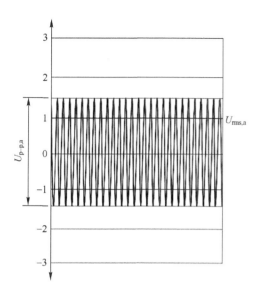

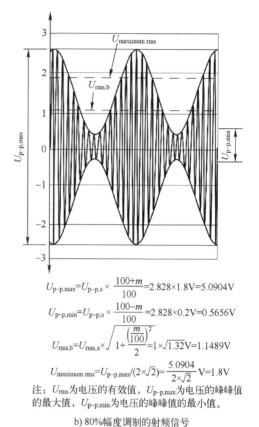

$U_{\text{rms,a}}=1\text{V}$

$U_{\text{p-p,a}}=U_{\text{rms,a}}\times\sqrt{2}\times 2\text{V}=2.8284\text{V}$

注：U_{rms}为电压的有效值，$U_{\text{p-p}}$为电压的峰峰值。

$U_{\text{p-p,max}}=U_{\text{p-p,a}}\times\dfrac{100+m}{100}=2.828\times 1.8\text{V}=5.0904\text{V}$

$U_{\text{p-p,min}}=U_{\text{p-p,a}}\times\dfrac{100-m}{100}=2.828\times 0.2\text{V}=0.5656\text{V}$

$U_{\text{rms,b}}=U_{\text{rms,a}}\times\sqrt{1+\dfrac{\left(\dfrac{m}{100}\right)^2}{2}}=1\times\sqrt{1.32}\text{V}=1.1489\text{V}$

$U_{\text{maximum rms}}=U_{\text{p-p,max}}/(2\times\sqrt{2})=\dfrac{5.0904}{2\times\sqrt{2}}\text{V}=1.8\text{V}$

注：U_{rms}为电压的有效值，$U_{\text{p-p,max}}$为电压的峰峰值的最大值，$U_{\text{p-p,min}}$为电压的峰峰值的最小值。

a) 未调制的射频信号　　　　　　　　　b) 80%幅度调制的射频信号

图 8-1　80%调幅（AM）试验信号和波形的定义

依据 IEC 61000-4-3 标准的研究，骚扰的响应与所用的调制方式无关。当比较不同的调制方式的影响时，确保所施加骚扰信号具有相同的最大 RMS 值是很重要的。

当不同调制类型的影响存在明显的差别时，正弦波幅度调制的影响总是最严酷的。

当正弦波调制和 TDMA 模式间存在不同的响应结果时，对产品的特定差别可通过在产品标准中适当调整合格判据来解决。

总结一下，正弦波调制的方式有如下优点：

1）模拟系统的窄带检测响应减少了背景噪声问题。

2）普遍适用性，例如没有试图模拟干扰源的特性。

3）对于所有频率，其调制相同。

4）至少与脉冲调制的严酷度相当。

因此通常情况下，对于无线通信设备进行辐射抗扰度试验时，使用 1 kHz 的正弦波对未调制载波信号进行 80%的幅度调制的方法。

8.4　测试设备和试验场地

辐射抗扰度试验通常使用试验系统来实现，主要可分为试验设备、试验场地和控制软件三个部分，试验设备主要有发射天线、各向同性场探头、功率放大器、定向耦合器、滤波器、信号源、功率测量设备、音频测量设备、数据测量设备和无线综合测试仪等,试验场地通常为全电波暗室或半电波暗室铺设吸波材料,通常还配备屏蔽室用于放置功率放大器及相应的试验设备,控制软件进行自动化测试及 UFA 测量与分析,无线通信设备辐射抗扰度试验系统示意图如图 8-2 所示。

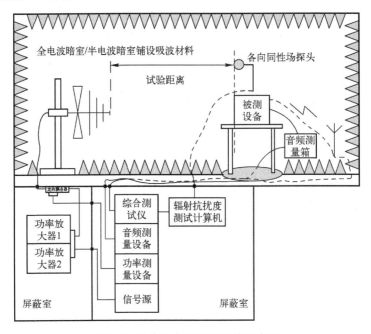

图 8-2　辐射抗扰度试验系统示意图

8.4.1　发射天线

发射天线将电磁波辐射出去,通过空间耦合到被测设备,为满足要求的双锥、对数周期、喇叭或其他线性极化天线,发射天线应满足以下要求:

1) 频率范围,优先选择能覆盖整个试验频段的天线,如在 80 MHz ~ 6 GHz 频率范围内选择一副宽带复合天线或组合天线。也可依据需要的试验场强的大小及发射天线的最优工作范围(增益大、电压驻波比小以及输入功率满足要求),选择多副天线,通常为了提升测试效率,使用的发射天线不会超过 2 副,如在 3 GHz 以下选择复合天线,3 GHz 以上选择喇叭天线。

2) 天线增益,天线增益尽量大,这样可适当降低功率放大器的额定功率,节约成本。

3) 天线的输入功率,在均匀场域试验时,天线的输入功率应大于功率放大器最大的输出功率(前向功率),并有一定的余量。

4) 电压驻波比(VSWR),在使用的频段内,天线的电压驻波比尽量小。

5) 尺寸,依据辐射抗扰度试验场地的尺寸,天线的尺寸距离场地墙面吸波材料的距离尽量大,满足均匀场域要求的情况下,天线的尺寸尽量小。

通常辐射抗扰度使用的发射天线无须进行校准,除非使用的标准中有相应的要求。

8.4.2　功率放大器

功率放大器将信号进行放大用来满足试验场强的要求，功率放大器主要符合以下要求：

1）频率范围，频率范围应覆盖试验所需的频段，功率放大器的频率范围应大于试验所需的频段。通常，依据试验要求的频段及试验场强，如果组合使用多台功率放大器，各台功率放大器的起始频率尽量有所重合，例如可分为 80 MHz~1 GHz、0.7~3 GHz 和 2.5~6.5 GHz 三台功率放大器组合覆盖 80 MHz~6 GHz 频段的试验。

2）输出功率，放大器的额定输出功率是能产生试验场强的主要指标，正常情况下，放大器的额定输出功率越大，产生的场强越高。通常用 1 dB 压缩点输出功率来衡量功率放大器的额定输出功率和线性度，1 dB 压缩点出现得越晚，功率放大器的线性度越好。依据系统的情况和预期的试验场强，计算应使用功率放大器的额定输出功率，通常选择输出功率时，在满足均匀场域测量场强的要求后，额定输出功率要留有一定的余量（满足功率放大器饱和性验证要求），避免功率放大器饱和。

3）增益，在同等输出功率的情况下，增益越高越好，另外增益的平坦度越小越好，增益的平坦度代表增益的稳定性。

4）电压驻波比（VSWR），选择电压驻波比相对小的功率放大器。

5）输出谐波，在功率放大器输出端产生谐波的所有频率，场的谐波含量应低于基波分量 6 dB 以上。

通常辐射抗扰度的功率放大器不需要进行校准，除非使用的标准中有相应的要求。如果校准，则对 1 dB 功率压缩点的输出功率、谐波和失真、增益和最大输出功率/额定输出功率进行校准。

8.4.3　各向同性场探头

场强探头主要用于辐射抗扰度的均匀场域的测量，即在满足均匀场域要求的前提下也是对试验场强的标定。场强探头的准确性直接影响辐射抗扰度测试的不确定度。场强探头主要符合以下要求：

1）频率范围，频率应覆盖试验要求的频段，通常场强探头是宽带的，基本使用 1 个场强探头就能覆盖 80 MHz~6 GHz 频段。

2）线性度，在要求的动态范围内，用于验证暗室的探头的线性应该在理想的线性响应的 ±0.5 dB 之内。

3）灵敏度，场强探头测量的场强最大值和最小值应满足辐射抗扰度测试的场强要求。

4）场强探头的场强校准，校准的场强值推荐使用 2 倍的预期试验场强。如果场强探头用于不同的场的等级，应根据探头的线性范围校准多个等级，或至少在最大和最小的等级进行校准。例如试验时用到的场强为 1 V/m、3 V/m 和 10 V/m，那校准时至少应该对 2 V/m、6 V/m 和 20 V/m 的场强进行校准。

5）场强探头的线性校准，通常场强探头的线性响应不会随频率有明显改变。可采用接近预期频率范围的中间区域的特定频率进行线性校准。可使用较小的步长（例如 1 dB）来测量场强探头的线性响应，且测量场强应该控制在验证暗室中使用的场强的 -6~+6 dB 之内，假设场强为 20 V/m 时，线性校准见表 8-3。

表 8-3 探头线性校准示例

信号电平/dB	校准场强/V·m^{-1}
-6	13.2
-5	14.4
-4	14.8
-3	15.2
-2	16.3
-1	18.0
0	20.0
+1	22.2
+2	24.7
+3	27.4
+4	30.5
+5	34.0
+6	38.0

6）场强探头的频率响应校准，在辐射抗扰度试验要求的频率范围内进行校准，通常在 80 MHz~1 GHz，校准的频率步长为 50 MHz；1~6 GHz，校准的频率步长为 200 MHz。

7）场强探头的使用注意事项，如果校准机构给出了场强探头的使用布置建议，应按布置建议进行使用，例如场强探头使用的方向。

应对使用的场强探头进行定期校准，至少对频率响应、场强准确度和线性度进行校准。

8.4.4　综合测试仪

综合测试仪为一台设备或多台设备的组合，能为被测无线通信设备提供正常工作的有用信号；能与无线通信设备建立通信连接；能直接或与其他设备配合使用监测无线通信设备的状态及相关的性能指标，例如通信的连接状态、通信质量、音频性能、吞吐量或误码率等。

应对使用的综合测试仪进行校准，至少对其电平准确度、频率响应和各种无线制式的调制准确度进行校准。

8.4.5　音频测量设备

音频测量设备用于具备音频功能的无线通信设备的音频性能测量，通常包含两部分，音频测量设备和音频拾取设备，即音频测量仪和音频箱。音频测量仪应通常包含 1 kHz 音频信号源和音频分析仪，为一台设备或多台设备的组合，其包含行业标准要求的各种音频滤波器。音频箱通常包括标准 1 kHz 音频源、音频功率放大器、传声器、音频耦合装置（声波管和漏斗）、人工嘴、人工头、相应的测量夹具和屏蔽箱，可对具备音频功能的手持终端设备进行音频拾取并将音频信号转换为电信号发送给音频分析仪进行测量。

1. 标准 1 kHz 音频源

标准 1 kHz 音频源为便携式 1 kHz 正弦音频信号源，可产生 1 kHz 0 dBPa 的正弦信号，符合 IEC 60942：2017 标准中 1 类设备的要求，能与测量系统的传声器配合使用，为整个音频测量系统提供 1 kHz 0 dBPa 音频基准值。

应对其进行定期校准，确保音频测量系统的准确性，对其频率和声压进行校准。

2. 音频功率放大器

音频功率放大器用于对音频进行放大，提高测量系统对小的音频信号的测量能力（避免音频信号被系统噪声淹没）。

音频功率放大器至少具有 2 通道输入和 2 通道输出。输入端口能与传声器和探针式传声器的输出端口匹配，应能对传声器的声压信号转换为电信号的转换因子进行设置。测量频率范围应覆盖 900 Hz ~ 1.1 kHz，通常音频功率放大器支持的测量频率范围（例如 20 Hz ~ 10 kHz）均能满足。

音频功率放大器使用直流供电，应配备适合国内使用的电源适配器（输入电压为 220 V 50 Hz）。音频功率放大器通常会选配电池，建议采购时购买电池。

3. 传声器

压力场传声器，通常使用 0.5 in（1 in = 0.0254 m）的压力场传声器，用于对 1 kHz 0 dBPa 音频信号的拾取及对人工嘴输出的 1 kHz 0 dBPa 音频信号的确认，传声器的测量频率范围应覆盖 900 Hz ~ 1.1 kHz。为了提升其灵敏度通常与传声器预放大器一起使用。

探针式传声器，传声器的探针放置于声波管中，用于对被测设备扬声器音频输出的测量。其尺寸应足够小，以连接到声波管，通常使用探针长度为 50 mm 的探针式传声器。其测量频率范围应覆盖 900 Hz ~ 1.1 kHz。

传声器的技术说明书中会给出其灵敏度值（声压信号转换为电信号的转换因子，单位通常为 mV/Pa），注意保存此值并正确使用，通常在其配套使用的音频功率放大器中输入使用。

传声器在 50H ~ 20 kHz 的频率范围内，其频率响应特性平坦度为 1 dB，线性动态范围至少为 50 dB。

4. 音频耦合装置

音频耦合装置应符合 ETSI EN 300 296-1 V1.4.1（2013-08）附录 A 的 A.3.3.1 的要求，包括一个塑料漏斗、一根声波管和带有合适音频功率放大器（见本节）的探针式传声器（见本节）。用于制造漏斗和声波管的材料应具有低电导率和低相对介电常数（例如相对介电常数小于 1.5），通常使用符合要求的塑料材料。

声波管应足够长使得探针式传声器位于试验区域以外，声波管的内径约为 6 mm，壁厚约为 1.5 mm，有足够的柔性。

塑料漏斗的直径应与被测设备的扬声器的尺寸相适应，并带有软泡沫橡胶粘在它的边缘，其安装在声波管的一端，探针式传声器安装在声波管的另一端。漏斗的中心尽量与扬声器的中心对齐，以确保测量的可重复性，可使用相应的夹具来实现。

5. 人工嘴

人工嘴应符合 ITU-T P.51 和 ITU-T P.64 标准的要求。

人工嘴为一种安装在壳体中由扬声器组成的装置，其指向性和辐射方向图与人类的口腔相似。其开口周围的声压分布必须很好地接近人类口腔周围的声压。

人工嘴应带有唇环模拟人的嘴唇,唇环是由刚性细杆制成的圆环,直径 25 mm,厚度小于 2 mm。它应由非磁性材料制成,并牢固地固定在人工嘴的外壳上。

人工嘴内的声阻抗应模拟人口腔内的声阻抗,这样由被测设备传声器的阻塞效应引起的压力增加才会具有代表性。

在嘴参考点应能建立作为频率函数的确定声压。在适当的声压范围内,人工嘴的特性为嘴参考点处的声压与输入到人工嘴的电压的比率是线性的。该比率与频率无关,至少在 200 Hz~4 kHz 的范围内,优选在 100 Hz~8 kHz 的频率范围。

嘴参考点位于参考轴线上,在唇环外平面前方 25 mm 处。参考轴线为垂直于唇环外平面且穿过唇环中心的线。

在采购人工嘴时,应采购对应传声器的夹具,能固定传声器并精确地将传声器定位在嘴参考点处。

6. 人工头

可放置移动电话机,能安装人工嘴且具有耳参考位置点的支架,用于模拟人的头部,使得嘴参考点和耳参考点的位置符合 ITU-TP.76 附录 A 的要求。

人工头应配套用于手机定位的夹具。

7. 屏蔽箱

通常音频功率放大器会放置在试验场地中,避免音频放大器被干扰而将其放置在小的屏蔽箱中。依据音频功率放大器的大小配备便携的屏蔽箱,屏蔽箱建议安装电源滤波器为音频功率放大器供电提供滤波。屏蔽箱应有接地端子,使用时与实验室的地进行连接。

8.4.6 信号源

产生的信号能覆盖所有的测试频段,并能被 80% 调制深度的 1 kHz 正弦波幅度调制,调制特性要求见表 8-2。应有手动控制功能(例如,控制频率、幅度、调制深度),或在带有频率合成器的情况下,具有频率步进和驻留时间的程控功能。

应定期对使用的信号源进行校准,至少对其输出电平、调制度和调制频率进行校准。

8.4.7 功率测量设备

功率测量设备可以是功率探头加功率计的方式,也可以只是功率探头连接计算机直接读取功率的方式,用于进行均匀场域的测量和辐射抗扰度测试时对功率放大器前向和反向输出功率的监测。其使用的频率范围应包含辐射抗扰度测试的频段。当辐射抗扰度系统产生 2 倍于其最大试验场强时,功率测量设备承受的功率应大于此时功率放大器的前向输出功率。

功率测量设备应定期进行校准,至少对其电平准确度和线性度进行校准。

8.4.8 系统线缆及连接器

辐射抗扰度系统的线缆、连接器及定向耦合器,特别是功率放大器的输出端到发射天线的输入端,其承受功率应大于均匀场域测量的最大场强时功率放大器的输出功率或与功率放大器的最大输出功率相等,其使用频率应涵盖辐射抗扰度测试的频段。

8.4.9　测试软件

通常辐射抗扰度测试为自动化测试，测试软件实现自动化测试、均匀场域及性能监控功能外，特别注意应有对系统的电压驻波比及功率放大器的饱和度进行监控及报警的功能，避免出现系统部件损坏情况，特别是从功率放大器的输出到发射天线的输入之间的部件。

8.4.10　试验场地

功率放大器通常放置在屏蔽室中，屏蔽室的性能满足 CNAS-CL01-A008 的相关要求。主要应注意具备足够的持续的制冷功能，功率放大器特别是大功率的功率放大器，在工作时制热量大，功率放大器的屏蔽室应匹配足够大的制冷空调，能单独控制。测量仪表可放置在屏蔽室中或其他场所，建议放置在屏蔽室中。

试验在全电波暗室或地面铺设铁氧体和吸波材料的半电波暗室中进行，电波暗室的尺寸应满足被测设备的尺寸要求，测试距离优先满足 3 m 的测试距离，但是最小测试距离不能小于 1 m。发射天线距离暗室墙面吸波材料的距离不能过小。电波暗室应满足均匀场域的要求且均匀场域的大小应能覆盖被测设备的尺寸。电波暗室吸波材料的承受场强应大于最大均匀场域测量的场强。

8.4.11　试验场强的计算方法

依据场强的计算公式，可根据辐射抗扰度系统设备的情况，计算和评估能产生的最大场强。也可以依据目标场强，通过计算公式，推算和评估出功率放大器的功率需求，功率放大器比较昂贵，一旦选择使用，更换和升级的费用都比较贵，因此对于功率放大器的选择不但要考虑现有需求，还要考虑未来标准升级是否能满足情况。场强的计算公式见式（8-4）。

$$E=\frac{\sqrt{30 \times P \times G_n}}{D} \tag{8-4}$$

式中　E——场强，单位是 V/m；

　　　P——发射天线输入端口的输入功率，即为有效功率，为功率放大器的输出功率减去功率放大器的输出端到天线输入端的路径损耗，单位为 W。通常路径衰减单位为 dB，计算有效功率时，先用公式 dBm = 10logW+30 将功率 W 转换为 dBm，然后减去路径衰减后，再用公式 $W=10^{(dBm-30)/10}$ 转换为 W；

　　　G_n——发射天线的增益数值，通常天线的增益为 dBi，可通过公式 $G_n=10^{dBi/10}$ 进行转换计算；

　　　D——辐射抗扰度测试距离，单位为 m。

上述公式仅用于场强的理论计算，即达到预期试验场强时，功率放大器的所需功率的最小值，考虑到满足均匀场域的要求，要达到预期试验场强，功率放大器可能需要更高的功率值。

可以将计算公式做成 Excel 表格，进行计算和评估，作为系统场强或需要功率放大器功率的参考，例如对于 80 MHz~1 GHz，要达到 10 V/m 的试验场强，可能需要的功率放大器的输出功率最小为 60 W，假设发射天线的增益和功率放大器到发射天线输入端口的路径衰减已知，计算示例见表 8-4。

表 8-4 场强计算示例表

频率/MHz	天线增益/dBi	天线增益数值	功放功率/W	功放功率/dBm	路径衰减/dB	有效功率/dBm	有效功率/W	测试距离/m	不加调制场强/V·m⁻¹	80%AM 场强/V·m⁻¹
80	5.20	3.31	60.00	47.78	3	44.78	30.07	3.00	18.22	10.12
100	6.40	4.37	60.00	47.78	4	43.78	23.89	3.00	18.64	10.36
150	6.90	4.90	60.00	47.78	4	43.78	23.89	3.00	19.75	10.97
200	7.00	5.01	60.00	47.78	4	43.78	23.89	3.00	19.98	11.10
300	7.00	5.01	60.00	47.78	4	43.78	23.89	3.00	19.98	11.10
400	6.80	4.79	60.00	47.78	4	43.78	23.89	3.00	19.52	10.85
500	6.90	4.90	60.00	47.78	4	43.78	23.89	3.00	19.75	10.97
600	6.60	4.57	60.00	47.78	4	43.78	23.89	3.00	19.08	10.60
700	6.90	4.90	60.00	47.78	4	43.78	23.89	3.00	19.75	10.97
800	6.80	4.79	60.00	47.78	4	43.78	23.89	3.00	19.52	10.85
900	6.30	4.27	60.00	47.78	4	43.78	23.89	3.00	18.43	10.24
950	6.30	4.27	60.00	47.78	4	43.78	23.89	3.00	18.43	10.24
975	6.30	4.27	60.00	47.78	4	43.78	23.89	3.00	18.43	10.24
1000	7.00	5.01	60.00	47.78	4	43.78	23.89	3.00	19.98	11.10

8.5 均匀场域（UFA）的测量方法

在电波暗室中进行辐射抗扰度试验时，要确保在被测设备周围的场充分均匀，以保证试验结果的有效性。使用均匀场域的概念，即一个场的假想的垂直平面，在该平面中场的变化足够小。进行均匀场域测量时，要求试验设备和设施具备产生均匀测试场的能力，同时获得用于设置抗扰度测试所需场强的数据，用于被测设备的辐射抗扰度测试。

对均匀场域进行测量，获得用于设置抗扰度试验所需场强的数据且确保抗扰度试验系统的准确性。

8.5.1 UFA 测量布置

UFA 测量应在没有被测设备的场地上进行，具体布置如图 8-3 所示。

发射天线与 UFA 之间的距离应能满足 UFA 的要求。UFA 与发射天线的距离优先选择为 3 m（如图 8-3 所示），最小距离为 1 m。该距离是指从双锥天线的中心，或对数周期天线的顶端，或喇叭天线的前沿，或双脊波导天线的前沿到 UFA 的距离。所使用的距离应记录，辐射抗扰度试验时应采用相同的距离。

在测量过程中，UFA 的场强和输出给发射天线前向功率的关系是确定的，在可以证明系统线性的前提下，对被测设备测试的实际场强可以与 UFA 测量时的预期场强（E_{UFA}）不同，实际试验时的标称试验场强（E_T）可通过测量 UFA 场强时的前向功率计算出来。

通常，在试验布置不变的情况下，UFA 测量一直有效。试验布置变化对 UFA 的影响非常大，即使很小的变化对场都会有很大的影响，因此在实际试验时的布置要与 UFA 测量时的布置保持一致。在进行 UFA 测量时，应详细记录测量布置，包括吸波材料的摆放、天线的位置和高度、UFA 的位置和线缆的位置等。

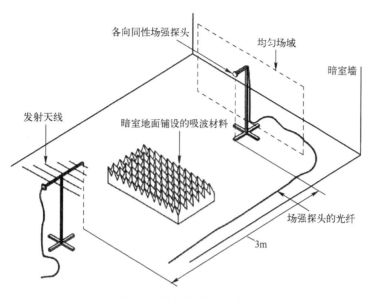

图 8-3　均匀场域测量布置

8.5.2　UFA 的尺寸及场强探头的位置

推荐 UFA 的尺寸为 1.5 m×1.5 m，进行 UFA 测量时，场强探头在 16 个位置点进行测量，如图 8-4 所示。如果能确保被测设备及其线缆能完全被小的 UFA 尺寸覆盖，可以减小 UFA 的尺寸，但是尺寸不能小于 0.5 m×0.5 m。对于最小尺寸的 UFA，测量 UFA 时，场强探头在 5 个位置点进行测量，第 5 个位置点放置在 UFA 的中心，如图 8-5 所示。

UFA 的形状可以不是正方形，只要其由 0.5 m×0.5 m 的正方形构成即可。UFA 的形状至少能确保测试频率能达到 1 GHz。

场强探头距离暗室地面的距离（UFA 下边缘的高度）可以是任何距离，确保能完全覆盖被测设备且符合 UFA 的要求即可。对于台式设备，通常 UFA 最低点距离地面的高度为 0.8 m。对于立式设备，由于场强探头距离地面太近时，UFA 可能达不到要求，可尝试 UFA 下边缘距离地面 0.4 m 的距离，如果可能，建议不超过 0.5 m。这样在后续进行被测设备试验时，能方便抬升被测设备进行布置。如果超过了 0.5 m，那么应记录 UFA 下边缘高度一半高度处，水平位置各个点的场强值（假设 UFA 的下边缘高度为

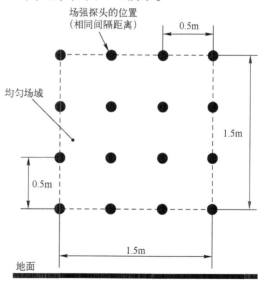

图 8-4　均匀场域的尺寸及 16 个场强探头的位置

0.6 m，则应记录 0.3 m 处，水平位置各个点的场强值），建议在进行 UFA 测量时，对这些点进行记录（这个高度的数据不考虑试验设施和试验等级的适用性）。

如果被测设备需要被照射的表面大于 1.5 m×1.5 m，且足够大尺寸的 UFA（推荐）无法

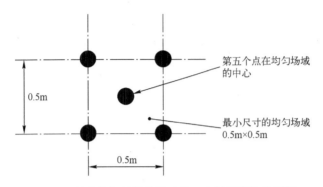

图 8-5　最小均匀场域的尺寸及 5 个场强探头的位置

实现，则对于 UFA 下边缘以上被测设备占用的区域，可对被测设备表面进行一系列的照射测试（"部分照射"），选用下列方法之一：

1）辐射天线应在不同的位置进行 UFA 测量，使得组合后的多个 UFA 覆盖被测设备的表面，然后依次在这些天线位置上对被测设备进行试验。每个天线位置，进行 UFA 测量时，UFA 的所有位置点均应测量。

2）将被测设备移动到不同位置，在试验时使被测设备的每个部分至少处于 UFA 内一次。

对于 UFA 下边缘以下不对被测设备进行照射的区域，可记录这个区域的场强特性。

对于完全照射和部分照射的 UFA 要求见表 8-5。优先选择完全照射方法。

表 8-5　完全照射和部分照射的 UFA 要求

频率范围	UFA 要求	
	完全照射方法，UFA 完全覆盖被测设备及其线缆（优先选择的方法）	部分照射法，UFA 不能完全覆盖被测设备及其线缆
1 GHz 以下	1）UFA 最小尺寸 0.5 m×0.5 m 2）UFA 的栅格尺寸以 0.5 m 为步进，例如 0.5 m×0.5 m、0.5 m×1.0 m、1.0 m×1.0 m、1.5 m×1.5 m、1.5 m×2.0 m 和 2.0 m×2.0 m 等 3）测量栅格步进为 0.5 m×0.5 m 4）如果 UFA 的尺寸大于 0.5 m×0.5 m，则要求至少 75% 的位置点满足场强容差范围要求 5）对于 0.5 m×0.5 m 的 UFA，100% 的位置点（所有 5 个位置点）满足场强容差范围要求	1）UFA 最小尺寸 1.5 m×1.5 m 2）UFA 的栅格尺寸以 0.5 m 为步进，例如 1.5 m×1.5 m、1.5 m×2.0 m 和 2.0 m×2.0 m 等 3）测量栅格步进为 0.5 m×0.5 m 4）至少 75% 的位置点满足场强容差范围要求
1 GHz 以上		1）UFA 最小尺寸 0.5 m×0.5 m 2）UFA 的栅格尺寸以 0.5 m 为步进，例如 0.5 m×0.5 m、0.5 m×1.0 m、1.0 m×1.0 m、1.5 m×1.5 m、1.5 m×2.0 m 和 2.0 m×2.0 m 等 3）测量栅格步进为 0.5 m×0.5 m 4）如果 UFA 的尺寸大于 0.5 m×0.5 m，则要求至少 75% 的位置点满足场强容差范围要求 5）对于 0.5 m×0.5 m 的 UFA，100% 的位置点（所有 5 个位置点）满足场强容差范围要求

8.5.3　UFA 的符合性要求

通常 UFA 测量每年至少进行一次，如果试验布置或设备设施发生变化时，如吸波材料、测试布置或设备等变化时，应重新进行 UFA 测量。

UFA 测量时，场强探头的位置点间距为 0.5 m，对于尺寸为 1.5 m×1.5 m 的 UFA，则有 16 个位置点，那么在每个频率点，应至少有 75% 的位置点测得的场强值在标称值 0~+6 dB 范围内，即在每个频点，应至少有 12 个位置点的场强值在标称值 0~+6 dB 范围内。对于尺寸为 0.5 m×0.5 m 的 UFA，在每个频率点，5 个位置点测得的场强值均在标称值 0~+6 dB 范围内。在不同的频率点，容差范围内（0~+6 dB）的位置点可能不同。

0~+6 dB 作为容差范围，是在可接受的概率的情况下，确保场强值不会低于标称场强值。6 dB 容差是在实际试验设施中可实现的最小范围。

当试验频率达到 1 GHz 时，容差可大于+6 dB，达到+10 dB，但是不能小于 0 dB，允许调整容差的频率点数量不得超过整个试验频率点的 3%，在 UFA 测量报告中记录真实的容差。有争议时，优先考虑 0~+6 dB 作为容差范围。

在进行 UFA 测量时，发射天线水平极化和垂直极化均应测量，测量的场强值 E_{UFA} 为试验时标称场强值 E_T 的 1.8 倍，即 $E_{UFA}=E_T×1.8$，这是由于在均匀场域测量时，使用的是未调制的信号，而实际对被测设备测试时，对试验信号进行了 80% 的幅度调制，施加到被测设备的实际场强的最大值为标称场强值的 1.8 倍，如图 8-1 所示。为了确保辐射抗扰度系统能够具备施加最大场强值的能力，也就是说试验时功率放大器不会饱和，因此在进行均匀场域测量时，测量的场强值 E_{UFA} 使用实际试验标称场强值 E_T 的 1.8 倍，即在对被测设备进行试验时，施加的标称场强 E_T 最大值不能大于 $E_{UFA}/1.8$。

8.5.4 均匀场域的测量方法

通常，在全电波暗室或半电波暗室中进行辐射抗扰度测试，对于 UFA 测量采用如图 8-6 所示的测试配置。

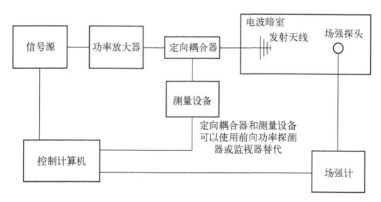

图 8-6 UFA 测量配置

对于均匀场域的测量，有两种方法，分别为恒定场强测量法和恒定功率测量法。下述两种不同的测量方法，以 1.5 m×1.5 m 的 UFA 为例进行说明。这两种方法得出的场均匀性是相同的。

1. 恒定场强测量方法

恒定场强测量方法就是在每个频率，调节前向功率值，使得每个位置点的场强都相同且为 UFA 测量的预期场强值 E_{UFA}，$E_{UFA} = 1.8 \times E_T$（标称试验场强值），记录相应的前向功率值，通过前向功率值来判断均匀场域的符合性并确定实际进行辐射抗扰度试验时施加的前向功率参考值 P_R，通过此值计算出施加标称试验场强 E_T 时的前向功率值。

按照一定的步骤建立和测量均匀场域，试验系统的配置可参考图 8-6。通过校准过的场强探头，在每个特定频率相应地调整前向功率，依次对 16 个位置点（如图 8-4 所示）的每个点的场强进行测量，使得场强达到预期值 E_{UFA}，以 dBm 为单位记录 16 个位置点（如图 8-4 所示）的前向功率 P_C。UFA 测量时的频率步进与辐射抗扰试验时的频率步进一致，通常频率步进不大于前一频率的 1%。

恒定场强测量方法，按照以下步骤进行 UFA 测量，依据前向功率值对 UFA 的符合性及系统的饱和性进行确认，并选择出每个试验频率在辐射抗扰度试验时应施加的前向功率参考值 P_R。

1）将场强探头放置于 16 个位置点（见图 8-4）的任意一个位置点，将信号发生器输出的频率调制为试验频率范围的下限频率（例如 80 MHz）。

注：为了减小测量不确定度，场强探头在每个位置点的朝向与场强探头校准时的朝向保持一致。

2）调整输入到发射天线的前向功率，使得场强探头在每个频率接收到的场强值等于 UFA 预期场强值 E_{UFA}（即标称试验场强值 E_T 的 1.8 倍），记录此时每个频率的前向功率值，测量的频率范围为辐射抗扰度试验的下限频率至上限频率，频率增加的最大步长为前一频率值的 1%。

3）更换场强探头的位置点，重复步骤 2），直至所有 16 个位置点都测量完成。

上述步骤 1）~3）对应下述恒定场强测量方法的第一步。

在每个试验频率点，进行如下步骤的操作：

1）将 16 个位置点的前向功率值从小到大进行排序。

2）从最大的前向功率值开始检查，向下至少应有 11 点（75% 的位置点）的前向功率值在最大值的 -6~0 dB 容差范围内。

3）如果没有 11 个位置点的前向功率值在 -6~0 dB 容差范围内，则按同样的程序向下（紧邻的下一数据，即最大值向下取值）再继续检查前向功率数据（每个频率点仅可能有 5 个位置点不在 -6~0 dB 容差范围内）。

4）如果至少有 12 个位置的前向功率值在 6 dB 范围内，则停止检查程序，记录最大的前向功率值，此值为前向功率参考值 P_R。

5）确认测试系统（例如功率放大器）处于未饱和状态。假设 E_{UFA} 选择 1.8 倍的 E_T，在每个测量频率按以下程序操作：

① 调整信号源的输出电平，使得前向功率输出为 P_R 后，再将信号源输出的电平降低 5.1 dB（-5.1 dB 即 $E_{UFA}/1.8$）。

② 记录输出到天线的新的前向功率。

③ 用 P_R 减去步骤②中测得的新的前向功率。如果差值在 3.1~7.1 dB 之间，则功率放大器为线性且系统可用于测试。否则测试系统不适合测试。

恒定场强测量方法的实施和均匀场域的符合性判断，可按表 8-6，转化为以下两个步骤进行：

第一步测量，按位置点，测量每个频率，即按表 8-6 的行，逐行进行测量，使得每个频率的场强达到 UFA 预期场强 E_{UFA}，记录相应的前向功率值 P_C。

第二步均匀场域的符合性判断，按频率点，即按表 8-6 的列，每列的前向功率值从小到大排序后，从大到小，依次判断所有位置点是否至少有 75% 的位置点（16 个位置点中至少有 12 个位置点）符合 -6~0 dB 容差要求并选出符合要求的最大前向功率值作为实际测试时的前向功率参考值 P_R，然后逐列判断并选出 P_R 值。

表 8-6　恒定场强测量方法（E_{UFA} 的值不变，记录对应的前向功率值 P_C）

位置点	频　率								
	f_1	f_2	f_3	f_4	f_5	f_6	f_7	…	f_i
1	$P_{C(1-f1)}$	$P_{C(1-f2)}$	$P_{C(1-f3)}$	$P_{C(1-f4)}$	$P_{C(1-f5)}$				$P_{C(1-fi)}$
2					$P_{C(2-f5)}$				
3					$P_{C(3-f5)}$				
4					$P_{C(4-f5)}$				
5					$P_{C(5-f5)}$				
6					$P_{C(6-f5)}$				
7					$P_{C(7-f5)}$				
8					$P_{C(8-f5)}$				
9					$P_{C(9-f5)}$				
10					$P_{C(10-f5)}$				
11					$P_{C(11-f5)}$				
12					$P_{C(12-f5)}$				
13					$P_{C(13-f5)}$				
14					$P_{C(14-f5)}$				
15					$P_{C(15-f5)}$				
16					$P_{C(16-f5)}$				

注 1：如图 8-4 所示，位置点的编号为 1~16，可在测量时随意编号

注 2：频率 f_1~f_i 为试验的频率范围，按频率步进，从起始频率至结束频率

可以看出，恒定场强测量方法确定均匀场域后，实际进行辐射抗扰度测试时，在每个频率点，使用的是 12 个位置点中最大前向功率值作为辐射抗扰度试验施加的前向功率参考值 P_R，最大值与 12 个位置点中的最小前向功率值的差值的最大值可达到 6 dB，也就是说，实际试验中，在每个频率点，通过前向功率参考值 P_R 计算出来的 E_T，在 12 个位置点值可能不同，最大场强值可能会达到最小场强值的 2 倍 $[20\log(E_{max}/E_{min})=6\,\text{dB}]$，则 $E_{max}/E_{min}=2]$，最小场强值可能大于或等于标称场强值 E_T 但不会小于标称场强值 E_T。

2. 恒定功率测量方法

恒定功率测量方法就是在 16 个位置点中选择任意一个位置点，在每个试验频率点，调

节前向功率值，使得所有试验频率点的场强都相同且为预期场强值 E_{UFA}，$E_{UFA} = 1.8 \times E_T$，记录每个试验频率点对应的前向功率值 P_C。更换到其他位置点，每个试验频率点施加的前向功率值 P_C 保持不变，记录每个试验频率点测得的场强值 E_C，通过场强值 E_C 来判断均匀场域的符合性并确定参考位置点，通过参考位置点的场强值（最小场强值），计算出实际辐射抗扰度试验时每个试验频率点的前向功率参考值 P_R，通过 P_R 计算出施加标称试验场强 E_T 时的前向功率值。

恒定功率测量方法，按照一定的步骤建立和测量均匀场域，试验系统的配置可参考图 8-6。通过校准过的场强探头，在任意一个位置点，在每个试验频率点相应地调整前向功率，使得所有试验频率点的场强达到预期值 E_{UFA}，以 dBm 为单位记录这个位置点所有试验频率的前向功率值 P_C。然后，在每个试验频率保持前向功率值为 P_C 不变，依次对 16 个位置点（如图 8-4 所示）的每个点的场强进行测量并记录场强值 E_C。UFA 测量时的频率步进与辐射抗扰度试验时的频率步进一致，通常频率步进不大于前一频率的 1%。

按照以下步骤进行 UFA 测量，依据场强值 E_C 对 UFA 的符合性及系统的饱和性进行确认，并选择出参考位置点，依据参考位置点的场强值（最小场强值）计算出每个试验频率点在实际辐射抗扰度试验时应施加的前向功率参考值 P_R。

1）将场强探头放置于 16 个位置点（见图 8-4）的任意一个位置点，将信号发生器输出的频率设置为试验频率范围的下限频率（例如 80 MHz）。

注：为了减小测量不确定度，电场探头在每个位置点的朝向与电场探头校准时的朝向保持一致。

2）调整输入到发射天线的前向功率，使得场强探头在每个频率接收到的场强值等于 UFA 预期场强值 E_{UFA}（即标称试验场强值 E_T 的 1.8 倍），记录此时每个频率对应的前向功率值 P_C，测量的频率范围为辐射抗扰度试验的下限频率至上限频率，频率增加的最大步长为前一频率值的 1%。

3）更换场强探头的位置点，在每个试验频率点，发射天线的前向输入功率值为步骤 2）记录的前向功率值 P_C，记录此时所有频率的场强值 E_C。

4）重复步骤 3），直至所有位置点的场强值 E_C 记录完成。

在每个试验频率点，进行如下操作：

1）将 16 个位置点的场强值 E_C 从小到大进行排序。

2）从场强值 E_C 的最小值开始检查，向上至少应有 11 个点的场强值在最小值的 0~6 dB 容差范围内。

3）如果没有 11 个点的场强值在 0~6 dB 容差范围内，则按同样的程序向上（紧邻的下一个数据，即最小值向上取值）再继续检查场强值 E_C 数据（每个频率仅可能有 5 个位置点不在 0~6 dB 容差范围内）。

4）如果至少有 12 个位置点的场强值在 6 dB 范围内，则停止检查程序，记录最小的场强值及其对应的位置点，此位置点为参考位置点。

5）在参考位置点，通过记录的最小场强值，计算出达到预期场强值 E_{UFA} 所需的前向功率参考值 P_R，此值为辐射抗扰度测试时输入的前向功率参考值，通过此值可计算出对被测设备进行测试时，产生标称场强 E_T 所需的前向功率值。

6）确认测试系统（例如功率放大器）处于未饱和状态。假设 E_{UFA} 选择 1.8 倍的 E_T，在

每个测量频率按以下程序操作:

① 调整信号源的输出电平,使得前向功率输出为 P_R 后,再将信号源输出的电平降低 5.1 dB [假设 $E_{UFA}/E_T=R$,R 转换为 dB 为 $20\log(E_{UFA}/E_T)=R(dB)$,当 $R=1.8$ 时转换为 dB 为 5.1 dB]。

② 记录输出到天线的新的前向功率 P_T。

③ 用 P_R 减去步骤②中测得的新的前向功率 P_T。如果差值在 3.1~7.1 dB 之间,则功率放大器为线性且系统可用于测试。否则测试系统不适合测试。

恒定功率测量方法的实施和均匀场域的符合性判断,可按表8-7,转化为以下四个步骤进行。

表8-7 恒定功率测量方法(前向功率值为 P_C 不变,记录对应的场强值 E_C)

位置点	频率								
	f_1	f_2	f_3	f_4	f_5	f_6	f_7	...	f_i
1					$E_{C(1-5)}$				
2					$E_{C(2-5)}$				
3	$E_{UFA(3-1)}$	$E_{UFA(3-2)}$	$E_{UFA(3-3)}$	$E_{UFA(3-4)}$	$E_{UFA(3-5)}$	$E_{UFA(3-6)}$	$E_{UFA(3-7)}$	...	$E_{UFA(3-i)}$
4					$E_{C(4-5)}$				
5					$E_{C(5-5)}$				
6					$E_{C(6-5)}$				
7					$E_{C(7-5)}$				
8					$E_{C(8-5)}$				
9					$E_{C(9-5)}$				
10					$E_{C(10-5)}$				
11					$E_{C(11-5)}$				
12					$E_{C(12-5)}$				
13					$E_{C(13-5)}$				
14					$E_{C(14-5)}$				
15					$E_{C(15-5)}$				
16					$E_{C(16-5)}$				

注1:如图8-4所示,位置点的编号为1~16,可在测量时随意编号

注2:频率 $f_1 \sim f_i$ 为试验的频率范围,按频率步进,从起始频率至结束频率

注3:假设位置点3所有频率的场强值为 E_{UFA} 时,则其对应的前向功率值为 P_C

第一步确定输入的前向功率值 P_C,在16个位置点中选择任一位置点,在所有试验频率点,调整前向功率,使得场强值为 UFA 预期场强值 E_{UFA},记录所有试验频率点对应的前向功率值 P_C。

第二步测量所有位置点的场强值 E_C,将场强探头移到其他位置点,在所有试验频率点,输入的前向功率与第一步相同,为 P_C,记录所有试验频率点对应测得的场强值 E_C,直至

16 个位置点全部测试完成，即按表 8-7 的行逐行测量。

第三步进行均匀场域符合性判断，按频率，即按表 8-7 的列，每列的场强值从小到大排序后，从小到大，依次判断所有位置点是否至少有 75% 的位置点（16 个位置点中至少有 12 个位置点）符合 0~6 dB 容差要求并选出符合要求的最小场强值及其对应的点作为参考点。

第四步计算前向功率参考值，在每个频率，即表 8-7 的每列，依据其参考位置点对应的场强值（最小场强值），计算出达到预期 UFA 场强值 E_{UFA} 所需要的前向功率值，此值为实际被测设备进行辐射抗扰度测试时的前向功率参考值 P_R，依据 P_R 值可计算出产生标称场强 E_T 所需的前向功率值。

恒定功率测量方法相对于恒定场强测量方法稍复杂一点，两种方法的效果是相同的。通常采用恒定场强的方法。对于场地的均匀场域，使用恒定场强测量方法时，在某一试验频率点，16 个位置点中前向功率越大的位置点，说明此位置点场强的效果差。使用恒定功率测量方法时，在某一试验频率点，16 个位置点中场强值越小的位置点，说明此位置点场强的效果差。

UFA 测量完成且符合 8.5.3 节的符合性要求，在实际辐射抗扰度试验时，使用 UFA 测量时，通过每个试验频率点记录的参考前向功率值以及对应的信号源的输出电平值，计算和设置每个试验频率点的实际前向功率值和信号源的输出电平值，以达到预期的试验场强值（例如 3 V/m 的场强值）。

8.6 试验布置及测试方法

8.6.1 试验布置

进行辐射抗扰度试验时，被测设备尽可能在接近实际安装配置的条件下进行试验。除非另有规定，被测设备的线缆应符合使用说明书的规定，被测设备应放置在其壳体内，并安装上所有盖板和接口面板。

试验时，不要求有金属接地板。当需要某种装置支撑被测设备时，支撑物应选用不导电的非金属材料制作。非导电支撑物用于防止被测设备意外接地和场的畸变，支撑物应为整体不导电材料，不能是由绝缘层包裹的金属结构。试验在较高频率（例如高于 1 GHz）时，木质或玻璃钢材质的桌子或支撑物会产生反射，建议使用低介电常数的材料，如硬质聚苯乙烯材料，以避免场畸变而降低场均匀度的等级。

被测设备的机箱或外壳的接地应符合设备说明书的规定。

试验时，被测设备的被照射面应与 UFA 重合。为了测试被测设备不同的面，应调整被测设备的位置使被测面与 UFA 对齐。

试验时，被测设备通常按台式设备或落地式设备进行试验布置。如果被测设备由落地式设备和台式设备组成时，设备间应保持正确的相对位置。

1. 台式设备的试验布置

试验时，被测设备放置在非导电桌上，桌子的高度为 0.8 m±0.05 m。即使 UFA 最下边缘的高度不是 0.8 m 高，被测设备也应放置在 0.8 m 高的非导电桌上。

依据被测设备的安装说明书，将被测设备连接到电源和相应的信号线。

试验布置如图 8-7 和图 8-8a、b 所示。

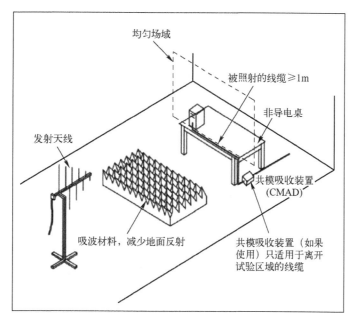

图 8-7　台式设备试验布置示例图

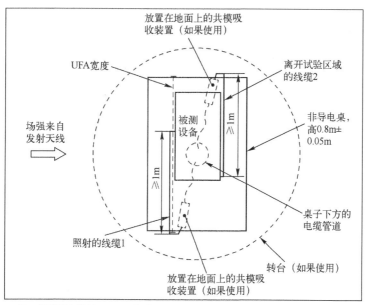

注：被测设备旋转180°，可照射线缆2。

a) 具有离开试验区域线缆的台式设备布置和线缆布置示例图（俯视图）

图 8-8　台式设备试验布置（俯视图）

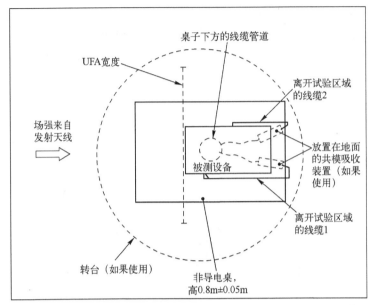

注：线缆和被测设备位置已调整到与UFA一致，被测设备在此方向上，没有要被照射的线缆。

b) 相同被测设备的一种替代布置示例（被测设备旋转90°且线缆布置不同）（俯视图）

图8-8　台式设备试验布置（俯视图）（续）

2. 落地式设备的试验布置

被测设备放置在距离地面0.05 m或更高的非导电支撑物上，避免被测设备意外接地和场畸变。支撑物为非导体，不能是由绝缘层包裹的金属结构。设备的绝缘轮子可作为非导电支撑物。

落地式被测设备应最大限度地扩大被测设备在UFA内的面积。

如果由于被测设备的重量、物理尺寸或安全原因，无法将其提升至UFA的高度，或无法从其运输的支架上移除，这些情况应记录在测试报告中。

如果被测设备延伸超过UFA下边缘0.5 m，应记录UFA下边缘50%高度处水平所有位置点（与UFA测量时的位置点相对应）的场强，通常记录在UFA测量记录中。此高度的场强数据不用于试验设施适用性判断，也不用于UFA测量数据。

依据被测设备的安装说明书，将被测设备连接到电源和信号线。

落地式设备的试验布置如图8-9~图8-12所示。

3. 被测设备线缆的布置

线缆应连接到被测设备，并按照安装说明书的要求在试验现场进行试验布置，尽量与实际使用的典型安装情况保持一致。

应使用说明书中指定的线缆类型和连接器，如果被测设备对使用的线缆没有规定，则应使用非屏蔽平衡导线。

如果产品说明中规定了线缆的长度不大于1 m，则线缆使用规定的长度。如果规定的线缆长度大于1 m或没有规定，则线缆的长度与实际典型安装时线缆的长度一致。如果没有特殊规定，在一个照射方向上，发射天线水平极化和垂直极化，线缆至少1 m的长度被照射。

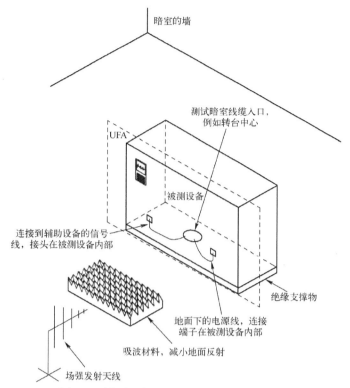

图 8-9 被测设备底部出线的试验布置示例图

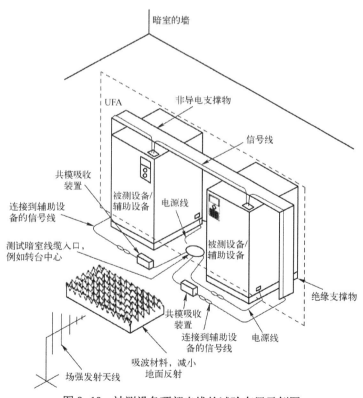

图 8-10 被测设备顶部出线的试验布置示例图

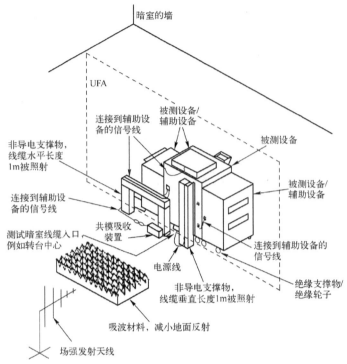

图 8-11　被测设备有多条线缆和多个辅助设备的试验布置示例图

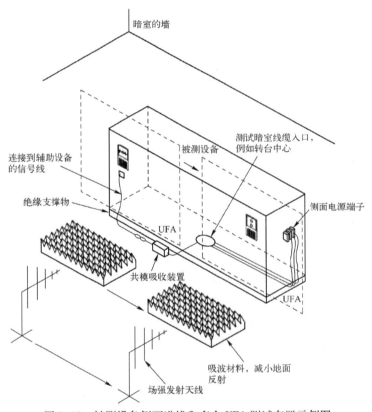

图 8-12　被测设备侧面进线和多个 UFA 测试布置示例图

如果与此布置不一致时（例如重型或刚性线缆无法实现），应记录在测试报告中。与 UFA 正交的线缆不利于接收场强的信号，因此，不被认为算是暴露在场内的线缆的组合长度。线缆被照射的部分尽可能地贴近 UFA 的面。

被测设备单元间互连线缆多余的长度应在线缆的近似中心处，捆扎成低电感的线束。与此布置不一致时（例如重型或刚性线缆无法实现），应记录在测试报告中。

在对被测设备每个面进行试验时，在此面上，无须每条线缆都进行照射，但是，在整个试验中，每条线缆至少在其中的一个面上被照射到。不进行照射的线缆，应采用减少与场耦合的方式布线，因此，在更换被测设备照射面时，应重新布置此线缆。被测设备有多条线缆或实际典型的安装无法实现将线缆放置在 UFA 中时，则尽量将这些线缆放置在辐射场中进行照射。

如果相关产品委员会规定多余的线缆需要去耦（例如，延伸到测试区域外的线缆），则该去耦方式不应影响被测设备的运行。

如果线缆进行去耦，可以使用共模吸收装置（CMAD），共模吸收装置应符合 GB/T 6113.104 的要求。使用 CMAD 可以减小试验区域外线缆对辐射抗扰试验结果的影响。如图 8-7 所示，离开试验区域的线缆在其到达地面的位置进入 CMAD，CMAD 平放在地板上，每条去耦的线缆建议使用单独的 CMAD。需要考虑 CMAD 的电流承受能力，避免其饱和。

如果是用 CMAD 进行去耦，则按以下要求使用：

1）离开测试区域的线缆少于 3 条时，每条线缆使用 CMAD 进行去耦。

2）离开测试区域的线缆多于 3 条时，优先考虑电源线使用 CMAD 进行去耦，其次是比较敏感的信号线，最多使用 3 个 CMAD，CMAD 的使用情况应记录在测试报告中。

8.6.2　无线通信设备的工作状态设置

试验配置应尽可能地接近被测设备实际使用的典型情况。

通常，试验时，无线通信设备应建立通信连接。

当被测设备具有一体化天线时，应安装正常使用时的天线进行试验。

如果被测设备是系统的一部分，或与辅助设备相连，试验可在辅助设备的最小典型配置下进行，与辅助设备相连的端口应被激活。

如果被测设备有多个端口，应选取所有类型且足够数量的端口来模拟被测设备实际使用的工作情况。

对于被测设备在实际使用中与其他设备连接的端口，试验时这些端口应与辅助设备、辅助测试设备或阻抗匹配的负载相连。

对于被测设备在实际使用中不连接线缆的端口，例如服务端口、程序端口和调试端口等，试验时这些端口不连接线缆。如果为了激励被测设备，这些端口要与辅助测试设备相连，或者互连线缆必须延长时，应确保对被测设备的评估不因辅助测试设备或线缆的延长而受到影响。辅助测试设备宜放置在试验区域外，如果放置在试验区域内，辅助测试设备不应影响被测设备的试验结果或其带来的影响应被排除。

8.6.3　无线通信设备的试验配置

无线通信设备在进行辐射抗扰度实验时，通常按以下要求进行配置，具体的配置应依据相应的电磁兼容行业标准要求。

1. 发信机输入端试验配置

为发信机提供有用的射频信号，使发信机正常工作。如果输入的信号由外部信号源提供，外部信号源应置于试验环境外。

2. 发信机输出端试验配置

接收发信机输出信号的辅助测试设备应置于试验环境外。

具有一体化天线的发信机，建立通信连接的有用射频输出信号应通过试验环境内的天线馈出至辅助测试设备，此天线应不受试验环境内的信号影响。

具有天线接口的发信机，建立通信连接的有用射频输出信号应通过屏蔽线（如同轴线）从天线接口连接到辅助测试设备。

发信机输出的有用射频信号的电平应设置为被测设备工作模式的最大额定射频功率。

3. 收信机输入端试验配置

为收信机提供有用射频信号的信号源应置于试验环境外。

具有一体化天线的收信机，建立通信连接的有用射频输入信号应通过试验环境内的天线馈入，此天线应不受试验环境内的信号影响并连接至射频信号源。

具有天线接口的收信机，建立通信连接的有用射频输入信号应通过屏蔽线（如同轴线）从天线接口连接到外部信号源。

有用射频输入信号电平应设置为高于被测设备的参考灵敏度电平（最小可接收信号电平），但不高于 40 dB。

对于射频电磁场辐射抗扰度试验，当试验系统的功率放大器开启但不进行激励时，再进行测量收信机的有用射频输入信号电平值，有用 RF 输入信号电平宜设置为高于 EUT 的参考灵敏度电平 15 dB(±3 dB)。

如果相关的行业标准规定了具体输入信号电平，则按行业标准的要求进行。

4. 收信机输出端试验配置

接收收信机输出信号的辅助测试设备应置于试验环境外。

如果收信机具有信号输出的接口，应通过收信机正常使用时的线缆将信号输出接口与位于试验环境外的辅助测试设备连接。

如果收信机不具有信号输出的接口，具有视觉或声学输出功能，应通过非金属装置（如用摄像机读取显示器的内容）耦合到位于试验环境外的辅助测试设备上。

如果收信机具有模拟语音输出功能，输出应通过非金属声波管耦合到位于试验环境外的音频分析仪或其他适当的辅助测试设备上，如果不使用非金属声波管的方式，应将使用的方式记录在测试报告中。

应采取预防措施，减小耦合装置对试验的影响。

8.6.4 无线通信设备的试验要求

无线通信设备的辐射抗扰度试验，通常试验的频率范围为 80 MHz ~ 6 GHz，频率步长通常为前一频率的 1%，每个频点的驻留时间应不短于被测设备动作及响应所需的时间，且不得短于 0.5 s，不同的无线通信设备，电磁兼容行业标准相关的规定可能不同。

依据 GB/T 9254.2 标准的相关要求，为了减少需要在多个配置和/或长周期内试验的设备的试验时间，可以按不超过 4% 的频率步长进行扫频，此时，试验电平应为规定的试验电平的两倍。使用的频率步长和试验电平应记录在试验报告中。对于驻留时间，规定了在每个频点的驻留时间不宜超过 5 s。

无线通信设备的辐射抗扰度试验场强通常为 3 V/m 或 10 V/m，试验信号经过 1 kHz 的正弦音频信号进行 80% 的幅度调制，不同的无线通信设备，电磁兼容行业标准相关的规定可能不同。

试验时，发信机、收信机和收发信机的免测频段除外，免测频段的规定见本章。

试验时，如果收信机或作为收发信机一部分的收信机在离散频率点的响应是窄带响应，那么此响应忽略不计，窄带响应的试验频率应记录在测试报告中，窄带响应的判定见后文。

8.6.5　无线通信设备的性能判据

试验前，应建立通信连接，试验中通信连接应保持。

对于数据传输业务模式，试验中，对于支持 BER（误码率）的被测设备，则 BER 不大于 0.001；对于支持 BLER（误块率）的被测设备，则 BLER 不大于 0.01；对于支持 PER（误包率）或 FER（误帧率）的被测设备，则 PER 或 FER 不大于 10%；对于支持吞吐量的被测设备，则数据吞吐量（应用层吞吐量）应不小于参考测试信道最大吞吐量的 95%，具体的要求见相应的行业标准，数据传输的测试见本章。

对于语音业务模式，试验中，使用音频突破测量方法，通过一个中心频率为 1 kHz，带宽为 200 Hz 的音频带通滤波器测量语音输出电平，上行链路和下行链路语音输出电平应至少比在音频校准时记录的语音输出信号的参考电平低 35 dB，音频突破测量方法和音频校准见本章。当被测设备工作在全球移动通信系统（GSM）语音业务模式下时，被测设备下行链路的收信质量（RXQUAL）的值应不超过 3。

试验后，被测设备应正常工作，无用户控制功能的丧失或存储数据的丢失，且保持通信连接。

试验还应在空闲模式下进行，试验时被测设备的发信机不应有误操作。

8.6.6　无线通信设备辐射抗扰度试验的符合性判定

无线通信设备进行辐射抗扰度测试时，应依据性能判据的要求进行符合性判定，在辐射抗扰度试验的过程中和试验结束后，符合性能判据的要求则判定为"合格"，否则为"不合格"，对于具备多种业务功能的设备，每种业务功能应分别进行符合性判定，例如数据传输业务和语音业务。

8.6.7　试验方法选择

依据本章的 8.5.2 节 UFA 的尺寸要求，优先选择完全照射法。

当被测设备尺寸太大而无法放置在 UFA 内或被测设备由独立的模块组成，不能单独进行试验且太大而无法放置在 UFA 内时，对于 UFA 下边缘以上被测设备占用的区域，可对被测设备表面进行一系列的照射测试（"部分照射"），选用下列方法之一：

1）辐射天线应在不同的位置进行 UFA 测量，使得组合后的多个 UFA 覆盖被测设备的表面，然后依次在这些天线位置上对被测设备进行测试。每个天线位置，进行 UFA 测量时，UFA 的所有位置点均应测量。

2）将被测设备移动到不同位置，在测试时使被测设备的每个部分至少处于 UFA 内一次。

对于 UFA 下边缘以下不对被测设备进行照射的区域，可记录这个区域的场强特性。

对于完全照射和部分照射的 UFA 要求见表 8-5。

通常，辐射抗扰度试验时，发射天线每个极化（水平极化和垂直极化），通常对被测设备的每个侧面进行试验，当被测设备能以不同方向（如垂直或水平）放置使用时，被测设备的所有面均进行试验。

在技术合理的情况下，可适当减少被测设备被测面的数量。

在其他情况下，例如依据被测设备的类型和尺寸或试验频率，可能需要对被测设备至少四个面（四个方位）进行试验。

在试验过程中应尽可能使被测设备充分运行，并在所有选定的敏感运行模式下进行抗扰度试验。

8.7　无线通信设备的性能测量方法

在进行试验时，需要对被测设备的一些性能指标进行监控及测量，通常对于有数据业务的设备，对其数据业务进行监控和测量，用其支持的数据传输差错率或数据吞吐量来衡量其性能。对于具有语音业务的设备，对其语音进行监控和测量，用音频突破的方法测量其音频性能。具体的监控及测量方法如下。

8.7.1　数据传输测量方法

1. 数据传输的校准

在试验前，建立数据传输模式，通过测量 BER、BLER、PER（FER）以及吞吐量对数据传输进行校准。

2. 差错率的推导

已知的数据应在双向端对端链路（上行链路和下行链路）中传送，传输的已知数据和接收的数据之间比较得出差错率。应在抗扰度试验的每个频率步长下对 EUT 的性能进行评估。

使用的数据应足够长以确保结果的有效性，且应等于使用的信道比特率。

可使用 BER、BLER、PER（FER）和用户数据来进行差错率评估。

当 BER、BLER 和 PER（FER）测量不适合时，可使用最终用户数据进行差错率评估。例如，EUT 包含具有数据应用辅助功能的辅助设备，当此辅助设备不支持用于 BER、BLER 和 PER（FER）评估的环回功能时，将导致辅助设备未激活，即数据传输的环路不是端到端的，此时使用最终用户数据进行差错率评估。

应提供用于测试的最终用户数据的特征（数据的格式、大小、典型数据吞吐量以及附加误差修正等）和必要的测试设备，以便对 EUT 进行评估。

最终用户差错率计算公式见式（8-5）。

$$差错率=\left(\frac{错误的数据量（码、字节、符号、包、帧等）}{总的数据量（码、字节、符号、包、帧等）}\times100\right)=n\% \tag{8-5}$$

3. 吞吐量百分比的推导

已知的数据应在双向端对端链路（上行链路和下行链路）中传送。用得到的吞吐量除以最大吞吐量就得出吞吐量百分比。应在抗扰度试验的每个频率步长下对 EUT 的性能进行评估。

使用的数据模式应当有足够长度，且应等于使用的信道比特率。

4. 无数据辅助应用的设备

数据监测仪被看作是测试系统的一部分。制造商应采取不影响辐射电磁场的措施来连接数据控制器。试验布置如图 8-13 所示。

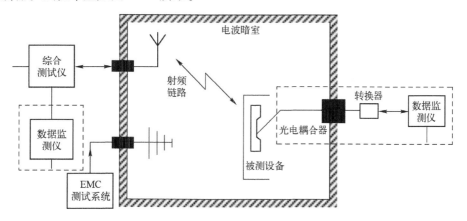

图 8-13　无数据辅助应用的受试设备试验布置

5. 有数据辅助应用的设备

数据监测仪被看作是测试系统的一部分。数据辅助应用被看作是数据传送环路（上行链路和下行链路）的一部分，将包含在设备的规格说明里。试验布置如图 8-14 所示。

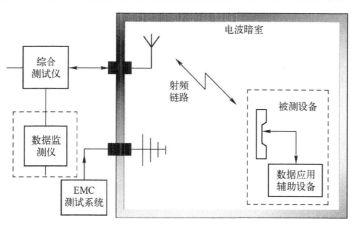

图 8-14　有数据辅助应用的受试设备试验布置

8.7.2 音频突破测量方法

1. 音频链路的校准

在音频突破测试之前，应对音频链路进行校准，将被测设备的下行链路和上行链路语音输出信号的参考电平记录在测试仪器中，校准布置如图 8-15 所示。

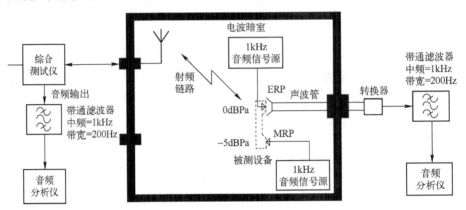

图 8-15 音频校准布置图

注：上行链路校准时，被测设备在图示位置，应按实际使用的方式将被测设备的传声器放置在嘴参考点处；下行链路校准时，被测设备由 1 kHz 音频信号源代替。

如果被测设备不包括声学传感器（如传声器或扬声器），制造商应规定等效的电气参考电平。

校准过程中，被测设备的语音处理器通常使用噪声和回声抵消算法，这些算法会消除或削弱稳态音频信号，如 1 kHz 的校准信号。在校准过程中应禁用这些算法，这可能需要专业的测试软件。如果不能禁用这些算法，音频分析仪应使用最大保持的检波方式测量语音输出信号的参考电平，从而可以在噪声和回声抵消算法生效前测出语音输出信号的参考电平。

（1）下行链路校准

进行下行链路语音输出信号的参考电平校准时，不使用被测设备。调整 1 kHz 音频信号源的输出，使其在耳参考点（ERP）（下行链路的声音耦合器，图 8-15 中的声波管）输入的声压级（SPL）为 0 dBPa，此时记录的音频分析仪的读数作为下行链路语音输出信号的参考电平。

对于免提中使用了外部扬声器的设备。外部扬声器的声压通常会比移动台扬声器的声压高，从而可以克服周围的高噪声电平，测试时应增加下行链路语音输出信号的参考电平值以补偿上述声压的差别，或调整扬声器和测试传声器之间的距离，达到所需的声压级。

校准过程中，使用的仪表不能超过其动态范围。

（2）上行链路校准

进行上行链路语音输出信号的参考电平校准时，使用被测设备。调整 1 kHz 音频信号源的输出，使其在嘴参考点（MRP）（ITU-T 的 P.64 中定义）输入的声压级为 −5 dBPa，此时记录的音频分析仪（图 8-15 中与综合测试仪连接）的读数作为上行链路语音输出信号的参考电平。

使用免提时，通常上行链路语音输出的参考电平不需要进行调整。如果不能完成上述校准（如带有耳机的印刷电路卡），厂商应对嘴参考点和传声器之间的距离加以规定。

校准时，被测设备安装在人工头（ITU-T 的 P. 64 中定义）上，被测设备的扬声器位于人工头的人工耳中心。

校准过程中，使用的仪表不能超过其动态范围。

2. 音频突破测量

测试过程中，应对被测设备的语音控制软件进行设置，避免噪声和回声抵消算法的影响。如果不能禁用这些算法，音频分析仪应使用最大保持的检波方式进行测量，从而可以在噪声和回声抵消算法生效前测出语音输出信号电平。

测试时，被测设备的音量设成额定音量或中等音量。

被测设备下行链路的语音输出信号电平，应在耳参考点处通过测量声压级来评估，音频突破测试布置如图 8-16 所示。当使用外部扬声器时，应使用在校准时的位置将声耦合器固定到扬声器上。

被测设备上行链路的语音输出信号电平，应在综合测试仪的模拟输出口测量被测设备上行语音信道的解码输出信号电平。测试时，通过密封被测设备的语音输入端口（传声器），使被测设备的传声器接收的外来背景噪声降至最小，如图 8-16 所示。

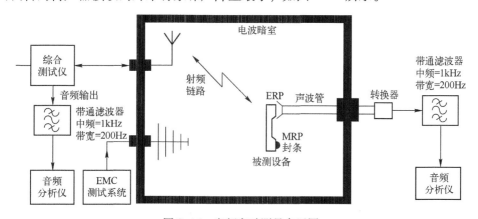

图 8-16　音频突破测量布置图

音频突破的测试方法也适用于具有外部声学传感器的被测设备。如果被测设备没有声学传感器，则可测量规定的终端阻抗产生的线电压。

8.8　辐射抗扰试验免测频段设置

对于无线通信设备，在进行辐射抗扰度试验时，一些频段进行免测，通常按以下方式进行免测频段的规定，不同的无线通信设备的电磁兼容行业标准规定得可能不同，具体情况应依据相应的行业标准要求。

辅助设备进行试验时，与其相连的收发信机在试验区域外没有免测频段。与其相连的收发信机在试验区域内，免测频段适用。

8.8.1　收信机的免测频段

对于信道设备，收信机免测频段的低端频率是收信机工作频段的最低端频率减去收信机支持的最大信道带宽。收信机免测频段的高端频率是收信机工作频段的最高端频率加上收信机支持的最大信道带宽。

对于非信道设备，收信机免测频段的低端频率是收信机工作频段的最低端频率减去收信机支持的最大占用带宽（发信机发射信号的占用带宽）。收信机免测频段的高端频率是收信机工作频段的最高端频率加上收信机支持的最大占用带宽。例如：

对于工作在 2.4 GHz 频段的非信道 EUT，收信机免测频段的低端频率是收信机工作频段的最低端频率减去 120 MHz。收信机免测频段的高端频率是收信机工作频段的最高端频率加上 120 MHz。

对于工作在 5 GHz 频段的非信道被测设备，收信机免测频段的低端频率是收信机工作频段的最低端频率减去 320 MHz。射频电磁场辐射抗扰度试验的截止频率为收信机免测频段的低端频率。

对于工作在 5.8 GHz 频段的非信道被测设备，收信机免测频段的低端频率是收信机工作频段的最低端频率减去 440 MHz。射频电磁场辐射抗扰度试验的截止频率为收信机免测频段的低端频率。

8.8.2　发信机的免测频段

对于信道设备，发信机免测频段为发信机工作的中心频率加/减 2.5 倍被测设备试验时使用的信道带宽。

对于非信道设备，发信机免测频段为发信机工作的中心频率加/减 2.5 倍被测设备试验时发信机发射信号的占用带宽。

8.9　无线通信设备的窄带响应判定

通常无线通信设备的收信机进行试验时，进行窄带响应判定。对于窄带响应通常按以下方式进行判定，不同的无线通信设备的电磁兼容行业标准规定得可能不同，具体情况应依据相应的行业标准要求。

收信机或收/发信机的收信机在进行抗扰度试验时，离散频率的窄带响应应通过以下方法来判定。

在抗扰度试验时，窄带响应和宽带现象都可能引起被测设备出现不符合标准规定的性能判据情况。在此情况下，应通过调整干扰信号的频率判断是窄带响应还是宽带现象。

对于信道设备，将试验频率偏置±1 倍信道带宽［全球移动通信系统（GSM）无线通信设备频率偏置±400 kHz］。

对于非信道设备，将试验频率偏置±1 倍占用带宽，重复测试，如果不符合的情况消失，这种情况为窄带响应。

如果不符合的情况未消失，则可能为另一个干扰信号所引起的窄带响应。在此情况下，对于信道设备，将试验频点偏置±2 倍信道带宽［全球移动通信系统（GSM）无线通信设备频率偏置±500 kHz]，对于非信道设备，将试验频点偏置±2 倍占用带宽，重复测试。如果不符合的情况仍未消失，这种情况为宽带现象，即被测设备未通过测试。

8.10　小结

对于无线通信设备的辐射抗扰度测试，在相应的行业标准中通常引用的是 GB/T 17626.3 的试验方法，即使用电波暗室场地的方法，本文中只对每次只进行一个频点的试验方法进行了介绍，对于每次同时施加多个频点的方法未进行介绍，对于无线通信设备的辐射抗扰度试验，目前还未采用同时施加多个频点的方法。随着标准的更新及试验技术的发展，不排除可使用其他方法进行无线通信设备的辐射抗扰度试验。

对于本文所述的在辐射抗扰度试验时，被测设备的相关要求，如工作状态、试验配置、免测频段、性能判据及窄带响应等要求，均为通用的要求，具体的要求应按照相应的行业标准的要求进行，不同行业标准的要求可能存在一些差异。试验等级和试验频率也应按行业标准的要求进行。

本文的试验方法主要依据的是 IEC 61000-4-3:2020 标准规定的方法，随着标准的更新，一些方法要求可能会变化，应按最新的标准要求进行试验。

参考文献

[1] 全国电磁兼容标准化技术委员会（SAC/TC 246）. 电磁兼容 试验和测量技术 射频电磁场辐射抗扰度试验：GB/T 17626.3—2016 [S]. 北京：中国标准出版社，2016.

[2] IEC. Electromagnetic compatibility（EMC）-Part 4-3: Testing and measurement techniques-Radiated, radio-frequency electromagnetic field immunity test: IEC 61000 - 4 - 3 Edition 4.0 2020 - 09 [S]. Geneva: IEC, 2020.

[3] 信息产业部. 无线通信设备电磁兼容性通用要求：GB/T 22451—2008 [S]. 北京：中国标准出版社，2009.

[4] 全国无线电干扰标准化技术委员会（SAC/TC 79）. 信息技术设备、多媒体设备和接收机 电磁兼容 第2部分：抗扰度要求：GB/T 9254.2—2021 [S]. 北京：中国标准出版社，2021.

[5] ITU. SERIES P: TELEPHONE TRANSMISSION QUALITY Objective measuring apparatus Artificial Mouth: ITU-T Recommendation P. 51（08/96）[S]. Geneva: ITU, 1996.

[6] ITU. SERIES P: TELEPHONE TRANSMISSION QUALITY, TELEPHONE INSTALLATIONS, LOCAL LINE NETWORKS Objective electro-acoustical measurements Determination of sensitivity/frequency characteristics of local telephone systems: ITU-T P. 64（11/2007）[S]. Geneva: ITU, 2007.

[7] ITU. TELEPHONE TRANSMISSION QUALITY MEASUREMENTS RELATED TO SPEECH LOUDNESS DETERMINATION OF LOUDNESS RATINGS: FUNDAMENTAL PRINCIPLES: ITU-TP. 76 [S]. Geneva: ITU, 1988.

[8] ETSI. Electromagnetic compatibility and Radio spectrum Matters（ERM）; Land Mobile Service; Radio equipment using integral antennas intended primarily for analogue speech; Part 1: Technical characteristics and methods of measurement: ETSI EN 300 296-1 V1.4.1（2013-08）[S]. Valbonne France: ETSI, 2013.

第9章 无线通信设备射频场感应的
传导骚扰抗扰度测试

9.1 低频电磁场产生的来源

随着现代化技术的发展，有意射频发射设备、电子电气设备、电力设备以及无线广播设备等广泛应用在人们的生活中，这些设备在使用的同时，会产生低频的电磁波，这些电磁波会耦合到无线通信设备的线缆上，在线缆上感应出电流或电压，可能对无线通信设备造成电磁干扰，从而造成无线通信设备性能下降的风险。

射频场感应的传导骚扰抗扰度（以下称为传导抗扰度）的骚扰源，通常来自有意射频发射机的电磁场，也可能来自电子电气和电力等设备工作时产生的无意发射电磁场，该电磁场可能作用于连接设备的整条线缆。虽然被干扰设备（多数是较大系统的一部分）的尺寸比骚扰信号的波长小，但是与被测设备相连的输入线缆和输出线缆（例如电源线、通信线和接口线缆等）可能成为无源的接收天线网络和有用信号及无用信号的传导路径。线缆网络间的敏感设备易受到流经设备的骚扰电流的影响。

传导抗扰度试验主要是模拟在 150 kHz~80 MHz 频率范围内，来自实际有意的射频发射机和无意的射频发射设备形成的电场和磁场，这些电场和磁场，在试验时，由相应的设备或装置产生的电压或电流形成的近区电场和磁场来近似表示，通过耦合/去耦装置，耦合到被测设备的受试线缆上，同时保持其他线缆不受影响。模拟实际使用时，场所内电场和磁场的耦合情况，试验过程中，通过对被测设备性能的监控，评估被测设备受到干扰的情况。

9.2 术语和定义

1. 调幅 amplitude modulation；AM[IEC 61000-4-3:2020 的 3.1.1]
周期载波的幅度是调制信号瞬时值的给定函数，通常是线性的调制。

2. 连续波 continuous wave；CW[IEC 61000-4-3:2020 的 3.1.9]
在稳态条件下，相同的连续振荡的正弦电磁波，可以通过中断或调制来传递信息。

3. 电磁波 electromagnetic wave[IEC 61000-4-3:2020 的 3.1.10]
以时变电磁场传播为特征的波。

4. 钳注入 clamp injection[GB/T 17626.6—2017 的 3.3]
钳注入是通过线缆上的钳合式"电流"注入装置获得的。

5. 钳注入装置 clamp injection device[GB/T 17626.6—2017 的 3.4]
线缆上的钳合式"电流"注入装置，可以是一个电流钳或电磁钳。

6. 电流钳 current clamp［GB/T 17626.6—2017 的 3.4.1］

变换器，由对线缆施加注入的二次绕组构成。

7. 电磁钳（EM 钳）electromagnetic clamp（EM clamp）［GB/T 17626.6—2017 的 3.4.2］

容性和感性耦合相结合的注入装置。

8. 共模阻抗 common mode impedance［GB/T 17626.6—2017 的 3.5］

某一端口上的共模电压和共模电流之比。

注：可在该端口的端子或屏蔽层与参考接地平面（点）之间施加单位共模电压，然后测量流经这些端子或屏蔽层的全部电流的矢量和得到由此产生的共模电流，来确定此共模阻抗，见 GB/T 17626.6—2017 的图 8a 和图 8b。

9. 耦合系数 coupling factor［GB/T 17626.6—2017 的 3.6］

在耦合装置的被测设备端口所获得的开路电压（电动势）与信号发生器输出端上的开路电压的比值。

10. 耦合网络 coupling network［GB/T 17626.6—2017 的 3.7］

以规定的阻抗从一电路到另一电路传输能量的电路。

注：耦合/去耦装置可组合到一个盒子中［耦合/去耦网络缩写为（CDN）］或是分立的网络（通常的钳注入）。

11. 耦合/去耦网络 coupling/decoupling network；CDN［GB/T 17626.6—2017 的 3.8］

包含耦合网络和去耦网络两种功能于一体的电路。

12. 去耦网络（去耦装置）decoupling network（decoupling device）［GB/T 17626.6—2017 的 3.9］

防止施加给受试设备的试验信号影响非受试的其他装置、设备或系统的电路。

13. 试验信号发生器 test generator［GB/T 17626.6—2017 的 3.10］

能够产生所需信号的发生器（包括射频信号源、调制源、衰减器、宽带功率放大器和滤波器等）。

14. 电动势 electromotive force（e.m.f.）［GB/T 17626.6—2017 的 3.11］

表示有源元件理想电压源的开路电压。

15. 测量结果 measurement result；U_{mr}［GB/T 17626.6—2017 的 3.12］

测量设备的电压读数。

16. 电压驻波比 voltage standing wave ratio；VSWR［GB/T 17626.6—2017 的 3.13］

传输路径上，相邻的最大电压与最小电压幅度的比值。

17. RMS 最大值 maximum RMS value［IEC 61000-4-3：2020 的 3.1.19］

在一个调制周期的观测时间内，射频调制信号短期的 RMS 最大值。

注：短期 RMS 是在一个载波周期内进行计算的，RMS 最大值的计算见式（9-1），RMS 电压最大为

$$U_{maximum\ rms} = U_{p-p} / (2 \times \sqrt{2})\qquad(9-1)$$

18. 调制因子 modulation factor[IEC 61000-4-3:2020 的 3.1.20]

在线性幅度调制中，调制信号的最大和最小幅度之差与这些幅度之和的比值，通常用百分比表示，见式（9-2），表示为：

$$m = 100 \times \frac{U_{p-p,max} - U_{p-p,min}}{U_{p-p,max} + U_{p-p,min}}\qquad(9-2)$$

9.3 试验频率及试验等级

对于无线通信设备，传导抗扰度试验的试验频率范围通常为 150 kHz～80 MHz，主要是基于有意射频发射机的工作频率范围。

传导抗扰度试验等级的划分通常见表 9-1。表 9-1 规定了以有效值（r.m.s.）表示的未调制骚扰信号的开路试验电压（e.m.f.）。

表 9-1 试验等级

等级	试验电压（e.m.f.）	
	U_0/V	U_0/dB(μV)
1	1	120
2	3	129.5
3	10	140
×	特定	

×是开放的等级，此等级可在专门的设备规范中规定

试验时，使用 1 kHz 正弦波调幅（80%调制度）来模拟实际骚扰的影响。

在选择所用的试验等级时，应考虑被测设备产生故障的后果。如果被测设备故障造成的后果严重，应考虑采用更严的试验等级。

如果被测设备仅在有限的几个地点使用，那么可对本地射频源进行检查，评估可能产生的场强情况，来选择试验等级。如果骚扰源的强度是未知的，尽可能在所关注的位置上测量实际的场强，来确定试验的等级。

如果被测设备预期在多个地点使用，可按以下指南选择试验等级。

1 类：对应试验等级 1，低电平电磁辐射环境。无线电电台/电视台位于大于 1 km 距离上的典型电平和低功率无线电收发机的典型电平。

2 类：对应试验等级 2，中等电磁辐射环境。有低功率便携式无线电收发机（典型额定值小于 1 W）在用，但限制其不可接近其他设备。典型的商业环境。

3 类：对应试验等级 3，严酷电磁辐射环境。相对靠近设备但距离不小于 1 m，有便携式无线电收发机（≥2 W）在用。

×类：对应试验等级×，×是在专用的设备规范或设备标准中通过协商并指定的开放等级。

在上述场所，骚扰源的强度很少超过试验等级所描述的典型电平值。在某些地点可能超过这些值，例如，在同一建筑物中的高功率发射机或工、科、医设备附近。此情况下，对房

间或建筑物进行屏蔽以及对设备的电源线和信号线滤波，可能比规定全部设备具有免受这些电平影响的能力更好。

对于无线通信设备，在其相关的行业标准中，传导抗扰度的试验等级通常选择等级 2，依据使用或安装的场所，一些无线通信设备可能选择等级 3，具体试验等级见相应的行业标准。

9.4 测试设备和试验场地

传导抗扰度测试通常使用测试系统来实现，主要可分为测试设备、试验场地和控制软件三个部分，测试设备主要有耦合/去耦装置、校准夹具及附件、衰减器、功率放大器、定向耦合器、低通和/或高通滤波器（可选）、信号源、测量设备、音频测试设备和综合测试仪等，传导抗扰射频信号的产生可由一台设备实现，包含信号源、功率放大器和功率测量设备相关功能，也可以由单独的信号源、功率放大器和功率测量设备组合为系统实现。

一台设备实现传导抗扰度射频信号的发射和测量，其优点是成本较低，设备使用比较灵活，缺点是试验等级通常不会大于等级 3（10 V），设备的可替代性较差，对于无线通信设备的性能、音频突破和数据业务难实现自动化测量和监控。多台设备系统实现的优点是设备的可替代性较好，能实现更高的试验等级，容易对无线通信设备的性能、音频突破和数据业务进行自动化测量和监测，缺点是成本较高。

试验场地可选择开阔的场所，也可选择单独的房间。对于无线通信设备的传导抗扰度试验，考虑到无线设备试验时的工作状态，需要进行无线连接、音频突破和数据业务测试，建议试验场地为屏蔽室，测试系统及人员操作在屏蔽室外或与试验区域保持一定的距离。台式无线通信设备传导抗扰度测试系统的示意图如图 9-1 所示。对于无法放到试验台上的落地

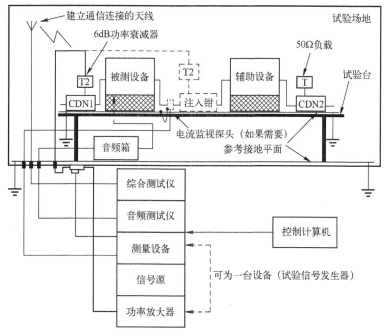

图 9-1 传导抗扰度测试系统的示意图

式设备，在具备参考接地平面的地面上进行布置及试验。

9.4.1 耦合装置

传导抗扰度试验骚扰信号的注入方式主要分为 3 种，一种为耦合网络注入方式，通常使用耦合/去耦网络（CDN）；第二种为钳注入方式，使用电流钳和电磁钳两种装置；第三种是直接注入方式，通常使用得比较少。对于耦合装置的使用，可按照注入方法选择相应的耦合装置，优先选择 CDN 的注入方式。

在采购耦合装置时，应采购对应的试验验证/校准的夹具。对于耦合/去耦网络，应配备一对 150 Ω/50 Ω 适配器（包含 100 Ω 电阻和 50 Ω 负载），其结构示例如图 9-2 所示。

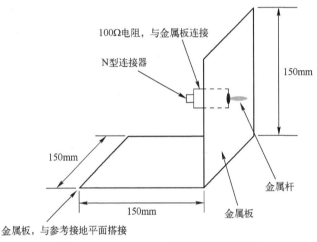

图 9-2　150 Ω/50 Ω 适配器结构示例图

对于钳式装置，应配备对应的专用的验证/校准夹具，通常包含参考接地平板（支架）和传输线（或两者的组合），一对 100 Ω 电阻及 50 Ω 负载。

这些适配器和夹具用于试验电平的验证和确定。

150 Ω/50 Ω 适配器应对其插入损耗进行校准，插入损耗值应在(9.5±0.5) dB 的范围内。

100 Ω 电阻为低感电阻，额定功率不小于 2.5 W。电阻应定期进行校准，对其阻抗进行校准。

1. 耦合/去耦网络（CDN）

耦合/去耦网络（CDN）可以组装在一个盒子内，或由几部分组成，通常为耦合和去耦电路在一个盒子中，用于将试验信号合适地（覆盖全部频段，在被测设备端口上具备规定的共模阻抗）耦合到连接的被测设备的各种线缆上，并防止试验信号影响被测设备以外的装置、设备和系统，其主要参数见表 9-2，其有效工作频段应该涵盖 0.15~80 MHz 频段。

表 9-2　耦合/去耦网络的主要参数

参　数	频　段	
	0.15~24 MHz	24~80 MHz
$|Z_{ce}|$	150 Ω±20 Ω	150 Ω$^{+60\,Ω}_{-45\,Ω}$

注：Z_{ce} 为被测设备端口的共模阻抗

对于不同的线缆类型，应选择不同类型的 CDN，所选 CDN 不能对相应的功能信号影响太大。CDN 的选择应与被测端口线缆芯线的数量相匹配，例如，对于具有三条芯线的数据线端口，应使用 CDN-AF3，对于不同的线缆类型，CDN 的使用见表 9-3。

表 9-3　CDN 的使用

线 缆 类 型	举　　例	CDN 类型
电源线（交流和直流）和接地线	交流电源线，直流电源线、接地线	CDN-Mx
屏蔽线	同轴线、LAN 和 USB 接口用线缆、音频系统用线缆	CDN-Sx
非屏蔽平衡线	ISDN 线、电话线	CDN-Tx
非屏蔽不平衡线	任何不属于其他几组的线缆	CDN-AFx 或 CDN-Mx

（1）用于电源线的 CDN-Mx

对于所有电源连接推荐使用电源线的 CDN，即 CDN-Mx。对于高功率（电流≥16 A）和/或复杂电源系统（多相或各种并联电源电压）可选择其他注入方法。

无线通信设备的传导抗扰试验通常使用三种电源线的 CDN，对于单芯电源线使用 CDN-M1，双芯电源线使用 CDN-M2，三芯电源线使用 CDN-M3。

安全警告：由于电容跨接在 CDN 的带电部分之间，可能产生较高的漏电流，因此必须要有 CDN 与参考接地平面之间的安全连接（在某些情况下，这些连接可由 CDN 的结构提供）。

（2）用于非屏蔽平衡线的 CDN-Tx

对于非屏蔽平衡线，可使用 CDN-T2、CDN-T4 或 CDN-T8。CDN-T2 用于有 1 个对称对（2 芯线）的线缆。CDN-T4 用于有 2 个对称对（4 芯线）的线缆。CDN-T8 用于有 4 个对称对（8 芯线）的线缆。也可以使用符合要求的其他类型的 CDN-Tx。

如果没有合适的 CDN-Tx，例如对于多对平衡线缆可采用钳注入方式。

（3）用于非屏蔽不平衡线的 CDN

对于非屏蔽不平衡线，可使用 CDN-AFx 或 CDN-Mx。例如，CDN-AF2 用于 1 对线（2 芯线）的线缆，CDN-AF8 用于 4 对线（8 芯线）的线缆。

如果没有合适的用于非屏蔽不平衡线的 CDN，则按照选择注入法的规则选择注入方法。

（4）用于屏蔽线缆的 CDN-Sx

对于屏蔽线缆，应使用 CDN-Sx。通常使用用于同轴线缆的 CDN-S1。

屏蔽层两端都接地（例如金属外壳、印制电路板上的大型接地结构）的线缆才可视为应使用 CDN-Sx 的屏蔽线缆，如果不满足此条件，则线缆应被视为非屏蔽线缆。

对于耦合/去耦网络（CDN），应进行定期校准，对端口的共模阻抗进行校准，应符合表 9-2 的要求。

2. 钳注入装置

对于钳注入装置，耦合和去耦功能是分开的。由钳合式装置提供耦合，辅助设备端提供去耦合功能，因此辅助设备是耦合/去耦合装置的一部分，辅助设备应不受试验电平的影响。钳注入装置分为电流钳和电磁钳两种。钳注入装置的有效工作频率应涵盖 0.15~80 MHz 频率范围。

（1）电流钳

电流钳对连接到被测设备的线缆建立感性耦合。其性能应该为当插入电流钳时，试验夹具传输损耗的增高不得超过 1.6 dB，验证布置如图 9-3 所示，按以下步骤进行验证。

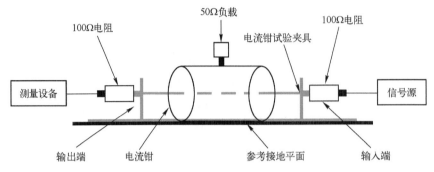

图 9-3　电流钳传输损耗验证布置图

第一步，在 0.15~80 MHz 频率范围内，不插入电流钳时在输出端测量电压。

第二步，在 0.15~80 MHz 频率范围内，插入电流钳并在其输入端口端接 50 Ω 负载，在输出端再次测量电压。两次测量结果之差不得超过 1.6 dB。

使用电流钳时，通常使线缆通过钳的中心位置，以使电容耦合最小。

应定期对电流钳的插入损耗进行校准。

（2）电磁钳

电磁钳对连接到被测设备的线缆建立感性和容性耦合。典型电磁钳的特性参数为：

1）工作频率范围：0.15~80 MHz。

2）长度：650 mm±50 mm。

3）钳开口中心在地平面上方的高度：50~70 mm。

4）钳开口直径：20 mm±2 mm。

5）钳参考点（从外表面到第一个磁心的距离）：<30 mm。

通常电磁钳具备 10 MHz 以上去耦功能，电磁钳的结构、原理、阻抗特性、去耦系数特性和耦合系数特性见 GB/T 17626.6—2017 的附录 A。

电磁钳应定期进行校准，在 0.15~80 MHz 频率范围内，对阻抗特性、去耦系数和耦合系数进行校准。

在使用钳式注入装置时，如果需监视并限制由感应电压产生的电流，则电流值应不大于 I_{max}，$I_{max} = U_0/150 \Omega$，通常使用电流探头来监控。例如试验电压为 3 V，则 $I_{max} = 20$ mA，即监视电流探头的电流读数不能超过 20 mA。

3. 直接注入装置

直接注入法只适用于屏蔽线缆或同轴线缆。

当使用直接注入时，来自试验信号发生器的骚扰通过 100 Ω 电阻注入线缆的屏蔽层上（即使屏蔽层未接地或仅仅只有一个接地点）。在辅助设备和注入点之间，应尽可能靠近注入点插入一个去耦装置。应将直接注入装置输入端口的接地端与参考接地平面连接。

如果屏蔽层在辅助设备侧接地，应在去耦装置辅助设备侧将屏蔽层连接到参考接地平面。

当直接连接到箔屏蔽层时，要注意确保良好的连接，以得到可靠的试验结果。

9.4.2　功率放大器

功率放大器将信号进行放大用来满足试验电压的要求，系统中的功率放大器可单独配备也可集成在试验信号发生器中，功率放大器主要符合以下要求：

1) 频率范围，频率范围应覆盖试验所需的频段，通常为了确保功率放大器的性能，其使用频率范围应大于试验所需的频率范围，即大于 150 kHz～80 MHz 的频率范围。

2) 输出功率，依据试验需要的试验等级及试验系统的情况，例如相关线缆的长短，来确定需要功率放大器的输出功率。正常情况下，放大器的输出功率越大，产生的试验电压越大。通常用 1 dB 功率压缩点输出功率来衡量功率放大器的输出功率和线性性能，1 dB 功率压缩点出现得越晚，功率放大器的线性度越好，也表明功率放大器的性能越好。选择单独配置功率放大器时，功率放大器的输出功率应留有余量，便于测试系统灵活调整试验等级。

3) 增益，在同等输出功率的情况下，增益越高越好，另外增益的平坦度越小越好，增益的平坦度代表增益的稳定性。

4) 电压驻波比（VSWR），选择电压驻波比相对小的功率放大器。

5) 饱和性，进行最高等级的试验时，应确保放大器不饱和。

6) 输出谐波，在功率放大器输出信号中的谐波比基波小 15 dB。

对于使用单独的功率放大器进行传导抗扰度试验的系统，通常不要求单独对功率放大器进行校准，除非使用的标准中有相应的要求。通常可对功率放大器的 1 dB 功率压缩点的输出功率、谐波和失真、增益以及最大输出功率（额定功率）进行校准。

9.4.3　试验夹具及附件

在进行试验电压确定、耦合装置性能验证、耦合装置校准、功率放大器饱和性验证以及功率放大器谐波验证时，均用到相应的试验夹具及相应的附件。

在采购耦合装置时，同时应采购其配套的夹具和附件，通常这些夹具至少要包括150 Ω/50 Ω 适配器 1 对、100 Ω 电阻 2 只、电流钳夹具 1 套、电磁钳夹具 1 套、50 Ω 终端负载 2 只以及配套的香蕉插头及带香蕉插头的线缆若干。

应对 150 Ω/50 Ω 适配器和 100 Ω 电阻进行校准，其中 150 Ω/50 Ω 适配器的插入损耗值应在(9.5±0.5) dB 范围内。

6 dB 固定衰减器（T2），用于减小功率放大器输出处的 VSWR。其固定衰减值为 6 dB±0.5 dB，具有足够的额定功率，通常大于确定最大试验电压时功率放大器的输出功率或与功率放大器的最大输出功率相等。也可以使用更大衰减值的衰减器。

其他衰减器，用于控制信号源的输出电平，可包含在试验信号发生器中，具有合适的频率特性，典型衰减值为 0～40 dB，其功率通常大于确定最大试验电压时功率放大器的输出功率或与功率放大器的最大输出功率相等。

应定期对衰减器的衰减值进行校准。

9.4.4　去耦网络

通常，去耦网络由各种电感组成，以便在整个频率范围内产生高阻抗。在 150 kHz 需要至少 280 μH 的电感量，在 24 MHz 及以下频率电抗应大于或等于 260 Ω，在 24 MHz 以上频率电抗应大于或等于 150 Ω。通常实验室不配备单独的去耦网络，而使用 CDN 或电磁钳作为去耦网络。

对于 GB/T 17626.6 标准中规定的 CDN 作为去耦网络使用时，除非本文的要求，射频输入端口无须接负载，优先选择使用 CDN 作为去耦网络。CDN 不适用时，可使用电磁钳作为去耦网络。

应在非被测但连接到被测设备和/或 AE 的全部线缆上使用去耦网络，由相互连接在一起的多个单元组成的被测设备除外。优先选择在每条线缆上使用去耦网络，但是如果去耦夹具尺寸允许，可在同一去耦夹具中放置多条线缆。

应对去耦装置进行校准，对去耦合系数进行校准。

9.4.5　综合测试仪

综合测试仪为一台设备或多台设备的组合，能为被测无线通信设备提供正常工作的有用信号；能与无线通信设备建立通信连接；能直接或与其他设备配合使用监测无线通信设备的状态及相关的性能指标，例如通信的连接状态、通信质量、音频性能、吞吐量或误码率等。

应对使用的综合测试仪进行校准，至少对其电平准确度、频率响应和各种无线制式的调制准确度进行校准。

9.4.6　音频测量设备

音频测量设备用于具备音频功能的无线通信设备的音频性能测量，通常包含两部分，音频测量设备和音频拾取设备，即音频测量仪和音频箱。音频测量仪应通常包含 1 kHz 音频信号源和音频分析仪，为一台设备或多台设备的组合，其包含行业标准要求的各种音频滤波器，例如中频为 1 kHz、带宽为 200 Hz 的带通滤波器。音频箱（音频测试系统）通常包括标准 1 kHz 音频源、音频功率放大器、传声器、音频耦合装置（声波管和漏斗）、人工嘴、人工头、相应的测量夹具和屏蔽箱，可对具备音频功能的手持终端设备进行音频拾取并将音频信号转换为电信号发送给音频分析仪进行测量。

音频测量设备的具体要求见第 8 章中音频测量设备的要求。

9.4.7　试验信号发生器（信号源）

产生的信号能覆盖所有的测试频段，能用 1 kHz 正弦波幅度调制（调幅特性符合表 9-4 的要求），调制深度为 80%。应有手动控制功能（例如，控制频率、幅度，调制深度），或在带有频率合成器的情况下，具有频率步进和驻留时间的程控功能。

对于将信号源和功率放大器集成为一台设备的试验信号发生器，其功率放大器的要求也应符合 9.4.2 节的要求。

应定期对使用的信号源或试验信号发生器进行校准，至少对其输出电平、调制度和调制频率进行校准。

信号源或信号发生器特性要求见表 9-4，调制的试验信号和波形的定义如图 9-4 所示。

表 9-4　信号发生器特性要求

输出阻抗	$50\,\Omega$，VSWR<1.5
谐波和失真	在 150 kHz~80 MHz 内，在耦合装置的被测设备端口或直接在功率放大器输出端口测得的任何杂散信号应至少比载波电平低 15 dB
幅度调制	在信号发生器的输出端测量，调制因子 m：$m=(80^{+5}_{-20})\%$ 调制因子 m： $$m=100\times\frac{U_{\mathrm{p-p,max}}-U_{\mathrm{p-p,min}}}{U_{\mathrm{p-p,max}}+U_{\mathrm{p-p,min}}}$$ 1 kHz 正弦波：1 kHz±0.1 kHz
输出电平	足够高，能覆盖试验电平

注：使用未调制连续波在 1.8 倍试验电平条件下测量谐波和失真

信号源或信号发生器输出的波形，假设未调制时有效电压值为 1 V，输出的波形如图 9-4a 所示，则调制后信号发生器输出的波形如图 9-4b 所示。

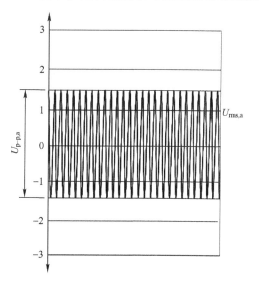

$U_{\mathrm{rms,a}}=1\mathrm{V}$

$U_{\mathrm{p-p,a}}=U_{\mathrm{rms,a}}\times\sqrt{2}\times 2\mathrm{V}=2.8284\mathrm{V}$

注：U_{rms} 为电压的有效值，$U_{\mathrm{p-p}}$ 为电压的峰峰值。

a) 未调制的射频信号

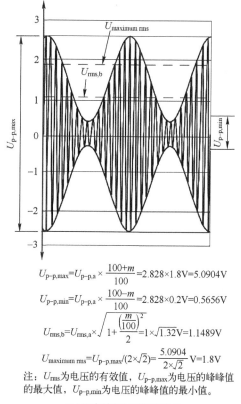

$U_{\mathrm{p-p,max}}=U_{\mathrm{p-p,a}}\times\dfrac{100+m}{100}=2.828\times 1.8\mathrm{V}=5.0904\mathrm{V}$

$U_{\mathrm{p-p,min}}=U_{\mathrm{p-p,a}}\times\dfrac{100-m}{100}=2.828\times 0.2\mathrm{V}=0.5656\mathrm{V}$

$U_{\mathrm{rms,b}}=U_{\mathrm{rms,a}}\times\sqrt{1+\dfrac{\left(\dfrac{m}{100}\right)^2}{2}}=1\times\sqrt{1.32}\mathrm{V}=1.1489\mathrm{V}$

$U_{\mathrm{maximum\ rms}}=U_{\mathrm{p-p,max}}/(2\times\sqrt{2})=\dfrac{5.0904}{2\times\sqrt{2}}\mathrm{V}=1.8\mathrm{V}$

注：U_{rms} 为电压的有效值，$U_{\mathrm{p-p,max}}$ 为电压的峰峰值的最大值，$U_{\mathrm{p-p,min}}$ 为电压的峰峰值的最小值。

b) 80%幅度调制的射频信号

图 9-4　80%调幅（AM）试验信号和波形的定义

9.4.8　测量设备

测量设备通常使用测量功率的设备，可以是功率探头加功率计的方式，也可以只是功率探头连接计算机直接读取功率的方式，用于进行试验电压确定和传导抗扰度测试时对功率放大器前向功率和监控电流探头输出电流的测量，通常至少配备2个功率探头。其使用的频率范围应包含传导抗扰度测试的频段。当传导抗扰度系统产生2倍于其最大试验电压的电压时，测量设备承受的功率应大于此时功率放大器的前向输出功率。

功率测量设备应定期进行校准，至少对其电平准确度和线性度进行校准。

使用电流监视探头时，电流探头应对转移阻抗进行校准。进行电流监控时，将电流探头的转移阻抗参数输入到测试软件中，进行电流监控的计算，计算时注意各量的单位应匹配，通常使用分贝（dB）单位，软件应能自动计算为电流单位（mA），与I_{max}的值进行比较。

电流监视探头应具备低插入损耗，测量频率应涵盖传导抗扰度的测试频率。

使用的电流监视探头应定期进行校准，校准的主要参数为转移阻抗，应及时将校准值在测试软件中更新。

9.4.9　系统线缆及连接器

传导抗扰度系统的线缆、连接器及定向耦合器，特别是功率放大器的输出端到耦合装置的输入端，其承受功率应大于确定最大试验电压时功率放大器的输出功率或与功率放大器的最大输出功率相等，其使用频率应涵盖传导抗扰度测试的频段。

9.4.10　测试软件

通常传导抗扰度测试为自动化测试，测试软件实现自动化测试、试验电压确定、电流监控、功放饱和度监控、被测设备性能监控以及音频突破和数据业务监控等功能。测试软件能极大提升试验的效率和试验的可靠性。

9.4.11　试验场地

如果有条件，建议试验设备和被测设备不在同一室内，或在同一室内尽量保持一定的距离。对于无线通信设备，推荐试验场地为屏蔽室，试验设备在屏蔽室外，试验场地建议不小于4 m(长)×3 m(宽)，应确保被测设备与金属墙面的距离大于0.5 m。如果使用屏蔽室，屏蔽室的性能满足 CNAS-CL01-A008 的相关要求。试验场地地面铺设参考接地平板，尺寸不小于3 m(长)×2 m(宽)，用于大型落地式设备的测试，如果有条件，试验场地的地面可满铺参考接地平板，参考接地平板应良好接地。

实验台，为了操作方便，通常配备木桌作为试验台，木桌建议尺寸为3 m(长)×1 m(宽)×0.8 m(高)，木桌上放置参考接地平板并良好接地。

参考接地平板，为金属材料，使用铜质或铝质材料，建议厚度不小于0.25 mm，其他材料，建议厚度不小于0.65 mm。

绝缘支撑物，通常使用木块作为绝缘支撑物，也可使用低介电常数的硬质材料作为绝缘支撑物。一种绝缘支撑物的厚度为0.1 m±0.05 m，用于支撑被测设备，依据使用情况，其宽度可为0.1 m，长度为0.5 m，可配备不同长度的支撑物，组合使用。另一种绝缘支撑物的厚度为≥0.3 m，可为0.3 m，用于支撑测试时的线缆，其宽度可为0.1 m，长度为0.5 m，可配备不同长度的绝缘支撑物，试验时使用方便。

9.5　试验电压的设置

在进行传导抗扰度试验前，应对传导抗扰度测试系统的试验电压进行调整和设置，确保施加到被测设备端口的试验电压达到标准要求的试验等级，如 3 V。如果试验系统未发生变化，定期对系统的试验电压进行确认即可。如果试验系统发生了变化，应对系统的试验电压进行调整和设置后，才能进行试验。通常传导抗扰度试验使用自动化测试软件，软件具备试验电压的调整和设置的试验程序和功能。

传导抗扰度测试系统试验电压的调整和设置，是在 150 kHz~80 MHz 频率范围内，通过调整信号源的输出电平值，使耦合到被测设备端口的试验电压达到预期的试验电压，如标准要求的 3 V，此时记录信号源的输出电平值和/或功率放大器的前向功率输出值，通常信号源的输出电平值和功率放大器的前向功率输出值均进行记录，在试验时，利用计算的信号源的输出电平值和/或功率放大器的前向功率输出值，使得传导抗扰度测试系统耦合到被测设备端口的电压值达到预期值，即标准规定的试验电压值。

在进行传导抗扰度测试系统电平调整和设置时，信号源输出的是未调制信号。通常，为了保证功率放大器不饱和，在被测设备端口达到的试验电压为预期电压的 1.8 倍，即要对被测设备施加 3 V 的试验电压时，则在进行试验电压调整和设置时，试验电压应设置为 5.4 V，实际试验时，通过计算获得 3 V 的试验电压。

以下试验电压的调整和确定，以如图 9-1 所示的试验系统为例。

9.5.1　耦合/去耦网络（CDN）注入方法试验电压的设置

使用耦合/去耦网络（CDN）注入方法进行试验时，依据进行试验的预期试验电压 U_0，进行测试系统试验电压的调整和设置，即在各个试验频率点，确定信号源的输出电平值及功率放大器的前向输出功率，试验布置和连接如图 9-5 所示，按以下程序进行。

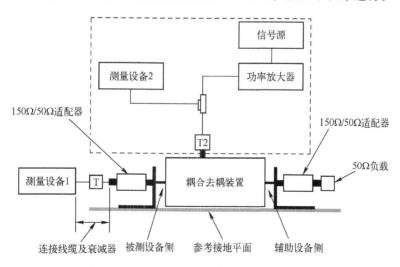

图 9-5　CDN 注入方法试验电压的设置布置图

1）测量 150 Ω/50 Ω 适配器与测量设备 1 之间的连接线缆及衰减器的插入损耗，假设为 L_1。

2）设置射频信号源的信号为未调制信号，调整射频信号源的频率和电平值，使得测量设备 1 的读数为 $U_{mr}-L_1$，记录此时测量设备 2 的读数，即功率放大器的前向功率输出值，假设为 P_{for}，记录射频信号源的输出的电平值，假设为 V_{gen}。

3）以最大不超过当前频率 1% 的步长增加频率。

4）重复步骤 2）和 3），直到下一个频率将超出试验频率范围的最高频率，如 80 MHz。

5）依据记录的射频信号源电平值 V_{gen}、前向功率值 P_{for} 和电压 U_{mr}，以及在被测设备端口预期需要施加的电压 U_0（试验电压，见表 9-1），计算出实际试验时的前向功率值和射频信号源的输出电平值。

6）U_{mr} 与 U_0 的计算关系以线性值表示为 $U_{mr}=\dfrac{U_0}{6}\left(^{+19\%}_{-16\%}\right)$，以对数值表示为 $U_{mr}=U_0-15.6\,dB\pm1.5\,dB$，通常使用对数值进行计算。

9.5.2　钳注入方法试验电压的设置

使用钳注入方法进行试验时，依据进行试验的预期电压 U_0，进行测试系统试验电压的调整和设置，即在各个试验频率点，确定信号源的输出电平值及功率放大器的前向输出功率值，试验布置和连接如图 9-6 所示，试验电压的调整和设置程序见 9.5.1 节的 1）~5）。

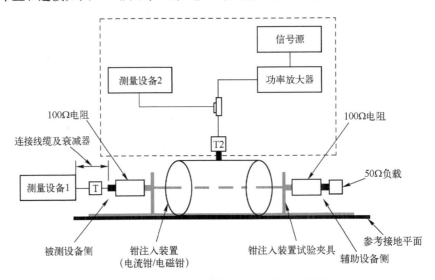

图 9-6　钳注入方法试验电压的设置布置图

9.5.3　直接注入方法试验电压的设置

使用直接注入方法进行试验时，依据进行试验的预期电压 U_0，进行测试系统试验电压的调整和设置，即在各个试验频率点，确定信号源的输出电平值及功率放大器的前向输出功率值，试验布置和连接如图 9-7 所示，试验电压的调整和设置程序见 9.5.1 节的 1）~5）。

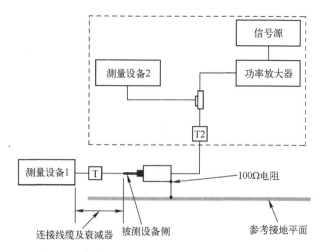

图 9-7 直接注入方法试验电压的调整和确定布置

9.5.4 功率放大器饱和性验证

进行试验时，应确保系统的功率放大器不能饱和。

对于每种方法（CDN 注入方法、钳注入方法和直接注入方法），在试验电压调整和设置过程中，应确定每个试验频率功率放大器的最高前向功率值 P_{formax}。

对于每个试验频率，按以下程序进行功率放大器的饱和性验证：

1）将功率放大器的前向输出功率设置为 P_{formax}。

2）将信号源的电平增加 5.1 dB（1.8 倍）。

3）记录此时功率放大器的前向输出功率 $P_{formax,inc}$。

4）计算 $P_{formax,inc}$ 与 P_{formax} 的差值（对数形式）。

5）在所有试验频率，如果差值在 3.1～7.1 dB（5.1 dB±2 dB，2 dB 允差在 GB/T 17626.6—2017 的附录 J 中规定）之间则说明功率放大器在允许范围内且试验系统在选定的试验等级上满足要求。如果差值小于 3.1 dB 或大于 7.1 dB 则功率放大器处于非线性状态且不满足要求。

进行传导抗扰度试验时，不论使用单台的试验信号发生器还是使用功率放大器系统实现传导抗扰度试验，对于功率放大器的饱和性均应进行验证，饱和性符合要求后，才能开展试验。可在进行试验电压设置时同时进行功放的饱和性验证。

9.6 试验布置及测试方法

9.6.1 通用试验布置

被测设备应放置在参考接地平面上方 0.1 m±0.05 m 高的绝缘支撑物上。0.1 m±0.05 m 高的非导电滚轮/脚轮，可用于替代绝缘支撑物。

被测设备距试验设备以外的金属物体至少为 0.5 m。

所有与被测设备连接的线缆应放置于参考接地平面上方至少 0.3 m。

耦合/去耦装置与被测设备之间的距离应在 0.1~0.3 m 之间（此距离以 D 表示）。此距离是从被测设备在参考接地平面上的投影到耦合/去耦装置的水平距离。对于被测设备的各个面，距离 D 无须相同，但均在 0.1~0.3 m 之间。

如果被测设备实际使用时，在一个面板、支架或机柜上，那应在这种配置下进行试验。

如果设备配有人机接口设备（例如键盘或任何手持配件），则应将模拟手放置在人机接口设备上或缠绕到手持配件上并连接至接地参考平面。模拟手的要求见 GB/T 6113.102—2018（CISPR 16-1-2：2014）标准的要求。

被测设备的接地应与实际安装使用时的接地保持一致。

图 9-8 为单个单元的被测设备只用一个 CDN 注入的试验布置示例（俯视图）。

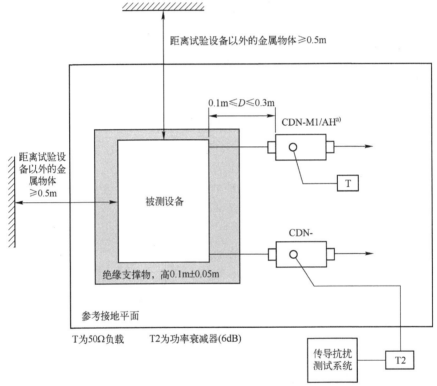

a) 不用于注入的CDN 50Ω负载端接，提供唯一的返回路径；根据被测设备的类型，也可使用人工手(AH)

图 9-8　单个单元的被测设备只用一个 CDN 注入的试验布置示例（俯视图）

9.6.2　单个单元构成的被测设备试验布置

被测设备应放置在参考接地平面上方 0.1 m 高的绝缘支撑物上。参考接地平面可以置于地面上，也可以置于桌面（试验台）上。

在全部的被测线缆上，应插入耦合/去耦装置。耦合/去耦装置应置于参考接地平面上距离被测设备 0.1~0.3 m，与参考接地平面直接接触。

耦合装置和去耦装置以及被测设备之间的线缆应尽可能短且不可捆扎或卷曲。线缆应放置于参考接地平面上方至少 0.3 m 处。

可能需要自定义长度的线缆，即将线缆缩短或修改到一定长度以满足试验布置的要求。

被测设备与 CDN 之间线缆的长度优选小于 0.3 m。如果线缆不能缩短，应将试验布置延伸至最大线缆长度为 2 m，线缆拉直。如果线缆长度超过 2 m，多余长度的线缆应呈蛇形布置，也应放置于参考接地平面上方至少 0.3 m 处，不能捆扎或缠绕。

如果被测设备除了专用 PE 外还配备了其他接地端子，则应将它们连接在一起，然后通过 CDN-M1 连接到参考接地平面（除非这与实际中的预期安装有很大偏差），如图 9-8 所示，将 CDN-M1 的辅助设备侧连接至接地参考平面。

被测设备具有多个端口，测试时，每种类型的端口中至少有一个端口应被测试。

对于由单个单元构成的被测设备使用多个 CDN 时，测试布置俯视图如图 9-9 所示。

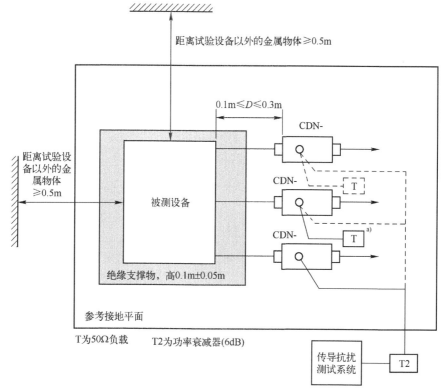

a) 不用于注入的CDN中只有一个用50Ω负载端接，提供唯一的返回路径，所有其他的CDN作为去耦网络。

图 9-9 单个单元组成的被测设备试验布置示例（俯视图）

9.6.3 多单元被测设备试验布置

对于由相互连在一起的多个单元组成的被测设备，测试布置俯视图如图 9-10 所示。可选择下述方法之一进行测试。

优先法：每个分单元应作为一个被测设备分别试验，按单个单元的被测设备进行试验（见本章的 9.6.2 节），其他所有单元被视为辅助设备。耦合/去耦装置应置于作为被测设备分单元的线缆上，全部分单元依次进行试验。

代替法：由短线缆（即≤0.4 m）互连并作为被测设备一部分的分单元，可被认为是一

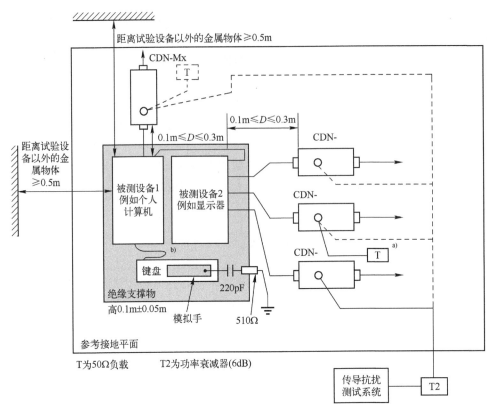

距离试验设备以外的金属物体≥0.5m

CDN-Mx

$0.1m≤D≤0.3m$

CDN-

$0.1m≤D≤0.3m$

距离试验设备以外的金属物体≥0.5m

被测设备1例如个人计算机

被测设备2例如显示器

CDN-

b)

键盘

220pF

绝缘支撑物

高0.1m±0.05m

模拟手

510Ω

参考接地平面

CDN-

a)

传导抗扰测试系统

T2

T为50Ω负载   T2为功率衰减器(6dB)

a) 不用于注入的CDN中只有一个用50Ω负载端接，提供唯一的返回路径，所有其他的CDN作为去耦网络。

b) 属于被测设备的互连线缆(≤0.4m)应置于绝缘支架上。

图9-10 多单元被测设备试验布置示例（俯视图）

个被测设备。这些互连线缆被视为系统的内部线缆，不再对它们进行传导抗扰度试验。

作为被测设备一部分的各分单元应尽可能相互靠近但不接触，并全部置于绝缘支撑物上，这些单元的互连线缆也应放在绝缘支撑物上。其他线缆按要求进行试验。

9.6.4 CDN注入方法试验布置

当使用CDN注入时，应按以下要求进行试验布置：

1）如果辅助设备直接连接到被测设备（它们之间的连接没有经过去耦，如图9-11a所示），则辅助设备应置于位于参考接地平面上方 0.1 m±0.05 m 的绝缘支撑物上，且通过端接 50 Ω 负载的CDN来接地。如果有多个辅助设备直接连接到被测设备，则只有其中的一个辅助设备应以此方式端接，其他直接连接的辅助设备应做去耦处理，以此确保在每端只有一个已端接的 150 Ω 的环路。

2）如果辅助设备通过一个CDN连接至被测设备，则它的布置一般不会对试验产生重要影响，依据辅助设备和被测设备的安装要求，辅助设备可以连接至参考接地平面。

3）一个CDN应连接到被测端口用于测试，一个端接 50 Ω 负载的CDN应连接到另外的一个端口，其他所有连接线缆的端口应安装去耦网络。在这种方法中，在被测设备的每一端

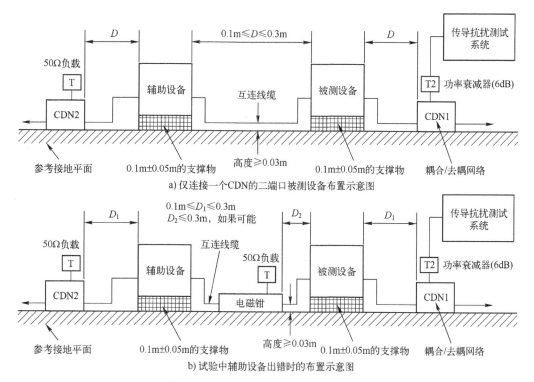

图 9-11 两端口被测设备试验布置示意图（只能使用一个 CDN 注入时）

（注入端和端接端），只有一个端接的 $150\,\Omega$ 的环路。

4）按以下优先次序选择需要端接的 CDN：

① CDN-M1 用于连接接地端子。

② CDN-M3、CDN-M4、CDN-M5 用于连接电源端口。

③ CDN-S_n（$n = 1, 2, 3, \cdots$）用于连接屏蔽线缆端口。若被测设备具有多个屏蔽线缆端口，应使用最靠近所选注入点的端口（最短几何距离）。

④ CDN-M2 用于连接交流或直流电源端口。

⑤ 其他 CDN 用于连接到最靠近所选注入点的端口（最短几何距离）。

5）如果被测设备只有一个端口，此端口连接到 CDN 用于注入（此时，从被测设备到参考接地平面的电容耦合路径为测试信号提供了返回路径）。

6）如果被测设备有两个端口，但只有一个端口可连接 CDN，另一个端口应连接到辅助设备，该辅助设备的一个端口按照 4）所述的优先次序选择需要端接 $50\,\Omega$ 负载的 CDN，该辅助设备的所有其他连接应去耦（如图 9-11a 所示）。如果连接到被测设备的辅助设备在试验过程中出现错误，则应在辅助设备与被测设备之间增加一个已经端接的电磁钳（如图 9-11b 所示），互连的线缆应该足够长，便于在不改变布置的情况下增加端接的电磁钳。

7）如果被测设备有多于两个端口但只有一个端口可以连接 CDN，它应按照两端口被测设备所述的方法进行试验，但被测设备的所有其他端口应进行去耦处理。如 6）所述，如果连接到被测设备的辅助设备在试验过程中出现错误，则应在辅助设备与被测设备之间增加一个已经端接的电磁钳（如图 9-11b 所示）。

被测设备在实际安装时，其电源线是单独进行布线的，则每条线使用单独的 CDN-M1 进行分别处理。

如果被测设备具有功能接地端子（例如为了射频或高漏电流要求），则应将其连接到参考接地平面：

1）当被测设备的特性和规范允许时，通过 CDN-M1 将接地端子连接到参考接地平面，在这种情况下，被测设备的电源端口应选择合适的 CDN-Mx。

2）由于射频或其他原因（例如与实际预期的安装有明显偏离），被测设备的特性和规范不允许其接地端子通过 CDN-M1 连接到参考接地平面，接地端子应直接连接到参考接地平面。在这种情况下，CDN-M3 网络应由 CDN-M2 网络取代，以防止保护接地造成射频短路。当被测设备已经通过 CDN-M1 或 CDN-M2 网络供电时，这些网络应保持运行。

3）对于三相供电的被测设备，应根据使用的 CDN-Mx 网络的类型进行类似上述 2）的调整。

9.6.5　钳注入方法的试验布置

使用钳注入方法时，辅助设备应按被测设备的典型功能进行安装，图 9-12、图 9-13 为钳注入法试验布置示意图。按以下方式进行试验。

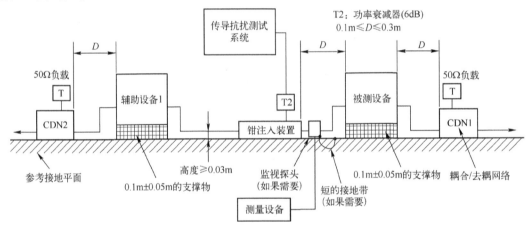

图 9-12　钳注入法试验布置示意图

1）每个辅助设备应放置在参考接地平面上方 0.1 m±0.05 m 的绝缘支撑物上。

2）钳置于被测线缆上。

3）除被测线缆外，辅助设备与被测设备之间的每一条线缆应安装去耦网络。

4）除连接到被测设备的线缆外，应为连接到每个辅助设备的所有线缆提供去耦网络。可能需要自定义长度的线缆，即将线缆缩短或修改到一定长度以满足试验布置的要求。如果要使用较长的线缆，多余的线缆也应放置于参考接地平面上方至少 0.3 m 处，不能捆扎或缠绕。

5）连接到每个辅助设备的去耦网络（除了在被测设备和辅助设备之间的）距辅助设备的距离不应超过 0.3 m。辅助设备与去耦网络间的线缆或辅助设备与注入钳之间的线缆不捆扎也不缠绕，应保持在高于参考接地平面 0.03 m 的高度。

6）被测线缆一端是被测设备，另一端是辅助设备。当有多个 CDN 连接到被测设备和辅助设备时，在每个被测设备和辅助设备上都应只有一个 CDN 端接 50 Ω 负载（如图 9-13 所

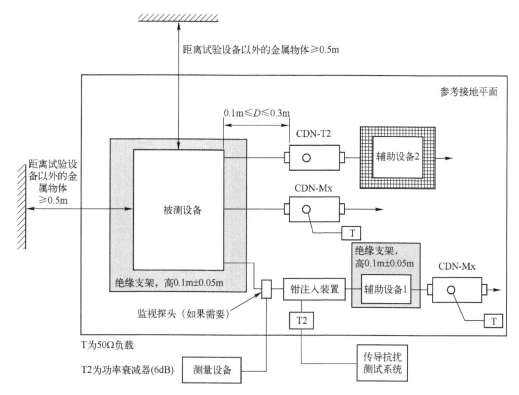

图 9-13 钳注入法试验布置示意图（俯视图）

示），按 9.6.4 节的要求选择被端接的 CDN。

7）当使用多个注入钳时，逐一在每根被测线缆上进行注入，未进行注入的被测线缆进行去耦处理。

8）每个被测设备和辅助设备尽可能接近典型使用时的安装条件，例如被测设备应连接到参考接地平面或者放置在绝缘支撑物上（如图 9-12 和图 9-13 所示）。

9）辅助设备的共模阻抗可小于或等于被测设备被测端口的共模阻抗。如果在不改变辅助设备通常的安装方式的情况下无法降低其共模阻抗，在测试时，则无须进行特殊连接来降低辅助设备的共模阻抗。在这种情况下，按设备实际典型使用的布置进行测试布置。

10）将电流监视探头插入注入钳和被测设备之间，监视由感应电压（按 9.5.2 节调整和设置的）产生的电流（未调制）。电流监视探头应靠近注入钳放置。如果监视的电流小于标称电路的电流值 I_{max}，则试验正常进行。如果监视的电流超过标称电路的电流值 I_{max}，应减小试验信号发生器的电平，直到测得的电流等于 I_{max} 值。在试验报告中记录所施加的修正后的试验电压值。测试产生争议时，优先选择将监视电流限制在 I_{max} 的方法。$I_{max} = U_0/150\,\Omega$（$U_0$ 为试验电压，见表 9-1）。

11）试验时，电磁钳的接地端子应连接到参考接地平面。如果监视探头有接地端子，接地端子也应连接到参考接地平面（如图 9-12 和图 9-13 所示）。

9.6.6 直接注入方法的试验布置

直接注入方法为直接注入被测设备线缆的屏蔽层上，应按以下要求进行试验布置：

1) 被测设备应置于距参考接地平面 0.1 m±0.05 m 高的绝缘支撑物上。

2) 在被测线缆上,去耦钳应放置于注入点和辅助设备之间,尽可能靠近注入点。被测设备的第二个端口应使用 150 Ω 阻抗端接(见 9.6.4 节和图 9-14)。在所有其他被测设备的线缆上使用去耦网络,当注入端口未端接时,CDN 作为去耦网络。

3) 注入点应位于参考接地平面上方,从被测设备的几何投影到注入点之间的距离为 0.1~0.3 m。

4) 试验信号应通过 100 Ω 电阻直接注入线缆的屏蔽层上,试验布置如图 9-14 所示。

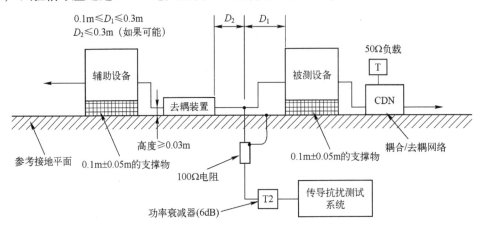

图 9-14 直接注入方法的试验布置示意图

9.6.7 注入方法的选择

根据被测线缆的类型和数量选择适合的耦合/去耦装置,线缆的使用与设备典型安装使用时保持一致,例如最长线缆的可能长度。

注入方法的选择规则如图 9-15 所示。

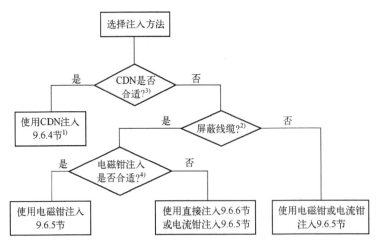

1) 见 9.4.1 节的表 9-3。 2) 见 9.4.1 节。 3) 见 9.4.1 节。 4) 合适是指电磁钳可以容纳线缆。
注:优先选择耦合注入方式,例如 CDN 或电磁钳注入方式。

图 9-15 注入方法的选择规则

如果从被测设备引出的几根线缆距离较近，长度大于 10 m，或从被测设备到另一设备用线缆槽或管道走线时，则应将它们视为一根线缆。如果线缆束太大，无法作为一根线缆进行试验，则应按线缆类型或功能（如信号、电源和屏蔽等）将其分开，并分别测试每种类型或功能的至少一根线缆。

任何一个试验只需要两个 150 Ω 的网络，一个用于试验信号的注入，一个用于试验信号的返回路径。对于未进行试验信号注入或未提供试验信号返回路径的被测设备的其他端口，无须都使用未端接的 CDN 进行连接，不对这些端口进行试验时，这些端口可以保持开放状态（除非被测设备的技术功能需要对这些端口进行操作处理）。对这些端口进行试验时，使用合适的 CDN 在每个端口上依次进行试验。用于将试验信号注入的网络可以在不同的被测端口之间转移。当一个 CDN 从一个端口上移除时，可以用另一个去耦网络代替它。

如果被测设备有多个相同的端口，至少要选择其中一个端口进行试验，确保试验能包含所有不同类型的端口。

如果相关的行业标准规定了优先使用的耦合/去耦装置，则应按行业标准的要求进行试验。

9.6.8　无线通信设备的工作状态设置

试验配置应尽可能地接近被测设备实际使用的典型情况。

工作状态的具体设置参见第 8 章中的无线通信设备的工作状态设置。

9.6.9　无线通信设备的试验配置

无线通信设备在进行传导抗扰度实验时，具体的配置应依据相应的电磁兼容行业标准要求。

通常的试验配置参见第 8 章中无线通信设备的试验配置。

9.6.10　无线通信设备的试验要求

无线通信设备的传导抗扰度试验，通常试验的频率范围为 0.15~80 MHz，频率步长通常为前一频率的 1%，每个频点的驻留时间应不短于被测设备动作及响应所需的时间，且不得短于 0.5 s，不同的无线通信设备，电磁兼容行业标准相关的规定可能不同。

依据 GB/T 9254.2 标准的相关要求，为了减少需要在多个配置和/或长周期内试验的设备的试验时间，可以按不超过 4% 的频率步长进行扫频，此时，试验电平应为规定的试验电平的两倍。使用的频率步长和试验电平应记录在试验报告中。对于驻留时间，规定了在每个频点的驻留时间不宜超过 5 s。

无线通信设备的传导抗扰度试验场强通常为 3 V 或 10 V，试验信号经过 1 kHz 的正弦音频信号进行 80% 的幅度调制，不同的无线通信设备，电磁兼容行业标准相关的规定可能不同。

试验时，如果收信机或作为收发信机一部分的收信机在离散频率点的响应是窄带响应，那么此响应忽略不计，窄带响应的试验频率应记录在测试报告中，窄带响应的判定见第 8 章。

9.6.11　无线通信设备的性能判据

试验前，应建立通信连接，试验中通信连接应保持。

对于数据传输业务模式，试验中，对于支持 BER（误码率）的被测设备，则 BER 不大于 0.001；对于支持 BLER（误块率）的被测设备，则 BLER 不大于 0.01；对于支持 PER（误包率）或 FER（误帧率）的被测设备，则 PER 或 FER 不大于 10%；对于支持吞吐量的被测设备，则数据吞吐量（应用层吞吐量）应不小于参考测试信道最大吞吐量的 95%，具体的要求见相应的行业标准，数据传输业务的测试见第 8 章。

对于语音业务模式，试验中，使用音频突破测量方法，通过一个中心频率为 1 kHz，带宽为 200 Hz 的音频带通滤波器测量语音输出电平，上行链路和下行链路语音输出电平应至少比在音频校准时记录的语音输出信号的参考电平低 35 dB，音频突破测量方法和音频校准见第 8 章。当被测设备工作在全球移动通信系统（GSM）语音业务模式下时，被测设备下行链路的收信质量（RXQUAL）的值应不超过 3。

试验后，被测设备应正常工作，无用户控制功能的丧失或存储数据的丢失，且保持通信连接。

试验还应在空闲模式下进行，试验时被测设备的发信机不应有误操作。

9.6.12　无线通信设备传导抗扰度试验的符合性判定

无线通信设备进行传导抗扰度测试时，应依据性能判据的要求进行符合性判定，在传导抗扰度试验的过程中和试验结束后，符合性能判据的要求则判定为"合格"，否则为"不合格"，对于具备多种业务功能的设备，每种业务功能应分别进行符合性判定，例如数据传输业务和语音业务。

9.7　无线通信设备的性能测量方法

在进行试验时，需要对被测设备的一些性能指标进行监控及测量，通常对于有数据业务的设备，对其数据业务进行监控和测量，用其支持的数据传输差错率或数据吞吐量来衡量其性能。对于具有语音业务的设备，对其语音进行监控和测量，用音频突破的方法测量其音频性能。

具体的监控及测量方法参见第 8 章中的无线通信设备的性能测量方法。

9.8　无线通信设备的窄带响应判定

通常无线通信设备的收信机进行试验时，进行窄带响应判定。对于窄带响应通常按以下方式进行判定，不同的无线通信设备的电磁兼容行业标准规定得可能不同，具体情况应依据相应的行业标准要求。

窄带响应的判定参见第 8 章中窄带响应的判定。

9.9 小结

对于无线通信设备的传导抗扰度测试，在相应的行业标准中通常引用的是 GB/T 17626.6 的试验方法，随着标准的更新及试验技术的发展，不排除可使用其他方法进行无线通信设备的传导抗扰度试验。

对于本文所述的在传导抗扰度试验时，被测设备的相关要求，如工作状态、试验配置、性能判据及窄带响应等要求，均为通用的要求，具体的要求应按照相应的最新的行业标准要求进行，不同行业标准的要求可能存在一些差异。试验等级和试验频率也应按行业标准的要求进行。

本文的试验方法依据的是 GB/T 17626.6—2017（IEC 61000-4-6：2013）标准规定的方法，一些要求依据最新的 IEC 61000-4-6 标准的要求，与 GB/T 17626.6—2017 标准有一些差异，随着标准的更新，一些方法要求可能会变化，应按最新的标准要求进行试验。

参考文献

[1] 全国电磁兼容标准化技术委员会（SAC/TC 246）. 电磁兼容 试验和测量技术 射频场感应的传导骚扰抗扰度：GB/T 17626.6—2017 [S]. 北京：中国标准出版社，2017.

[2] IEC. Electromagnetic compatibility（EMC）-Part 4-6：Testing and measurement techniques-Immunity to conducted disturbances, induced by radio-frequency fields：IEC 61000-4-6：2013 [S]. Geneva：IEC, 2013.

[3] IEC. Electromagnetic compatibility（EMC）-Part 4-6：Testing and measurement techniques-Immunity to conducted disturbances, induced by radio-frequency fields：IEC 61000-4-6 Edition 5.0 2023-03 [S]. Geneva：IEC, 2023.

[4] 信息产业部. 无线通信设备电磁兼容性通用要求：GB/T 22451—2008 [S]. 北京：中国标准出版社，2009.

[5] 全国无线电干扰标准化技术委员会（SAC/TC 79）. 信息技术设备、多媒体设备和接收机 电磁兼容 第2部分：抗扰度要求：GB/T 9254.2—2021 [S]. 北京：中国标准出版社，2021.

[6] 刘宝殿，卢民牛，王南. 无绳电话射频场感应传导骚扰抗扰度测试 [J]. 安全与电磁兼容，2003（4）：23-29.

[7] ITU. SERIES P：TELEPHONE TRANSMISSION QUALITY Objective measuring apparatus Artificial Mouth：ITU-T Recommendation P.51（08/96）[S]. Geneva：ITU, 1996.

[8] ITU. SERIES P：TELEPHONE TRANSMISSION QUALITY, TELEPHONE INSTALLATIONS, LOCAL LINE NETWORKS Objective electro-acoustical measurements Determination of sensitivity/frequency characteristics of local telephone systems：ITU-T P.64（11/2007）[S]. Geneva：ITU, 2007.

[9] ITU. TELEPHONE TRANSMISSION QUALITY MEASUREMENTS RELATED TO SPEECH LOUDNESS DETERMINATION OF LOUDNESS RATINGS；FUNDAMENTAL PRINCIPLES：ITU-TP.76 [S]. Geneva：ITU, 1988.

[10] ETSI. Electromagnetic compatibility and Radio spectrum Matters（ERM）；Land Mobile Service；Radio equipment using integral antennas intended primarily for analogue speech；Part 1：Technical characteristics and methods of measurement：ETSI EN 300 296-1 V1.4.1（2013-08）[S]. Valbonne France：ETSI, 2013.

第10章　无线通信设备静电放电抗扰度测试

10.1　静电放电产生的原因及影响

10.1.1　什么是静电

物质是由分子构成的，分子由原子构成，原子的基本结构为质子、中子及电子，质子和中子构成原子核，即原子由原子核和围绕原子核运动的电子组成，其中质子带正电荷，中子不带电荷，电子带负电荷，在正常状况下，一个原子的质子数与电子数量相同，正负电荷平衡，对外表现为不带电。当受到特定的外力时，电子会脱离原有的运行轨道，离开原物体 A 的原子而转移到其他物体 B 的原子，当电荷达到一定数量时，使得 A 物体带正电荷，B 物体带负电荷，即电荷聚集在物体 A 和 B 上或 A 和 B 的表面，使得物体 A 和 B 出现了带电现象，其所带的电荷即为静电，可分为正静电和负静电。

静电是一种客观的自然现象，就是聚集在某个物体上不流动的电荷（流动的电荷则形成了电流），静电并不是静止的，只是暂时停留在物体某处的电荷，使得物体呈现带电的现象。

10.1.2　静电是怎么产生的

静电产生的根本是物体原子的质子与电子的不平衡。这种不平衡是由特定的外力造成的，外力可能包含各种能量，例如动能、热能、位能以及化学能等。

在日常的生活中，通常静电是由物体的接触和分离产生的，当一个物体 A 与另外一个物体 B 接触时，电子可能会从一个物体 A 转移到另一物体 B，在两个物体 A 和 B 分离过程中，如果电荷未得到中和，电荷就会积累在物体 A 和 B 上使其带上静电。例如人们脱衣服、手触碰金属物体以及从物体上剥离塑料薄膜都是典型的接触分离产生静电的情况。现实中，通常称为摩擦产生静电，而不说接触分离产生静电。实质上，摩擦是多次接触和分离的过程，摩擦产生静电本质上就是接触分离产生静电。各类物质都可能由于移动或摩擦而产生静电。

另一种常见的静电产生方式是感应产生静电，带电的物体 A 接近不带电的物体 B，物体 B 会在其两端分别感应出正静电和负静电。例如，当人体接近使用的液晶显示屏时，会在衣物上感应出静电，使得衣物容易沾满灰尘。

静电的产生还有其他方式，如压电静电（物体受外力变形时产生静电）、热电静电（物体随温度变化时产生静电）、亥姆霍兹层静电以及喷射静电（固体、粉体、液体和气体类物质从小截面喷嘴高速喷射时，由于快速摩擦而使喷嘴和喷射物分别产生静电）等。

在一定的条件下，不止固体物体能产生静电，液体和气体也会产生静电。在特定的外力下，静电的产生不仅与材料有关，还与其所在环境的温度和湿度有关。在同等条件下，材料的绝缘性越好，越容易产生静电，湿度越低越容易产生静电，例如在北方的冬季就极容易产生静电，如脱衣服、手触碰导电物体以及两个人衣物的触碰都会产生静电。

10.1.3　什么是静电放电

当物体上的静电积累到一定程度，其接触/靠近零电位物体或与其有电位差的物体时，就会发生电荷转移（有电流产生），这种现象称为静电放电，也就是人们日常见到的火花放电现象。例如北方的冬季，手指接触金属导体时非常容易出现静电放电现象，此时手指会有触电的刺痛感，有时能看到有火花产生，特别是穿戴化纤材料的衣帽时，静电放电出现的频率极高。

一些环境和安装条件下容易产生静电放电现象，例如，在低相对湿度、使用低电导率（人造纤维）地毯及穿乙烯基服装等环境下，非常容易产生静电放电。

静电放电的方式通常包括直接放电和间接放电两种方式，直接放电是两个物体（至少一个物体带静电）相互接触或靠近时，直接发生静电放电的现象。间接放电是在一个物体附近发生静电放电，未对此物体发生静电放电。

10.1.4　静电放电的危害

虽然静电会造成一些问题，但是静电放电造成的后果则更严重，在日常的生产生活中，主要是由静电放电带来的危害。带静电的物体进行放电时，会在两个放电物体间产生较高的电压差及较大的放电电流，同时，这个放电电流也会产生短暂的强度很大的电磁场。另外，在静电放电的过程中，有时也会伴随着产生放电火花。

静电放电时产生的较高电压差、较大的放电电流和相应的电磁场可能引起电气、电子设备的电路发生故障，甚至损坏。较高的电压差，会造成一些电子元器件过电压从而被击穿而损坏，例如晶体管或电容器件。较高的电流会造成电子元件的内部电路被烧毁，例如芯片内部线路或小的电阻器件。较高的电磁场会造成一些功能和性能出现问题，例如显示的屏幕出现闪烁或音响设备有噪声等。静电放电产生的电压、电流和电磁场会同时作用在被放电的设备或器件上，直接或间接影响对静电放电敏感的器件，电压和电流则是造成设备可能产生问题的主要因素。

对于静电放电产生的火花，在某些环境下，静电放电产生的火花会引起火灾或爆炸，会造成财产和人员的损失，因此在一些场所，对静电放电的要求非常严格，采取相应的措施，避免产生静电放电的情况。例如在加油站、面粉厂以及有可燃气体的密闭空间，静电放电极易引起火灾或爆炸，都有相应的防止静电放电产生的措施。

在实际的生产生活中，通常由于人体的接近或接触产生静电放电，从而对一些设备造成相应的危害。人体上产生的静电电压通常会达到 $8\sim10\,kV$。有时静电电压会更高，能达到 $12\sim15\,kV$，特定条件下，人体的静电电压可以达到 $30\,kV$。因此，本文对于设备的静电放电测试主要是模拟人体操作、接触和接近设备时或模拟人体持有金属物体接触和接近设备时，评估其产生的静电放电对设备的影响情况，设备主要指的是处于静电放电环境中和安装条件下的装置、系统、子系统和外部设备。

10.1.5　静电放电的类型

静电放电分为接触放电和空气放电。接触放电分为直接放电和间接放电，直接放电适用于设备的导电表面，间接放电方式是对被测设备附近的耦合板实施放电，以模拟人员对被测设备附近的物体静电放电的现象。

10.1.6　影响静电放电的因素

静电放电现象的发生非常复杂，影响静电放电的因素有很多，包括环境温湿度、材料材质、接触面积、接触时间、距离、压力以及生产工艺等，最基本的就是电荷在物体上的积累及释放，主要的影响因素有以下几点。

1. 温度与湿度

温度与湿度对静电放电都有影响，其中湿度影响更大。由相对湿度增加导致非导体材料的表面电导率增加（电阻率降低），即当相对湿度超过60%时，绝缘体表面会因吸附空气中的水分形成水膜，使材料表面的电导率增加，从而使物体表面积累的静电电荷可以快速泄放而不容易积累，因此不容易产生静电放电现象。对于人体来讲，相对湿度在30%~50%时，人体非常容易积累电荷，而相对湿度超过70%时，人体几乎不积累电荷，因此在我国北方干燥寒冷的冬天（相对湿度较低），人与接触的物体就容易产生静电放电现象。

2. 电阻率

当绝缘体的体积电阻率小于$10^{10}\ \Omega\cdot cm$，表面电阻率小于$10^9\ \Omega$时，通常绝缘体不容易积累静电荷，很难发生静电放电现象。

3. 物体表面状态

电荷的积累主要是表面效应，因此表面污染、酸化及氧化吸附等对电荷积累的影响很大，通常表面越粗糙或相互接触的表面积越大，越容易积累电荷，从而容易发生静电放电现象。不同的材料，不同的表面状态，对电荷积累的影响都不同，在实际的应用中，根据不同的情况对物体的表面进行处理，防止电荷的积累。

10.2　术语和定义

1. 静电放电 electrostatic discharge；ESD［GB/T 17626.2—2018 的 3.10］

具有不同静电电位的物体相互靠近或直接接触引起的电荷转移。

2. 空气放电方法 air discharge method［GB/T 17626.2—2018 的 3.1］

将试验发生器的充电电极靠近受试设备直至接触到受试设备的一种试验方法。

3. 接触放电方法 contact discharge method［IEC 61000-4-2:2008 的 3.5］

试验发生器的电极保持与受试设备或耦合板的接触并由发生器的放电开关激励放电的一种试验方法。

4. 耦合板 coupling plane［GB/T 17626.2—2018 的 3.6］

一块金属片或金属板，对其放电用来模拟对受试设备附近物体的静电放电。HCP（Horizontal Coupling Plane）为水平耦合板，VCP（Vertical Coupling Plane）为垂直耦合板。

5. 直接放电 direct application［GB/T 17626.2—2018 的 3.8］

直接对受试设备实施放电。

6. 间接放电 indirect application［GB/T 17626.2—2018 的 3.16］

对受试设备附近的耦合板实施放电，以模拟人员对受试设备附近的物体的放电。

7. 储能电容 energy storage capacitor［GB/T 17626.2—2018 的 3.11］

静电放电发生器中的电容器，用以代表人体充电至试验电压值时的电容量。

8. 保持时间 holding time［GB/T 17626.2—2018 的 3.14］

放电之前，由于泄漏而使试验电压下降不大于 10% 的时间间隔。

9. 上升时间 rise time［GB/T 17626.2—2018 的 3.17］

脉冲瞬时值首次从脉冲幅值的 10% 上升到 90% 所经历的时间。

10. 参考接地平面 reference ground plane；RGP［IEC 60050-161:2014］

与参考地电位相同的平坦导电平面，用作公共参考，有助于在被测设备周围产生可重复的寄生电容。

11. 验证 verification［GB/T 17626.2—2018 的 3.18］

用于检查测试设备系统（例如，试验发生器和互连电流），以证明测试系统正常工作的一整套操作。

12. 可触及的 accessible［IEC CD 61000-4-2 Ed3:2023 的 3.1.1］

可通过 ESD 发生器的空气放电尖端接触到的被测设备表面。

10.3　试验等级

静电放电试验时，试验等级及对应的试验电压见表 10-1。由于试验方法不同，每种方法的电压不同，这并不表示两种试验方法的严酷程度相同。

表 10-1　试验等级

接触放电		空气放电	
等　级	试验电压/kV	等　级	试验电压/kV
1	2	1	2
2	4	2	4
3	6	3	8
4	8	4	15
×	特定	×	特定

"×"可以是高于、低于或在其他等级之间的任何等级。该等级应在专用设备的规范中加以规定，如果规定了高于表格中的电压，则可能需要专用的试验设备

接触放电是优先选择的试验方法，对被测设备的导电表面和耦合板进行试验。对于接触放电试验，除非相关标准有不同的规定，应按规定的试验等级进行试验。

空气放电则在不能使用接触放电时使用，对被测设备的绝缘表面进行试验。对于空气放电试验，试验应按表 10-1 规定的试验等级从低到高逐级进行，直至达到规定的试验等级。

对于无线通信设备，没有特殊要求时，通常接触放电选择试验等级 2，即试验电压为 ±4 kV。空气放电选择试验等级 3，即试验电压为 ±2 kV、±4 kV 和 ±8 kV。具体的试验等级应按相应产品的行业标准的规定进行。

10.4 测试设备和试验场地

静电放电测试通常包括试验场地、试验桌、接地电阻和静电放电发生器，为了保障静电放电测试的质量，一般会配备温湿度控制设备、电流靶和示波器等设备。静电放电测试的设备设施示意图如图 10-1 所示。

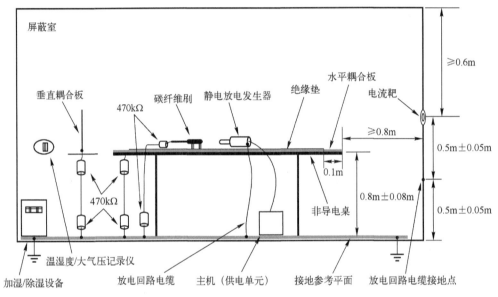

图 10-1　静电放电测试的设备设施示意图

10.4.1 试验场地

试验场地通常选择单独的房间，确保温湿度可控且在静电放电测试时不干扰其他试验项目。对于无线通信设备的静电放电抗扰度试验，考虑到无线设备试验时需要进行无线连接的工作状态，建议试验场地为屏蔽室，可避免静电放电产生的电磁辐射对其他设备的影响，也便于安装电流靶用于静电放电发生器的性能验证。

1. 试验场地的尺寸

试验场地应该足够大，确保被测设备与场地的墙壁和其他金属性结构之间的距离不小于 0.8 m，被测设备距离水平耦合板边缘的最小距离为 0.1 m，也就是说水平耦合板边缘与场地的墙壁和其他金属性结构之间的距离应不小于 0.7m。通常试验场地的尺寸应考虑既能满足台式设备的静电放电测试，也能满足落地式设备的静电放电测试。对于通信设备的静电放电测试场地，尺寸建议不小于 4.5 m（长）×4.5 m（宽）×3 m（高）。

2. 参考接地平面

试验场地的地面应设置参考接地平面，参考接地平面如果是铜板或铝板，则其最小厚度为 0.25 mm，如果是其他材质的金属材料，则最小厚度为 0.65 mm，有条件时，建议实验室使用铜板。参考接地平面每个边至少应伸出被测设备或水平耦合板之外 0.5 m，有条件时，可对场地的地面进行满铺铜板。

参考接地平面与实验室的接地系统相连，可使用机械锁紧装置进行连接，连接应为低阻抗，例如阻抗≤0.1 Ω。

3. 屏蔽试验场地

如果试验场地为屏蔽室，屏蔽室的性能应满足 CNAS-CL01-A008 的相关要求，即屏蔽室的屏蔽效能应能达到在 0.014~1 MHz 时，屏蔽效能大于 60 dB，1~1000 MHz 时大于 90 dB。电源线对屏蔽室金属面的绝缘电阻及导线与导线之间的绝缘电阻应大于 2 MΩ。屏蔽室的接地电阻应小于 4 Ω。屏蔽效能至少每 3~5 年进行测量验证。

4. 气候条件

试验场地的气候条件应该可控制，环境温度应控制在 15~35℃ 之间，相对湿度应控制在 30%~60% 之间，大气压力在 86~106 kPa 之间。在相对湿度低于 30% 时，如果被测设备能通过试验，则试验结果符合标准要求，如果被测设备未能通过试验，则在相对湿度为 30%~60% 的环境下进行试验。

试验场地应配备温湿度记录仪，对试验环境进行监控和记录，温湿度记录仪应定期进行校准。

试验场地可配备大气压测试仪器，也可从当地气象站获得大气压的读数而不配置大气压测试仪器。

依据实验室当地的气候情况，试验场地应配备空气调节设备，必要时应额外配备加湿和/或除湿设备。

10.4.2　静电放电发生器

静电放电发生器有一体式的，也有分体式的，分体式的包含静电放电发生器和主机（供电单元）两部分。使用分体式静电放电发生器时，主机（放电单元）应放置在地面的参考接地平面上。

对于无线通信设备的静电放电测试，静电放电发生器的放电电阻的典型值为 330 Ω，储能电容的典型值为 150 pF。

静电放电发生器的放电回路电缆至少为 2 m 长，在试验时，如果其长度不够，可使用更长的电缆，例如 3 m 长。其长度为静电放电发生器本体到其连接到参考接地平面的末端的长度。测试时使用的放电回路电缆应与静电放电发生器校准时使用的放电回路线缆保持一致，即在校准时要配备测试时使用的放电回路电缆进行校准。除了连接点外，放电回路电缆的其他部分应充分绝缘，避免放电电流泄漏。

静电放电发生器的放电电极，应符合如图 10-2 和图 10-3 所示的形状和尺寸。

静电放电发生器的参数应满足表 10-2 和表 10-3 的要求。表 10-2 和表 10-3 中规定的理想电流波形和测量点如图 10-4 所示。

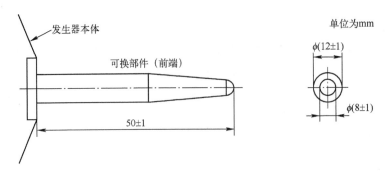

图 10-2　空气放电的放电电极

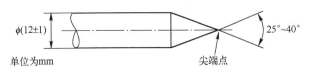

图 10-3　接触放电的放电电极

表 10-2　静电放电发生器通用参数

参　　数	数　　值
输出电压，接触放电模式（见注 1）	至少 2~8 kV（标称值）
输出电压，空气放电模式（见注 2）	至少 2~15 kV（标称值）（见注 1）
输出电压容差	±5%
输出电压极性	正极性和负极性
保持时间，空气放电模式	≥5 s
放电操作方式	单次放电（见注 2）

在静电放电发生器放电电极上测量的开路电压
注 1：如果最高测试电压比较低，不必使用具有 15 kV 空气放电能力的发生器
注 2：为了探测是否能产生放电，发生器宜能够以至少 20 次/s 的重复频率产生放电

表 10-3　放电电流波形参数

等级		指示电压 /kV	放电的第一个峰值电流 I_p(±15%)/A	上升时间 t_r（见注 1）(±25%)/ns	放电的第二个峰值电流 I_{p2}（见注 2）(±30%)/A	在 60ns 时的电流 I_{60}(±30%)/A
接触放电	空气放电					
1	1	2	7.5	0.8	4.5	2
2	2	4	15	0.8	9	4
3	—	6	22.5	0.8	13.5	6
4	3	8	30	0.8	18	8
—	4	15	56.3	0.8	33.8	15

用于测量时间的参考点是电流首次达到放电电流第一个峰值的 10% 的时刻
注 1：上升时间 t_r 为第一个电流峰值的 10%~90% 的间隔时间
注 2：这是在距离参考点 10~40 ns 的时间范围内出现的最大电流

　　静电放电发生器应定期进行校准，对输出电压、放电的第一个峰值电流、放电的第二个峰值电流、在 60 ns 时的电流及上升时间进行校准，符合表 10-2 和表 10-3 的要求，校准周期建议每年进行一次。

　　如果接触和空气放电电极由不带任何电子部件的导体组成，则空气放电的校准，仅对最

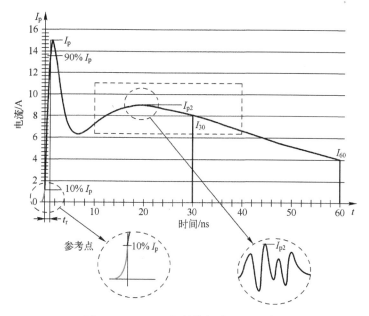

图 10-4　4kV 理想的接触放电电流波形

大试验等级的开路电压进行校准。

静电放电发生器可定期进行性能核查测试，可使用电流靶进行核查，选择表 10-3 中的部分或全部参数进行核查，通过是否符合表 10-3 的要求或多次测试的一致性比较来判断静电放电发生器的性能是否符合要求。

10.4.3　绝缘支撑

台式设备试验桌（桌可为符合要求的支撑物，文中统称桌），为非导电桌，通常可使用木桌，试验桌高度为 0.8 m±0.08 m，桌面面积不小于 1.28 m²，通常使用长度为不小于 1.6 m、宽度为不小于 0.8 m 的桌面，确保能放置水平耦合板，可与水平耦合板的大小一致。对于通信设备，建议试验桌的长度可设置为 1.6 m，宽度设置为 1.0 m。

1）台式设备绝缘支撑：台式设备及其线缆用非导电绝缘支撑与水平耦合板隔开，绝缘支撑的厚度为 0.5 mm±0.05 mm，通常可为塑料绝缘垫，其尺寸可比水平耦合板小，例如其长度和宽度比水平耦合板的长度和宽度各小 0.1 m，也可与水平耦合板大小一致，主要依据被测设备及其线缆的尺寸情况。

2）落地式设备绝缘支撑：落地式设备用非导电绝缘支撑与参考接地平面隔开，绝缘支撑的厚度为 0.1 m±0.05 m，通常可为木块。落地式设备的线缆用非导电绝缘支撑与参考接地平面隔开，绝缘支撑的厚度为 0.5 mm±0.05 mm，通常可为塑料绝缘垫，大小可依据被测设备线缆的情况确定。

3）壁挂式设备绝缘支撑：壁挂式设备用非导电绝缘支撑与参考接地平面隔开，绝缘支撑的高度不小于 0.8 m，通常可为木桌或木质支架。

10.4.4　耦合板

耦合板如果是铜板或铝板，则其最小厚度为 0.25 mm，如果是其他材质的金属材料，则最小厚度为 0.65 mm，有条件时，建议实验室使用铜板。

水平耦合板放置在台式设备试验桌上，其最小面积为 1.28 m²，其形状可为正方形、长方形或其他形状。通常可使用尺寸不小于 1.6 m×0.8 m 的长方形，并确保水平耦合板各个边与被测设备的距离不小于 0.1 m。其经过每端带有一个 470 kΩ 电阻的电缆（泄放电缆）与参考接地平面连接，电缆的最大长度为 1.5 m，电缆的外壳应绝缘，避免与水平耦合板和参考接地平板短路。

垂直耦合板放置在台式设备试验桌上或使用绝缘支架支撑，垂直耦合板为边长 0.5 m± 0.005 m 的正方形，其经过每端带有一个 470 kΩ 电阻的电缆（泄放电缆）与参考接地平面连接，电缆的最大长度为 3 m 且不能捆扎，电缆的外壳应绝缘，避免与垂直耦合板和参考接地平面短路。

10.4.5　泄放电缆

泄放电缆为两端各安装一个泄放电阻的电缆，用于连接水平耦合板、垂直耦合板以及被测设备电荷的泄放。泄放电阻的位置距离电缆的各个端点的距离应小于 0.1 m。电阻和电缆的外壳应绝缘，避免电阻与耦合板和参考接地平面短路。

泄放电阻的阻值为 470(1±10%) kΩ，应能够承受静电放电电压，为低电感电阻，例如金属膜电阻。应定期对泄放电阻的阻值进行核查，确保电阻的阻值正常。

建议实验室至少配备 4 条小于 1.5 m 的泄放电缆，用于连接水平耦合板、垂直耦合板、放电刷和被测设备。至少配备 1 条小于 3 m 的泄放电缆，用于落地式设备试验时，连接垂直耦合板。建议多配备 1~2 条泄放电缆备用。

10.4.6　静电放电发生器核查设备

实验室在有条件时，建议配备静电放电发生器核查设备，包括电流靶、示波器和衰减器，用于静电放电发生器的定期核查。

电流靶的要求应符合 GB/T 17626.2 和 IEC 61000-4-2 相应附录的要求，电流靶的输入阻抗（在内部电极和地之间测量）应不大于 2.1 Ω（直流），通常为 2 Ω（依据电流靶生产商提供的值）。插入损耗，1 GHz 以下为±0.5 dB，1~4 GHz 为±1.2 dB。

示波器的带宽应不小于 2 GHz，采样率应不小于 8 GSa/s，输入阻抗支持 50 Ω 和 1 MΩ，在进行静电放电发生器核查时，应选用 1 MΩ 阻抗。使用时注意不要超过示波器的输入电压限制值，通常在示波器面板输入接口处有输入电压限制值的标识。示波器应定期进行校准，对带宽、脉冲瞬态响应和幅度进行校准。

衰减器应该有足够的功率，衰减值应不小于 20 dB，通常使用 20 dB 的衰减器。

10.4.7　综合测试仪

综合测试仪为 1 台设备或多台设备的组合，能为被测无线通信设备提供正常工作的有用信号；能与无线通信设备建立通信连接；能直接或与其他设备配合使用监测无线通信设备的状态及相关的性能指标，例如通信的连接状态、通信质量、音频性能、吞吐量或误码率等。

应对使用的综合测试仪进行校准，至少对其电平准确度、频率响应和各种无线制式的调制准确度进行校准。

10.5　静电放电发生器的验证

为了确保静电放电发生器能按要求进行静电放电，通常要对静电放电发生器进行验证，一般推荐两种方法进行验证。一种方法是在每次试验前进行验证，主要验证静电放电发生器能正常运行，未出现由于出现故障而无法放电的情况。另一种方法是在校准的周期内，定期使用电流靶对静电放电发生器的相关参数进行验证，判断其性能的符合性和一致性。

10.5.1　试验前验证

进行验证试验前，先检查试验布置及试验装置相应的连接是否可靠，例如泄放电缆的连接、静电放电发生器放电回路电缆的连接等。

在正常的试验布置及设置下，使用静电放电发生器对水平耦合板进行放电，观察放电所产生的火花大小，低电压放电时产生的火花小，高电压放电时产生的火花大，证明静电放电发生器能正常放电。此方法基于静电放电发生器的波形参数通常不会发生细微变化，最可能的失效是静电放电发生器电压未送至放电电极，或者是电压控制失效而导致无法放电的情况，另外，放电路径中的电缆、电阻或者连接导线的损坏、松脱或缺失，也会导致无法放电的情况发生。

建议在每次试验前，对空气放电和接触放电都进行验证。

10.5.2　定期验证

1. 泄放电缆的验证

应对静电放电的泄放电缆进行定期验证，一是对泄放电缆的阻值进行验证，阻值应符合 940（1±10%）kΩ 的要求（两个泄放电阻）；二是对泄放电缆的连接进行验证，连接应该可靠，未出现连接松动或虚搭接的情况。

2. 静电放电发生器的验证

有条件的情况下，实验室可在屏蔽室中安装静电放电电流靶，用于静电放电发生器的验证与核查。电流靶的安装要求见 GB/T 17626.2 和 IEC 61000-4-2 相应的附录，安装示意图如图 10-5 所示。

验证的电压不能超过电流靶最大的承受电压。

静电放电发生器建议安装在三脚架上或放置在等效的非金属低损耗支架上。手持静电放电发生器进行验证测试，如果验证的电流参数符合要求，可手持静电放电发生器进行验证试验（由于是对电流波形进行验证和核查，可不严格按照校准的方式进行）。

静电放电发生器供电方式应与测试期间使用的方式相同，主机（供电单元）放置在参考接地平面上。

参考接地平板足够大，以便将拉回的接地母线（放电回路电缆）完全覆盖。

在图 10-5 中标注的为最小布置尺寸，其范围内不能放置任何其他物体。

如果可以通过测量证明验证测试系统的间接耦合路径不会影响验证测试结果，则无须对示波器进行屏蔽。

当示波器的触发电平设置为小于或等于最低测试等级的 10%，静电放电发生器对电流

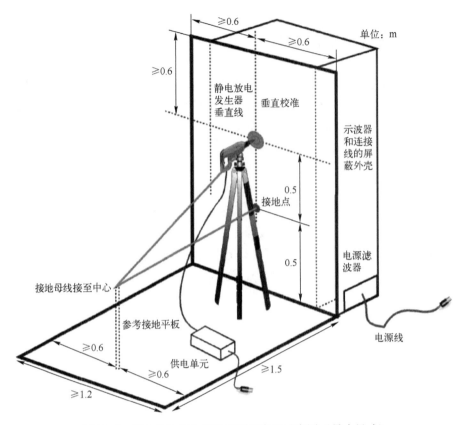

图 10-5 静电放电发生器验证测试布置示意图(最小尺寸)

靶的外圈(不是内圈)进行最高等级的放电时,如果示波器结果没有任何触发,验证测试系统可认为有足够的抗扰度(即没有必要对示波器进行屏蔽处理,例如放置在屏蔽室中)。

建议有条件时,示波器放置在屏蔽室或法拉第笼中。

如果安装了电流靶,可定期使用电流靶验证静电放电发生器的电流波形,电流波形应符合表 10-3 的要求。进行验证测试的连接示意图如图 10-6所示。

图 10-6 验证测试连接示意图

对于使用电流靶对静电放电发生器进行验证的等效电路示意图如图 10-7 所示。依据阻抗及衰减器值,以下公式成立:

$$V_1 = I_p \times 2 \tag{10-1}$$

式中 V_1——电流靶侧的电压值,单位为伏特(V);

I_p——电流靶侧的电流值,单位为安培(A);

2——电流靶的内阻值,单位为欧姆(Ω)。

$$V_1 = 10 \times V_m \tag{10-2}$$

式中 V_m——示波器测得的电压值,单位为伏特(V);

10——20 dB 衰减器的衰减系数，即 $20\log V_m = 20\log V_1 - 20$（单位为 dB），由转换公式

$$20\log \frac{V_1}{V_m} = 20\log 10 \text{ 可知，} \frac{V_1}{V_m} = 10 \text{。}$$

由式（10-1）和式（10-2）可知：

$$I_p = 5V_m \tag{10-3}$$

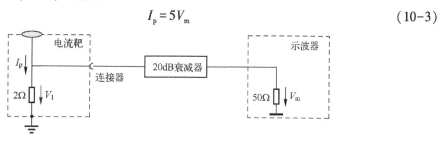

图 10-7　进行验证时的等效电路示意图

在进行静电放电发生器电流波形验证时，通过示波器测得的电压值，依据式（10-3）则可计算出静电放电发生器的放电电流值。

由于示波器的内阻通常为 $50\,\Omega$ 和 $1\,\mathrm{M}\Omega$，其对应的输入电压不同，$50\,\Omega$ 对应的输入电压通常为 $5\,\mathrm{V}$，$1\,\mathrm{M}\Omega$ 对应的电压通常大于 $100\,\mathrm{V}$，不同的示波器对应的输入电压值不同，选择不同的内阻，输入电压的最大值不同，使用示波器时不能超出输入的最大电压值使用，因此在进行静电放电发生器电流波形验证时，依据式（10-1）和式（10-2），按照表 10-3 中放电的第一个峰值电流 I_p 值，评估各个电压等级进行验证时，示波器输入端的电压（V_m）可达到的最大值，对照使用的示波器输入的最大值，避免示波器输入的电压过载而造成损坏。

在进行静电放电发生器验证时，示波器的阻抗选择 $1\,\mathrm{M}\Omega$ 的高阻抗，避免示波器的输入电压过载。

例如在进行 $8\,\mathrm{kV}$ 放电电压验证时：I_p 的最大值可能为 $(30+30\times15\%)\,\mathrm{A} = 34.5\,\mathrm{A}$ 或有更大的可能，此时 $V_m = 6.9\,\mathrm{V}$ 或更大，如果示波器选择 $50\,\Omega$ 内阻时，对应的最大输入电压为 $5\,\mathrm{V}$，此时则造成了示波器输入电压的过载，可能造成示波器的损坏。此时示波器应该选择 $1\,\mathrm{M}\Omega$ 的高阻抗。

10.6　试验布置及测试方法

10.6.1　在实验室测试的试验布置

1. 通用要求

在实验室进行静电放电测试时，对于无线通信设备，通常按台式设备或落地式设备进行试验布置，对于可穿戴无线设备可按台式设备进行试验布置，对于壁挂式设备可参考台式设备的试验布置进行试验。

试验场地、耦合板、绝缘支撑及气候条件应满足相应的标准要求，试验场地的布置可参考图 10-1。

被测设备与场地的墙壁和其他金属性结构之间的距离不小于 $0.8\,\mathrm{m}$。

参考接地平面每个边至少应伸出被测设备或水平耦合板之外 $0.5\,\mathrm{m}$。

被测设备和静电放电发生器应按实际使用的要求接地，不允许其他额外的接地。

分体式静电放电发生器的主机（供电单元）应放置在参考接地平面上。

放电回路电缆应连接到参考接地平面，如果放电回路电缆的长度超过了将放电施加到选定点所需的长度，则应将电缆多余部分放置在接地参考平面之外。除了参考接地平面，放电回路电缆与试验配置的其他导电部分保持的距离不小于 0.1 m。

如果被测设备实际使用时有安装支脚，试验时，支脚应保留。

辅助设备可以放置在试验区外，也可放置在参考接地平面或水平耦合板上，被测设备和辅助设备间的互连电缆为了保护辅助设备或由于被测设备的规范要求，应该采取去耦措施。

2. 台式设备试验布置

被测设备放置在具备水平耦合板的设备试验桌上，被测设备的被测面距离水平耦合板边缘至少为 0.1 m。

被测设备及其线缆应与水平耦合板通过 0.5 mm±0.05 mm 厚的绝缘垫隔开。

静电放电注入点应在水平耦合板和垂直耦合板泄放电缆安装点的另一侧。

试验时，垂直耦合板与被测设备侧面的距离为 0.1m，静电放电发生器注入点建议在耦合板的中间位置。

试验布置示意图如图 10-8 所示。

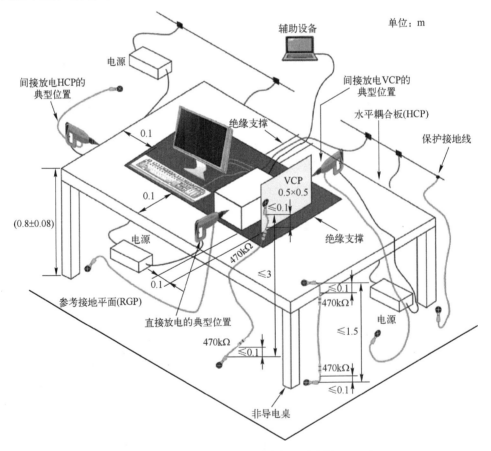

图 10-8　台式设备试验布置示意图

3. 落地式设备试验布置

被测设备放置在接地参考平面上，使用 0.1 m±0.05 m 的绝缘支撑与参考接地平面隔开。被测设备的线缆使用 0.5 mm±0.05 mm 的绝缘支撑与参考接地平面隔开。试验时，垂直耦合板与被测设备侧面的距离为 0.1 m，静电放电发生器注入点建议在耦合板的中间位置。

落地式设备试验布置示意图如图 10-9 所示。

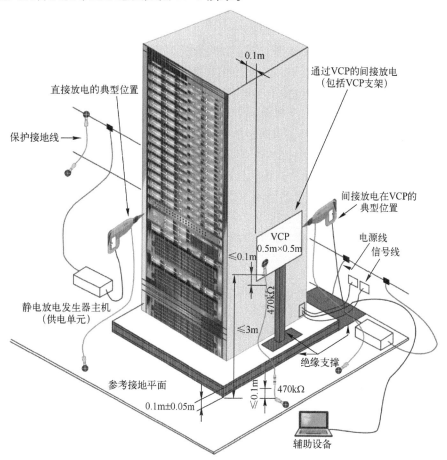

图 10-9　落地式设备试验布置示意图

4. 不接地设备的试验布置

对于安装规范或设计不与任何接地系统连接的设备或设备部件，进行静电放电试验时，按本节的要求进行试验布置。

不接地的这些设备或部件，包括便携设备、有或没有充电器（电源线未接地）的电池供电（内部或外部）设备和双重绝缘设备。

不接地设备或设备的不接地部件不能自行放电。如果在下一次静电放电脉冲施加前没有消除电荷，积累的电荷可能使被测设备或被测设备的部件受到的电压为预期试验电压的两倍。因此，这种类型的设备或设备部件可能会在几次静电放电后积累非常高的电荷，然后以非常高的能量在绝缘击穿电压下放电，与实际预期的试验电压不一致。

为了模拟单次静电放电（空气放电或者接触放电），在对被测设备施加每个静电放电脉冲前应消除被测设备上的电荷。

对于施加静电放电脉冲的金属点或部件，如连接器外壳、电池充电引脚和金属天线等，在每次施加静电放电脉冲前，应消除其上的电荷。

当一个或多个金属的可触及的部件进行静电放电测试时，应从施加静电放电脉冲的点消除电荷。

使用类似于水平耦合板和垂直耦合板用的带有 470 kΩ 泄放电阻的电缆作为消除电荷的电缆，连接到被测设备要进行电荷消除的部位。

用于消除电荷的带泄放电阻的电缆，其存在会影响试验结果，如果在连续放电之间电荷能有效衰减，则在进行静电放电试验时，不连接此电缆进行试验优先于连接此电缆进行试验。

可选择以下两种方法，作为电荷消除的替代方法：

1）连续放电的时间间隔应长于被测设备的电荷自然衰减所需的时间。

2）使用带泄放电阻的碳纤维刷清除被测设备的电荷。

为了确保电荷衰减，被测设备上的电荷可以通过非接触式电场计进行监测。当电荷衰减到测试电压的10%以下时，被测设备被认为已经放电。对于使用具有自动放电功能的静电放电发生器，则认为等同于被测设备使用了带有泄放电阻的电缆。

不接地设备通用的试验布置要求见 10.6.1 节，试验布置也包含台式设备和落地式设备的试验布置，具体布置示意图如图 10-10 和图 10-11 所示。

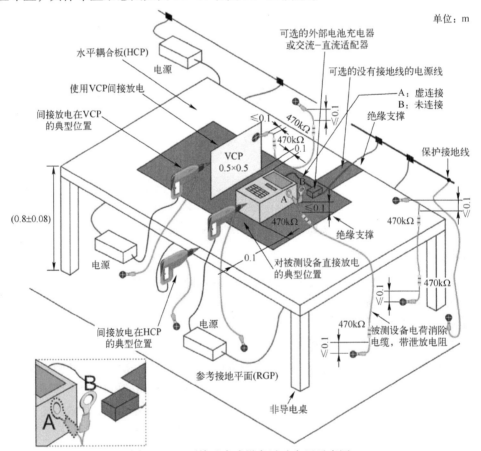

图 10-10　不接地台式设备试验布置示意图

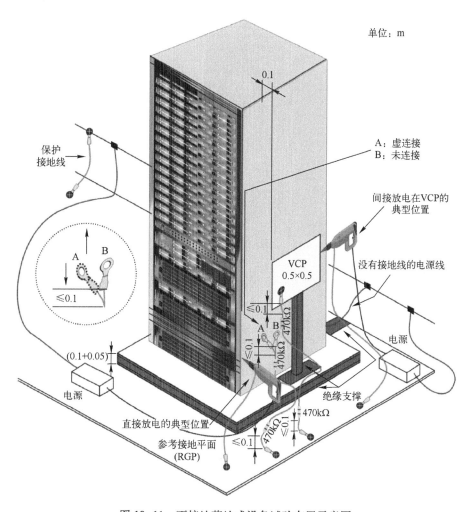

单位：m

保护
接地线

A：虚连接
B：未连接

间接放电在VCP的
典型位置

VCP
0.5×0.5

没有接地线的电源线

A   B

≤0.1

≤0.1

470kΩ
470kΩ

A   B

电源

(0.1+0.05)

470kΩ

470kΩ

电源

绝缘支撑

直接放电的典型位置

470kΩ
470kΩ

参考接地平面
(RGP)

≤0.1

图 10-11　不接地落地式设备试验布置示意图

5. 其他设备的试验布置

对于壁挂式设备，指安装在不包含导电结构的墙壁上或嵌入式墙壁上的设备，这些设备在试验时，被测设备放置在参考接地平板上，使用绝缘支撑物与参考接地平板隔离，绝缘支撑物的最小高度为 0.8m±0.08m，其他布置要求见本节前述内容。对于被测设备所有可触及的外壳，间接放电时 VCP 的位置与本节落地式设备试验布置的方式一致。

壁挂式设备静电放电试验布置示意图如图 10-12 所示。

对于可穿戴设备，可能是但不限于可拆卸的身体佩戴、身体支撑、肢体安装和服装集成设备，这些设备在试验时，可按台式设备进行试验布置，具体布置参见图 10-10。

10.6.2　已安装设备的静电放电测试

对于无法运输到实验室的非常大的设备（如固定装置、大型机械），可能需要在使用场所对已经安装的设备进行静电放电试验。

在进行静电放电试验时，应经制造商和客户的同意且应考虑对被测设备相邻设备可能的不利影响。也应考虑静电放电试验后，被测设备受静电放电影响而造成老化的问题。综合评

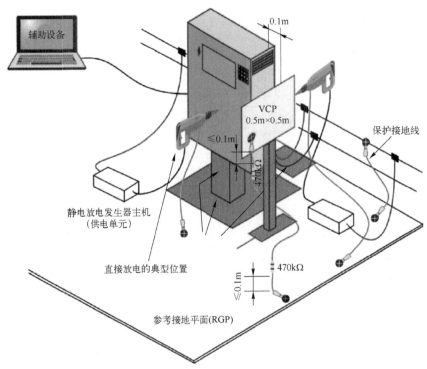

a) 非导电表面上的壁挂式设备试验布置示意图

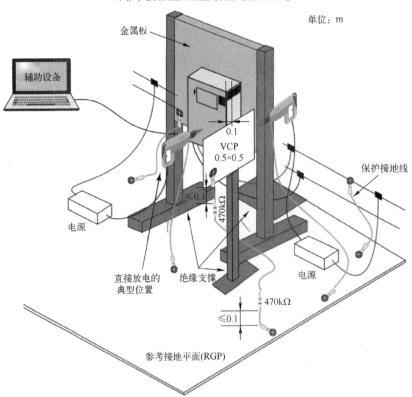

b) 导电表面上的壁挂式设备试验布置示意图

图 10-12　壁挂式设备试验布置示意图

估后确定是否对已安装设备进行静电放电试验。

在使用场所，对已安装设备进行静电放电时，应使用接地参考平面，接地参考平面的材料应与在实验室进行试验的参考接地平面的材料一致，大小通常为 0.3 m×2 m。参考接地平面应连接到保护接地系统。参考接地平面距离被测设备 0.1 m。

静电放电发生器的放电回路电缆应接到接地参考平面上。

当被测试设备的部件安装在金属支撑结构上时，该结构通常连接到参考接地平面。

未接地的金属部件通常使用 10.6.1 节规定的带泄放电阻的电缆进行测试。

在使用场所已安装设备的静电放电试验布置示意图如图 10-13 所示。

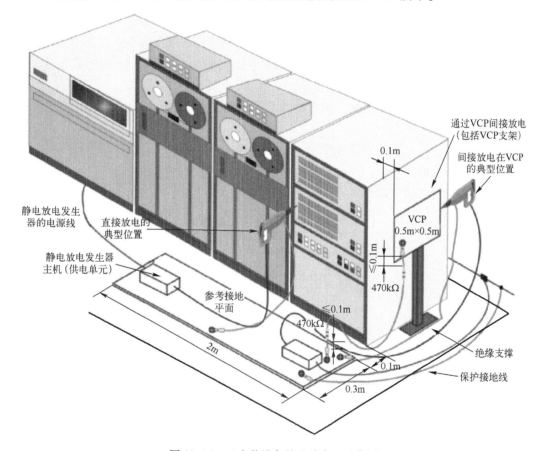

图 10-13　已安装设备的试验布置示意图

10.6.3　静电放电测试点的选取

由于静电放电主要是人员静电放电对设备的影响，因此静电放电测试点应在设备正常使用时，基于在人员能触及的设备的点或面上进行选取。通常情况下，人员能触及的点或面均应进行静电放电测试，与触及的人员、触及的频率和触及的概率无关，触及的人员包括操作人员、用户和维护人员或服务人员等。

通常情况下，设备的功能保障措施（即手册中的注意事项）不应影响测试点的选取。

在选取静电放电测试点时，如果选取的静电放电测试点使得被测设备无法执行其预期功能，则不对这些点进行静电放电测试，例如，当设备的盖子或门打开时，被测设备无法正常工作，那么盖子或门打开时暴露的内部零件则不进行静电放电测试。

对于集成（内置）设备不进行静电放电测试，例如，打印机的开关电源和硬盘驱动器等。

对于安装之后不再触及的点或面不进行静电放电测试，例如，使用时设备靠墙或靠天花板的面，落地式设备的底部，以及在维护时才能触及的且给出了特殊的静电放电缓解程序说明的点和面。

静电放电测试适用于各种类型的设备，包括室内设备和室外设备。

1. 接触放电测试点的选取

直接接触放电适用于被测设备的金属表面和金属部件，静电放电发生器使用接触放电电极。对用户或操作者能触及的被测设备的金属表面和金属部件选取测试点进行接触放电，这些表面和金属部件包括：

1）静电放电保护端子，例如，防静电腕带或类似装置的连接点。

2）未接地的金属表面。

3）同轴或多芯连接器的金属外壳。

4）执行器件的金属外壳，例如开关的操纵杆、按键开关的按键。

5）连接器的静电放电测试点见表 10-4。

表 10-4 连接器的静电放电测试点

实　例	连接器外壳	涂层材料	接触放电点
1	金属	无	外壳
2	金属	绝缘	可触及的外壳
3	金属	金属	外壳和涂层
4	绝缘	金属	涂层
5	绝缘	无	能触及的金属引脚

注：如果连接器的引脚有防静电涂层，在涂层或有涂层连接器附近的设备上贴上静电放电警告标签

以下情况可能不需要进行直接接触放电：

1）设备的接地金属外壳且其没有直接安装的电子部件，例如，交流电机的接地金属外壳。

2）任何标有 ESD 警告标签的部件。

2. 空气放电测试点的选取

空气放电适用于被测设备的绝缘表面和绝缘部件，静电放电发生器使用空气放电电极。对用户或操作者能触及的被测设备的表面和部件选取测试点进行空气放电，这些表面和部件包括：

1）绝缘表面（包括触摸屏），例如，显示器、操作面板或类似设备。

2）双重绝缘的外壳。

3）同轴或多芯连接器的绝缘外壳。

4）执行器件的绝缘外壳，例如，按钮开关。

5）非导电外壳，例如，键盘、鼠标等。

6）非导电通风口和接缝。

7）绝缘外壳上距离封闭电路导电部分最近的区域。

8）人体可能接触的其他点，例如，便携式产品的任何表面，或其他带电表面，尤其是外壳接缝和孔隙的附近。

另外，对于标有 ESD 警告标签的部件，可能不需要进行空气放电。

3. 间接放电测试点的选取

间接放电是对 HCP 或 VCP 进行接触放电，模拟对于放置于或安装在被测设备附近的物体的放电，放电产生的电场可能会导致被测设备的性能下降，特别是对于比较敏感的电子设备或组件。

间接放电试验通常对被测设备的非导电表面（外壳）进行，也可对不接地的设备（无论其表面材料如何）进行。

对于接地的金属表面（外壳）不进行间接放电，由于间接放电产生的电场不太可能对被测设备的金属表面（外壳）产生影响，尤其对于接地的金属表面（外壳）。

4. 静电放电测试点的选取方式

为了便于选取静电放电的测试点，可采用探查测试（预测试）的方式，从低等级开始试验，逐步增加试验等级直至规定的试验等级，优先使用空气放电，然后为接触放电和间接放电。

探查测试时，试验布置、气候条件、被测设备的配置与工作状态均与正式静电放电测试时保持一致。

对于空气放电探查测试，试验等级先设置为低等级（例如 2 kV），放电电极与被测设备非导电区域垂直，两者间的距离可调整，静电放电发生器保持持续的放电模式，对非导电区域以不同的距离（可接触但不能对被测设备造成机械损伤）进行扫描测试，如果有能产生放电的点，则这些点为要选取的测试点，另外在某个点产生放电时，如果被测设备出现了异常情况，则优先选取这些点为测试点。然后试验等级提高一个等级，按低等级探查测试的方式继续进行探查测试，直至达到产品规定的试验等级，将所有的测试点进行标识。

对于接触放电探查测试，试验等级先设置为低等级，放电的重复频率设置为 20 Hz，接触被测设备的导电部分后开始进行放电，如果被测设备出现了异常情况，则此点选取为测试点。然后试验等级提高一个等级，按低等级探查测试的方式继续进行探查测试，直至达到产品规定的试验等级，将所有的测试点进行标识。如果探查测试时，被测设备未出现异常情况，则按本节的要求选取测试点。

选取测试点后，再对这些点进行最终的静电放电测试。

10.6.4　静电放电的实施

依据被测设备及相关行业标准的要求，按 10.6.1 节或 10.6.2 节的要求进行试验布置，按 10.6.3 节的方式选取静电放电的测试点。

1. 直接放电

除非特别规定，通常直接放电只施加在正常使用时人员可触及的被测设备上的点和面。

在选取的测试点上，试验应以单次放电的方式进行，试验电压的两个极性（正和负）均应实施，每个极性施加 10 次放电，每次放电的时间间隔至少为 1 s。

进行静电放电测试时，静电放电发生器的放电电极应尽可能与实施放电的表面保持垂直，以改善试验结果的可重复性。如果不能保持垂直，则放电采用的测试方法应记录在试验报告中。

进行静电放电测试时，静电放电发生器的放电回路电缆应远离被测设备，与被测设备应保持至少 0.1 m 的距离，建议操作者不要手持放电回路电缆。

进行直接接触放电测试时，静电放电发生器的放电电极先接触被测设备，然后开启接触放电模式进行接触放电，优先进行单次放电，也可设置好时间间隔和放电次数后进行连续放电。对于带有漆膜的设备表面，如果厂家未声明漆膜为绝缘层，则静电放电发生器的放电电极应穿透漆膜，以便与导电层接触进行接触放电。如果厂家声明漆膜为绝缘层，则只进行空气放电，不进行接触放电。

进行空气放电测试时，先开启空气放电模式，静电放电发生器的放电电极应尽可能快地接近并触及被测设备（不能造成被测设备机械性损伤）。每次放电后，应将静电放电发生器的放电电极从被测设备移开，间隔一定的时间后，进行下次放电。

进行静电放电测试时，对于不接地的设备，在每次放电前，应按 10.6.1 节的方法，消除被测设备的电荷。

2. 间接放电

间接放电为对耦合板进行接触放电。

进行水平耦合板间接放电测试时，对 HCP 的前边缘进行接触放电，放电电极的长轴与水平耦合板处于同一平面，并与水平耦合板的前边缘垂直。被测设备的表面与进行放电的 HCP 前边缘的距离为 0.1 m，放电点与被测设备每个单元的中心点相对齐，静电放电发生器的放电电极先接触 HCP 的前边缘，然后开启接触放电模式进行接触放电（见图 10-8、图 10-10）。试验应以单次放电的方式进行，试验电压的两个极性（正和负）均应实施，如果没有其他规定，每个极性施加 10 次放电。被测设备在正常预期使用时，如果其所有侧面均能受到 HCP 的间接放电，则所有侧面均应进行测试。

进行垂直耦合板间接放电测试时，对 VCP 的边缘进行接触放电，放电电极的长轴与垂直耦合板处于同一平面，并与垂直耦合板的边缘垂直。被测设备的表面与 VCP 的距离为 0.1 m，放电点在 VCP 边缘的中心点，静电放电发生器的放电电极先接触 VCP 的边缘，然后开启接触放电模式进行接触放电（见图 10-8、图 10-9）。试验应以单次放电的方式进行，试验电压的两个极性（正和负）均应实施，如果没有其他规定，每个极性施加 10 次放电，每次放电的时间间隔≤1 s。在直接放电不适用时，被测设备所有可接近的垂直表面均应进行测试，应将垂直耦合板移动到被测设备不同的位置，以确保被测设备的可接近的垂直表面完全被覆盖，一个 VCP 位置被视为覆盖被测设备表面 0.5 m×0.5 m 的区域，对于尺寸小于 0.5 m×0.5 m 的设备，被测设备各面的中心与 VCP 的中心对齐。

10.6.5 无线通信设备的静电放电测试

1. 通用试验配置

被测设备试验时的配置应尽可能地接近被测设备实际使用的典型配置，对于有多个配置或多种使用方式的被测设备，每种配置和使用方式均应进行试验。例如，无线移动电话机，配备多款充电器，则每款充电器应与无线移动电话机配置进行测试。另外，无线移动电话机在充电和不充电两种模式下也都要进行测试。

当被测设备具有一体化天线时，应安装正常使用时的天线进行试验。对于天线可拆卸的天线端口，可与匹配负载和/或辅助设备相连。

如果被测设备是系统的一部分，或与辅助设备相连，试验可在辅助设备的最小典型配置下进行，与辅助设备相连的端口应被激活。

如果被测设备有多个端口，应选取所有类型且足够数量的端口来模拟被测设备实际使用的工作情况。

对于被测设备在实际使用中与其他设备连接的端口，试验时这些端口应与辅助设备、辅助测试设备或阻抗匹配的负载相连。

对于被测设备在实际使用中不连接线缆的端口，例如服务端口、程序端口和调试端口等，试验时这些端口不连接线缆。如果为了激励被测设备，这些端口要与辅助测试设备相连，或者互连电缆必须延长时，应确保对被测设备的评估不因辅助测试设备或电缆的延长而受到影响。辅助测试设备宜放置在试验区域外，如果放置在试验区域内，辅助测试设备不应影响被测设备的试验结果或其带来的影响应被排除。

2. 发信机输入端试验配置

为发信机提供有用的射频信号，使发信机正常工作。如果输入的信号由外部信号源提供，外部信号源应置于试验环境外。

3. 发信机输出端试验配置

接收发信机输出信号的辅助测试设备应置于试验环境外。

具有一体化天线的发信机，建立通信连接的有用射频输出信号应通过试验环境内的天线馈出至辅助测试设备，此天线应不受试验环境内的信号影响。

具有天线接口的发信机，建立通信连接的有用射频输出信号应通过屏蔽线（如同轴线）从天线接口连接到辅助测试设备。

发信机输出的有用射频信号的电平应设置为被测设备工作模式的最大额定射频功率。

4. 收信机输入端试验配置

为收信机提供有用射频信号的信号源应置于试验环境外。

具有一体化天线的收信机，建立通信连接的有用射频输入信号应通过试验环境内的天线馈入，此天线应不受试验环境内的信号影响并连接至射频信号源。

具有天线接口的收信机，建立通信连接的有用射频输入信号应通过屏蔽线（如同轴线）从天线接口连接到外部信号源。

有用射频输入信号电平应设置为高于被测设备的参考灵敏度电平（最小可接收信号电平），但不高于 40 dB。

5. 无线通信设备的工作状态设置

试验时，被测设备应正常工作或模拟实际工作的状态。

试验时，被测设备可设置为最大额定功率，例如无线通信终端设备，在试验时通常设置为最大额定功率。一些设备可能无法在实验室中设置为最大额定功率工作，则在试验时功率可进行适当调整，便于试验的开展，例如无线基站设备。

试验时，被测设备通常在业务模式和空闲模式两种工作状态下分别进行试验。业务模式是指用户设备处于开启状态，射频发射功能开启且与无线资源控制模块建立了连接，即通信模式，空闲模式是指用户设备处于开启状态，射频发射功能关闭没有建立无线资源控制连接，即待机模式。

对于无线终端设备，通常使用无线综合测试仪与被测设备建立通信连接，在业务和空闲模式下均进行试验。

对于基站类设备，如果基站的天线可拆卸，天线端口可用负载端接，则在业务和空闲模式下均进行试验。如果天线不可拆卸，则只需在空闲模式下进行试验，实际使用时在基站大功率发射时，不会有人员去接触而产生静电放电的现象。

试验时，被测设备如果含有多个无线通信制式或无线通信功能，例如蜂窝通信、蓝牙和无线局域网等，每个无线通信制式或功能均应分别测试。

试验时，被测设备通信信道的选择通常选择实际应用时的典型信道或中间信道，对于一些行业标准，要求选择高中低三个信道。具体要求依据相应的行业标准要求。

无线通信设备详细的工作状态要求应依据相应的行业标准要求。

6. 试验电压及测试点的选择

无线通信设备进行静电放电测试时，通常，对于接触放电，试验电压为±2 kV 和±4 kV，对于空气放电，试验电压为±2 kV、±4 kV 和8 kV，对于间接放电，试验电压为±2 kV 和±4 kV。

对于接触放电，对可触及的被测设备的金属部分或部件进行测试。对于空气放电，对可触及的被测设备的机壳、接缝、按键及显示屏等进行空气放电。试验应以单次放电的方式进行，在预选的点上，每个极化至少施加 10 次单次放电。连续的单次放电之间的时间间隔不小于 1 s。

试验电压及测试点的选择应依据相应的行业标准要求。

7. 对无线通信设备的性能监视

使用建立通信连接的无线综合测试仪或矢量信号发生器等相应的无线通信测量仪器对被测设备进行性能监视，对通信连接状态以及通信过程中的数据进行监控。

对被测设备在试验时的可视或可知功能进行监视，例如具有显示功能的设备，对显示的功能进行监视，对设备是否关机进行监视。

对被测设备的所有功能进行检查，在测试结束后，检查设备的所有功能是否与预期功能一致。

8. 无线通信设备的性能判据

业务模式时，被测设备应建立通信连接，试验过程中通信连接应保持。

空闲模式时，试验过程中被测设备的发信机不应有误操作。

试验过程中，被测设备的各项功能应正常，不应出现无法自行恢复的功能丧失的情况。

试验结束后，被测设备应正常工作，无用户控制功能的丧失或存储数据的丢失，且保持通信连接。

具体的性能判据应依据相应的行业标准要求。

9. 无线通信设备静电放电测试常见问题

在对无线通信设备进行静电放电测试时，放电产生的感应电压和瞬时大电流，可能会导致无线通信设备的电路工作失常或损坏。在高阻电路中，电流信号很小，信号用电压电平表示，静电放电感应的电压是产生问题的主要因素；而在低阻电路中，信号主要是电流形式，静电放电产生的瞬时电流则是导致大多数电路出现问题的主要因素。

无线通信设备静电放电时常见的问题可分为两大类，一类是自动或用户操作后可恢复正常，例如通信连接或数据传输中断、显示功能异常（花屏、黑屏、屏幕无法刷新、画面模糊以及显示抖动等）、系统功能异常（显示乱码、按键锁死和画面倒置等）、通信质量下降（语音不清楚、有噪声或杂音）、自动重启或关机、部分功能失效或性能降低（照相功能、内置游戏、歌曲播放器和网上浏览器等）以及所有功能失效。另一类是试验后无法恢复，元器件可能毁坏，设备的某个功能已无法使用（如按键数字混乱、所有按键失效、无法开机、开机后无显示和无声音等）或辅助设备损坏（充电器毁坏，无法进行充电）。

对于这些问题，依据具体的问题来分析、改进和处理，总体的原则一是减少静电放电耦合的途径，设备壳体表面使用绝缘材料并减小壳体缝隙和孔洞尺寸；二是分散静电放电产生的能力，设备具有良好的接地；三是保护设备的敏感元器件，使用屏蔽壳保护敏感元器件，屏蔽壳良好接地；四是系统软件具有一定的纠错处理机制，避免出现问题后软件进入死循环状态；五是使用抗静电强的元器件，对于静电放电发生风险高的元器件（如屏幕及按键等）使用抗静电等级高的元器件。

10. 无线通信设备静电放电测试符合性判定

无线通信设备进行静电放电测试时，应依据性能判据的要求进行符合性判定，在静电放电试验的过程中和试验结束后，符合性能判据的要求则判定为"合格"，否则为"不合格"，试验结束后应对被测设备的所有功能进行核查，均符合性能判据的要求则判定为"合格"，否则为"不合格"。

10.7 静电放电测试报告的特殊要求

静电放电测试的报告信息应按 GB/T 27025 标准对报告的要求外，还应给出但不限于以下信息。

1）测试的试验场所。

2）测试时的试验环境，包括温度、相对湿度和大气压。

3）放电回路电缆的长度。

4）选取的测试点、测试等级及放电方式（接触放电、空气放电和间接放电），必要时给出测试点选取的示意图。

5）对被测设备的监视方法及监视的指标。

6）对被测设备的性能判据。

7）试验的布置情况，按台式设备还是落地式设备进行布置，被测设备是否接地，电荷的泄放方式，给出试验的布置图。

8）试验的结果和结论，被测设备出现问题时问题现象的描述。

如果相关标准中有对报告信息的要求，应按行业标准的要求。

10.8 小结

对于无线通信设备的静电放电测试，在相应的行业标准中通常引用的是 GB/T 17626.2 的试验方法，随着这个标准的更新，无线通信设备静电放电测试的方法也会随之进行更新。

本文的试验方法主要依据的是 GB/T 17626.2—2018（IEC 61000-4-2：2008）标准规定的方法，使用了 IEC 61000-4-2 ED3 草案的一些要求和方法，随着标准的更新和后续发布，一些方法要求可能会变化，应按最新的正式发布的标准要求进行试验。

本文无线设备的工作状态、要求、试验等级及性能判据等要求均为通用的建议要求，具体的要求应依据相应的行业标准要求。

参考文献

[1] 全国电磁兼容标准化技术委员会（SAC/TC 246）. 电磁兼容 试验和测量技术 静电放电抗扰度试验：GB/T 17626.2—2018 [S]. 北京：中国标准出版社，2018.

[2] IEC. Electromagnetic compatibility (EMC)-Part 4-2：Testing and measurement techniques-Electrostatic discharge immunity test：IEC 61000-4-2：2008 [S]. Geneva：IEC, 2008.

[3] IEC. Electromagnetic compatibility (EMC)-Part 4-2：Testing and measurement techniques-Electrostatic discharge immunity test：IEC 61000-4-2 ED3 [S]. Geneva：IEC, 2023.

[4] 全国无线电干扰标准化技术委员会（SAC/TC 79）. 信息技术设备、多媒体设备和接收机 电磁兼容 第2部分：抗扰度要求：GB/T 9254.2—2021 [S]. 北京：中国标准出版社，2021.

[5] 刘宝殿，杨丁乙，卢民牛. 移动电话的静电放电防护 [J]. 安全与电磁兼容，2005（6）：73-75，80.

第 11 章　无线通信设备瞬态抗扰度测试

11.1　瞬态抗扰度的测试依据

在电磁兼容试验中，瞬态抗扰度主要是指那些相对持续时间较短（或持续时间有限）且不连续（间隔时间相对较长）的瞬态现象，其特点是能量高但持续时间短，可能对被测设备的性能造成干扰或对其硬件造成损伤。本文中只涉及目前无线通信设备行业标准中包含的项目。

对于无线通信设备，行业标准中的瞬态抗扰度试验主要包括电快速瞬变脉冲群抗扰度试验、浪涌（冲击）抗扰度试验、工频磁场抗扰度试验以及电压暂降、短时中断和电压变化抗扰度试验。试验方法通常引用 GB/T 17626（IEC 61000）系列标准中相应标准的试验方法。

对于用于车载环境的无线通信设备，行业标准中的瞬态抗扰度试验为瞬变与浪涌抗扰度试验。试验方法通常引用 GB/T 21437（ISO 7637）系列标准中相应的标准的试验方法。

11.2　术语和定义

1. 脉冲群 burst［GB/T 17626.4—2018 的 3.1.2］

数量有限且清晰可辨的脉冲序列或持续时间有限的振荡。

2. 耦合 coupling［GB/T 17626.4—2018 的 3.1.4］

线缆间的相互作用，将能量从一个线路传递到另一个线路。

3. 共模（耦合）common mode（coupling）［IEC 61000-4-4:2012 的 3.1.5］

相对接地参考平面的所有导线同时耦合。

4. 耦合夹 coupling clamp［GB/T 17626.4—2018 的 3.1.6］

在与受试线路没有任何电连接的情况下，以共模形式将骚扰信号耦合到受试线路的、具有规定尺寸和特性的一种装置。

5. 耦合网络 coupling network［GB/T 17626.4—2018 的 3.1.7］

用于将能量从一个线路传送到另一个线路的电路。

6. 去耦网络 decoupling network［GB/T 17626.4—2018 的 3.1.8］

用于防止施加到受试设备上的电快速瞬变/浪涌（冲击）电压影响其他不被试验的装置、设备或系统电路。

7. 瞬态 transient［GB/T 17626.4—2018 的 3.1.18］

在相邻稳定状态之间变化的物理量或物理现象,其变化时间小于所关注的时间尺度。

8. (性能) 降低 degradation (of performance)［GB/T 17626.4—2018 的 3.1.9］

装置、设备或系统的工作性能与正常性能的非期望偏高。

9. 上升时间 rise time［GB/T 17626.4—2018 的 3.1.17］

脉冲瞬时值首次从脉冲幅值的 10% 上升到 90% 所经历的时间。

10. 脉冲宽度 pulse width［GB/T 17626.4—2018 的 3.1.16］

瞬时值达到首个脉冲上升沿的 50% 时和达到最后下降沿的 50% 时的时间间隔。

11. 参考接地平面 reference ground plane; RGP［IEC 60050-161:2014］

与参考地电位相同的平坦导电平面,用作公共参考,有助于在被测设备周围产生可重复的寄生电容。

12. 验证 verification［GB/T 17626.4—2018 的 3.1.20］

用于检查测试设备系统(例如,试验发生器和互连电流),以证明测试系统正常工作的一整套操作。

13. (对骚扰的) 抗扰度immunity (to a disturbance)［GB/T 17626.4—2018 的 3.1.14］

装置、设备或系统面临电磁骚扰不降低运行性能的能力。

14. 非对称模式 (耦合) unsymmetric mode (coupling)［GB/T 17626.4—2018 的 3.1.19］

相对接地参考平面的单线耦合。

15. 浪涌 (冲击) surge［GB/T 17626.5—2019 的 3.1.20］

沿线路或电路传播的电流、电压或功率的瞬态波,其特征是先快速上升后缓慢下降,简称为浪涌。

16. 组合波发生器 combination wave generator; CWG［GB/T 17626.5—2019 的 3.1.4］

能产生 1.2/50 μs 开路电压波形、8/20 μs 短路电流波形或 10/700 μs 开路电压波形、5/320 μs 短路电流波形的发生器。

17. 对称线 symmetrical lines［GB/T 17626.5—2019 的 3.1.21］

差模到共模转换损耗大于 20 dB 的平衡对线。

18. 雪崩器件 avalanche device［GB/T 17626.5—2019 的 3.1.1］

在规定电压击穿并导通的二极管、气体放电管或其他元件。

19. 箝位器件 clamping device［GB/T 17626.5—2019 的 3.1.3］

防止施加的电压超过规定值的二极管、(压敏) 电阻或其他元件。

20. 有效输出阻抗 effective output impedance［GB/T 17626.5—2019 的 3.1.9］

(浪涌发生器的) 同一输出端开路电压峰值与短路电流峰值的比值。

21. 高速通信线 high-speed communication lines［GB/T 17626.5—2019 的 3.1.12］

工作时传输频率大于 100 kHz 的输入/输出线。

22. 一次保护 primary protection［GB/T 17626.5—2019 的 3.1.16］

防止大部分浪涌（冲击）能量通过指定界面传播的措施。

23. 二次保护 secondary protection［GB/T 17626.5—2019 的 3.1.19］

对通过一次保护后的能量进行抑制的措施。

24. 感应线圈 induction coil［IEC 61000-4-8-2009 的 3.3］

具有确定形状和尺寸的导体环，环中流过电流时，在其平面和所包围的空间内产生稳定的磁场。

25. 感应线圈因数 induction coil factor［IEC 61000-4-8-2009 的 3.4］

给定尺寸的感应线圈所产生的磁场强度与相应电流的比值，磁场强度是在没有被测设备的情况下，在线圈平面中心处测量的。

26. 浸入法 immersion method［IEC 61000-4-8-2009 的 3.5］

将磁场施加于被测设备的方法，受试设备放在感应线圈的中心。

27. 邻近法 proximity method［IEC 61000-4-8-2009 的 3.6］

将磁场施加于被测设备的方法，用一个小的感应线圈沿被测设备的侧面移动，以便探测被测设备特别敏感的区域。

28. 去耦网络，防逆滤波器 decoupling network，back filter［IEC 61000-4-8-2009 的 3.8］

用于避免与磁场试验以外的设备产生相互影响的电路。

29. 电压暂降 voltage dip［IEC 61000-4-11:2020 的 3.2］

供电系统某一特定点的电压突然下降到规定的降低阈值以下，随后在短暂的间隔后恢复到正常值。

30. 短时中断 short interruption［IEC 61000-4-11:2020 的 3.3］

供电系统某一特定点的所有相位的电压突然下降到规定的中断阈值以下，随后在短暂间隔后恢复到正常值。

31.（电压暂降）剩余电压 residual voltage（of voltage dip）［IEC 61000-4-11:2020 的 3.4］

电压暂降或者短时中断期间记录的最小电压方均根值。

32. 脉冲 pulse［GB/T 29259—2012 的 3.32］

具有特定形状和时间特征的相对稳定的瞬态。

33. 峰值 peak amplitude［GB/T 29259—2012 的 3.31］

瞬态幅度的最大值。

11.3 电快速瞬变脉冲群抗扰度试验

11.3.1 电快速瞬变脉冲群的定义

电感性负载进行切换的瞬态（例如切断感性负载、继电器触点弹跳和高压开关切换等）

过程中，会在线路中产生一连串瞬态变化的脉冲，称为快速瞬变脉冲群，如果电感性负载多次重复开关，则脉冲群又会以相应的时间间隔多次重复出现。这些脉冲的特点是瞬变的高幅值、短上升时间、高重复率和低能量，通常很少会造成电子电气设备的硬件损坏，只是对设备的一些功能或可靠性能产生影响。脉冲群会耦合到线路中的电子电气设备上，从而可能会对这些设备的性能造成干扰。

GB/T 17626.4（IEC 61000-4-4）标准中，电快速瞬变脉冲群抗扰度试验的脉冲群是由重复周期为300 ms的连续脉冲串组成，每个脉冲群由数个单个脉冲组成，脉冲的重复频率为5 kHz时，脉冲群的持续时间为15 ms，重复频率为100 kHz时，脉冲群的持续时间为0.75 ms。每个脉冲群包含75个单个脉冲，脉冲群的示意图如图11-1所示。单个脉冲的上升时间为5 ns，持续时间50 ns，输出到50 Ω负载的单个脉冲的理想波形如图11-2所示。

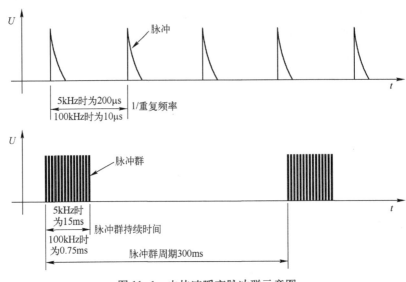

图 11-1　电快速瞬变脉冲群示意图

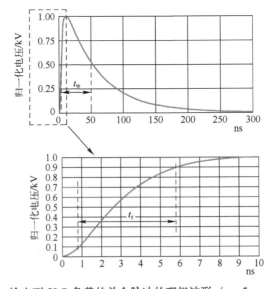

图 11-2　输出到50 Ω负载的单个脉冲的理想波形（$t_r = 5$ ns，$t_w = 50$ ns）

11.3.2　试验设备

电快速瞬变脉冲群抗扰度试验的主要设备包括快速瞬变脉冲群发生器、交流/直流耦合去耦网络、容性耦合夹及进行校准/验证用的负载。

1. 快速瞬变脉冲群发生器

快速瞬变脉冲群发生器的特性见表 11-1。

表 11-1　快速瞬变脉冲群发生器的特性

序　号	特　性	要　求	
1	1000 Ω 负载时输出电压	至少从 0.24~3.8 kV	
2	50 Ω 负载时输出电压	至少从 0.125~2 kV	
3	电压极性	正极性和负极性	
4	输出形式	50 Ω 同轴输出	
5	隔直电容	(10±2) nF	
6	重复频率	(5 kHz 或 100 kHz)×(1±20%)	
7	与交流电源的关系	异步	
8	脉冲群持续时间	5 kHz 时为 (15±3) ms	
		100 kHz 时为 (0.75±0.15) ms	
9	脉冲群周期	(300±60) ms	
10	脉冲波形	输出到 50 Ω 负载	上升时间 t_r = (5±1.5) ns 脉冲宽度 t_w = (50±15) ns 峰值电压：表 11-2 中的电压值×(1±10%)
		输出到 1000 Ω 负载	上升时间 t_r = (5±1.5) ns 脉冲宽度 t_w = 50 ns，容许 -15 ns ~ +100 ns 的偏差 峰值电压：表 11-2 中的电压值×(1±20%)
11	发生器应能在短路条件下工作不被破坏		

应定期对快速瞬变脉冲群发生器进行校准，在快速瞬变脉冲群发生器分别连接 50 Ω 和 1000 Ω 同轴终端时进行校准。对峰值电压进行校准，校准值应符合表 11-2 的要求，对设定电压的上升时间、脉冲宽度、脉冲重复频率、脉冲群的持续时间和脉冲群周期进行校准，校准值应符合表 11-1 相应的要求。

表 11-2　输出电压峰值

序　号	设定电压/kV	V_p(开路电压)/kV	V_p(1000 Ω)/kV	V_p(50 Ω)/kV	重复频率/kHz
1	0.25	0.25	0.24	0.125	5 或 100
2	0.5	0.5	0.48	0.25	5 或 100
3	1	1	0.95	0.5	5 或 100
4	2	2	1.9	1	5 或 100

（续）

序　号	设定电压/kV	V_p(开路电压)/kV	V_p(1000Ω)/kV	V_p(50Ω)/kV	重复频率/kHz
5	4	4	3.8	2	5 或 100

宜采取措施确保寄生电容保持最小

注1：如 V_p(1000Ω) 列中所示，接 1000Ω 负载阻抗将导致电压读数低于设置电压的 5%，由于快速瞬变脉冲群发生器的阻抗为 50Ω，接 1000Ω 负载阻抗后整个线路的阻抗为 1050Ω，则在 1000Ω 负载阻抗处测得的电压 V_p(1000Ω) = (V_p/1050)×1000

注2：接 50Ω 负载时，如注1所示，测得的输出电压 V_p(50Ω) 是开路电压的一半

2. 电源端口耦合/去耦网络（CDN）

电源端口耦合/去耦网络用于电源端口的电快速瞬变脉冲群抗扰度试验，支持交流和直流供电。耦合/去耦网络为单相或三相电源耦合/去耦网络，依据被测设备的供电情况选择配置，支持的最大电流也按被测设备的最大电流进行选择。电源端口的耦合/去耦网络的特性为铁氧体的去耦电感应大于 100μH，耦合电容为 33nF，电路图以三相为例，如图 11-3 所示。

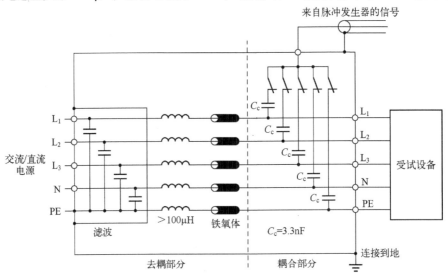

图 11-3　用于交流/直流电源端口的耦合/去耦网络

应定期对电源端口耦合/去耦网络进行校准，应连接快速瞬变脉冲群发生器（符合本节的要求且进行电快速瞬变脉冲群试验时与耦合/去耦网络一起使用的发生器）在共模模式下对电源端口耦合/去耦网络进行校准，即将瞬态脉冲同时耦合到所有线。对每个耦合线，应在耦合/去耦网络的每个输出端连接 50Ω 终端对参考地分别进行校准。

使用同轴适配器连接 CDN（耦合/去耦网络）的输出，CDN 的输出和同轴适配器之间的连接应尽可能短，不超过 0.1m。

校准时，将快速瞬变脉冲群发生器的输出电压设置为标称值 4kV，然后进行校准，则校准值应符合：脉冲上升时间应为 (5.5±1.5)ns，脉冲宽度应为 (45±15)ns，峰值电压应为 (2±0.2)kV。

另外，应断开受试设备和供电网络的连接，快速瞬变脉冲群发生器设置为 4 kV，耦合/去耦网络设置在共模耦合，每个输入端子分别端接 50 Ω 时，在耦合/去耦网络电源输入端口测量的剩余电压不应超过 400 V。

对于通信设备，进行电快速瞬变脉冲群抗扰度试验时，一般使用交流单相且供电电流不超过 32 A 的耦合/去耦网络，也能进行直流设备的试验，直流供电电流不大于 16 A。

3. 容性耦合夹

在无法使用耦合/去耦网络或受试端口的线缆无法断开时，使用容性耦合夹将电快速瞬变脉冲群耦合到受试线路上。容性耦合夹可用于信号和控制端口，当本节规定的电源耦合/去耦网络不适用时，也可用于电源端口。

容性耦合夹的机械结构如图 11-4 所示，其底部耦合板高度为 (100±5) mm，底部耦合板宽度为 (140±7) mm，底部耦合板长度为 (1000±50) mm。耦合夹两端具有高压同轴连接器，其任一端均可与快速瞬变脉冲群试验发生器连接。

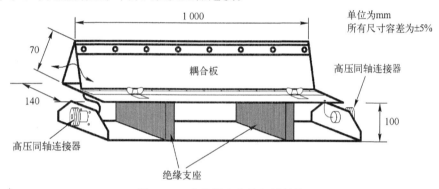

图 11-4　容性耦合夹的机械结构

应定期对容性耦合夹进行校准，在校准时应连接快速瞬变脉冲群发生器（符合本节的要求且进行电快速瞬变脉冲群试验时与耦合夹一起使用的发生器），校准的波形特性，上升时间应符合 (5±1.5) ns、脉冲宽度应符合 (50±15) ns 以及当快速瞬变脉冲群发生器输出电压设置为 2 kV 时，校准的峰值电压应符合 (1000±200) V。

4. 负载

通常在采购快速瞬变脉冲群发生器时，同时采购 50 Ω 和 1000 Ω 的同轴负载，用于发生器波形特性的验证。同轴负载的特性要求见表 11-3。

表 11-3　同轴负载特性

序　号	同轴负载	阻抗特性	插入损耗容差
1	50 Ω	50 Ω±1 Ω	≤100 MHz：≤±1 dB
2	1000 Ω	1000 Ω±20 Ω	100~400 MHz：≤±3 dB

应定期对同轴负载进行校准，对阻抗特性及插入损耗进行校准，负载的校准特性应符合表 11-3 的要求。

11.3.3　试验场地

试验场地的电磁环境应不影响被测设备的正常工作，实验室的气候条件应在被测设备制造商及试验设备制造商规定的限值之内。如果由于相对湿度过高而引起被测设备或试验设备凝露,则不能进行试验。

试验场地应足够大,确保除了接地参考平面,被测设备和所有其他导电性结构(包括发生器、辅助设备和屏蔽室的墙壁)之间的最小距离应大于0.5 m。

1. 接地参考平板

试验场地应具备接地参考平面,接地参考平面如果是铜板或铝板,则其厚度应不小于0.25 mm,如果是其他金属板,则其厚度至少应为0.65 mm。

接地参考平板的尺寸取决于被测设备的尺寸,最小尺寸为0.8 m×1 m。其各个边至少应比被测设备超出0.1 m。

接地参考平板应与保护接地相连接,应定期检查连接的可靠性,确保接地良好。

通常实验室在地面铺设接地参考平面用于落地式设备的试验,在试验桌上铺设接地参考平面用于台式设备的试验。

2. 试验桌及绝缘支撑物

为了便于操作,对于台式设备和安装在天花板或墙壁的设备通常使用试验桌进行试验,试验桌上铺接地参考平板并接地。通常试验桌的高度为0.8 m,桌面尺寸不小于0.8 m×1 m。

绝缘支撑物是厚度为0.1 m±0.01 m的绝缘块,可使用木块或低相对介电常数($\varepsilon_r \leqslant 1.4$)的其他材料,其长度和宽度可依据被测设备的情况选择,不同尺寸的绝缘支撑可多配备一些进行组合使用,例如0.5 m×0.2 m×0.1 m的绝缘块。

11.3.4 试验电压

对于无线通信设备,进行电快速瞬变脉冲群试验时,通常使用以下规定的试验电压,不同的产品可能要求不同,具体依据相应的行业标准。

1. 无线通信终端设备

线缆长度大于3 m时(小于或等于3 m时不进行试验),信号/控制端口和有线网络的试验电压为开路电压0.5 kV,重复频率为5 kHz。

线缆长度大于3 m时(小于或等于3 m时不进行试验),直流电源端口的试验电压为0.5 kV,重复频率为5 kHz。

交流电源端口的试验电压为1 kV,重复频率为5 kHz。

2. 无线通信网络设备

线缆长度大于3 m时(小于或等于3 m时不进行试验),信号/控制端口和有线网络的试验电压为开路电压0.5 kV,重复频率为5 kHz。

线缆长度大于3 m时(小于或等于3 m时不进行试验),直流电源端口的试验电压为1 kV,重复频率为5 kHz。

交流电源端口的试验电压为2 kV,重复频率为5 kHz。

11.3.5 试验布置

试验发生器和耦合/去耦网络应与参考接地平面搭接。耦合/去耦网络连接到接地参考平面的接地电缆，以及所有的搭接所产生的连接阻抗，其电感成分要小。

台式设备和安装于天花板或者墙壁的设备以及嵌入式设备，应放置在接地参考平面上高 (0.1 ± 0.01) m 的绝缘支撑上，接地参考平面可放置在试验桌上。

落地式设备放置在接地参考平面上高 (0.1 ± 0.01) m 的绝缘支撑上，大型台式设备或多系统设备可按落地式设备进行布置。

接地参考平面的各边至少应比被测设备超出 0.1 m。

除了接地参考平面，被测设备和所有其他导电性结构（包括发生器、辅助设备和屏蔽室的墙壁）之间的最小距离应大于 0.5 m。

对于台式设备，任何耦合设备和被测设备之间的距离应为 $0.5_0^{+0.1}$ m。对于落地式设备，任何耦合设备和被测设备之间的距离应为 (1.0 ± 0.1) m。当条件无法满足上述距离时，可使用其他距离，但应在试验报告中说明。

被测设备部件间的距离为 0.5 m。

被测设备的所有线缆应放置在接地参考平面上高 0.1 m 的绝缘支撑上。不进行试验的线缆尽量远离被测线缆，以使线缆间的耦合最小化。对于超出长度的线缆，应进行捆扎。

使用容性耦合夹时，容性耦合夹应放置在接地参考平面上，接地参考平面的周边至少应超出耦合夹 0.1 m。耦合板和所有其他导电性表面（包括快速瞬变脉冲群发生器）之间的最小距离为 0.5 m。快速瞬变脉冲群发生器应连接到耦合夹最接近被测设备的那一端。

使用耦合夹时，线缆应放置在耦合夹的中间，超出长度的线缆应在辅助侧进行捆扎。

被测设备的接地，被测设备应按制造商的安装规范连接到接地系统上，不允许有额外的接地，即被测设备实际安装使用时有接地要求，则试验时要进行接地，如果实际安装使用时没有接地要求，则试验时不进行接地。

试验布置示例如图 11-5~图 11-8 所示。

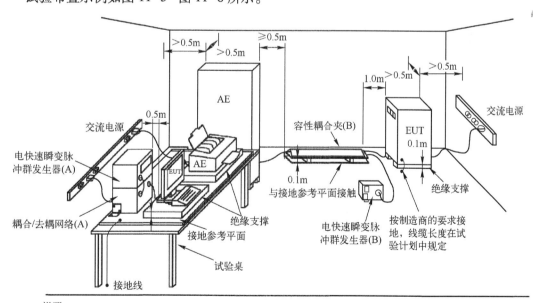

说明：
　　(A)—电源线耦合位置；(B)—信号线耦合位置；EUT—被测设备；AE—辅助设备

图 11-5　实验室试验的布置示例

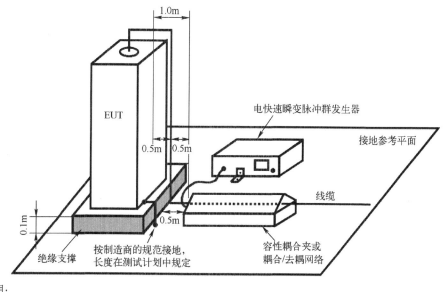

图 11-8　被测设备高架线缆的试验布置示例

说明：

EUT—被测设备

　　试验电压应逐个耦合到被测设备的所有端口，包括被测设备两个单元之间的端口，除非设备单元之间互连线缆的长度达不到（互连线缆短于 3 m）进行试验的基本要求。

　　应采用去耦网络或共模吸收装置保护辅助设备和公共网络。

　　对于电源端口中无接地端子的设备，试验电压仅施加在 L 和 N 线上。

11.4　浪涌（冲击）抗扰度试验

11.4.1　浪涌（冲击）的产生及试验波形定义

　　在设备的附近发生雷击（包括避雷器的动作）或设备开关操作（例如电容器组的切换、晶闸管的通断、设备和系统对地短路和电弧故障等）时，在设备的电缆上感应或产生瞬态的过电压或过电流，通常将这种过电压或过电流称为浪涌或冲击，简称浪涌。浪涌主要由以下原因产生。

1. 电力系统开关瞬态现象

1）主网电力系统的切换干扰，例如电容器组的切换。

2）配电系统中较小的局部开关动作或负载变化。

3）与开关器件（如晶闸管、晶体管）相关联的谐振现象。

4）各种系统故障，例如电气装置对接地系统的短路或电弧故障。

2. 雷电瞬态现象

1）直接雷击于外部（户外）电路，注入大电流，电流过接地电阻或外部电路阻抗而产生电压。

2）间接雷击（即云层之间或云层中的雷击或对附近物体的雷击）产生的电磁场会在建筑物外部和/或内部的导体上产生感应电压和电流。

3）附近直接对地放电产生的雷电地面电流，耦合到装置接地系统的公共接地路径而产生感应电压。

由于防雷装置动作时，电压和电流可能会发生快速变化，也可能会对相邻设备产生电磁干扰。

浪涌（冲击）呈脉冲状，沿线路或电路传播，脉冲波形的特征是先快速上升后缓慢下降，上升时间较长，为数微秒；脉冲宽度较宽，为数十微秒；脉冲幅度从几百伏到几万伏，电流从几百安到几千安，典型的高压高能量。高的差模电压会导致设备器件被击穿，高的共模电压会导致线路与地之间的绝缘层被击穿，器件被击穿后阻抗很低，高压产生的大电流使器件过热从而造成损坏。因此进行浪涌（冲击）抗扰度试验时，可能会对设备的硬件产生损坏或损伤。

浪涌（冲击）抗扰度试验的试验方法见 GB/T 17626.5—2019（IEC 61000-4-5：2014）标准。其规定的试验脉冲波形，1.2/50 μs-8/20 μs 波形如图 11-9 和图 11-10 所示，10/700 μs-5/320 μs 波形如图 11-11 和图 11-12 所示，用来尽可能地模拟本节的 2 种瞬态现象。

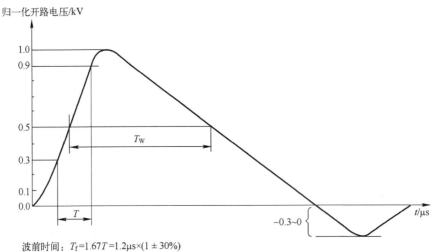

波前时间：T_f=1.67T=1.2μs×(1±30%)
持续时间：T_d=T_W=50μs×(1±20%)
注：1.67为0.9和0.3阈值之差的倒数1/(0.9-0.3)=1.67

图 11-9　未连接耦合/去耦网络（CDN）的发生器输出端的开路电压波形（1.2/50 μs）

对于无线通信设备的浪涌（冲击）抗扰度试验，通常引用 GB/T 17626.5 标准的方法，依据不同的设备选择相应的试验电压。

11.4.2　试验设备

1. 组合波发生器

对于无线通信设备的浪涌（冲击）抗扰度试验，使用两种类型的组合波发生器。根据被测设备的端口类型选择相应的发生器，对于连接到户外的对称通信线端口，使用 10/700 μs 的组合波发生器。其他情况，使用 1.2/50 μs 的组合波发生器。

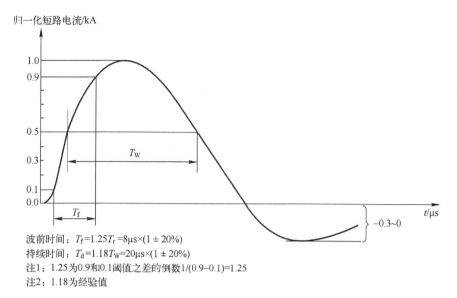

归一化短路电流/kA

波前时间：$T_f = 1.25T_r = 8\mu s \times (1 \pm 20\%)$
持续时间：$T_d = 1.18T_W = 20\mu s \times (1 \pm 20\%)$
注1：1.25为0.9和0.1阈值之差的倒数1/(0.9-0.1)=1.25
注2：1.18为经验值

图 11-10　未连接耦合/去耦网络（CDN）的发生器输出端的短路电流波形（8/20μs）

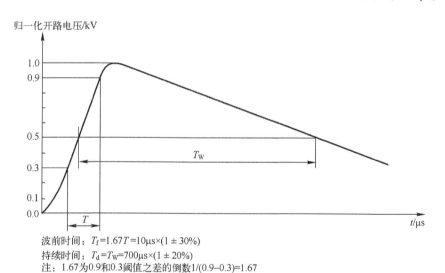

归一化开路电压/kV

波前时间：$T_f = 1.67T = 10\mu s \times (1 \pm 30\%)$
持续时间：$T_d = T_W = 700\mu s \times (1 \pm 20\%)$
注：1.67为0.9和0.3阈值之差的倒数1/(0.9-0.3)=1.67

图 11-11　开路电压波形（10/700μs）

试验波形由开路电压波形和短路电流波形来定义的，试验波形的特性应在未连接被测设备时验证和校准。

（1）1.2/50μs 组合波发生器

浪涌直接从发生器的输出端作用到被测设备的端口时，发生器输出的波形应符合表 11-4的要求。浪涌通过耦合/去耦网络（CDN）作用到被测设备的交流或直流端口时，从耦合/去耦网络的被测设备侧输出的波形应符合 GB/T 17626.5（IEC 61000-4-5）标准对 CDN 的要求。

进行浪涌抗扰度试验时，不要求发生器输出端和耦合/去耦网络输出端的波形同时满足要求，即使用发生器直接对被测设备进行试验时，发生器的输出波形满足表 11-4的要求，使用

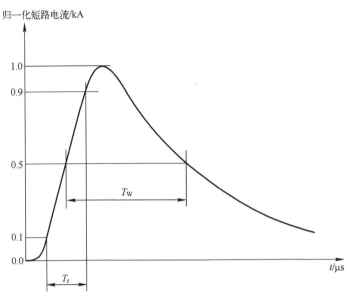

波前时间：$T_f = 1.25T_r = 5\mu s \times (1 \pm 20\%)$
持续时间：$T_d = T_W = 320\mu s \times (1 \pm 20\%)$
注：1.25为0.9和0.1阈值之差的倒数$1/(0.9-0.1)=1.25$

图 11-12　短路电流波形（5/320 μs）

发生器通过 CDN 作用到交流或直流电源端口时，CDN 输出端口的波形满足 GB/T 17626.5（IEC 61000-4-5）对 CDN 输出端的要求而此时发生器不要求再满足表 11-4 的要求。

组合波发生器的同一输出端口的开路输出电压峰值与短路输出电流峰值之比为有效输出阻抗，1.2/50 μs 发生器的有效输出阻抗为 2 Ω，其特性如下。①极性：正/负。②相移：相对于被测设备交流电压的相位在 0°～360°变化，允差±10°。③重复频率：每分钟一次，或更快。④开路输出电压峰值：0.5 kV 起至所需的试验电平，可调；对于无线通信设备，通常电压峰值最大为 4 kV 即可满足行业标准要求。⑤浪涌电压波形：见表 11-4 和图 11-9。⑥开路输出电压允差：±10%。⑦短路输出电流峰值：与设定的峰值电压有关（见表 11-4 和表 11-5）。⑧浪涌电流波形：见表 11-4 和图 11-10。⑨短路输出电流允差：±10%。

表 11-4　1.2/50 μs-8/20 μs 组合波波形参数定义

定　义	波前时间 $T_f/\mu s$	持续时间 $T_d/\mu s$
开路电压	$T_f = 1.67T = 1.2 \times (1\pm30\%)$	$T_d = T_W = 50 \times (1\pm20\%)$
短路电流	$T_f = 1.25T_r = 8 \times (1\pm20\%)$	$T_d = 1.18T_W = 20 \times (1\pm20\%)$

表 11-5　开路电压峰值和短路电流峰值的关系

发生器输出端开路电压峰值（±10%）	发生器输出端短路电流峰值（±10%）
0.5 kV	0.25 kA
1.0 kV	0.5 kA
2.0 kV	1.0 kA
4.0 kV	2.0 kA

应定期对发生器进行校准，除了相移外，应对发生器的所有特性进行校准并符合上述对发生器特性的要求。

（2） 10/700 μs 组合波发生器

组合波发生器的同一输出端口的开路输出电压峰值与短路输出电流峰值之比为有效输出阻抗，10/700 μs 发生器的有效输出阻抗为 40 Ω，其特性如下。①极性：正/负。②相移：相对于被测设备交流电压的相位在 0°～360° 变化，允差±10°。③重复频率：每分钟一次或更快。④开路输出电压峰值：0.5 kV 起至所需的试验电平，可调；对于无线通信设备，通常电压峰值最大为 4 kV 即可满足行业标准要求。⑤浪涌电压波形：见表 11-6 和图 11-11。⑥开路输出电压允差：±10%。⑦短路输出电流峰值：与设定的峰值电压有关（见表 11-6 和表 11-7）。⑧浪涌电流波形：见表 11-6 和图 11-12。⑨短路输出电流允差：±10%。

表 11-6　10/700 μs-5/320 μs 组合波波形参数定义

定 义	波前时间 T_f/μs	持续时间 T_d/μs
开路电压	10×(1±30%)	700×(1±20%)
短路电流	5×(1±20%)	320×(1±20%)

表 11-7　开路电压峰值和短路电流峰值的关系

发生器输出端开路电压峰值（±10%）	发生器输出端短路电流峰值（±10%）
0.5 kV	12.5 A
1.0 kV	25 A
2.0 kV	50 A
4.0 kV	100 A

应定期对发生器进行校准，应对发生器的所有特性进行校准并符合上述对发生器特性的要求。

2. 耦合/去耦网络（CDN）

每个 CDN 都包括去耦网络和耦合网络。CDN 的类型可分为用于电源线和互连线的 CDN，依据线缆的类型，在试验时选择相应的 CDN。

对于无线通信设备，通常实验室至少应配备交流/直流电源 CDN（单相，电流小于 63A）、非屏蔽不对称互连线 CDN、非屏蔽对称互连线 CDN（8 线，配备耦合电阻确保并联电阻值为 40 Ω）以及高速非屏蔽对称互连线 CDN，为了满足试验的要求，可能需要配备多个 CDN 或单个 CDN 可完成多个功能，例如交流三相电源 CDN 可进行单项交流电源测试，8 线非屏蔽对称互连线 CDN 可进行 2 线和 4 线非屏蔽对称互连线测试。

（1） 交/直流电源的 CDN

对于交/直流电源的 CDN，CDN 产生的压降在额定电流情况下不超过 CDN 输入电流的 10%，去耦电感不超过 1.5 mH。

其耦合阻抗为 1.8 μF（线对线耦合时使用）、9 μF+10 Ω（线对地耦合时使用），CDN 支持线对线和线对地的耦合方式，与 1.2/50 μs 组合波发生器一起使用。

在使用交/直流电源 CDN 时，注意被测设备的峰值电流不能超过 CDN 的最大额定电流，由于 CDN 既可进行交流试验也可进行直流试验，在进行直流试验时，要特别注意，CDN 的直流额定电流要小于交流的额定电流，通常使用时不超过交流额定电流的一半，避免损坏 CDN。

（2）非屏蔽互连线的 CDN

用于非屏蔽互连线的 CDN 在使用时能确保互连线的通信正常。

用于非屏蔽不对称互连线的 CDN，应支持线对线和线对地两种耦合方式，耦合电阻的阻值为 40 Ω，与 1.2/50 μs 组合波发生器一起使用。

用于非屏蔽对称互连线的 CDN，应支持所有线缆对地的耦合方式，并联耦合电阻的阻值为 40 Ω。对于高速互连线的 CDN 应支持互连线的高数据传输速率，例如传输速率为 1000 Mbit/s，此 CDN 与 1.2/50 μs 组合波发生器一起使用。

用于非屏蔽户外对称通信线（双绞线）的 CDN，应支持所有线缆对地的耦合方式，耦合阻抗值为 25 Ω 与耦合装置（气体放电管）的阻抗之和，去耦电感为 20 mH，与 10/700 μs 组合波发生器一起使用。

在 CDN 输出的波形参数及要求见标准 GB/T 17626.5（IEC 61000-4-5）的相关要求。

CDN 应定期进行校准，由于 CDN 输出端口的波形参数取决于与其组合进行测试的特定发生器，因此波形参数应在此组合下进行校准。应对开路电压峰值、开路电压波前时间、开路电压持续时间、短路电流峰值、短路电流波前时间和短路电流持续时间进行校准，校准结果符合 GB/T 17626.5（IEC 61000-4-5）的相关要求。

另外对于配合 CDN 使用的电阻的阻值也应进行校准。

3. 安全隔离变压器

进行屏蔽线缆的浪涌抗扰度试验时，建议配备相应的交流电源安全隔离变压器，依据被测设备和辅助设备的供电需求选择相应的隔离变压器。如果不配备安全隔离变压器，可使用去耦网络为被测设备和辅助设备供电。直流供电的设备，建议选择去耦网络为被测设备或辅助设备供电。

11.4.3 试验场地

浪涌抗扰度试验对试验场地没有特殊要求，只是在对双端接地的屏蔽线进行试验时，要求有接地参考平面。通常浪涌和电快速瞬变脉冲群试验使用一个场地，因此浪涌抗扰度试验的场地可与电快速瞬变脉冲群的试验场地共用，具体要求见本章的 11.3.3 节。

11.4.4 试验电压

对于无线通信设备，进行浪涌（冲击）试验时，通常使用以下规定的试验电压，不同的产品可能要求不同，具体依据相应的行业标准。

1. 无线通信终端设备

对于 AC 电源端口试验电压为 2 kV（线对地）、1 kV（线对线），试验波形为（1.2/50 μs-8/20 μs）组合波。

对于 DC 电源线上的试验电压为 1 kV（线对地）、0.5 kV（线对线），试验波形为（1.2/50 μs-8/20 μs）组合波。

对于直接与室外线缆连接的有线网络端口，连接对称线缆的端口，试验电压应为 1 kV

（线对地），试验波形为（10/700 μs-5/320 μs）组合波；连接非对称线缆的端口，试验电压为 1 kV（线对地）、0.5 kV（线对线），试验波形为（1.2/50 μs-8/20 μs）组合波。

对于与室内线缆相连并且连接线缆长度大于 30 m 的有线网络端口，试验电压应为 0.5 kV（线对地），试验波形为（1.2/50 μs-8/20 μs）组合波。

2. 无线通信网络设备

对于室内 AC 电源线，试验电平应为 2 kV（线对地）、1 kV（线对线），试验波形为（1.2/50 μs-8/20 μs）组合波。

对于室外 AC 电源线，试验电平应为 4 kV（线对地）、2 kV（线对线），试验波形为（1.2/50 μs-8/20 μs）组合波。

对于 DC 电源线，试验电平应为 1 kV（线对地）、0.5 kV（线对线），试验波形为（1.2/50 μs-8/20 μs）组合波。

对于室外信号线，对称线缆端口，试验电压应为 1 kV（线对地），试验波形为（10/700 μs-5/320 μs）组合波；非对称线缆端口，试验电压为 1 kV（线对地）、0.5 kV（线对线），试验波形为（1.2/50 μs-8/20 μs）组合波。

对于室内信号线，试验电平应为 0.5 kV（线对地），试验波形为（1.2/50 μs-8/20 μs）组合波。

11.4.5　试验布置

1. 双端接地的屏蔽线

被测设备为金属外壳时，被测设备与地绝缘，浪涌直接施加在它的金属外壳上，被测屏蔽线端口的另一端（或辅助设备）接地。

被测设备为非金属外壳时，浪涌直接施加到被测设备侧的屏蔽线缆的屏蔽壳上。

屏蔽线缆的长度为 20 m（首选）或超过 10 m 的最短长度，小于或等于 10 m 的屏蔽线缆则不进行浪涌试验。

除了被测端口，所有与被测设备连接的端口都应通过合适的方法与地隔离，例如使用安全隔离变压器或合适的去耦网络。

被测设备与辅助设备之间的电缆应采用非感性捆扎或双绕线法，并放置在绝缘支撑物上。

试验时，使用符合 11.4.2 节要求的 1.2/50 μs 组合波发生器和 18 μF 的耦合电容进行试验。如果组合波发生器有内置的 18 μF 的耦合电容则可直接使用。

对于单端接地的屏蔽线缆，按互连线缆的试验进行布置。

试验布置如图 11-13 所示。

2. 其他端口

浪涌抗扰度的试验布置除了对双端接地的屏蔽线有布置要求外，其他试验布置没有特殊要求，可参照或直接按照电快速瞬变脉冲群的试验布置进行试验，注意在使用 CDN 时，CDN 应接地。

如果没有其他规定，被测设备和 CDN 之间的连线长度不应超过 2 m。

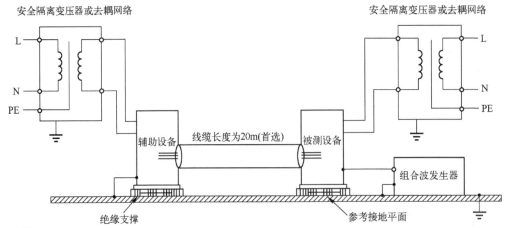

说明：

    PE—保护接地；N—中性线

    使用去耦网络为被测设备和/或辅助设备供电时，被测设备的保护接地不宜连接到去耦网络。直流供电的被测设备或辅助设备宜通过去耦网络供电

    被测设备辅助设备侧的接地连接可以通过直接连接到屏蔽层实现而不用连接到辅助设备的机壳

图 11-13 双端接地屏蔽线试验布置图

11.4.6 试验实施

在进行浪涌试验前，对系统的连接线缆进行检查，确保连接正确及安全，然后对测试系统进行验证，验证组合波发生器和/或 CDN 输出端口的波形参数是否符合相应的要求，可选择任意一个试验等级进行验证。

验证的设备使用示波器及高压探头进行，验证设备应具备足够的带宽、电压量程和电流量程。

对于被测设备，除了对选择的试验等级进行试验外，对于比选择的试验等级低的等级（GB/T 17626.5 中规定的试验等级）也都应进行试验。

1. 电源端口试验

选择合适的 CDN（CDN 的额定电流大于被测设备的峰值电流）进行试验。

直流电源端口，浪涌试验施加在线与线之间（例如，0 V 和-48 V 之间）和每一根线和地之间（例如 0 V 和地之间，-48 V 和地之间）。施加的浪涌脉冲次数为正、负极性各 5 次，连续脉冲的时间间隔为 1 min 或更短，通常设置为 1 min。如果适合的小额定电流的 CDN 无法使被测设备正常工作，则可以选择额定电流更大的 CDN。

对于交流电源，浪涌试验施加在线与线之间和每根线和地之间，应分别在 0°、90°、180°和 270°相位施加正、负极性各 5 次的浪涌脉冲，每次的时间间隔为 1 min 或更短，通常设置为 1 min。

对于双重绝缘产品（例如，没有任何专门的接地端子），不施加线对地的浪涌。

被测设备具有除了 PE 外的其他接地端子，则非 PE 接地端子也需要施加线对地浪涌试验。

在进行线对地试验时，如果没有其他规定，应依次对每根线进行试验。

2. 互连线端口

浪涌的次数（每一个耦合路径），施加在互连线上的浪涌脉冲次数为正、负极性各5次。

连续脉冲的时间间隔为1 min或更短，通常设置为1 min。

在进行线对地试验时，如果没有其他规定，应依次对每根线进行试验。

11.5　工频磁场抗扰度试验

11.5.1　工频磁场的产生及适用范围

工频磁场是由导体中50 Hz或60 Hz的交流电流产生的，或极少量的由附近的其他装置（如变压器的漏磁通）所产生。对临近的设备产生影响：稳定的电流产生稳定的幅值较小的磁场，不稳定的电流或故障电流可能会产生幅值较高但持续时间较短的磁场。

稳定的磁场试验适用于公用或工业低压配电网络或发电厂的所有类型的设备。与故障条件相关的短时磁场试验，与稳态条件下要求的试验等级不同，最高试验等级主要适用于安装在电力设施中的设备。

试验时磁场的波形为50 Hz或60 Hz的正弦波，我国供电使用的是50 Hz的交流电，因此试验波形为50 Hz的正弦波。

在很多情况下（居民区内、变电所和正常条件下的发电厂），谐波产生的磁场可忽略不计。

工频磁场主要对含有磁场敏感器件的设备或装置产生影响，例如有磁场传感器、磁力开关的设备或装置。

工频磁场抗扰度试验的试验方法见GB/T 17626.8（IEC 61000-4-8）标准。

11.5.2　试验设备

试验磁场由流入感应线圈中的电流产生，用浸入法将试验磁场施加到被测设备。

试验设备包括试验发生器和感应线圈。

1. 试验发生器

试验发生器应能在连续工作模式和短时工作模式下运行，输出波形为50 Hz或60 Hz的正弦波。

使用不同的感应线圈时，试验发生器的特性和性能见表11-8。

表11-8　使用不同感应线圈时试验发生器的特性和性能

发生器特性	感应线圈		
	标准感应线圈，正方形，1 m×1 m，单匝	标准感应线圈，长方形，1 m×2.6 m，单匝	其他感应线圈
连续工作方式时输出电流范围	1~120 A	1~160 A	依据需要达到的场强，见表11-9

（续）

发生器特性	感 应 线 圈		
	标准感应线圈，正方形， 1 m×1 m，单匝	标准感应线圈，长方形， 1 m×2.6 m，单匝	其他感应线圈
短时工作方式时输出 电流范围	320～1200 A	500～1600 A	依据需要达到的场强， 见表 11-9
电流/磁场波形	正弦波	正弦波	正弦波
电流畸变率	≤8%	≤8%	≤8%
连续工作方式时间	最长 8 h	最长 8 h	最长 8 h
短时工作方式时间	1～3 s	1～3 s	1～3 s
变压器输出	浮地，不连接 PE	浮地，不连接 PE	浮地，不连接 PE

应定期对试验发生器进行校准，对其输出电流和电流畸变率进行校准，应符合表 11-8 的要求。为了比较不同试验发生器的结果，对于标准感应线圈应验证线圈中的电流值，对于其他线圈应验证场强值。对于标准感应线圈，应使用电流探头和精度高于±2%的测量仪器进行验证。验证布置如图 11-14 所示。对于所有其他感应线圈，应使用精度<±1 dB 的场强计进行验证。试验发生器验证的参数见表 11-9。

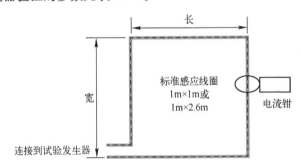

图 11-14　标准感应线圈验证布置图

表 11-9　试验发生器验证的参数

试验场强/A·m⁻¹	单匝，1 m×1 m 标准感应 线圈电流值/A	单匝，1 m×2.6 m 标准感应 线圈电流值/A	在其他感应线圈中央的 场强值/A·m⁻¹
1	1.15	1.51	1
3	3.45	4.54	3
10	11.5	15.15	10
30	34.48	45.45	30
100	114.95	151.5	100

2. 感应线圈

对于单匝 1 m×1 m 和 1 m×2.6 m 的标准感应线圈，由其场强分布可知，只对其电流按图 11-14 的布置进行验证或校准即可，不用再对其场强进行验证或校准。

对于其他线圈，如多匝线圈或其他尺寸的线圈，应验证其场强分布，有效实验空间内场强的最大差异为±3 dB。

（1）1 m×1 m 和 1 m×2.6 m 标准感应线圈

1 m×1 m 标准1匝感应线圈的电感近似为 2.5 μH，1 m×2.6 m 标准1匝感应线圈的电感近似为 6 μH。

感应线圈应由铜、铝或任何导电非磁性材料制成，其横截面和机械布置应便于其在试验期间能定位稳定。感应线圈为铝质材料时，对于 100 A/m 的连续测试，线圈的横截面应为 1.5 cm²，对于 1000 A/m 的短时测试，线圈的横截面应为 4 cm²。

标准感应线圈长度和宽度的允差为±1 cm，从线圈横截面中心测量，如图 11-14 所示。

（2）用于台式设备和落地式设备试验的感应线圈

对于台式设备（如计算机监视器、电能表和程控发射机等），使用边长为1m的单匝正方形标准感应线圈，其有效试验空间为 0.6 m（长）×0.6 m（宽）×0.5 m（高）。

对于落地式设备，使用 1 m×2.6 m 的单匝长方形标准感应线圈，其有效试验空间为 0.6 m（长）×0.6 m（宽）×2 m（高）。由于被测设备的体积大于有效试验空间，标准感应线圈不适用时，可以使用 1 m×1 m（单匝）的标准感应线圈采用邻近法进行试验或依据被测设备的尺寸选择合适尺寸的其他感应线圈进行试验。

使用其他感应线圈时，应确保其有效试验空间的场均匀性优于 3 dB。

应定期对感应线圈的线圈因数进行校准，感应线圈连接至配套使用的试验发生器进行校准。线圈因数给出了获得所需的试验磁场而注入线圈中的电流值（H/I），进行工频磁场抗扰度试验时，应将线圈因数值（m⁻¹）输入到配套使用的试验发生器中。

11.5.3 试验场地

1. 气候及电磁条件

试验场地的气候条件应确保被测设备和测试设备正常运行。如果相对湿度太高，导致被测设备或测试设备上出现冷凝水时，则不能进行试验。

试验场地的电磁条件应确保被测设备能正常运行，避免影响测试结果，否则，应在屏蔽室中进行试验。

试验场地环境的工频磁场值应比选定的试验工频磁场值至少低 20 dB。

2. 接地参考平面

试验场地内应有接地参考平面，对于落地式设备及其辅助设备，进行试验时，应放置在其上的绝缘支撑上。

接地参考平面应是 0.25 mm 厚的非磁性金属板，铜板或铝板。如果是其他金属板，其厚度最小为 0.65 mm。

接地参考平面的最小尺寸为 1 m×1 m，最终尺寸取决于被测设备的大小。

接地参考平面应连接到实验室的安全接地系统。

3. 绝缘支撑

对于落地式设备，支撑为 0.1 m 厚的绝缘块或板，材料是硬质绝缘材料或干的木块，便于支撑落地式设备及其辅助设备。

对于台式设备，支撑为适当高度的绝缘支撑物，可为高度是 0.8 m 的试验桌，也可为其他高度的支撑物，材料为绝缘材料或干的木质材料。

11.5.4 试验场强

对于无线通信设备，工频磁场抗扰度的试验场强通常为 3 A/m（持续）。具体要求可依据相应的行业标准进行。

11.5.5 试验布置

被测设备的所有线缆应有 1 m 的长度暴露在磁场中。

被测设备线缆上如果使用防逆滤波器（去耦网络），则防逆滤波器（去耦网络）应距被测设备 1 m 处安装并与接地参考平面相连接。

试验发生器不能放置在靠近感应线圈的位置，避免影响磁场，试验发生器与感应线圈连接线缆的最大长度为 2 m。

被测设备应放置在感应线圈的有效试验空间内，不能超出。

感应线圈应在不同的正交方向对被测设备进行测试。

台式设备应放置在没有接地参考平面的绝缘支撑上或试验桌上，具体布置如图 11-15 和图 11-16 所示。

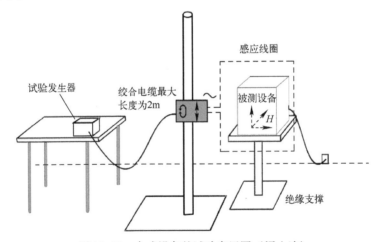

图 11-15　台式设备的试验布置图（浸入法）

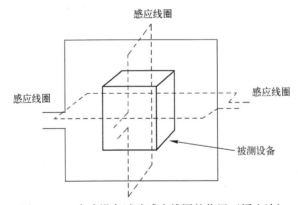

图 11-16　台式设备试验感应线圈的位置（浸入法）

落地式设备应放置在接地参考平面上的 0.1 m 高的绝缘支撑上，具体布置如下，浸入法布置如图 11-17 所示，邻近法布置如图 11-18 所示。

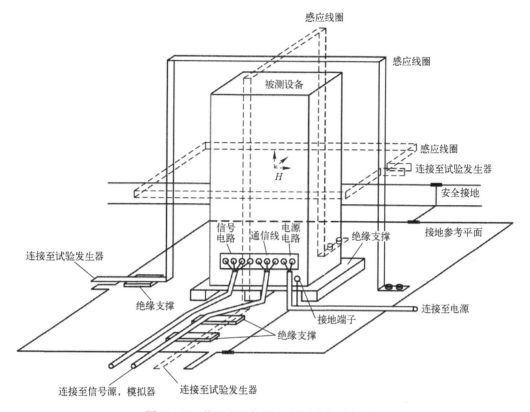

图 11-17 落地式设备的试验布置图（浸入法）

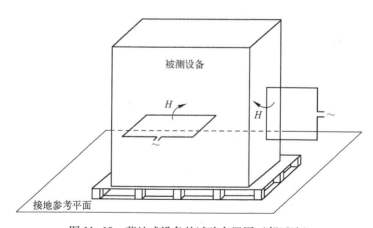

图 11-18 落地式设备的试验布置图（邻近法）

11.5.6 试验实施

对于无线通信设备，通常使用 1 m×1 m 和 1 m×2.6 m 的标准感应线圈即可满足多数设备的测试要求。

试验采用浸入法将试验磁场施加到被测设备。对于落地式设备，当感应线圈的尺寸不适用时，可选择邻近法，试验布置如图 11-18 所示。

在试验时，为避免对人体的电磁暴露风险，建议人员（试验人员及试验现场相关人员）距离感应线圈至少 2 m。

试验前，首先对测试设备的连接进行检查，确保连接安全可靠，然后对感应线圈的电流进行验证（见 11.5.2 节），确保设备的性能符合要求。

1. 台式设备试验

对于台式设备，首先按图 11-15 所示的布置进行试验，然后感应线圈的平面应旋转 90°，以便将被测设备暴露在不同方向的磁场中，如图 11-16 所示。

2. 落地式设备试验

对于落地式设备，使用合适的感应线圈，试验应通过移动感应线圈来重复进行，在每个正交方向对被测设备整体进行试验。

如果被测设备大于感应线圈的有效试验空间，则试验应通过移动感应线圈来重复进行，移动的步长为线圈最短一边的 50%，沿被测设备的侧面将感应线圈移动到不同位置。

为了使被测设备暴露在不同方向的试验磁场中，感应线圈应旋转 90°，按着相同的程序进行试验，试验布置如图 11-17 所示。

11.6 电压暂降、短时中断和电压变化抗扰度试验

11.6.1 电压暂降、短时中断和电压变化产生的原因

电子和电气设备会受到供电电源电压暂降、短时中断或电压变化的影响。

电压暂降和短时中断是由电网、电力设施的故障（主要是短路）或设施中大的负载突然出现变化导致的。在某些情况下会出现两次或更多次连续的暂降或中断。

电压变化是由连接到电网的负荷连续变化导致的。

这些现象本质上是随机的，为了在实验室进行模拟，可以用额定电压的偏离值和持续时间来最低限度地表述其特征。

通常无线通信设备的交流供电输入电流不大于 16 A，本文只涉及使用交流 50 Hz 且每相输入电流不超过 16 A 供电或直流供电的无线通信设备的电压暂降、短时中断和电压变化抗扰度试验。对交流供电输入电流大于 16 A 的无线通信设备，试验方法见 GB/T 17626.34 标准的要求。

本文以被测设备的额定工作电压（U_T）作为规定电压试验等级的基础。采用电压试验等级（以%U_T表示）0%、40%、70%、80%，对应于电压降低后剩余电压为参考电压（额定电压 U_T）的 0%、40%、70%、80%。

对于无线通信设备，分为交流和直流电压暂降、短时中断和电压变化抗扰度试验，交流供电的设备通常引用 GB/T 17626.11（IEC 61000-4-11）标准的要求，直流供电的设备通常引用 GB/T 17626.29（IEC 61000-4-29）标准的要求。

11.6.2　试验设备

1. 交流电源端口的试验发生器

用于交流电源端口的试验发生器的性能和特性见表 11-10。发生器输出波形图如图 11-19~图 11-22 所示。

表 11-10　交流电源端口的试验发生器技术要求

序　号	特　性	要　求
1	发生器空载时输出电压	±5%剩余电压值（100%U_T）
		±5%剩余电压值（80%U_T）
		±5%剩余电压值（70%U_T）
		±5%剩余电压值（40%U_T）
2	发生器输出端电压随负载的变化	100%输出，0~16 A：<5%U_T
		80%输出，0~20 A：<5%U_T
		70%输出，0~23 A：<5%U_T
		40%输出，0~40 A：<5%U_T
3	发生器输出电流能力	在额定电压（U_T）下，每相输出电流的均方根值为 16 A
		应有能力在 80% U_T 下，输出电流为 20 A，持续时间达到 5 s
		应有能力在 70% U_T 下，输出电流为 23 A，持续时间达到 3 s
		应有能力在 40% U_T 下，输出电流为 40 A，持续时间达到 3 s
4	峰值冲击电流驱动能力（对电压变化试验不要求）	不应受发生器的限制，但发生器的最大峰值电流驱动能力： 电压为 250~600 V 时，不大于 1000 A 电压为 220~240 V 时，不大于 500 A 电压为 100~120 V 时，不大于 250 A
5	发生器带有 100 Ω 阻性负载时，实际电压瞬时峰值过冲/欠冲	<5%U_T
6	发生器带有 100 Ω 阻性负载时，突变过程中电压上升时间和下降时间，见图 11-19b 和图 11-20	1~5 μs
7	相位变化（如果必要）	0°~360°
8	电压暂降和中断与电源频率的相位关系	<±10°
9	发生器的过零控制	±10°

备注：

U_T 为设备的额定工作电压。当设备有一个额定电压范围时，如果额定电压的范围不超过其低端的电压值的 20%，则在该范围内可规定一个电压作为试验时的额定电压（U_T）。在其他情况下，应把额定电压范围规定的最低端电压和最高端电压分别作为额定电压（U_T）。国内的交流额定电压通常设置为 220 V

应定期对试验发生器进行校准，对其输出电压、相位以及上升时间或下降时间进行校准，符合表 11-10 的要求。

2. 直流电源端口的试验发生器

用于直流电源端口的试验发生器稳定状态的功率/电流应至少比被测设备的功率/电流值大 20%，推荐具有输出电压 U_o = 360 V（DC）和输出电流 I_o = 25 A 的试验发生器，其性能和特性见表 11-11。

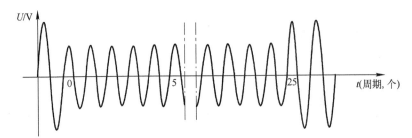

注：电压减少到70%，持续25个周期，在过零处阶跃变化

a) 电压暂降——70%电压暂降正弦波形图(在0°)

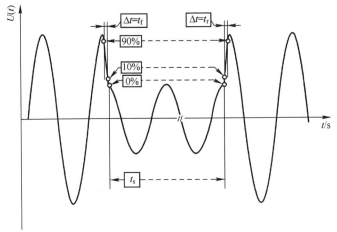

注：t_f—电压下降时间；t_r—电压上升时间；t_s—电压降低后持续时间

b) 电压暂降——40%电压暂降正弦波形图(在90°)

图 11-19 电压暂降示例

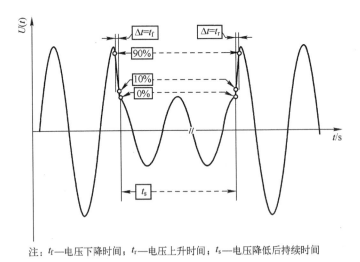

注：t_f—电压下降时间；t_r—电压上升时间；t_s—电压降低后持续时间

图 11-20 短时中断

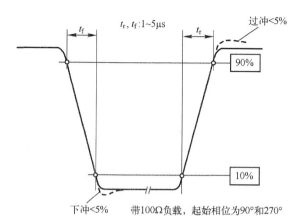

图 11-21　上升和下降时间视图

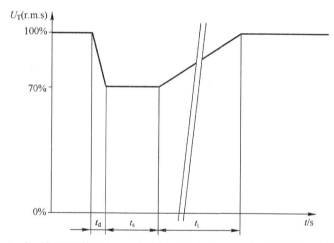

注：t_d—电压降低所需的时间；t_i—电压升高所需的时间；t_s—电压降低后持续时间

图 11-22　电压变化

表 11-11　直流电源端口的试验发生器技术要求

序　号	特　性	要　求
1	输出电压（U_o）范围	≤360 V
2	短时中断、暂降和变化的输出电压	符合标准相应试验等级对应电压的要求
3	发生器带负载时输出电压的变化（0～额定电流）	<5%
4	输出电压纹波含量	<输出电压的 1%
5	发生器运行在"低阻抗"时的输出电流能力	$U_o = 24$ V 时，50 A
		$U_o = 48$ V 时，100 A
		$U_o = 110$ V 时，220 A
6	发生器运行在"高阻抗"状态下的特性（短时中断）	输出端的阻抗应≥100 kΩ
7	发生器带有 100 Ω 阻性负载时，输出电压瞬时峰值过冲/下冲	<电压变化的 10%
8	发生器带有 100 Ω 阻性负载时，电压变化的上升时间和下降时间	1～50 μs

（续）

序　号	特　　性	要　　求
9	输出电流（I_o，稳态）	最高到 25 A

注1：当设备有一个额定电压范围时，如果额定电压的范围不超过其低端的电压值的20%，则在该范围内可规定一个电压作为试验时的额定电压（U_T）。在其他情况下，应把额定电压范围规定的最低端电压和最高端电压分别作为额定电压（U_T）

注2："高阻抗"和"低阻抗"状态是在电压中断期间，从被测设备看过去的试验设备发生器的输出阻抗

3. 电源

交流电源试验电压的频率应在额定频率的±2%范围内。应定期对电源电压的频率进行校准，符合±2%的要求。

直流电源的输出电压及电流要求见表11-11。应定期对直流电源的输出电压、带负载时电压变化和输出电压的纹波进行校准。直流电源的输出电压的准确度应优于±2%。

通常一台试验发生器均能满足交流和直流电压暂降、短时中断和电压变化抗扰度试验。建议试验室配备交流稳压电源系统，对于直流电源应电压可调，通常需要两台直流电源。

11.6.3　试验场地

试验场地的气候条件应能保证被测设备和试验设备正常工作。相对湿度及温度不能导致在被测设备和试验设备上结露。

试验场地的电磁环境应能保证被测设备和试验设备正常工作，不影响试验结果。

11.6.4　试验等级

对于无线通信设备，通常按以下要求进行试验。具体要求见相应的行业标准。

1. 交流电源端口

试验等级如下：

被测设备的供电电压下降到额定电压（U_T）的 0%，持续时间 10 ms。

被测设备的供电电压下降到额定电压（U_T）的 0%，持续时间 20 ms。

被测设备的供电电压下降到额定电压（U_T）的 70%，持续时间 500 ms。

被测设备的供电电压下降到额定电压（U_T）的 0%，持续时间 5 s。

2. 直流电源端口

试验等级见表11-12~表11-14。

表 11-12　直流电源端口电压暂降

试验项目	试验等级（剩余电压）/%U_T	持续时间/s
电压暂降	70	0.01
		1
	40	0.01
		1

表 11-13　直流电源端口电压短时中断

试 验 项 目	试 验 条 件	试验等级(剩余电压)/ %U_T	持续时间/s
电压短时中断	高阻抗（试验发生器输出阻抗）	0	0.001
			1
	低阻抗（试验发生器输出阻抗）	0	0.001
			1

表 11-14　直流电源端口电压变化

试 验 项 目	试验等级（剩余电压）/ %U_T	持续时间/s
电压变化	80	0.1
		10
	120	0.1
		10

11.6.5　试验布置

试验布置按被测设备实际使用时，被测设备典型的使用或安装方式进行试验布置。台式被测设备或壁挂式设备，试验时可放在 0.8 m 高的非导电桌上。落地式被测设备，试验时可放置在非导电地面上。

11.6.6　试验实施

1. 交流电源端口

对于电压暂降和短时中断，被测设备应按每种选定的试验等级和持续时间，顺序进行三次电压暂降或短时中断试验，最小间隔 10 s（两次试验之间的间隔）。

对于电压暂降，电源电压的变化发生在电压过零处，相位角在每相优先选择 45°、90°、135°、180°、225°、270° 和 315°。

对于短时中断，任选一相，在相位角为 0° 时进行测试。

对于每种规定的电压变化试验，应进行三次试验，其间隔为 10 s。

2. 直流电源端口

对于电压暂降和短时中断，被测设备应按每种选定的试验等级和持续时间，顺序进行三次电压暂降或短时中断试验，最小间隔 10 s（两次试验之间的间隔）。

短时中断试验应在高阻抗和低阻抗状态下分别进行试验。

对于每种规定的电压变化试验，应进行三次试验，其间隔为 10 s。

11.7　瞬变和浪涌抗扰度试验

11.7.1　瞬变和浪涌抗扰度试验的适用范围

瞬变和浪涌抗扰度试验适用于固定安装在车辆上由车辆的电源系统供电的车载设备的电

源端口，或在车辆上使用且配备车载电源适配器，使用车辆电源系统供电的车载设备的电源端口。

瞬变和浪涌试验主要模拟电源与感性负载断开引起的瞬态、由于线束电感原因使与被测设备并联装置内的电流突然中断引起的瞬态、点火开关断开后直流电机作为发电机时的瞬态以及由开关过程发生的瞬态现象。

无线通信车载设备的瞬变和浪涌抗扰度试验方法、试验设备、试验布置和试验场地按GB/T 21437.2—2021 和 ISO 7637.2-2011 标准的要求。

11.7.2 试验电压

通常，无线通信车载设备的试验电压见表 11-15 和表 11-16。具体要求见相应的行业标准。

表 11-15 12 V 系统车载设备试验电压

试验脉冲	试验电压/V	脉冲数或试验时间	重复时间	
			最　小	最　大
1	-75	10 个脉冲	0.5 s	5 s
2a	+37	10 个脉冲	0.2 s	5 s
2b	+10	10 个脉冲	0.5 s	5 s
3a	-112	20 min	90 ms	100 ms
3b	+75	20 min	90 ms	100 ms

表 11-16 24 V 系统车载设备试验电压

试验脉冲	试验电压/V	脉冲数或试验时间	重复时间	
			最　小	最　大
1	-450	10 个脉冲	0.5 s	5 s
2a	+37	10 个脉冲	0.2 s	5 s
2b	+20	10 个脉冲	0.5 s	5 s
3a	-150	20 min	90 ms	100 ms
3b	+150	20 min	90 ms	100 ms

11.7.3 瞬变和浪涌抗扰度试验的性能判据

1. 脉冲 3a 和 3b 抗扰度试验

试验前，应建立通信连接，试验中通信连接应保持。

对于数据传输业务模式，试验中，对于支持 BER（误码率）的被测设备，则 BER 不大于 0.001；对于支持 BLER（误块率）的被测设备，则 BLER 不大于 0.01；对于支持 PER（误包率）或 FER（误帧率）的被测设备，则 PER 或 FER 不大于 10%；对于支持吞吐量的被测设备，则数据吞吐量（应用层吞吐量）应不小于参考测试信道最大吞吐量的 95%。

对于语音业务模式，试验中，使用音频突破测量方法，通过一个中心频率为 1 kHz，带宽为 200 Hz 的音频 BPF 测量语音输出电平，上行链路和下行链路语音输出电平应至少比在音频校准时记录的语音输出信号的参考电平低 35 dB。

试验后，被测设备应正常工作，无用户控制功能的丧失或存储数据的丢失，且保持通信连接。

对于空闲模式，试验时被测设备的发信机不应有误操作。

2. 脉冲 1、2a 和 2b 抗扰度试验

试验前，应建立通信连接。

试验中，通信链路不需维持，在试验后应可重新建立。

试验后，被测设备应能正常工作，无用户控制功能的丧失或存储数据的丢失。

对于空闲模式，试验时发信机不应有误操作。

11.8　无线通信设备的瞬态抗扰度测试要求

11.8.1　试验配置

被测设备的试验时的配置应尽可能地接近被测设备实际使用的典型配置，对于有多个配置或多种使用方式的被测设备，每种配置和使用方式均应进行试验。例如，无线移动电话机，配备多款充电器，则每款充电器应与无线移动电话机配置进行测试。另外，无线移动电话机在充电和不充电两种模式下也都要进行测试。

试验配置参见第 10 章中的试验配置。

11.8.2　无线通信设备的工作状态设置

试验时，被测设备应正常工作或模拟实际工作的状态。

试验时，被测设备可设置为最大额定功率，例如无线通信终端设备。一些设备可能无法在实验室中设置为最大额定功率工作，功率可调整，便于试验的开展，例如无线基站设备。

试验时，被测设备通常在业务模式和空闲模式两种工作状态下分别进行试验。业务模式是指用户设备处于开启状态，且与无线资源控制模块建立了连接，即通信模式，空闲模式是指用户设备处于开启状态但没有建立无线资源控制连接，即待机模式。

试验时，被测设备如果含有多个无线通信制式或无线通信功能，例如蜂窝通信、蓝牙和无线局域网等，每个无线通信制式或功能均应分别测试。

试验时，被测设备通信信道的选择通常选择实际应用时的典型信道或中间信道，对于一些行业标准，要求选择高中低三个信道。具体要求依据相应的行业标准要求。

无线通信设备详细的工作状态要求应依据相应的行业标准要求。

11.8.3　对无线通信设备的性能监视

使用建立通信连接的无线综测仪或矢量信号发生器等相应的无线通信测量仪器对被测设备进行性能监视，对通信连接状态以及通信过程中的数据进行监控。

对被测设备在试验时的可视或可知功能进行监视，例如具有显示功能的设备，对显示的功能进行监视，对设备是否关机进行监视。

对被测设备的所有功能进行检查，在测试结束后，检查设备的所有功能是否与预期功能一致。

11.8.4　无线通信设备的性能判据

业务模式时，被测设备应建立通信连接，试验过程中通信连接应保持。

空闲模式时，试验过程中被测设备的发信机不应有误操作。

试验过程中，被测设备的各项功能应正常，不应出现无法自行恢复的功能丧失的情况。

试验结束后，被测设备应正常工作，无用户控制功能的丧失或存储数据的丢失，且保持通信连接。

具体的性能判据应依据相应的行业标准要求。

11.8.5　无线通信设备瞬态抗扰度的符合性判定

无线通信设备进行瞬态抗扰度测试时，应依据相应项目的性能判据来进行符合性判定，在瞬态抗扰度试验的过程中和试验结束后，符合性能判据的要求则判定为"合格"，否则为"不合格"，将试验结果记录在检测报告中。

11.9　小结

对于无线通信设备的瞬态抗扰度测试，在相应的行业标准中通常引用的是 GB/T 17626.4、GB/T 17626.5、GB/T 17626.8、GB/T 17626.11、GB/T 17626.29 以及 GB/T 21437.2 的试验方法，随着这些标准的更新，无线通信设备瞬态抗扰度测试的方法也会随之进行更新。

本文的试验方法参考了 IEC 61000-4 系列最新版标准的方法，与目前的国家标准（未更新）的方法可能存在差异，应以最新的国家标准为依据。

本文无线设备的工作状态、要求、试验等级及性能判据等要求均为通用的建议要求，具体的要求应依据相应的行业标准要求。

参考文献

[1] 全国电磁兼容标准化技术委员会（SAC/TC 246）.电磁兼容 试验和测量技术 电快速瞬变脉冲群抗扰度试验：GB/T 17626.4—2018 [S]. 北京：中国标准出版社, 2018.

[2] IEC. Electromagnetic compatibility（EMC）- Part 4-4：Testing and measurement techniques - Electrical fast transient/burst immunity test：IEC 61000-4-4：2012 [S]. Geneva：IEC, 2012.

[3] 全国电磁兼容标准化技术委员会（SAC/TC 246）.电磁兼容 试验和测量技术 浪涌（冲击）抗扰度试验：GB/T 17626.5—2019 [S]. 北京：中国标准出版社, 2019.

[4] IEC. Electromagnetic compatibility（EMC）- Part 4-5：Testing and measurement techniques - Surge immunity test：IEC 61000-4-5：2014+AMD1：2017 CSV Consolidated version [S]. Geneva：IEC, 2017.

[5] 中国电力企业联合会.电磁兼容 试验和测量技术 工频磁场抗扰度试验：GB/T 17626.8—2006 [S]. 北京：中国标准出版社, 2007.

[6] IEC. Electromagnetic compatibility（EMC）- Part 4-8：Testing and measurement techniques - Power frequency

magnetic field immunity test：IEC 61000-4-8：2009 ［S］. Geneva：IEC, 2009.

［7］　全国电磁兼容标准化技术委员会（SAC/TC 246）. 电磁兼容 试验和测量技术 第 11 部分：对每相输入电流小于或等于 16 A 设备的电压暂降、短时中断和电压变化抗扰度试验：GB/T 17626. 11—2023 ［S］. 北京：中国标准出版社, 2023.

［8］　IEC. Electromagnetic compatibility（EMC）-Part 4-11：Testing and measurement techniques-Voltage dips, short interruptions and voltage variations immunity tests for equipment with input current up to 16 A per phase：IEC 61000-4-11：2020 ［S］. Geneva：IEC, 2020.

［9］　中华人民共和国工业和信息化部. 道路车辆 电气/电子部件对传导和耦合引起的电骚扰试验方法 第 2 部分：沿电源线的电瞬态传导发射和抗扰性：GB/T 21437. 2—2021 ［S］. 北京：中国标准出版社, 2021.

［10］　全国无线电干扰标准化技术委员会（SAC/TC 79）. 信息技术设备、多媒体设备和接收机 电磁兼容 第 2 部分：抗扰度要求：GB/T 9254. 2—2021 ［S］. 北京：中国标准出版社, 2021.

第 12 章 5G 移动通信基站电磁兼容测试案例

12.1 被测设备及测试依据

本章选择 5G 移动通信基站（皮基站）作为被测设备，依据标准要求，其电磁兼容试验基本涵盖标准要求的所有电磁兼容测试项目，本章选择一些项目作为实测案例，为无线通信设备电磁兼容实际测试提供参考。

本章依据 YD/T 2583.17—2019《蜂窝式移动通信设备电磁兼容性能要求和测量方法 第17 部分：5G 基站及其辅助设备》标准对 5G 移动通信基站进行电磁兼容测试。

12.2 被测设备说明

12.2.1 被测设备说明要求

在进行电磁兼容测试前，首先要了解清楚被测设备的情况，其次依据被测设备的情况，制定相应的测试方案。在测试报告中应对被测设备与电磁兼容测试相关的部分进行说明或描述，描述的内容包括且不限于被测设备的名称、型号和编号、被测设备的组成、组成设备相互间的连接情况、每台设备的所有端口及功能、设备供电情况、每台设备的工作场所（或类别）、接地要求、工作频率范围、最大额定输出功率以及实际安装使用时的特殊说明等。

12.2.2 被测设备说明示例

被测设备为 5G 移动通信基站（皮基站），型号为 NR-5G01X，设备编号为 001，被测设备包含室内基带处理单元（Building Baseband Unit，BBU）、射频拉远单元集线器（Remote Radio Unit Hub，RHUB）和射频拉远单元（Remote Radio Unit，RRU）。BBU 通过光纤与 RHUB 相连，实际安装使用时光纤长度大于 10 m，RHUB 通过以太网线与 RRU 相连，同时为 RRU 供电，RHUB 可连接多个 RRU，试验时连接 1 个 RRU，实际安装使用时以太网线长度大于 3 m，被测设备端口及连接示意图如图 12-1 所示。BBU 具有光纤端口、直流-48 V 电源端口、GPS（全球定位系统）信号端口和以太网调试端口。RHUB 具有交流 220V 电源端口、光纤端口和以太网线端口（以太网供电端口，PoE）。RRU 具有以太网供电端口和天线端口。每台设备均具备单独的接地端子。BBU 为电信中心设备，RHUB 和 RRU 为非电信中心设备。被测设备的工作频率范围为 4800~4900 MHz，最大额定功率为 24 dBm。被测设备不在车载环境下使用。

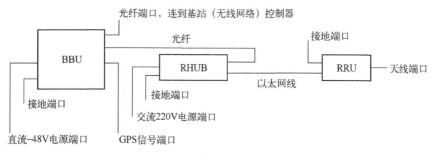

图 12-1　被测设备端口及连接示意图

12.3　测试方案

依据被测设备的实际安装使用情况及标准的适用性要求，制定相应的测试计划或测试方案，进行测试时依据测试方案进行测试。本章示例的 5G 移动通信基站的测试方案见表 12-1。

表 12-1　测试方案

序号	项目名称	被测设备	端　　口	限值或等级	性 能 判 据
1	辐射杂散骚扰	RRU	机壳端口	见标准	N/A
2	辐射连续骚扰	BBU	机壳端口	A	N/A
		RHUB	机壳端口	B	N/A
3	传导连续骚扰	BBU	-48 V 电源端口	A	N/A
		RHUB	220 V 交流电源端口	B	N/A
4	谐波电流	RHUB	220 V 交流电源端口	A	N/A
5	电压波动和闪烁	RHUB	220 V 交流电源端口	A	N/A
6	瞬态传导骚扰	N/A	N/A	N/A	N/A
7	静电放电抗扰度	BBU	机壳端口	接触放电：±2 kV 和±4 kV 空气放电：±2 kV、±4 kV 和±8 kV 间接放电：±2 kV 和±4 kV	B
		RHUB	机壳端口		
		RRU	机壳端口		
8	射频电磁场辐射抗扰度（见备注 2）	BBU	机壳端口	3 V/m 和 10 V/m	A
		RHUB	机壳端口		
		RRU	机壳端口		
9	电快速瞬变脉冲群抗扰度	BBU	-48 V 电源端口	±1 kV	B
			GPS 信号端口	±0.5 kV	
		RHUB	220 V 交流电源端口	±2 kV	
			以太网端口	±0.5 kV	
		RRU	以太网端口	±0.5 kV	
10	浪涌（冲击）抗扰度	BBU	-48 V 电源端口	±1 kV（线对地），±0.5 kV（线对线）	B
			GPS 信号端口	±1 kV（线对地），±0.5 kV（线对线）	

（续）

序号	项目名称	被测设备	端口	限值或等级	性能判据
10	浪涌（冲击）抗扰度	RHUB	220 V 交流电源端口	±2 kV（线对地），±1 kV（线对线）	B
			以太网端口	±1 kV（线对地），±0.5 kV（线对线）	
		RRU	以太网端口	±1 kV（线对地），±0.5 kV（线对线）	
11	射频场感应的传导骚扰抗扰度	BBU	−48 V 电源端口	3 V	A
			GPS 信号端口		
		RHUB	220 V 交流电源端口		
			以太网端口		
		RRU	以太网端口		
12	工频磁场抗扰度	N/A	N/A	N/A	N/A
13	电压暂降和短时中断抗扰度	BBU	−48 V 电源端口	见标准	见标准
		RHUB	220 V 交流电源端口	见标准	见标准
14	瞬变和浪涌抗扰度	N/A	N/A	N/A	N/A

备注：
1. N/A 表示不适用
2. 可将所有设备一同进行试验，出现不符合时分别进行试验

12.4 被测设备工作状态

在进行试验时，描述清楚被测设备具体的工作状态，包括选择的工作模式、连接方式以及使用的测试辅助设备。

12.4.1 骚扰测量时的工作状态

被测设备正常供电，按实际安装时的连接方式进行连接，调试计算机通过以太网线与 BBU 的调试端口相连接，RRU 的天线端口使用匹配负载进行端接，被测设备的接地端子正常接地，测试连接示意图如图 12-2 所示。试计算机安装调试软件模拟基站（无线网络）控

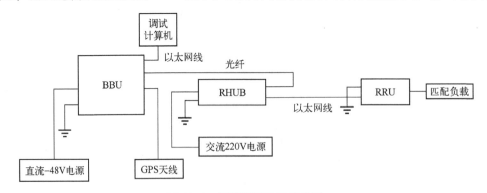

图 12-2 骚扰测量连接示意图

制器，使被测设备正常工作且以最大额定功率持续发射，设置工作频率范围为 4800～4900 MHz，信道带宽为 100 MHz，工作频点为中间频点 4850 MHz。

12.4.2　抗扰度测试时的工作状态

被测设备正常供电，按实际安装时的连接方式进行连接，调试计算机通过以太网线与 BBU 的调试端口相连接，RRU 的天线端口通过衰减器与矢量信号源相连，矢量信号源的时钟同步端口与 BBU 的时钟同步端口相连，被测设备的接地端子正常接地，测试连接示意图如图 12-3 所示。矢量信号源发射通信信号，调试计算机安装调试软件模拟基站（无线网络）控制器，建立上行通信链路，调试计算机可监控计算上行通信链路的数据吞吐量。调试计算机发送模拟下行链路数据，通过软件控制使得数据在被测设备内部环回至调试计算机，调试计算机监控和计算下行链路的数据吞吐量。被测设备设置为最大额定功率发射，工作频率范围为 4800～4900 MHz，信道带宽为 100 MHz，工作频点为中间频点 4850 MHz。

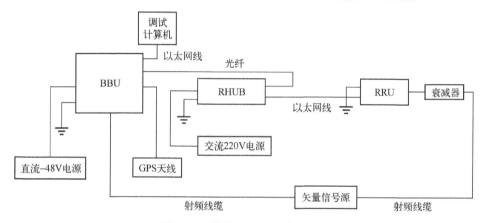

图 12-3　抗扰度测试连接示意图

12.5　抗扰度试验时对被测设备性能的监视

1. 持续抗扰度试验

测试过程中，通过调试计算机监视被测设备上下行链路的数据吞吐量、通信链路及工作状态。测试结束后，检查被测设备的运行状态、通信链路、存储数据及用户控制功能。

2. 瞬态抗扰度试验

测试过程中，通过调试计算机监视被测设备的通信链路。测试结束后，检查被测设备的运行状态、通信链路、存储数据及用户控制功能。

3. 间断抗扰度试验

测试结束后，检查设备是否能恢复，恢复后性能是否降级，被测设备各项功能是否正常。

12.6   抗扰度试验时性能判据

1. 持续抗扰度试验性能判据（性能判据 A）

测试中，射频上下行链路数据吞吐量大于 95%，被测设备应能保持正常工作，无功能丧失，性能不允许降级。测试后，被测设备运行状态没有改变，存储数据和用户控制功能没有丧失。测试中和测试后，通信链路应保持。

2. 瞬态抗扰度试验性能判据（性能判据 B）

测试中，被测设备未出现用户可感知的通信链路中断。测试后，运行状态没有改变，存储数据和用户控制功能没有丧失。

3. 间断抗扰度试验性能判据（性能判据 C）

测试中，性能允许降级，功能可以丧失，被测设备发信机在空闲状态时不应产生无意的发射。测试后，功能可以由操作者恢复，恢复后，性能没有降级，被测设备能正常工作。

12.7   测试项目实例

12.7.1   辐射杂散发射测量

1. 测量场地

测量场地为 3 m 法半电波暗室，暗室地面铺设吸波材料，测量距离为 3 m。测量使用双天线，天线高度为 1.5 m，测量时天线高度固定不升降。

2. 试验布置

被测设备正常连接，被测设备 RRU 放置在半电波暗室中 1.5 m 高的木桌上，RRU 的几何中心的垂直投影处于转台中心。BBU 和 RHUB 放置在半电波暗室外的屏蔽室中。拍摄测量布置照片并放置在测试报告中。试验布置图如图 12-4 所示。

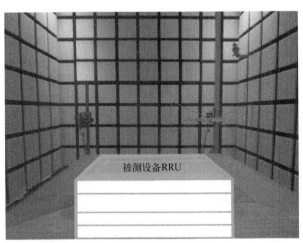

图 12-4   辐射杂散发射试验布置图

3. 工作状态

见骚扰测量时的工作状态。

4. 测量方法

采用预校准方法进行测量，使用频谱分析仪采用扫描（sweep）的方式，检波方式为 RMS 检波。转台采用步进式旋转，旋转角度为 15°。天线水平极化和垂直极化均进行测量，采用最大保持方式获取所有测量值的最大值。

5. 测量结果

依据符合性判定原则，辐射杂散发射测量值均在限值线以内，测量结果为合格。依据限值要求，4700~4900 MHz 为免测频段。测量结果如图 12-5 所示。

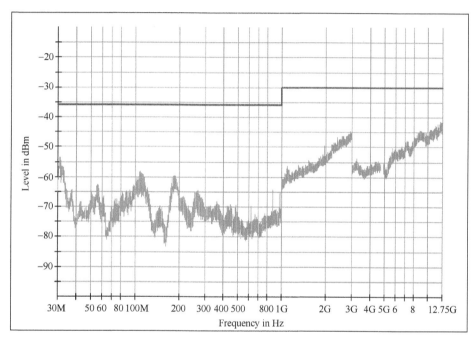

图 12-5　辐射杂散发射测量结果图

12.7.2　传导发射测量

1. 测量场地

测量场地为屏蔽室，屏蔽室具有水平参考接地平板和垂直参考接地平板，水平参考接地平板与垂直参考接地平板搭接在一起。

2. 试验布置

被测端口为 RHUB 的交流电源端口，被测设备 RHUB 正常连接，其交流电源端口连接至测量设备 AMN，通过 AMN 为其供电。RRU 和 BBU 与 RHUB 至少保持 0.8 m 距离。被测设备按台式设备进行试验布置，放置在 0.8 m 高的木桌上，被测设备背面距垂直接地参考平板 0.4 m，使用传导发射测量方法 1 的试验布置。试验布置如图 12-6 所示。

图 12-6　传导发射试验布置图

3. 工作状态

见骚扰测量时的工作状态。

4. 测量方法

使用测量接收机采用扫频（scan）方式进行测量，初始测量使用峰值和平均值检波方式，最终测量采用准峰值和平均值检波方式。L 相线和 N 相线分别进行扫频，使用测量值最大保持的方式获取测量值的最大值。当初始测量值距限值小于 10 dB 时，选取 6 个最大值进行最终测量及符合性判定。

5. 测量结果

依据符合性判定原则，传导发射测量值均在限值线以内，测量结果为合格。测量结果图如图 12-7 所示，测量结果数据见表 12-2。

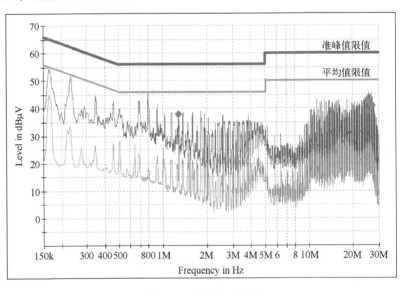

图 12-7　测量结果图

表 12-2 测量结果数据

频率/MHz	测量结果（平均值）/dBμV	限值/dBμV	余量/dB	相　　线
1.3	37.8	46.00	8.2	L
25.2	38.5	50.00	11.5	N
25.7	42.7	50.00	7.3	N
26.1	41.9	50.00	8.1	N
26.5	40.9	50.00	9.1	N
27.0	41.0	50.00	9.0	N

12.8　小结

本章给出了 5G 移动通信基站（皮基站）的电磁兼容测试案例，可作为实际无线通信设备电磁兼容测试的参考。不同的无线通信设备及依据的标准不同，一些方法和要求可能存在差异，实际测试时应依据测试标准的要求。

附录 无线通信设备电磁兼容测试缩略语/符号

对于无线通信设备电磁兼容测试时，会用到一些缩略语/符号，常用的缩略语/符号见附表1。

附表1 常用缩略语/符号

缩略语/符号	中文名称	英文名称
AAN	不对称人工网络	Asymmetric Artificial Network
AC	交流	Alternating Current
AN	人工网络	Artificial Network
AE	辅助设备	Associated Equipment
AM	调幅	Amplitude Modulation
AMN	人工电源网络	Artificial Mains Network
AF	天线系数	Antenna Factor
AV	平均值	Average
BW	信道带宽	Channel Bandwidth
BS	基站	Base Station
BSC	基站控制器	Base Station Controller
BSS	基站系统	Base Station System
BTS	基站收发信机	Base Transceiver Station
BER	误码率	Bit Error Ratio
BLER	误块率	Block Error Ratio
BCCH	广播控制信道	Broadcast Control Channel
BCH	广播信道	Broadcast Channel
CMAD	共模吸收装置	Common-Mode Absorption Device
CW	连续波	Continuous Wave
CD	耦合装置	Coupling Device
CDN	耦合/去耦网络	Coupling/Decoupling Network
CISPR	国际无线电干扰特别委员会	International Special Committee on Radio Interference
CDMA	码分多址	Code Division Multiple Access
CPE	客户终端设备	Customer Premise Equipment
CVP	容性电压探头	Capacitive Voltage Probe
CP	电流探头	Current Probe
CM	共模	Common Mode

(续)

缩略语/符号	中 文 名 称	英 文 名 称
CWG	组合波发生器	Combination Wave Generator
DC	直流	Direct Current
DL	下行链路	Down Link
DCS1800	1800 MHz 数据蜂窝网	Digital Cellular Network at 1800 MHz
DRH	双脊喇叭	Double-Ridged Horn
ERP	耳参考点	Ear Reference Point
EUT	被测设备	Equipment Under Test
E-UTRA	演进通用移动通信系统陆地无线接入	Evolved UMTS Terrestrial Radio Access
EN-DC	E-UTRA-NR 双连接	E-UTRA-NR Dual Connectivity
EMC	电磁兼容	Electromagnetic Compatibility
EMI	电磁干扰	Electromagnetic Interference
EMS	电磁敏感度	Electromagnetic Sensitivity
EN	欧洲标准	European Norm
EFT/B	电快速瞬变脉冲群	Electrical Fast Transient/Burst
ESD	静电放电	Electrostatic Discharge
ETSI	欧洲电信标准组织	European Telecommunications Standards Institute
e. i. r. p.	等效全向辐射功率	Equivalent Isotropic Radiated Power
e. r. p.	有效辐射功率	Effective Radiated Power
FM	调频	Frequency Modulation
FDD	频分多址	Frequency Division Duplex
FR	频率范围	Frequency Range
FER	误帧率	Frame Error Rate
FFT	快速傅里叶变换	Fast Fourier Transformation
FAR	全电波暗室	Fully Anechoic Room
FSOATS	自由空间的开阔试验场地	Free-Space OATS
GSM	全球移动通信系统	Global System for Mobile Communications
GNSS	全球导航卫星系统	Global Navigation Satellite Systems
GPRS	通用无线分组业务	General Packet Radio Service
GDT	气体放电管	Gas Discharge Tube
HDMI	高清晰度多媒体接口	High-Definition Multimedia Interface
HSDPA	高速下行分组接入	High Speed Downlink Packet Access
HSPA	高速分组接入	High Speed Packet Access
HSUPA	高速上行分组接入	High Speed Uplink Packet Access
HP	水平极化	Horizontal Polarization
IEEE	电气与电子工程师协会	Institute of Electrical and Electronics Engineers

缩略语/符号	中文名称	英文名称
IEC	国际电工委员会	International Electrotechnical Commission
ISM	工业、科学、医疗	Industrial，Scientific，Medical
ISO	国际标准化组织	International Organization for Standardization
ITU	国际电信联盟	International Telecommunication Union
ITU-R	国际电信联盟-无线电通信部门	International Telecommunication Union-Radio Communication Sector
ITU-T	国际电信联盟-电信部门	International Telecommunication Union-Telecommunication Sector
IMT-2000	国际移动电信2000	International Mobile Telecommunications 2000
ISN	阻抗稳定网络	Impedance Stabilization Network
ITE	信息技术设备	Information Technology Equipment
IF	中频	Intermediate Frequency
LAN	局域网	Local Area Network
LTE	长期演进	Long-Term Evolution
LPDA	对数周期偶极子阵列	Log-Periodic Dipole Array
LLA	大环天线	Large-Loop Antenna
LLAS	大环天线系统	Large-Loop Antenna System
LCL	纵向转换损耗	Longitudinal Conversion Loss
MIMO	多入多出	Multiple Input Multiple Output
MIU	测量设备和设施的不确定度	Measurement Instrumentation Uncertainty
MU	测量不确定度	Measurement Uncertainty
MRP	嘴参考点（人工头）	Mouth Reference Point（Artificial Head）
MS	移动台	Mobile Station
NFC	近场通信	Near Field Communication
NR	新无线	New Radio
NB	窄带	Narrow Band
NB-IoT	窄带物联网	Narrow Band Internet of Things
NSA	非独立	Non-Standalone
NSA	归一化场地衰减	Normalized Site Attenuation
NWA	网络分析仪	Network Analyser
OBW	占用带宽	Occupied Bandwidth
OFDM	正交频分复用	Orthogonal Frequency Division Multiplexing
OOB	带外	Out of Band
OATS	开阔试验场地	Open Air Test Site
PA	功率放大器	Power Amplifier
PLC	电力线通信	Powerline Communications
PDH	准同步数字体系	Plesiochronous Digital Hierarchy
PER	误包率	Packet Error Rate

(续)

缩略语/符号	中文名称	英文名称
PE	保护地	Protective Earth
PRF	脉冲重复频率	Pulse Repetition Frequency
POE	以太网供电	Power Over Ethernet
PS	电源	Power Supply
PSTN	公共交换电信网络	Public Switched Telephone Network
QPSK	正交相移键控	Quadrature (Quaternary) Phase Shift Keying
QP	准峰值	Quasi-Peak
QAM	正交调幅	Quadrature Amplitude Modulation
RB	资源块	Resource Block
RF	射频	Radio Frequency
RFID	射频识别	Radio Frequency Identification
RMS	均方根（值）	Root Mean Square (Value)
RF	射频	Radio Frequency
RBW	分辨率带宽	Resolution Bandwidth
RGP	参考接地平面	Reference Ground Plane
RXQUAL	收信质量	Receiver Quality
RAN	无线接入网络	Radio Access Network
RSM	参考场地法	Reference Site Method
RC	电阻-电容	Resistor-Capacitor
RVC	混响室	Reverberation Chamber
RX	接收机	Receiver
SS	系统模拟器	System Simulator
SRD	短距离设备	Short Range Device
SPL	声压级	Sound Pressure Level
SA	独立	Standalone
SC	单载波	Single Carrier
SDH	同步数字系列	Synchronous Digital Hierarchy
SAR	半电波暗室	Semi Anechoic Room
S_{VSWR}	场地电压驻波比	Site Voltage Standing Wave Ratio
SAM	标准天线法	Standard Antenna Method
SNR	信噪比	Signal-to-Noise Ratio
SSM	标准场地法	Standard Site Method
SPD	浪涌保护器	Surge Protective Device
TEM	横电磁波	Transverse Electromagnetic
TCH	业务信道	Traffic Channel
TPC	传输功率控制	Transmit Power Control

（续）

缩略语/符号	中文名称	英文名称
TRP	总辐射功率	Total Radiated Power
TDMA	时分多址	Time Division Multiple Access
TDD	时分双工	Time Division Duplex
TCP	传输控制协议	Transmission Control protocol
TD-CDMA	时分-码分多址接入	Time Division-Code Division Multiple Access
TX	发射机	Transmitter
TAM	三天线法	Three Antenna Method
UFA	均匀场域	Uniform Field Area
UMTS	通用移动通信系统	Universal Mobile Telecommunications System
UE	用户设备	User Equipment
UTRA	通用陆地无线接入	Universal Terrestrial Radio Access
U_T	设备的额定电压	the Rated Voltage for the Equipment
UWB	超宽带	Ultra-Wideband
UARFCN	UTRA 射频信道号	UTRA Appropriate Radio Frequency Channel Number
UL	上行链路	Up Link
USB	通用串行总线	Universal Serial Bus
UHF	超高频	Ultra High Frequency
VDF	电压分压系数	Voltage Division Factor
VHF	甚高频	Very High Frequency
VSWR	电压驻波比	Voltage Standing Wave Ratio
VoIP	IP 电话	Voice over IP
VBW	视频带宽	Video Bandwidth
VP	垂直极化	Vertical Polarization
VP	电压探头	Voltage Probe
V2X	车辆到一切	Vehicle to Everything
VoLTE	LTE 承载语音方案	Voice over LTE
VoNR	NR 承载语音方案	Voice over NR
WCDMA	宽码分多址	Wide Code Division Multiple Access
5G	第五代	the Fifth Generation